普通高等教育“十一五”国家级规划教材
高职高专机电工程类规划教材

# 工 程 力 学

**（第 2 版）**

主　编　顾晓勤
副主编　沈　忠
参　编　夏健明　邢　伟
主　审　黄运尧

机 械 工 业 出 版 社

全书内容包括质点和刚体静力学受力分析、力系简化、摩擦、平衡方程及应用，材料的基本变形即拉伸和压缩、剪切和挤压、扭转、弯曲，以及质点和刚体运动学、动力学基础；对压杆稳定、动载荷、交变应力、材料持久极限、强度理论、复合材料的增强效应和聚合物、陶瓷材料的力学性能等作了简要介绍。

本书前9章可以作为机电工程类二年制高职专业教材，建议学时为36~48学时；全书可以作为三年制高职高专教材，建议学时为48~60学时。本书可作为二年制、三年制高职高专机电工程、汽车、模具、数控等专业用教材，也可用作职工大学、电视大学、函授教育机械类工程力学课程教学教材。

本教材配有电子教案，可登录机械工业出版社教材服务网www.cmpedu.com下载，或发送电子邮件至cmpgaozhi@sina.com索取。咨询电话：010-88379375

**图书在版编目（CIP）数据**

工程力学/顾晓勤主编．—2版．—北京：机械工业出版社，2007.3（2016.1重印）

普通高等教育“十一五”国家级规划教材．高职高专机电工程类规划教材

ISBN 978-7-111-08455-6

Ⅰ．工…　Ⅱ．顾…　Ⅲ．工程力学-高等学校：技术学校-教材　Ⅳ．TB12

中国版本图书馆CIP数据核字（2007）第023598号

机械工业出版社（北京市百万庄大街22号　邮政编码100037）
责任编辑：王海峰　宋学敏　版式设计：霍永明
责任校对：张　媛　责任印制：李　洋
北京机工印刷厂印刷（三河市南杨庄国丰装订厂装订）
2016年1月第2版·第14次印刷
184mm×260mm·15印张·362千字
56 001—58 000册
标准书号：ISBN 978-7-111-08455-6
定价：32.00元

凡购本书，如有缺页、倒页、脱页，由本社发行部调换
电话服务　　网络服务
服务咨询热线：010-88379833　机工官网：www.cmpbook.com
读者购书热线：010-88379649　机工官博：weibo.com/cmp1952
教育服务网：www.cmpedu.com

金书网：www.golden-book.com

# 第 2 版前言

本书作为高职高专教材，自2001年出版以来，在全国20多个省市兄弟院校中使用，受到广大教师和学生的好评，在短短的几年时间内重印了6次，并且获得机械工业出版社2002年度优秀教材二等奖。与此同时，作者也收到许多热心读者的宝贵意见和建议，在此向大家表示衷心感谢。

为了完善本教材，使之更适合高职高专教学的需要，特别是针对二年制高职的教材建设，今特对原书作相应的修订。修订工作由电子科技大学中山学院教授顾晓勤博士完成。

第2版删除了难度较大的哥里奥利加速度内容。针对当前制造业中大量使用复合材料和聚合物的情况，书中增加了“复合材料的增强效应”和“聚合物、陶瓷材料的力学性能”二节。

本书前9章可以作为机电工程类二年制高职高专用教材，建议学时为36~48学时；全书可以作为三年制高职高专教材，建议学时为48~60学时。对于个别高学时专业，可以使用顾晓勤、刘申全主编的《工程力学Ⅰ》、《工程力学Ⅱ》(机械工业出版社)。

由于编者水平有限，书中难免有错误和不足之处，恳请广大教师和同学们批评指正。主编 E-mail：guxiaoqinguyan@tom.com。

**编　者**

**2005年6月**

# 第 1 版前言

按照1999年广东省高等职业技术机电工程类系列教材编委会制定的工程力学课程的基本要求，编者结合多年教学实践体会，在机械工业出版社教材编辑室的指导和支持下，编写了这本工程力学教材。

高等职业技术教育强调理论和实践教育一体化，重视对先进生产设备的一线操作，技术基础课的教学注重实用性。本书在介绍与机械有关的力学知识中尽量避免复杂推导计算，重点介绍质点和刚体静力学以及材料的基本变形，简明扼要叙述了后续专业课中所需的其他一些工程力学知识，如速度合成、惯性力、应力及强度理论、压杆失稳、疲劳破坏等。书中注意对新技术、新知识的介绍，力学内容编写注意面向计算机，对传统的作图法给予压缩。考虑到高等职业技术教育工程力学课程教学时数大大减少的现实，本书尽量做到文字简明、内容精练、方便教学，突出职业技术教育的特色。

本书可作为高等职业技术机电工程类工程力学课程的教材。对于选学的内容，本书在目录标题前加了“*”号，可在学时较充裕的情况下使用。对于学时特别紧张的学校专业，可以以前9章中不含“*”号的内容作为工程力学全部开课内容。本书也可用于职工大学、电视大学、函授教育机械类工程力学课程教学。

参加本书编写工作的有中山学院顾晓勤（绪论、第一章、第二章、第十一章第一节至第五节）、广东工业大学沈忠（第三章、第四章、第六章）、广东水利电力职业技术学院夏健明（第七章、第八章、第十章）、广东交通职业技术学院邢伟（第五章、第九章、第十一章第六节）。

主审广东工业大学黄运尧教授对本书提出了许多宝贵意见，在此表示衷心的感谢。

高等职业技术教育教材建设是一项新兴的事业，目前仍处于探索阶段。由于水平所限，书中会有不少缺点不足之处，恳请读者批评指正。

**编　者**

**2000年7月**

# 目　录

第 2 版前言

第 1 版前言

绪论 …… 1

第一章　质点、刚体的基本概念和受力分析 …… 3

第一节　力、质点、刚体和平衡的概念 …… 3

第二节　力的基本规律 …… 4

第三节　力在直角坐标轴上的投影 …… 6

第四节　力对点的矩 …… 8

第五节　力对轴的矩 …… 12

第六节　约束和约束反力 …… 14

第七节　物体的受力分析和受力图 …… 18

习题 …… 22

第二章　力系的简化和平衡方程 …… 25

第一节　平面汇交力系 …… 25

第二节　力偶和力偶系 …… 30

第三节　平面一般力系 …… 33

第四节　空间一般力系简介 …… 41

第五节　物体的重心 …… 43

习题 …… 48

第三章　平衡方程的应用 …… 50

第一节　物体系统的平衡问题 …… 50

第二节　平面桁架的内力分析 …… 53

第三节　考虑摩擦时物体的平衡问题 …… 56

习题 …… 59

第四章　轴向拉伸和压缩 …… 62

第一节　杆件变形的四种基本形式 …… 62

第二节　轴向拉伸和压缩时的内力 …… 62

第三节　拉压杆的应力 …… 64

第四节　拉压杆的变形 …… 65

第五节　材料在轴向拉伸和压缩时的力学性能 …… 68

第六节　许用应力和安全系数 …… 70

第七节　轴向拉伸和压缩的强度计算 …… 71

第八节　拉压超静定问题简介 …… 73

第九节　应力集中的概念 …… 74

习题 …… 74

第五章　剪切和挤压 …… 77

第一节　剪切变形　剪切胡克定律 …… 77

第二节　挤压 …… 79

第三节　剪切和挤压的强度计算 …… 79

习题 …… 83

第六章　圆轴的扭转 …… 85

第一节　外力偶矩的计算 …… 85

第二节　扭矩和扭矩图 …… 85

第三节　圆轴扭转时的应力 …… 86

第四节　圆轴扭转时的强度计算 …… 89

第五节　圆轴扭转时的变形和刚度计算 …… 90

习题 …… 92

第七章　直梁弯曲时的内力和应力 …… 95

第一节　平面弯曲的概念和实例 …… 95

第二节　弯曲时的内力　剪力和弯矩 …… 96

第三节　剪力图和弯矩图 …… 98

第四节　纯弯曲时横截面的正应力 …… 103

第五节　梁的强度计算 …… 107

第六节　提高梁弯曲强度的几项措施 …… 109

*第七节　计算机在梁弯曲计算中的应用简介 …… 112

习题 …… 114

第八章　梁的变形 …… 117

第一节　工程中的弯曲变形问题 …… 117

第二节　梁变形的基本方程 …… 117

第三节　叠加法求梁的弯曲变形 …… 120

第四节　梁的刚度条件和提高弯曲刚度的措施 …… 124

习题 …… 126

第九章　质点和刚体运动学 …… 128

第一节　质点的绝对运动、相对运动和牵连运动 …… 128

第二节　速度合成定理 …… 129

第三节　刚体的基本运动 …… 132

第四节　刚体的平面运动 …… 141

习题 …… 153

**第十章　质点系动力学基础** ………… 157
第一节　动量定理 ………… 157
第二节　动量矩定理 ………… 160
第三节　动能定理 ………… 164
第四节　动静法 ………… 167
习题 ………… 171
**第十一章　变形体力学的几个问题** ………… 174
第一节　压杆稳定 ………… 174
第二节　动载荷和交变应力 ………… 179
第三节　材料持久极限及影响因素 ………… 183
第四节　复杂应力状态 ………… 184
第五节　强度理论简介 ………… 194
第六节　组合变形 ………… 199
第七节　复合材料的增强效应 ………… 206
第八节　聚合物、陶瓷材料的力学性能 ………… 210
习题 ………… 213
**附录　型钢表** ………… 217
**习题答案** ………… 230
**参考文献** ………… 234

# 绪　论

固体的移动、旋转和变形，气体和液体的流动等都属于**机械运动**。力学是研究物体机械运动的科学。机械运动是最简单的一种运动形式，此外物质还有发热、发光、发生电磁现象、化学过程，以及更高级的人类思维活动等各种不同的运动形式。**静止**是机械运动的一种特殊形式。工程中把物体相对于地球静止或匀速直线运动的状态称为物体的**平衡状态**。

力使物体运动状态发生改变的效应称为**力的外效应**，而力使物体形状发生改变（即变形）的效应称为**力的内效应**。本课程将研究力的外效应和力的内效应。当讨论力的内效应时，主要在物体受到平衡力系状态下进行分析。

本课程所研究的运动是速度远小于光速的宏观物体的机械运动，属于经典力学的范畴。经典力学以牛顿定理为基础，采用了与物质运动无关的所谓“绝对”空间、时间和质量的概念，应用范围有一定的局限性。对于速度接近光速的物体和基本粒子的运动，则必须用相对论和量子力学的方法加以研究。但是，经过长期的实践证明，现代一般工程中所遇到的大量力学问题，用经典力学来解决，不仅方便简捷，而且能够保持足够的精确度，所以经典力学至今仍有很大的实用意义，并且还在不断地发展。

本课程将研究物体在外力作用下的平衡规律，给出质点、刚体运动的基本规律。

机械或工程结构的各个组成部分，如机床的轴、建筑物的梁和柱等，统称为**构件**。当机械或工程结构工作时，构件将受到载荷的作用，例如数控车床主轴受齿轮啮合力和切削力的作用。在外力作用下，构件的尺寸和形状将发生变化，称为**变形**。为保证机械或工程结构的正常工作，构件应当满足下列要求：

**1. 强度要求**　在规定载荷作用下构件不应破坏。例如，液化气罐不应爆破；飞机降落轮子触地时，起落架不能被折断；冲床曲轴工作中不能发生断裂。强度要求即指构件应有足够的抵抗破坏的能力。

**2. 刚度要求**　在载荷作用下，构件变形不能超过允许值。例如，图 0-1 所示数控车床的床头箱简图，如果切削力使机床主轴产生过大的变形，这样使加工出来的零件不能达到预定的精度，同时齿轮的啮合情况变坏，加速磨损。所以，刚度要求是指构件应有足够的抵抗变形的能力。

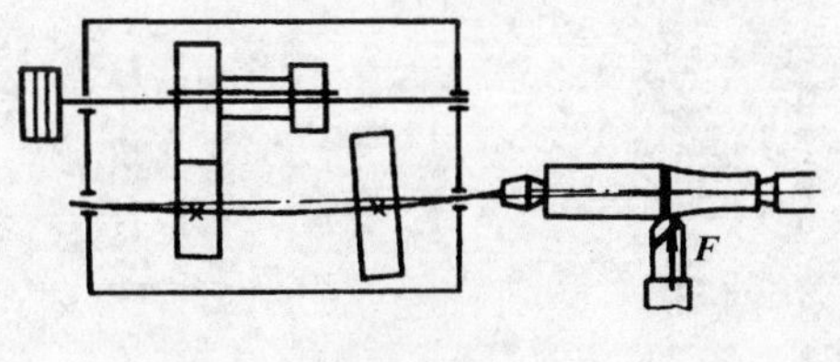


图　0-1

另外对受压力作用的细长杆，如千斤顶的螺杆、内燃机的挺杆等，应始终维持原有的直线平衡状态，保证不被压弯，即构件应有足够的保持原有平衡状态的**稳定性**能力。

一般来说，工程中构件应有足够的强度、刚度和稳定性，但是对某些特殊构件有相反的要求。例如，当载荷超过某一极限时，安全销应立即破坏，起到保护作用。为发挥缓冲作用，车辆的缓冲弹簧应有较大的变形。

为了提高构件的强度、刚度和稳定性，一般是加大构件的尺寸或选用质量好的材料。

但是构件的尺寸过大、材料过好，就会造成结构笨重和浪费。因此本课程将分析计算构件的强度和刚度，为设计既经济又安全的构件，提供必要的理论基础和计算方法。

除了金属材料外，当前复合材料、高分子材料、结构陶瓷等在工业部门广泛应用，如汽车制造业所采用的非金属材料已经超过总体积的70%以上，家用电器中塑料件的比例很高，用复合材料制成的运动器械深受欢迎。这些材料的力学特性也是工程力学所讨论的。

工程力学研究方法是从实践出发，经过抽象化、综合、归纳，运用数学推演得到定理和结论，对于复杂的工程问题，往往借助计算机进行数值分析和公式推导，通过实验验证理论和计算结果的正确性。

同学们在学习工程力学过程中，要注意观察实际机械设备工作情况，对力学理论要勤于思考、多做练习题，做到熟能生巧。通过掌握领会本课程的内容，为学习机械后继课程打好基础，并能初步运用力学理论和方法解决工程实际中的技术问题。

# 第一章　质点、刚体的基本概念和受力分析

## 第一节　力、质点、刚体和平衡的概念

### 一、力的概念

人用手拉悬挂着的静止弹簧，人手和弹簧之间有了相互作用，这种作用引起弹簧运动和变形。运动员踢球，脚对足球的力使足球的运动状态和形状都发生变化。人们在长期的生产实践中，通过观察分析，逐步形成和建立了力的科学概念：**力**是物体之间的相互机械作用，这种作用使物体的运动状态发生变化或使物体形状发生改变。物体运动状态的改变是力的外效应，物体形状的改变是力的内效应。

实践证明，力对物体的内外效应决定于三个要素：①力的大小；②力的方向；③力的作用点。力的作用点表示力对物体作用的位置。力的作用位置，实际中一般不是一个点，而往往是物体的某一部分面积或体积。例如，人脚踩地，脚与地之间的相互压力分布在接触面上，物体的重力则分布在整个物体的体积上，这种分布作用的力称为**分布力**。但是，有时力的作用面积不大，例如，钢索吊起机器设备，当忽略钢索的粗细时，可以认为二者连接处是一个点，这时钢索拉力可以简化为集中作用在这个点上的一个力，这样的力称为**集中力**。由此可见，力的作用点是力的作用位置的抽象化。

本书采用国际单位制，力的大小以牛顿为单位。牛顿简称牛（N），1000 牛顿简称千牛（kN）。

在力学中要区分两类量：标量和矢量。在确定某种量时，只需一个数就可以确定的量称为**标量**。例如长度、时间、质量等都是标量。在确定某种量时，不但要考虑它的大小，还要考虑它的方向，这类量称为**矢量**，也称**向量**。力、速度和加速度等都是矢量。矢量可用一具有方向的线段来表示。如图 1-1 所示，线段的起点 $A$（或终点 $B$）表示力的作用点，沿力矢顺着箭头的指向表示力的方向；线段的长度（按一定的比例尺）表示力的大小。本书中用黑体字母表示矢量，而以普通字母表示这个矢量的模（即大小）。图 1-1 中 $\boldsymbol{F}$ 表示力矢量，$F$ 表示该力的大小（$F = 600\text{N}$）。

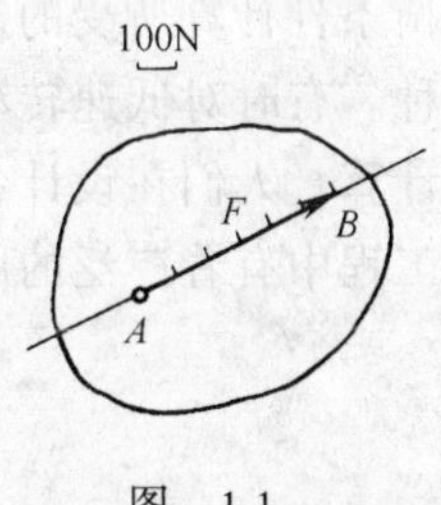

图　1-1

**力系**是指作用在物体上的一组力。作用于物体上的一个力系如果可以用另一个力系来代替而效应相同，那么这两个力系互为**等效力系**。若一个力与一个力系等效，则这个力称为该力系的**合力**。

### 二、质点和刚体的概念

如果我们仔细地考虑物体的机械运动，则运动情况总是比较复杂的。例如，物体的落体运动，一方面物体受到重力作用，另一方面它还受到空气的阻力，而空气的阻力又与落体的几何形状和大小有关。但是在许多情况下，阻力所起的作用很小，运动的情况

主要取决于重力，因而可以忽略空气的阻力，这样物体的运动就可看作与几何形状和大小无关。类似的例子很多，概括这些事实，我们可以看到，在某些问题中，物体的形状和大小与研究的问题无关或者起的作用很小，是次要因素。为了首先抓住主要因素和掌握它的基本运动规律，我们有必要忽略物体的形状和大小。这样，在研究问题中，不计物体形状、大小，只考虑质量并将物体视为一个点，即**质点**。质点在空间占有确定的位置，常用直角坐标系中 $x$、$y$、$z$ 值表示。

力对物体的外效应是使物体的运动状态发生变化，力对物体的内效应是使物体发生变形。在通常情况下，工程中的机械零件在工作时，受力产生的变形是很微小的，往往只有专门的仪器才能测量出来。在很多工程问题中，这种微小的变形对于研究物体的平衡问题影响极小，可以忽略不计。这样，忽略了物体的微小变形后便可把物体看作刚体。我们把**刚体**定义为由无穷多个点组成的不变形的几何形体，它在力的作用下保持其形状和大小不变。刚体是对物体加以抽象后得到的一种理想模型，在研究平衡问题时，将物体看成刚体会大大简化问题的研究。

同一物体在不同的问题中，有时可看作质点，有时要看作刚体，有时则必须看作变形体。例如，当研究地球绕太阳公转时，地球可看作质点；当研究地球自转时，要将地球看作刚体；当研究地震时，则要把地球看作变形体。

### 三、平衡的概念

物体相对于地面保持静止或匀速直线运动的状态称为物体的平衡状态。例如桥梁、机床的床身、高速公路上匀速直线行驶的汽车等，都处于平衡状态。物体的平衡是物体机械运动的特殊形式。平衡规律远比一般的运动规律简单。

如果刚体在某一个力系作用下处于平衡，则此力系称为**平衡力系**。力系平衡时所满足的条件称为**力系的平衡条件**。力系的平衡条件，在工程中有着十分重要的意义。在设计工程结构的构件或作匀速运动的机械零件时，需要先分析物体的受力情况，再运用平衡条件计算所受的未知力，最后按照材料的力学性能确定几何尺寸或选择适当的材料品种。有时对低速转动或直线运动加速度较小的机械零件，也可近似地应用平衡条件进行计算。人们在设计各种机械零件或结构构件时，常常需要静力分析和计算，平衡规律在工程中有着广泛的应用。

## 第二节　力的基本规律

人们在长期的生活和生产活动中，经过实践、认识、再实践、再认识的过程，不仅建立了力的概念，而且总结出力所遵循的许多规律，其中最基本的规律可归纳为以下四条：

### 一、二力平衡条件

受两力作用的刚体，其平衡的充分必要条件是：**这两个力大小相等，方向相反，并且作用在同一直线上**（见图 1-2），简称此两力等值、反向、共线。即

$$\boldsymbol{F}_1 = -\boldsymbol{F}_2$$

上述条件对于刚体来说，既是必要又是充分的；但是对于变形体来说，仅仅是必要条件。例如，绳索受两个等值反向的拉力作用时可以平衡，而受两个等值反向的压力作用时就

不能平衡。

在两个力作用下处于平衡的刚体称为**二力体**。如果物体是某种杆件或构件，有时也称为**二力杆或二力构件**。

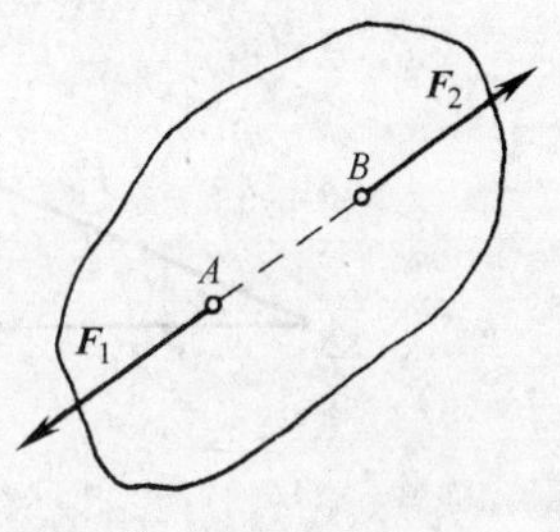

图 1-2

**二、可以等效替代的力系**

**在作用于刚体上的任何一个力系上，加上或减去任意的平衡力系，并不改变原力系对刚体的作用效果。**

由二力平衡条件和可以等效替代的力系这两条力的基本规律，可以得到下面的推论：作用在刚体上的一个力，可沿其作用线任意移动作用点而不改变此力对刚体的效应。这个性质称为**力的可传性**。如图 1-3 所示，作用在物体 $A$ 点的力 $\boldsymbol{F}$，将它的作用点移到其作用线上的任意一点 $\boldsymbol{B}$，而力对物体的作用效果不变。特别需要强调的是，当必须考虑物体的变形时，这个性质不再适用。如图 1-4 所示的拉伸弹簧，力 $\boldsymbol{F}$ 作用于 $A$ 处与作用于 $B$ 处效果完全不同。

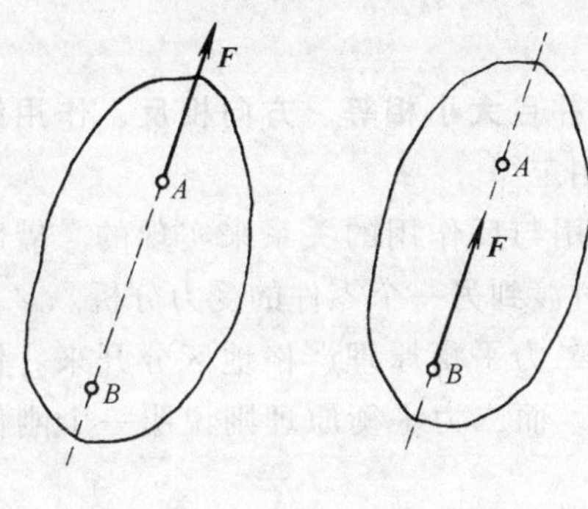

图 1-3

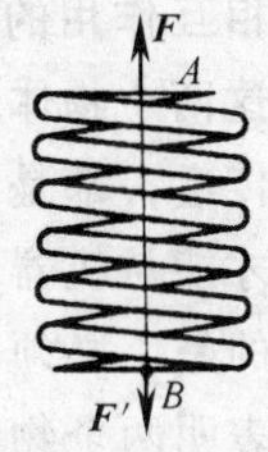

图 1-4

根据力的可传性，**作用在刚体上的力，其三要素为大小、方向和作用线的位置**。这样，力矢就可以从它作用线上的任一点画出。

**三、力的平行四边形法则**

作用于物体上同一点的两个力可以合成为一个合力，合力也作用于该点，其大小和方向由两分力为邻边所构成的平行四边形的对角线表示。如图 1-5 所示，$\boldsymbol{F}_R$ 表示合力，$\boldsymbol{F}_1$、$\boldsymbol{F}_2$ 表示分力。这种求合力的方法，称为矢量加法，用公式表示为

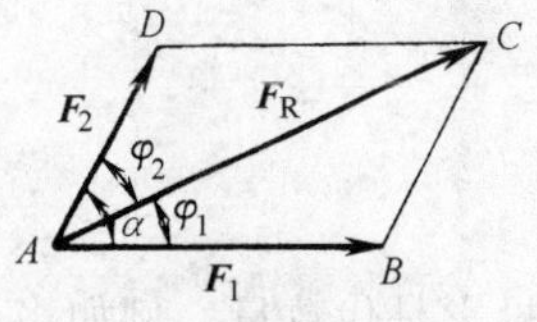

图 1-5

$$\boldsymbol{F}_R = \boldsymbol{F}_1 + \boldsymbol{F}_2$$

上述求合力的方法，称为力的平行四边形法则。

为了方便起见，在用矢量加法求合力时，可不必画出整个平行四边形，而是从 $A$ 点作一个与力 $\boldsymbol{F}_1$ 大小相等、方向相同的矢量 $\boldsymbol{AB}$，如图 1-6 所示，过 $B$ 点作一个与力 $\boldsymbol{F}_2$ 大小相等、方向相同的矢量 $\boldsymbol{BC}$，则 $\boldsymbol{AC}$ 就是力 $\boldsymbol{F}_1$ 和 $\boldsymbol{F}_2$ 的合力 $\boldsymbol{F}_R$。这种求合力的方法，称为力三角形法则。

推论（三力平衡汇交定理）　**当刚体受三个力作用（其中两个力的作用线相交于一点）而处于平衡时，则此三力必在同一平面内，并且它们的作用线汇交于一点。**

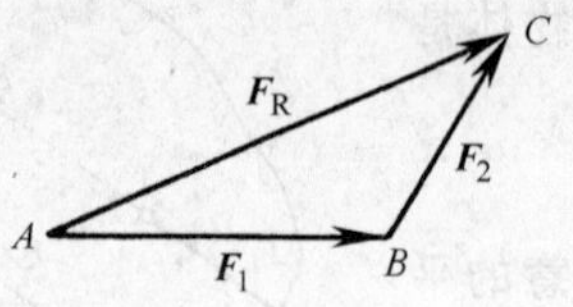

图 1-6 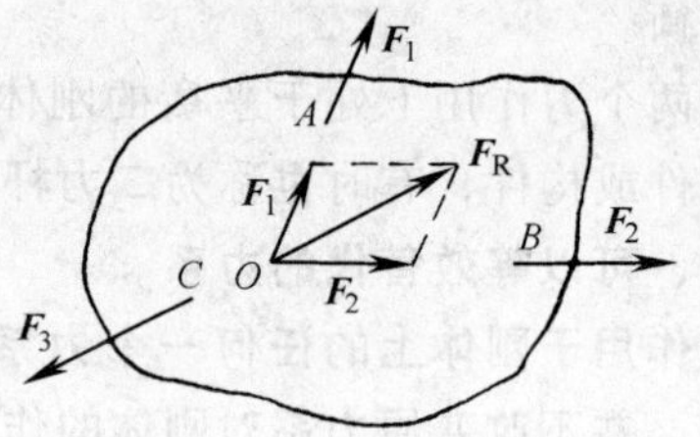　　　　图 1-7

证明　如图 1-7 所示，刚体上 $A$、$B$、$C$ 三点，分别作用着互成平衡的三个力 $\boldsymbol{F}_1$、$\boldsymbol{F}_2$、$\boldsymbol{F}_3$，它们的作用线都在平面 $ABC$ 内但不平行。$\boldsymbol{F}_1$ 与 $\boldsymbol{F}_2$ 的作用线交于 $O$ 点，根据力的可传性原理，将此两个力分别移至 $O$ 点，则此两个力的合力 $\boldsymbol{F}_R$ 必定在此平面内且通过 $O$ 点。而 $\boldsymbol{F}_R$ 必须和 $\boldsymbol{F}_3$ 平衡。由力的平衡条件可知，$\boldsymbol{F}_3$ 与 $\boldsymbol{F}_R$ 必共线，所以 $\boldsymbol{F}_3$ 的作用线亦必通过力 $\boldsymbol{F}_1$、$\boldsymbol{F}_2$ 的交点 $O$，即三个力的作用线汇交于一点。

**四、作用和反作用定律**

**两个物体间相互作用的一对力，总是同时存在并且大小相等、方向相反、作用线相同，分别作用在这两个物体上**，这就是作用和反作用定律。

机械中力的传递，都是通过机器零件之间的作用与反作用的关系来实现的。借助于这个定律，我们才能从机器的一个零件的受力分析过渡到另一个零件的受力分析。

特别要注意的是，必须把作用和反作用定律与二力平衡原理严格地区分开来。作用和反作用定律是表明两个物体相互作用的力学性质，而二力平衡原理则说明一个刚体在两个力作用下处于平衡时两力应满足的条件。

## 第三节　力在直角坐标轴上的投影

设空间直角坐标系 $Oxyz$ 的三个坐标轴如图 1-8 所示，已知力 $\boldsymbol{F}$ 与三轴间的夹角分别为 $\alpha$、$\beta$、$\gamma$。此力在 $x$、$y$、$z$ 轴上的投影 $X$、$Y$、$Z$ 分别为

$$\begin{aligned} X &= F\cos\alpha \\ Y &= F\cos\beta \\ Z &= F\cos\gamma \end{aligned} \tag{1-1}$$

投影是代数量。例如当 $90° < \alpha \leqslant 180°$时，$X$ 为负值。

图 1-8

在一些机械问题中，人们往往习惯于采用二次投影法。设力 $\boldsymbol{F}$ 与 $z$ 轴夹角为 $\gamma$、在 $xy$ 平面分量 $\boldsymbol{F}_{xy}$ 与 $x$ 轴夹角为 $\varphi$，首先将力 $\boldsymbol{F}$ 投影到 $z$ 轴和 $xy$ 平面上，分别得到 $F_z = F\cos\gamma$，$F_{xy} = F\sin\gamma$，然后将 $F_{xy}$ 再投影到 $x$、$y$ 轴上。由图 1-9 可见

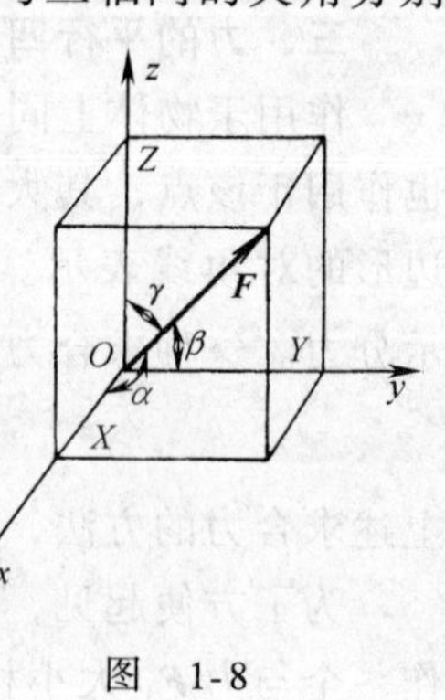

$$\left\{\begin{aligned} X &= F\sin\gamma\cos\varphi \\ Y &= F\sin\gamma\sin\varphi \\ Z &= F\cos\gamma \end{aligned}\right. \tag{1-2}$$

设 $\boldsymbol{i}$、$\boldsymbol{j}$、$\boldsymbol{k}$ 为 $x$、$y$、$z$ 轴的单位矢量，若以 $\boldsymbol{F}_x$、$\boldsymbol{F}_y$、$\boldsymbol{F}_z$ 分别表示 $\boldsymbol{F}$ 沿直角坐标轴

$x$、$y$、$z$ 的三个正交分量（图 1-10），则

$$\boldsymbol{F} = \boldsymbol{F}_x + \boldsymbol{F}_y + \boldsymbol{F}_z = X\boldsymbol{i} + Y\boldsymbol{j} + Z\boldsymbol{k} \tag{1-3}$$

$$\begin{cases} F = \sqrt{X^2 + Y^2 + Z^2} \\ \alpha = \arccos \dfrac{X}{F} \\ \beta = \arccos \dfrac{Y}{F} \\ \gamma = \arccos \dfrac{Z}{F} \end{cases} \tag{1-4}$$

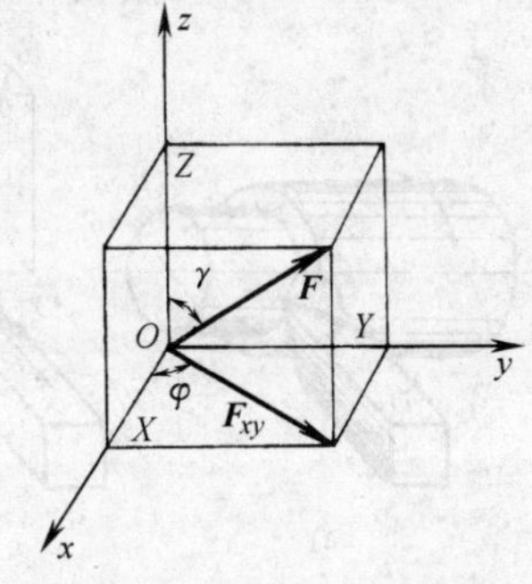


图 1-9

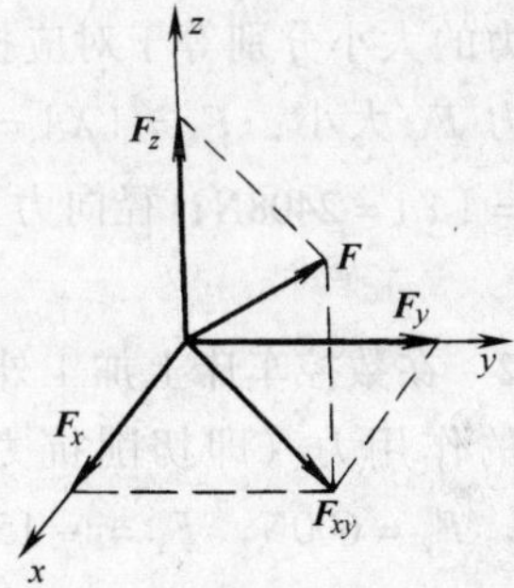


图 1-10

如果已知投影 $X$、$Y$、$Z$ 的值，力 $\boldsymbol{F}$ 的大小与方向可由式（1-4）确定。

应当注意力的投影和分量的区别，首先力的投影是标量，而力的分量是矢量；其次对于斜交坐标系，力的投影不等于其分量的大小。如图 1-11 所示，斜交坐标系 $Oxy$，力 $\boldsymbol{F}$ 沿 $Ox$、$Oy$ 轴的分量大小为 $OB$ 和 $OC$，而对应投影的大小是 $OD$ 和 $OE$，显然它们不相同。

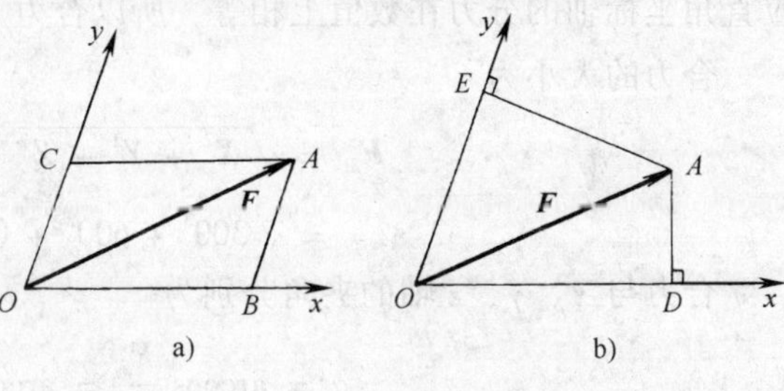


图 1-11

**例 1-1** 已知圆柱斜齿轮所受的总啮合力 $F = 2828\text{N}$，齿轮压力角 $\alpha = 20°$，螺旋角 $\beta = 25°$，如图 1-12 所示。试计算齿轮所

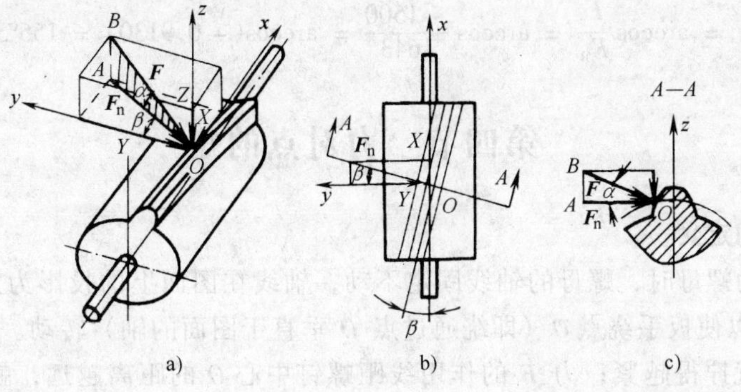


图 1-12

受的圆周力 $F_t$、轴向力 $F_a$ 和径向力 $F_r$。

**解** 取坐标系如图 1-12 所示，使 $x$、$y$、$z$ 三个轴分别沿齿轮的轴向、圆周的切线方向和径向，先把总啮合力 $\boldsymbol{F}$ 向 $z$ 轴和 $Oxy$ 坐标平面投影，分别为

$$Z = -F\sin\alpha = -2828\sin20°\text{N} = -967\text{N}$$

$$F_n = F\cos\alpha = 2828\cos20°\text{N} = 2657\text{N}$$

再把力二次投影到 $x$ 和 $y$ 轴上，得到

$$X = -F_n\sin\beta = -F\cos\alpha\sin\beta = -2828\cos20°\sin25°\text{N} = -1123\text{N}$$

$$Y = -F_n\cos\beta = -F\cos\alpha\cos\beta = -2828\cos20°\cos25°\text{N} = -2408\text{N}$$

各分力的大小分别等于对应投影的绝对值，即

轴向力 $\boldsymbol{F}_a$ 大小：$F_a = |X| = 1123\text{N}$，周向力 $\boldsymbol{F}_t$ 大小：$F_t = |Y| = 2408\text{N}$；径向力 $\boldsymbol{F}_r$ 大小：$F_r = |Z| = 967\text{N}$。

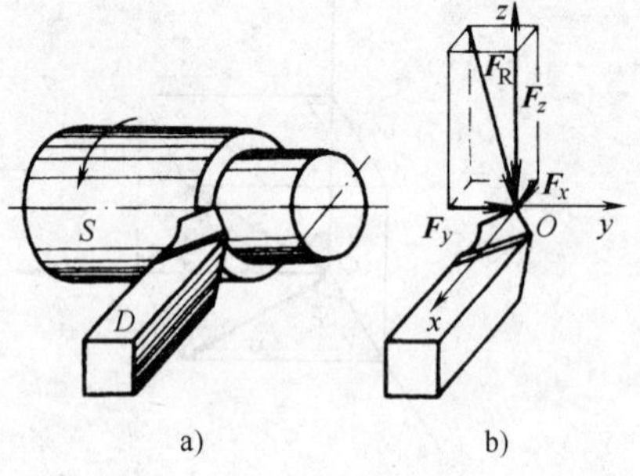


图 1-13

**例 1-2** 在数控车床上加工外圆时，已知工件 $S$ 对车刀 $D$ 的作用力（即切削抗力）的三个分力为：$F_x = 300\text{N}$，$F_y = 600\text{N}$，$F_z = -1500\text{N}$，如图 1-13 所示，试求合力的大小和方向。

**解** 取直角坐标系 $Oxyz$，如图 1-13 所示。合力 $\boldsymbol{F}_R$ 在 $x$、$y$、$z$ 坐标轴上的分力为 $\boldsymbol{F}_x$、$\boldsymbol{F}_y$、$\boldsymbol{F}_z$。由于力在直角坐标轴上的投影和力沿相应直角坐标轴的分力在数值上相等，所以合力 $\boldsymbol{F}_R$ 的大小和方向可由式（1-4）求得，即

合力的大小为

$$F_R = \sqrt{X^2 + Y^2 + Z^2} = \sqrt{F_x^2 + F_y^2 + F_z^2}$$
$$= \sqrt{300^2 + 600^2 + (-1500)^2}\text{N} = 1643\text{N}$$

合力与 $x$、$y$、$z$ 轴的夹角分别为

$$\alpha = \arccos\frac{F_x}{F_R} = \arccos\frac{300}{1643} = 79°29'$$

$$\beta = \arccos\frac{F_y}{F_R} = \arccos\frac{600}{1643} = 68°35'$$

$$\gamma = \arccos\frac{F_z}{F_R} = \arccos\frac{-1500}{1643} = \arccos(-0.9130) = 155°55'$$

## 第四节 力对点的矩

### 一、力矩的定义

用扳手转动螺母时，螺母的轴线固定不动，轴线在图面上的投影为点 $O$，如图 1-14 所示。力 $\boldsymbol{F}$ 可以使扳手绕点 $O$（即绕通过点 $O$ 垂直于图面的轴）转动。由经验可知，力 $\boldsymbol{F}$ 越大，螺钉就拧得越紧；力 $\boldsymbol{F}$ 的作用线距螺钉中心 $O$ 的距离越远，就越省力。显然，力 $\boldsymbol{F}$ 使扳手绕点 $O$ 的转动效应，取决于力 $\boldsymbol{F}$ 的大小和力作用线到点 $O$ 的垂直距离 $h$。这

种转动效应可用力对点的矩来度量。力对点的矩实际上是力对通过矩心且垂直于平面的轴的矩。

图 1-14　　图 1-15

设平面上作用一力 $\boldsymbol{F}$，在该平面内任取一点 $O$ 称为**力矩中心**，简称**矩心**，如图 1-15 所示。点 $O$ 到力作用线的垂直距离 $h$ 称为力臂。力 $\boldsymbol{F}$ 对点 $O$ 的矩用 $M_O$（$\boldsymbol{F}$）表示或 $M_O$ 表示，计算公式为

$$M_O(\boldsymbol{F}) = \pm Fh \tag{1-5}$$

即在平面问题中力对点的矩是一个代数量，它的绝对值等于力的大小与力臂的乘积。力矩的正负号通常规定为：力使物体绕矩心逆时针方向转动时为正，顺时针方向转动时为负。

力矩在下列两种情况下等于零：①力的大小等于零；②力的作用线通过矩心，即力臂等于零。

力矩的量纲是［力］·［长度］，在国际单位制中用牛·米（N·m）作为单位。

**二、平面问题中力对点的矩的解析表达式**

在力对点的矩的计算中，还常用解析表达式。由图 1-16 可见，力对坐标原点的矩

$$\begin{aligned} M_O(\boldsymbol{F}) &= Fh = Fr\sin(\alpha - \theta) \\ &= Fr\sin\alpha\cos\theta - Fr\cos\alpha\sin\theta \\ &= r\cos\theta \cdot F\sin\alpha - r\sin\theta \cdot F\cos\alpha \end{aligned}$$

由于力 $\boldsymbol{F}$ 作用点 $A$ 坐标为 $x = r\cos\theta$，$y = r\sin\theta$；力 $\boldsymbol{F}$ 在 $x$ 轴投影 $X = F\cos\alpha$，在 $y$ 轴投影为 $Y = F\sin\alpha$。所以

$$M_O(\boldsymbol{F}) = xY - yX \tag{1-6}$$

一旦知道力作用点的坐标 $x$、$y$ 和力在坐标轴上的投影 $X$、$Y$，利用式（1-6）便可计算出力对坐标原点之矩。式（1-6）称为力矩的解析表达式。

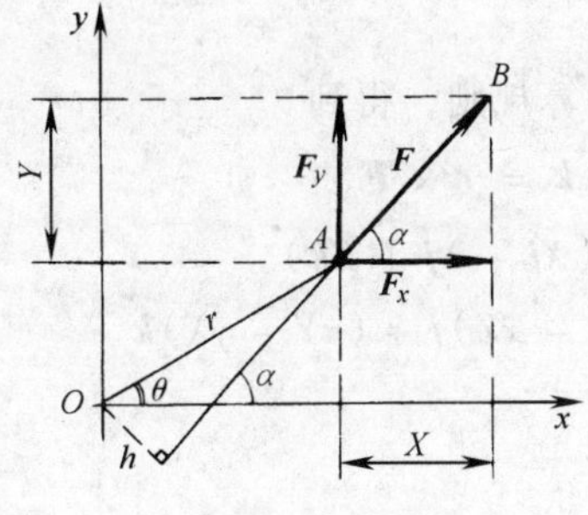


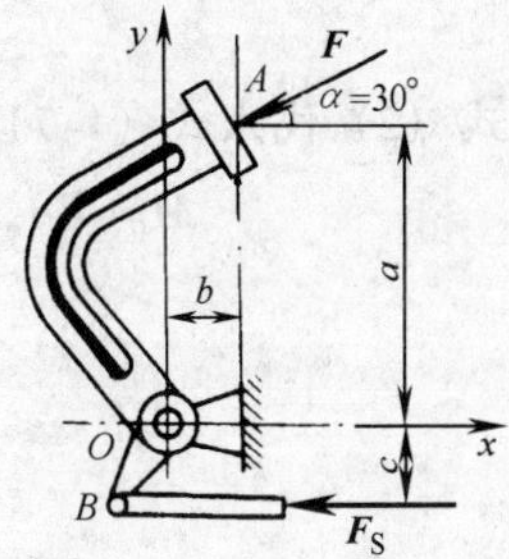


图 1-16　　图 1-17

**例 1-3**　制动踏板如图 1-17 所示，已知 $F = 300\text{N}$，$a = 0.25\text{m}$，$b = c = 0.05\text{m}$，推杆顶力 $\boldsymbol{F}_S$ 为水平方向，$\boldsymbol{F}$ 与水平线夹角 $\alpha = 30°$。试求踏板平衡时，推杆顶力 $\boldsymbol{F}_S$ 的大小。（提

示：平衡时 $F_S \cdot c$ 等于力 $\boldsymbol{F}$ 对 $O$ 点的矩的值）

**解** 踏板 $AOB$ 为绕定轴 $O$ 转动的杠杆，力 $\boldsymbol{F}$ 对 $O$ 点矩与力 $\boldsymbol{F}_S$ 对 $O$ 点矩相互平衡。力 $\boldsymbol{F}$ 作用点 $A$ 坐标为

$$x = b = 0.05\text{m} \quad y = a = 0.25\text{m}$$

力 $\boldsymbol{F}$ 在 $x$、$y$ 轴投影为

$$X = -F\cos 30° = -260\text{N} \qquad Y = -F\sin 30° = -150\text{N}$$

由式（1-6）得到力 $\boldsymbol{F}$ 对 $O$ 点的矩

$$M_O(\boldsymbol{F}) = xY - yX = [0.05 \times (-150) - 0.25 \times (-260)]\text{N} \cdot \text{m} = 57.5\text{N} \cdot \text{m}$$

力 $\boldsymbol{F}_S$ 对 $O$ 点的矩等于 $F_S \times c$，由杠杆平衡条件 $\Sigma M_O(\boldsymbol{F}) = 0$，得到

$$F_S = \frac{M_O(\boldsymbol{F})}{c} = \frac{57.5}{0.05}\text{N} = 1149\text{N}$$

### *三、空间问题中力对点的矩

力矩是度量力对物体的转动效应的物理量。对空间三维问题，我们需要建立力对点的矩的矢量表达式。

设 $O$ 点为空间的任意定点，自 $O$ 点至力 $\boldsymbol{F}$ 的作用点 $A$ 引矢径 $\boldsymbol{r}$，如图 1-18 所示。$\boldsymbol{r}$ 和 $\boldsymbol{F}$ 的矢积（叉积）称为力 $\boldsymbol{F}$ 对 $O$ 点的矩，记作 $\boldsymbol{M}_O(\boldsymbol{F})$，它是一个矢量，$O$ 点称为矩心。

即

$$\boldsymbol{M}_O(\boldsymbol{F}) = \boldsymbol{r} \times \boldsymbol{F} \tag{1-7}$$

注意式（1-5）中 $M_O(\boldsymbol{F})$ 为代数量（标量），而式（1-7）中 $\boldsymbol{M}_O(\boldsymbol{F})$ 为矢量。

设力作用点 $A$ 的坐标（$x$，$y$，$z$），$\boldsymbol{i}$、$\boldsymbol{j}$、$\boldsymbol{k}$ 为 $x$、$y$、$z$ 轴上单位矢量，力 $\boldsymbol{F}$ 用坐标轴上的投影 $X$、$Y$、$Z$ 表示为

$$\boldsymbol{F} = X\boldsymbol{i} + Y\boldsymbol{j} + Z\boldsymbol{k} \tag{1}$$

矢量叉积运算中 $\boldsymbol{i} \times \boldsymbol{i} = \boldsymbol{j} \times \boldsymbol{j} = \boldsymbol{k} \times \boldsymbol{k} = 0$

$$\boldsymbol{i} \times \boldsymbol{j} = -\boldsymbol{j} \times \boldsymbol{i} = \boldsymbol{k}$$
$$\boldsymbol{j} \times \boldsymbol{k} = -\boldsymbol{k} \times \boldsymbol{j} = \boldsymbol{i}$$
$$\boldsymbol{k} \times \boldsymbol{i} = -\boldsymbol{i} \times \boldsymbol{k} = \boldsymbol{j}$$

以 $M_{Ox}$、$M_{Oy}$、$M_{Oz}$ 分别表示力矩 $\boldsymbol{M}_O(\boldsymbol{F})$ 在 $x$、$y$、$z$ 轴上的投影，由于

$$\boldsymbol{r} = x\boldsymbol{i} + y\boldsymbol{j} + z\boldsymbol{k} \tag{2}$$

将式（1）、式（2）代入式（1-7），根据矢量叉积的运算规则，得到

$$\begin{aligned} \boldsymbol{M}_O(\boldsymbol{F}) &= M_{Ox}\boldsymbol{i} + M_{Oy}\boldsymbol{j} + M_{Oz}\boldsymbol{k} = \boldsymbol{r} \times \boldsymbol{F} \\ &= (x\boldsymbol{i} + y\boldsymbol{j} + z\boldsymbol{k}) \times (X\boldsymbol{i} + Y\boldsymbol{j} + Z\boldsymbol{k}) \\ &= (yZ - zY)\boldsymbol{i} + (zX - xZ)\boldsymbol{j} + (xY - yX)\boldsymbol{k} \end{aligned} \tag{1-8}$$

于是得到

$$\begin{aligned} M_{Ox} &= yZ - zY \\ M_{Oy} &= zX - xZ \\ M_{Oz} &= xY - yX \end{aligned} \tag{1-9}$$

将矢量叉积 $\boldsymbol{r} \times \boldsymbol{F}$ 用三阶行列式表示

$$M_O(F) = \begin{vmatrix} i & j & k \\ x & y & z \\ X & Y & Z \end{vmatrix} \tag{1-10}$$

在计算机上进行数值计算常运用式（1-9）编制程序，式（1-10）简捷明了、便于记忆。

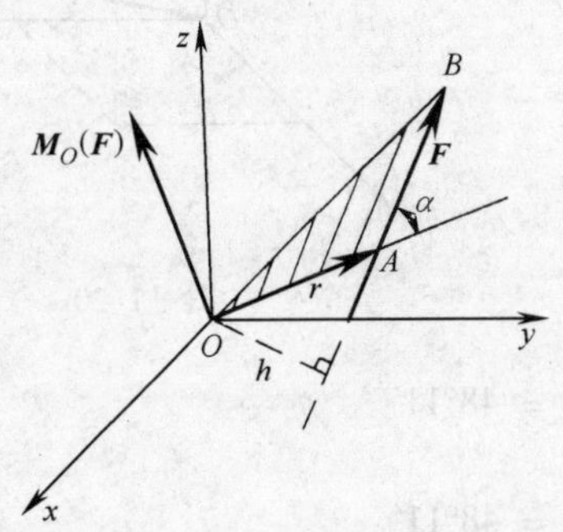


图 1-18

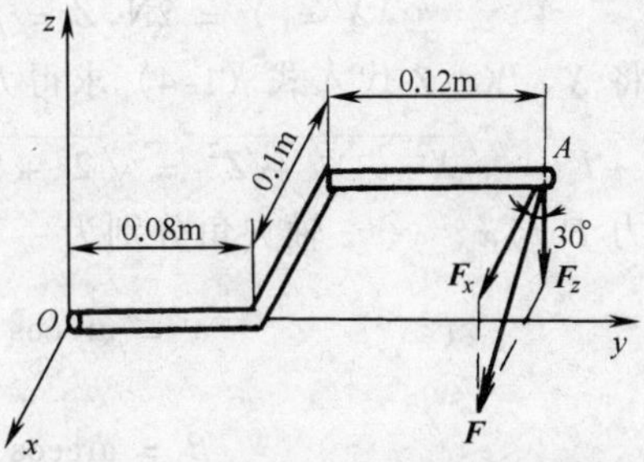

图 1-19

**例 1-4** 如图 1-19 所示，大小为 200N 的力 $\boldsymbol{F}$ 平行于 $Oxz$ 平面，作用于曲柄的右端 $A$ 点，曲柄在 $Oxy$ 平面内。试求力 $\boldsymbol{F}$ 对坐标原点 $O$ 的力矩 $\boldsymbol{M}_O$（$\boldsymbol{F}$）。

**解** 曲柄上的右端 $A$ 点坐标为

$$x = -0.1\text{m}$$
$$y = (0.08 + 0.12)\text{m} = 0.2\text{m}$$
$$z = 0.0$$

力 $\boldsymbol{F}$ 在 $x$、$y$、$z$ 轴上的投影为

$$X = F\sin30° = 200 \times 0.5000\text{N} = 100.0\text{N}$$
$$Y = 0.0$$
$$Z = -F\cos30° = -200 \times 0.8660\text{N} = -173.2\text{N}$$

力 $\boldsymbol{F}$ 对 $O$ 点矩为

$$\boldsymbol{M}_O(\boldsymbol{F}) = \begin{vmatrix} \boldsymbol{i} & \boldsymbol{j} & \boldsymbol{k} \\ x & y & z \\ X & Y & Z \end{vmatrix} = \begin{vmatrix} \boldsymbol{i} & \boldsymbol{j} & \boldsymbol{k} \\ -0.1 & 0.2 & 0.0 \\ 100.0 & 0.0 & -173.2 \end{vmatrix}$$

$$= \begin{vmatrix} 0.2 & 0.0 \\ 0.0 & -173.2 \end{vmatrix} \boldsymbol{i} - \begin{vmatrix} -0.1 & 0.0 \\ 100.0 & -173.2 \end{vmatrix} \boldsymbol{j} + \begin{vmatrix} -0.1 & 0.2 \\ 100.0 & 0.0 \end{vmatrix} \boldsymbol{k}$$

$$= 0.2 \times (-173.2)\boldsymbol{i} - (-0.1) \times (-173.2)\boldsymbol{j} - 0.2 \times 100.0\boldsymbol{k}$$

$$= -34.64\boldsymbol{i} - 17.32\boldsymbol{j} - 20.0\boldsymbol{k}$$

即 $M_{Ox} = -34.64\text{N·m}$，$M_{Oy} = -17.32\text{N·m}$，$M_{Oz} = -20.0\text{N·m}$。

**例 1-5** 如图 1-20 所示，已知力 $\boldsymbol{F}$ 作用点 $A$ 坐标（3，4，5），单位为 m；对 $O$ 点力矩 $\boldsymbol{M}_O$（$\boldsymbol{F}$）$= -6\boldsymbol{i} + 7\boldsymbol{j} - 2\boldsymbol{k}$，单位为 N·m。试求力 $\boldsymbol{F}$ 的大小和方向。

**解** 力作用点 $A$ 坐标为：$x = 3.0\text{m}$，$y = 4.0\text{m}$，$z = 5.0\text{m}$

力 $\boldsymbol{F}$ 对 $O$ 点矩在坐标轴上投影为 $M_{Ox} = -6\text{N·m}$，$M_{Oy} = 7\text{N·m}$，$M_{Oz} = -2\text{N·m}$

力矢量表达为：$\boldsymbol{F} = X\boldsymbol{i} + Y\boldsymbol{j} + Z\boldsymbol{k}$

将坐标值、力和力矩投影代入式（1-9）得到

$$\begin{cases} 4Z - 5Y = -6 \\ 5X - 3Z = 7 \\ 3Y - 4X = -2 \end{cases}$$

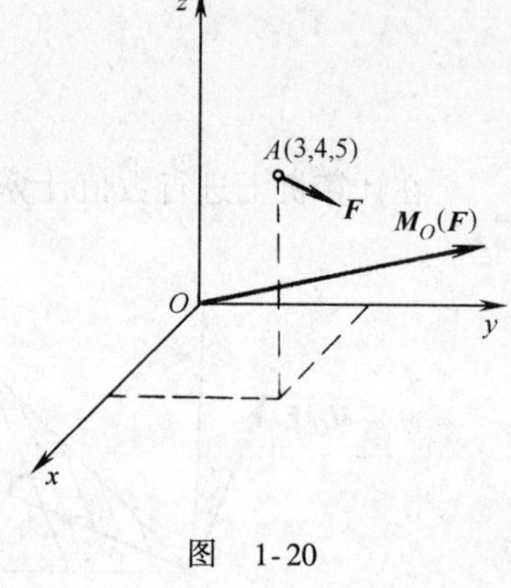

图 1-20

求解上述三元一次方程组，得到

$$X = Y = 2\text{N}, Z = 1\text{N}$$

将 $X$、$Y$、$Z$ 代入式（1-4）求得力 $\boldsymbol{F}$ 的大小

$$F = \sqrt{X^2 + Y^2 + Z^2} = \sqrt{2^2 + 2^2 + 1^2}\text{N} = 3\text{N}$$

力 $\boldsymbol{F}$ 与 $x$、$y$、$z$ 轴夹角分别为

$$\alpha = \arccos\frac{X}{F} = \arccos\frac{2}{3} = 48°11'$$

$$\beta = \arccos\frac{Y}{F} = \arccos\frac{2}{3} = 48°11'$$

$$\gamma = \arccos\frac{Z}{F} = \arccos\frac{1}{3} = 70°31'$$

## 第五节　力对轴的矩

在机电系统中，存在着大量绕固定轴转动的构件，例如电动机转子、齿轮、飞轮、机床主轴等。力对轴的矩是度量作用力对绕轴转动物体作用效果的物理量。我们讨论图 1-21 所示手推门的情况。设门绕固定轴 $z$ 转动，其上 $A$ 点受力 $\boldsymbol{F}$ 的作用。将力 $\boldsymbol{F}$ 沿 $z$ 轴和垂直于 $z$ 轴的 $H$ 平面分解为 $\boldsymbol{F}_z$ 和 $\boldsymbol{F}_{xy}$ 两个分量。实践表明，分力 $\boldsymbol{F}_z$ 不能使刚体绕 $z$ 轴转动，只有分力 $\boldsymbol{F}_{xy}$ 才能使刚体产生绕 $z$ 轴的转动。所以，力 $\boldsymbol{F}$ 对 $z$ 轴的转动效应取决于分力 $\boldsymbol{F}_{xy}$ 对 $O$ 点的矩，称为力 $\boldsymbol{F}$ 对 $z$ 轴的矩，以符号 $M_z$（$\boldsymbol{F}$）表示。扩展到一般情形，如图 1-22 所示，定义：**力 $\boldsymbol{F}$ 对任意轴 $z$ 的矩，等于力 $\boldsymbol{F}$ 在垂直于 $z$ 轴的 $\boldsymbol{H}$ 平面上的分力 $\boldsymbol{F}_{xy}$ 对 $z$ 轴与平面 $\boldsymbol{H}$ 交点 $\boldsymbol{O}$ 的矩。**

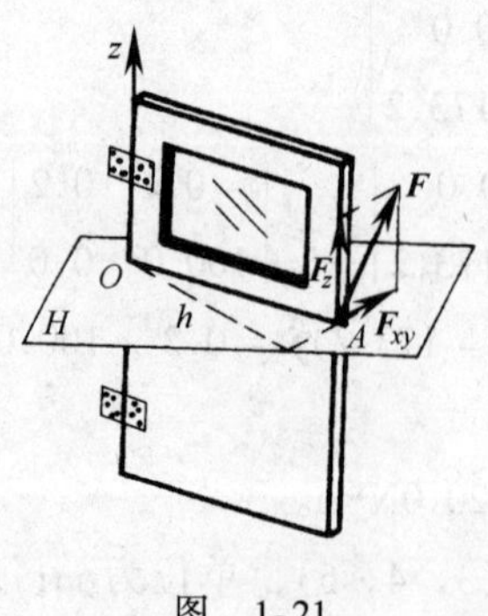

图 1-21

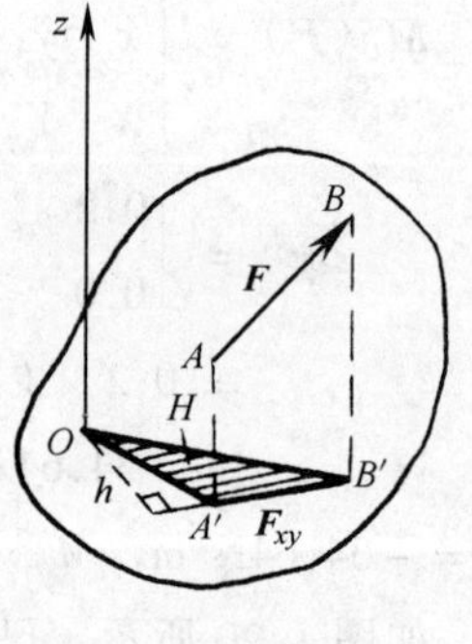

图 1-22

力对轴的矩其正负号按照右手螺旋规则确定，即从矩轴的正端向另一端看去，力使刚体绕矩轴逆时针转动取正号，顺时针转动取负号。

根据上面的定义可知，力对任意轴 $z$ 的矩为零的条件是：

1）若力 $\boldsymbol{F}$ 的作用线与轴平行，则 $\boldsymbol{F}_{xy}$ 等于零，故力对轴的矩为零；

2）若力 $\boldsymbol{F}$ 的作用线与轴相交，则力臂为零，故力对轴的矩也为零。

概括上述两种情况，得到：当力的作用线与轴共面时，力对轴的矩为零。

当力不为零并且它的作用线与轴是异面直线时，力对轴的矩不等于零。力对轴的矩的单位是牛·米（N·m）。

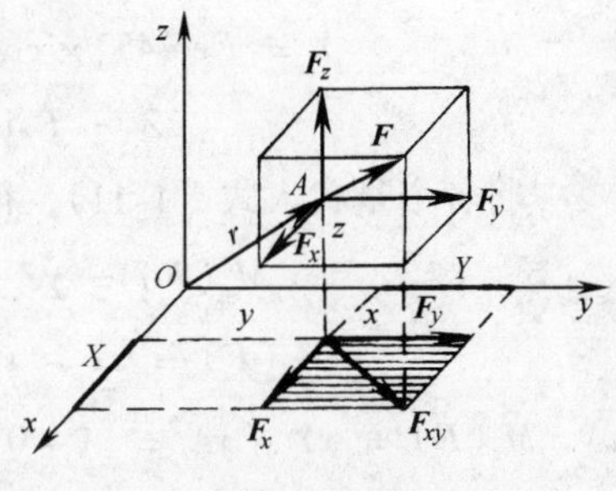


图 1-23

讨论图 1-23 所示的一般情形，设力 $\boldsymbol{F}$ 的作用点 $A$ 的坐标为（$x$，$y$，$z$），力 $\boldsymbol{F}$ 沿着坐标轴的分力分别为 $\boldsymbol{F}_x$、$\boldsymbol{F}_y$、$\boldsymbol{F}_z$，在坐标轴上的投影为 $X$、$Y$、$Z$。按力对轴的矩的定义得到力对 $x$、$y$、$z$ 坐标轴的矩的解析表达式

$$\begin{cases} M_x(\boldsymbol{F}) = yZ - zY \\ M_y(\boldsymbol{F}) = zX - xZ \\ M_z(\boldsymbol{F}) = xY - yX \end{cases} \tag{1-11}$$

对照式（1-9）、式（1-11），得到

$$\begin{cases} M_{Ox} = M_x(\boldsymbol{F}) \\ M_{Oy} = M_y(\boldsymbol{F}) \\ M_{Oz} = M_z(\boldsymbol{F}) \end{cases} \tag{1-12}$$

注意：力 $\boldsymbol{F}$ 对任意轴 $z$ 的矩 $M_x$（$\boldsymbol{F}$）、$M_y$（$\boldsymbol{F}$）、$M_z$（$\boldsymbol{F}$）为代数量，是标量；而力对点的矩 $\boldsymbol{M}_O$（$\boldsymbol{F}$）是矢量，$\boldsymbol{M}_O(\boldsymbol{F}) = M_{Ox}\boldsymbol{i} + M_{Oy}\boldsymbol{j} + M_{Oz}\boldsymbol{k}$，$M_{Ox}$、$M_{Oy}$ 和 $M_{Oz}$ 是 $\boldsymbol{M}_O$（$\boldsymbol{F}$）在 $x$、$y$、$z$ 轴的投影。由式（1-12）得到**力矩关系定理：力 $\boldsymbol{F}$ 对点 $O$ 的力矩矢 $\boldsymbol{M}_O$（$\boldsymbol{F}$）在 $Oxyz$ 坐标轴上的投影等于力 $\boldsymbol{F}$ 对 $x$、$y$、$z$ 轴的力矩。**

**例 1-6** 构件 $OA$ 在 $A$ 点受到力 $F = 1000\text{N}$ 的作用，方向如图 1-24a 所示。图中 $A$ 点在 $Oxy$ 平面内，尺寸如图所示。试求力 $\boldsymbol{F}$ 对 $x$、$y$、$z$ 坐标轴的矩 $M_x$（$\boldsymbol{F}$）、$M_y$（$\boldsymbol{F}$）、$M_z$（$\boldsymbol{F}$）。

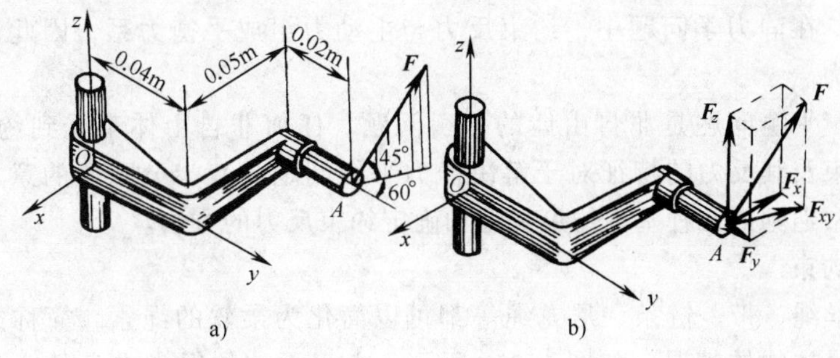


图 1-24

**解** 力 $\boldsymbol{F}$ 作用点 $A$ 的坐标为

$$x = -0.050\text{m}, \quad y = 0.060\text{m}, \quad z = 0.0$$

力 $\boldsymbol{F}$ 在 $x$、$y$、$z$ 轴上的投影为

$$X = -F\cos45° \times \sin60° = -1000.0 \times 0.7071 \times 0.8660\text{N} = -612.4\text{N}$$

$$Y = F\cos45° \times \cos60° = 1000.0 \times 0.7071 \times 0.5000\text{N} = 353.6\text{N}$$

$$Z = F\sin45° = 1000.0 \times 0.7071\text{N} = 707.1\text{N}$$

将各个量代入式（1-11），得力 $\boldsymbol{F}$ 对三个坐标轴的矩分别为

$$M_x(\boldsymbol{F}) = yZ - zY = 0.060 \times 707.1\text{N}\cdot\text{m} = 42.4\text{N}\cdot\text{m}$$

$$M_y(\boldsymbol{F}) = zX - xZ = -(-0.050) \times 707.1\text{N}\cdot\text{m} = 35.4\text{N}\cdot\text{m}$$

$$M_z(\boldsymbol{F}) = xY - yX = [(-0.050) \times 353.6 - 0.060 \times (-612.4)]\text{N}\cdot\text{m} = 19.1\text{N}\cdot\text{m}$$

## 第六节　约束和约束反力

在空间自由运动、其位移不受限制的物体称为自由体。例如，飞行中的飞机、热气球、火箭等。而某些物体的位移受到事先给定的限制，不可能在空间自由运动，这种物体称为**非自由体**。例如，铁路上列车受铁轨的限制只能沿轨道方向运动；数控机床工作台受床身导轨的限制只能沿导轨移动；电机转子受轴承的限制只能绕轴线转动。事先给定的限制物体运动的条件称为**约束**。对非自由体的某些位移起限制作用的周围物体也可称为约束。例如，铁轨对列车、导轨对工作台、轴承对转子等都是约束。

既然约束能够限制物体沿某些方向的位移，因而，当物体沿着约束所限制的方向有运动趋势时，约束就与物体之间互相存在着作用力。约束作用于物体以限制物体沿某些方向发生位移的力称为**约束反力或约束力**，简称**反力**。约束反力以外的其他力统称为**主动力**，例如电磁力、切削力、流体的压力、万有引力等，它们往往是给定的或可测定的。约束反力的方向必与该约束所能阻碍的运动方向相反。应用这个准则，可以确定约束反力的方向或作用线的位置。例如，地面对人的约束是阻碍人向地下运动，其约束反力只能向上。约束反力的大小往往是未知的，在静力学问题中，约束反力与主动力组成平衡力系，因此，可用平衡条件求出约束反力。

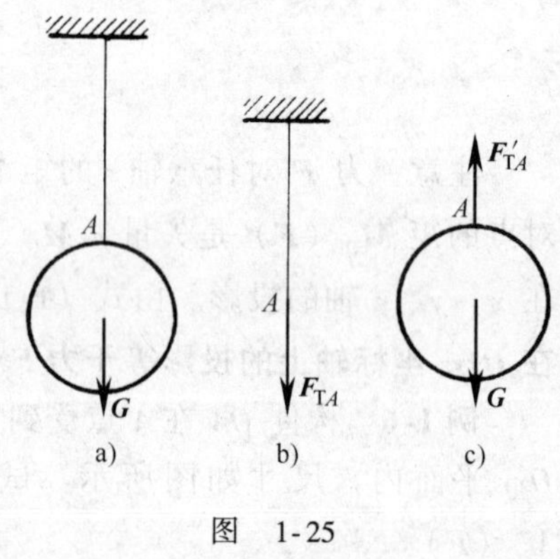

图　1-25

机械中大量平衡问题是非自由体的平衡问题。任何非自由体都受到约束力的作用，因此，研究约束及其反力的特征对于解决静力平衡问题具有十分重要的意义。下面介绍在工程实际中常遇到的几种基本约束类型和确定约束反力的方法。

### 一、柔索约束

工程中钢丝绳、带、链条、尼龙绳等都可以简化为柔软的绳索，简称柔索。讨论非常简单的绳索吊挂物体情况，如图 1-25a 所示。由于柔软的绳索本身只能承受拉力（图 1-25b)，所以它给物体的约束反力也只能是拉力（图 1-25c)。因此，柔索对物体的约束反力，作用在接触点，方向沿着柔索背离物体（即柔索承受拉力）。约束反力通常用 $\boldsymbol{F}_{\text{T}}$ 表示。

现讨论铁链吊起减速箱盖（图 1-26a）。箱盖所受重力为 $\boldsymbol{G}$，将铁链视为柔索，只能承受拉力，根据约束反力的性质，铁链作用于箱盖的力为 $\boldsymbol{F}_{TB}$、$\boldsymbol{F}_{TC}$，铁链作用于圆环 $A$ 的力为 $\boldsymbol{F}_{T}$、$\boldsymbol{F}'_{TB}$、$\boldsymbol{F}'_{TC}$，其方向如图 1-26b 所示。带同样只能承受拉力，当绕过带轮时，约束反力沿轮缘的切线方向，如图 1-27 所示。

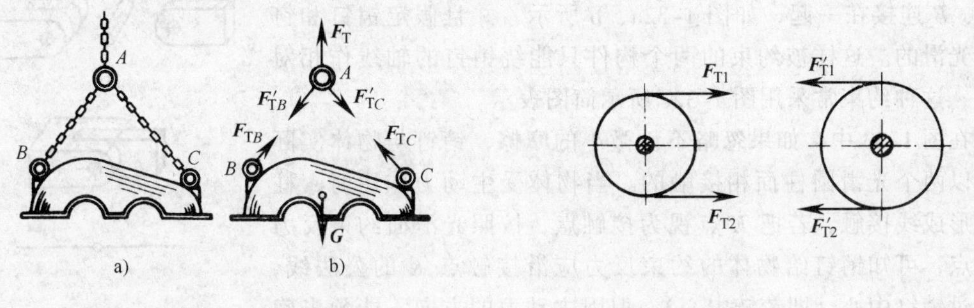


图 1-26

图 1-27

二、具有光滑接触表面的约束

在所研究的问题中，如果两个物体接触面之间的摩擦力很小，可以忽略不计时，则认为接触面是光滑的。例如，支撑物体的固定平面（图 1-28）、啮合齿轮的齿面（图 1-29）、直杆搁置在凹槽中（图 1-30）、所受重力为 $\boldsymbol{G}$ 的光滑圆轴搁在 V 形铁上（图 1-31）。讨论图 1-28 所示情况，支承面不能限制物体沿约束表面切线的位移，只能阻碍物体沿接触表面法线向约束内部的位移。因此，光滑接触面对物体的约束反力，作用在接触点处，作用线方向沿接触表面的公法线，并指向物体（即物体受压力）。这种约束反力称为**法向反力**，用 $\boldsymbol{F}_{N}$ 表示。如图 1-28 中的 $\boldsymbol{F}_{NA}$ 和图 1-29 中 $\boldsymbol{F}_{NB}$。图 1-30 中直杆在 $A$、$B$、$C$ 三点受到约束，按照光滑接触面的性质，约束力 $\boldsymbol{F}_{NA}$、$\boldsymbol{F}_{NB}$ 和 $\boldsymbol{F}_{NC}$ 分别为方向沿相应接触面公法线。图 1-31 中，圆轴受到 V 形铁的约束力为 $\boldsymbol{F}_{NA}$、$\boldsymbol{F}_{NB}$，它们的方向垂直于相应的接触面。

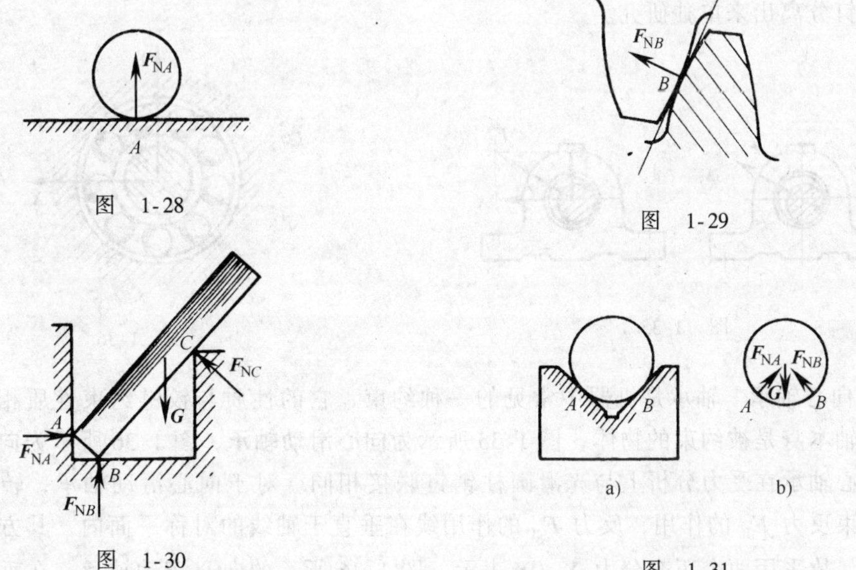


图 1-28

图 1-29

图 1-30

图 1-31

### 三、光滑圆柱铰链约束

光滑圆柱铰链约束由两个带有圆孔的构件并由圆柱销钉联接构成。它在机械工程中有许多具体应用形式。

1. 光滑圆柱销钉联接　这类铰链用圆柱形销钉 $C$ 将两个物体 $A$、$B$ 连接在一起，如图 1-32a、b 所示，并且假定销钉和钉孔是光滑的。这样被约束的两个构件只能绕销钉的轴线作相对转动，这种约束常采用图 1-32c 所示简图表示。

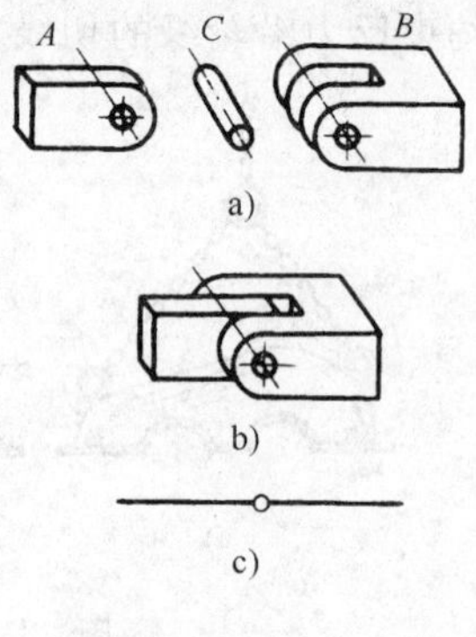

图　1-32

在图 1-33 中，如果忽略不计微小的摩擦，销钉与物体实际上是以两个光滑圆柱面相接触的。当物体受主动力作用时，柱面间形成线接触，若把 $K$ 点视为接触点，按照光滑面约束反力的特点，可知销钉给物体的约束反力应沿接触点 $K$ 的公法线，必通过销钉中心（即铰链中心），但因主动力的方向不能预先确定，所以约束反力方向也不能预先确定。由此可得如下结论：圆柱形销钉联接的约束反力必通过铰链中心，方向不定。约束反力用两个正交分力 $\boldsymbol{X}$、$\boldsymbol{Y}$ 来表示。

机械工程中采用圆柱销钉联接的实例很多，图 1-34 所示为曲柄滑块机构简图。曲柄 $OA$ 与连杆 $AB$、连杆 $AB$ 与滑块 $B$ 分别用光滑圆柱销钉 $A$、$B$ 联接起来。

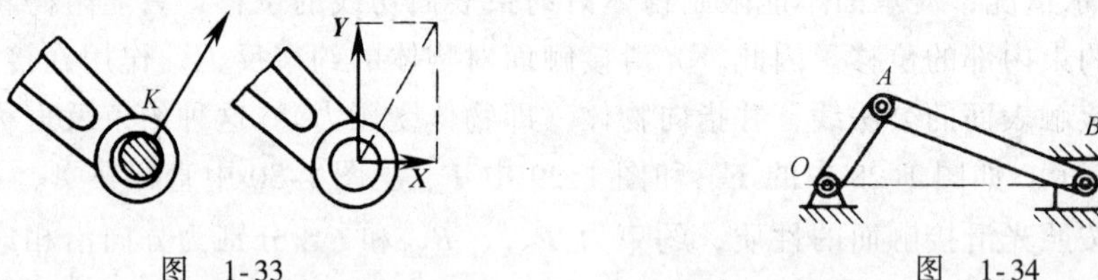

图　1-33　　图　1-34

需要指出，对光滑圆柱销钉联接的两个构件进行受力分析时，通常把光滑圆柱销钉看作固定在其中一个构件上，一般不画销钉受力图，只有在需要分析圆柱销钉的受力时才把销钉分离出来单独研究。

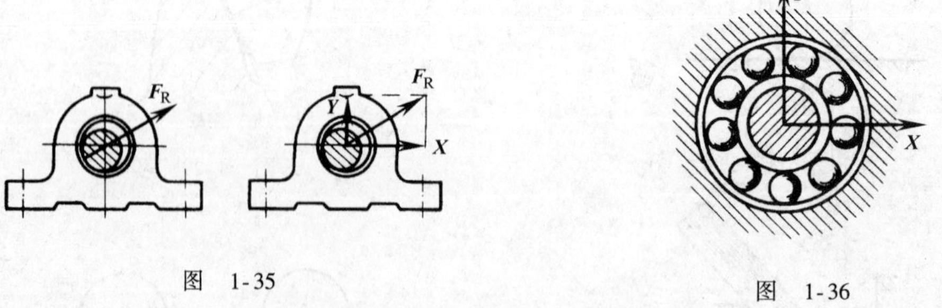

图　1-35　　图　1-36

2. 向心轴承　轴承是机器中常见的一种约束，它的性质与铰链约束性质相同，只是在这里轴本身是被约束的物体，图 1-35 所示为**向心滑动轴承**，图 1-36 所示为**向心滚动轴承**。向心轴承在受力分析上与光滑圆柱销钉联接相同。对于向心滑动轴承，转轴的轴颈受到约束反力 $\boldsymbol{F}_R$ 的作用，反力 $\boldsymbol{F}_R$ 的作用线在垂直于轴线的对称平面内，其方向不能预先确定，故采用两个正交分力 $\boldsymbol{X}$、$\boldsymbol{Y}$ 表示。图 1-36 所示的向心滚动轴承，在垂直于轴线的平面内，轴承只限制轴的移动而不限制轴的转动，所受约束性质与光滑圆柱销钉联接相同，约束反力可用两个正交分力 $\boldsymbol{X}$、$\boldsymbol{Y}$ 表示。

3. 固定铰链支座　工程中常用铰链将机器中相邻构件联接起来，桥梁、起重机的起重臂等构件同支座或机架之间也采用铰链联接。当转轴轴线在空间固定不动时，构成**固定铰链支座**。图 1-37a 表示桥梁 $A$ 端用固定铰链支座支承，其构造如图 1-37b 所示。固定铰链支座的约束反力往往不能预先确定，因此，采用两个正交分力 $\boldsymbol{X}$、$\boldsymbol{Y}$ 表示（图 1-37c）。

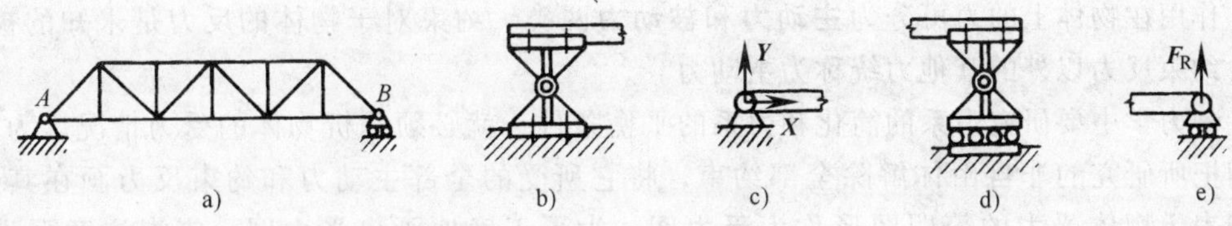


图　1-37

4. 可动铰链支座　如图 1-37a 所示桥梁的 $B$ 端为辊轴支座支承。如果在支座和支承面之间有辊轴，就称为**可动铰链支座**或**辊轴支座**，其构造如图 1-37d 所示。因为有了辊轴，且支承面视为光滑，支座对结构沿支承面的运动没有限制，所以可动铰链支座的约束反力 $\boldsymbol{F}_{\mathrm{R}}$ 垂直于支承面。图 1-37e 所示为可动铰链支座的简化图。当桥梁因热胀冷缩而长度发生变化时，可动铰链支座相应地沿支承面移动，从而避免了桥梁产生温度应力。

**四、光滑球铰链约束**

球铰链结构如图 1-38a 所示，杆端为球形，它被约束在一个固定的球窝中，球和球窝半径近似相等，球转动时球心是固定不动的，杆可以绕球心在空间任意转动。球铰链应用于空间问题，例如，电视机室内天线与基座的连接、机床上照明灯具的固定、汽车上变速操纵杆的固定以及照相机与三脚架之间的接头等。由于不计摩擦，并且球只能绕球心相对转动，所以约束反力必通过球心并且垂直于球面，即沿半径方向。因为预先不能确定球与球窝接触点的位置，所以约束反力在空间的方位不能确定。图 1-38b 为球铰链简图的表示方法，约束反力以三个正交分量 $\boldsymbol{X}_0$、$\boldsymbol{Y}_0$、$\boldsymbol{Z}_0$ 表示。

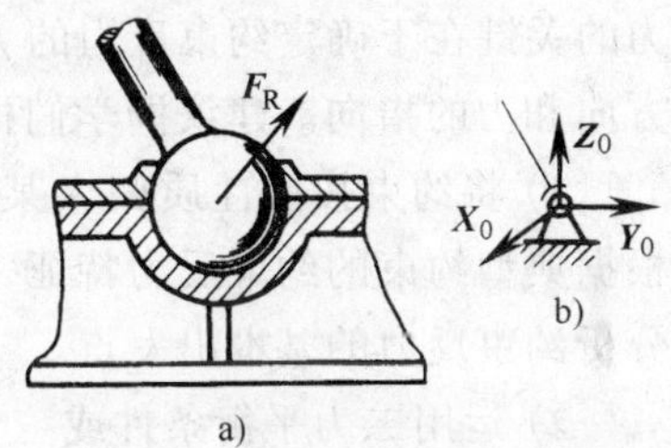


图　1-38

**五、链杆约束**

两端用光滑铰链与其他物体相连且不计自重的刚性直杆称为**链杆**。只受两个力作用并且平衡的构件称为二力杆。因链杆只是在两端各受到铰链作用于它的一个力而处于平衡，故属于二力杆，这两个力必定沿转轴中心的连线。故链杆对物体的约束反力也必沿着链杆轴线，方向不能预先确定。图 1-39a 所示为链杆 $AB$ 的简化图，链杆所产生的约束反力 $\boldsymbol{F}_A$ 如图 1-39b 所示。

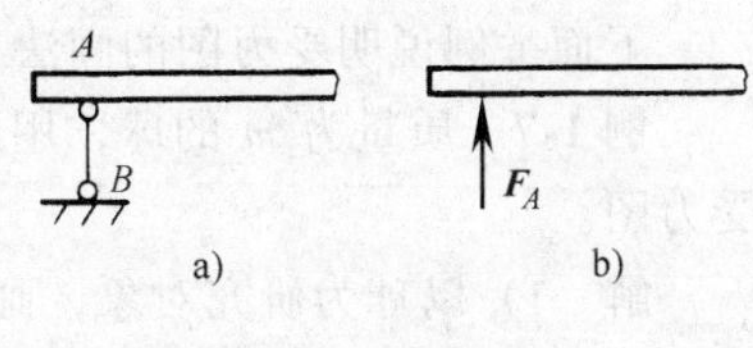


图　1-39

以上介绍的几种约束是比较常见的类型，在实际机械工程中应用的约束有时不完全是上述各种典型的约束形式，这时我们应该对实际约束的构造及其性质进行全面考虑，抓住主要矛盾，忽略次要因素，将其近似地简化为相应的典型约束形式，以便计算分析。

## 第七节 物体的受力分析和受力图

在工程实际中，为了求出未知的约束反力，需要根据已知力，应用平衡条件求解。为此，先要确定构件受了几个力，各个力的作用点和力的作用方向，这个分析过程称为**物体的受力分析**。

作用在物体上的力可分为**主动力**和**被动力**两类。约束对于物体的反力是未知的被动力。约束反力以外的其他力统称为主动力。

静力学中要研究力系的简化和力系的平衡条件，就必须分析物体的受力情况。为此，我们把所研究的非自由体解除全部约束，将它所受的全部主动力和约束反力画在其上，这种表示物体受力的简明图形称为**受力图**。为了正确地画出受力图，应当注意下列问题：

1. 明确研究对象　所谓研究对象就是所要研究的受力体，它往往是非自由体。求解静力学平衡问题，首先要明确研究对象是哪一个物体。明确后要分析它所受的力。在研究对象不明，受力情况不清的情况下，不要忙于画受力图。

2. 取分离体，画受力图　明确研究对象后，我们把研究对象从它周围物体的联系中分离出来，把其他物体对它的作用用相应的力表示，这就是取分离体、画受力图的过程。解除了约束的分离体受到主动力和约束反力的作用。画出主动力相对容易一些，分析受力的关键在于确定约束反力的方向，因此，要特别注意判断约束反力的作用点、作用线方向和力的指向。建议同学们根据以下三条原则来判断约束反力：

1）将约束按照性质归入某类典型约束，例如光滑接触面、光滑圆柱铰链、链杆等，根据典型约束的约束反力特征，可以确定反力的作用点、作用线方向和力的指向。这是分析约束反力的基本出发点。

2）运用二力平衡条件或三力平衡汇交定理确定某些约束反力。例如，构件受三个不平行的力作用而处于平衡，已知两力作用线相交于一点，第三个力为未知的约束反力，则此约束反力的作用线必通过此交点。

3）按照作用力和反作用力规律，分析两个物体之间的相互作用力。讨论作用力和反作用力时，要特别注意明确每一个力的受力体和施力体。研究对象是受力体，要把其他物体对它的作用力画在它的受力图上。当研究对象改变时，受力体也随着改变。

下面举例说明受力图的画法。

**例 1-7**　质量为 $m$ 的球，用绳挂在光滑的铅直墙上，如图 1-40a 所示。试画出此球的受力图。

**解**　1）以球为研究对象，画出图 1-40b 所示分离体，解除绳和墙的约束。

2）画出主动力 $\boldsymbol{G}$（$=m\boldsymbol{g}$）。

3）画出绳的约束反力 $\boldsymbol{F}_{T}$ 和光滑面约束反力 $\boldsymbol{F}_{NA}$。

**例 1-8**　两个圆柱放在图 1-41a 所示的槽中，圆柱所受的重力分别为 $\boldsymbol{G}_1$、$\boldsymbol{G}_2$，已知接触处均光滑。试分析每个圆柱的受力情况。

**解**　(1) 分析圆柱Ⅰ的受力情况　取圆柱Ⅰ为研究对象，画出分离体，圆柱Ⅰ的主

动力为 $\boldsymbol{G}_1$；圆柱Ⅰ在 $A$ 和 $B$ 两处都受到光滑面约束，其反力 $\boldsymbol{F}_{NA}$、$\boldsymbol{F}_{NB}$ 都通过圆柱Ⅰ的中心 $O_1$。圆柱Ⅰ的受力图如图 1-41b 所示。

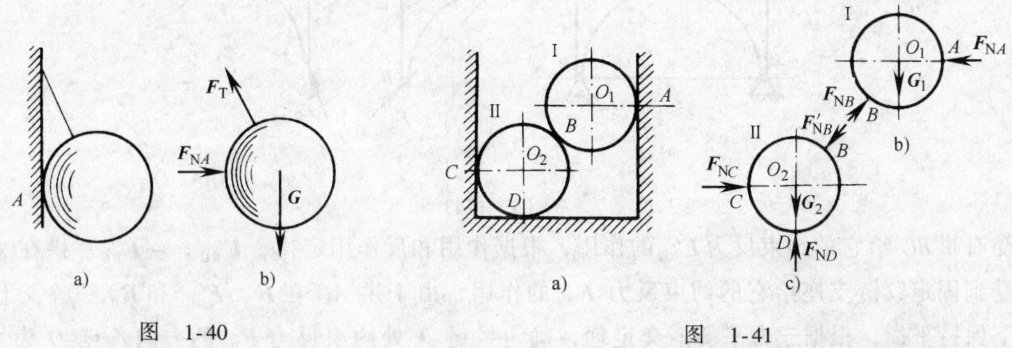


图 1-40　　图 1-41

(2) 分析圆柱Ⅱ的受力情况　取圆柱Ⅱ为研究对象，画出分离体。圆柱Ⅱ的主动力除了自重 $\boldsymbol{G}_2$ 外，还有上面圆柱Ⅰ传来的压力 $\boldsymbol{F}'_{NB}$，注意到 $\boldsymbol{F}'_{NB}$ 与 $\boldsymbol{F}_{NB}$ 为作用力和反作用力，$B$、$C$、$D$ 三处都受到光滑面约束，其反力 $\boldsymbol{F}'_{NB}$、$\boldsymbol{F}_{NC}$、$\boldsymbol{F}_{ND}$ 都通过圆柱Ⅱ的中心 $O_2$。并且 $\boldsymbol{F}'_{NB} = -\boldsymbol{F}_{NB}$。圆柱Ⅱ的受力图如图 1-41c 所示。

**例 1-9**　如图 1-42a 所示，梁 $AB$ 的 $B$ 端受到载荷 $\boldsymbol{F}$ 的作用，$A$ 端以光滑圆柱铰链固定于墙上，$C$ 处受直杆支撑，$C$、$D$ 均为光滑圆柱铰链，不计梁 $AB$ 和直杆 $CD$ 的自身重量，试画出杆 $CD$ 和梁 $AB$ 的受力图。

**解**　(1) 先分析杆 $CD$　已知杆 $CD$ 处于平衡状态，由于杆上只受到两端铰链 $C$、$D$ 的约束反力作用，且杆的重量不计，即直杆 $CD$ 在 $\boldsymbol{F}_{RC}$ 和 $\boldsymbol{F}_{RD}$ 作用下处于平衡，是二力构件中的链杆。所以 $\boldsymbol{F}_{RC}$ 和 $\boldsymbol{F}_{RD}$ 作用线沿 $CD$ 连线，并假设它们的指向如图 1-42b 所示。

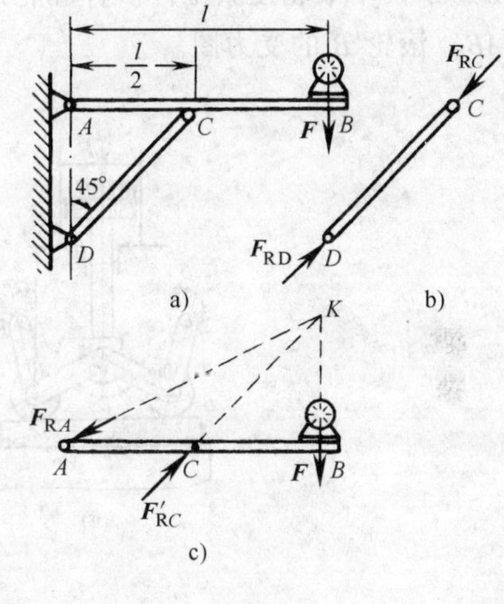


图 1-42

(2) 再分析杆 $AB$ 受力情况　力 $\boldsymbol{F}$ 垂直向下，杆 $CD$ 通过铰链 $C$ 对 $AB$ 杆的作用力 $\boldsymbol{F}'_{RC}$，$\boldsymbol{F}'_{RC}$ 为 $\boldsymbol{F}_{RC}$ 的反作用力，方向为从 $D$ 指向 $C$，$\boldsymbol{F}'_{RC}$ 与力 $\boldsymbol{F}$ 的作用线相交于 $K$ 点，由三力平衡汇交定理得到 $\boldsymbol{F}'_{RA}$ 必沿 $AK$ 方向，如图 1-42c 所示。至于约束反力的大小和指向，需要用下章介绍的平衡条件求得。

**例 1-10**　如图 1-43a 所示的三铰拱桥，由左、右两拱铰接而成。设各拱自重不计，在拱 $AC$ 上作用有载荷 $\boldsymbol{F}$。试分别画出拱 $AC$ 和 $CB$ 的受力图。

**解**　(1) 先分析受力比较简单的拱 $BC$　因为不考虑拱 $BC$ 的自重，并且只有 $B$、$C$ 两处受到铰链约束，因此拱 $BC$ 为二力构件。在铰链中心 $B$、$C$ 处分别受 $\boldsymbol{F}_{RB}$、$\boldsymbol{F}_{RC}$ 两力的作用，方向如图 1-43b 所示，且 $\boldsymbol{F}_{RB} = -\boldsymbol{F}_{RC}$。

(2) 取拱 $AC$ 为研究对象　由于不考虑自重，因此主动力只有载荷 $\boldsymbol{F}$。拱在铰链 $C$ 处

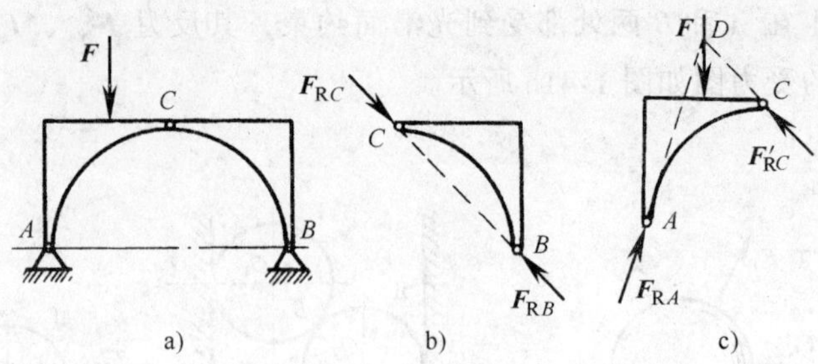


图 1-43

受有拱 $BC$ 给它的约束反力 $\boldsymbol{F}'_{RC}$ 的作用，根据作用和反作用定律，$\boldsymbol{F}'_{RC}=-\boldsymbol{F}_{RC}$。拱在 $A$ 处受到固定铰链支座给它的约束反力 $\boldsymbol{F}_{RA}$ 的作用，由于拱 $AC$ 在 $\boldsymbol{F}$、$\boldsymbol{F}'_{RC}$ 和 $\boldsymbol{F}_{RA}$ 三个力作用下保持平衡，根据三力平衡汇交定理，确定铰链 $A$ 处约束反力 $\boldsymbol{F}_{RA}$ 的方向。点 $D$ 为力 $\boldsymbol{F}$ 和 $\boldsymbol{F}'_{RC}$ 作用线的交点，当拱 $AC$ 平衡时，反力 $\boldsymbol{F}_{RA}$ 的作用线必通过点 $D$，至于 $\boldsymbol{F}_{RA}$ 的指向，需要用下一章的平衡条件确定。拱 $AC$ 的受力图如图 1-43c 所示。

**例 1-11** 液压夹具如图 1-44a 所示。已知液压缸中液压合力为 $\boldsymbol{F}$，沿活塞杆轴线作用于活塞上，缸壁对活塞的作用力忽略不计。四杆 $AB$、$BC$、$AD$、$DE$ 均为光滑铰链联接，$B$、$D$ 两个滚轮压紧工件。杆和轮的重量均忽略不计，接触均为光滑。试画出销钉 $A$、杆 $AB$、滚轮 $B$ 的受力图。

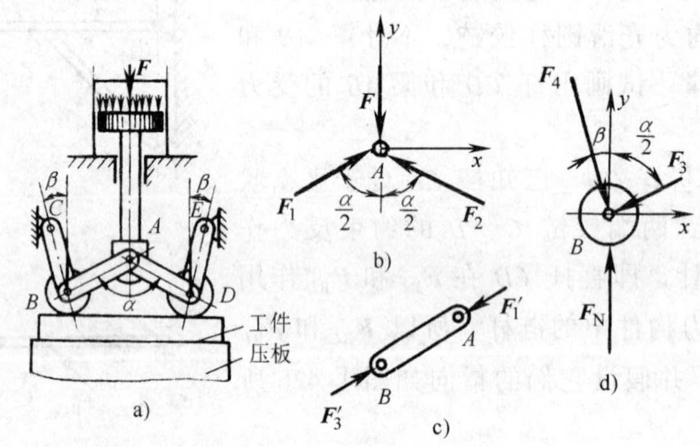


图 1-44

**解** 作用在活塞上的压力通过复合铰链 $A$ 推动连杆 $AB$ 和 $AD$，使滚轮 $B$ 和 $D$ 压紧压板和工件。由于杆 $AB$ 和杆 $AD$ 两端均为圆柱铰链并且不计杆自重，所以 $AB$ 和 $AD$ 都是二力杆。选择销钉 $A$ 为研究对象，二力杆 $AB$ 对其作用力 $\boldsymbol{F}_1$ 沿 $BA$ 方向，二力杆 $AD$ 对 $A$ 作用力 $\boldsymbol{F}_2$ 沿 $DA$ 方向，其受力图如图 1-44b 所示。

由作用与反作用定律得到，二力杆 $AB$ 受到销钉 $A$ 的作用力 $\boldsymbol{F}'_1$ 与 $\boldsymbol{F}_1$ 等值、反向、共线（作用在不同物体上）；滚轮 $B$ 对 $AB$ 作用力 $\boldsymbol{F}'_3$，应与 $\boldsymbol{F}'_1$ 等值、反向、共线（作用在同一物体上）。二力杆 $AB$ 受力图如图 1-44c 所示。

最后选择滚轮 $B$ 为研究对象，设滚轮 $B$ 与压板之间为光滑接触，故压板对滚轮的约束反力 $\boldsymbol{F}_N$ 沿接触面的公法线。由于 $AB$ 和 $BC$ 均为二力杆，它们对滚轮 $B$ 的约束反力 $\boldsymbol{F}_3$、$\boldsymbol{F}_4$ 分别沿 $BA$、$BC$ 方向。滚轮 $B$ 的受力图如图 1-44d 所示。

**例 1-12** 如图 1-45a 所示，梯子的两部分 *AB*、*AC* 由绳 *DE* 连接，*A* 处为光滑铰链。梯子放在光滑的水平面上，自重不计。质量为 *m* 的人站在 *AB* 的中点 *H* 处。试画出整个系统受力图以及绳子 *DE* 和梯子的 *AB*、*AC* 部分的受力图。

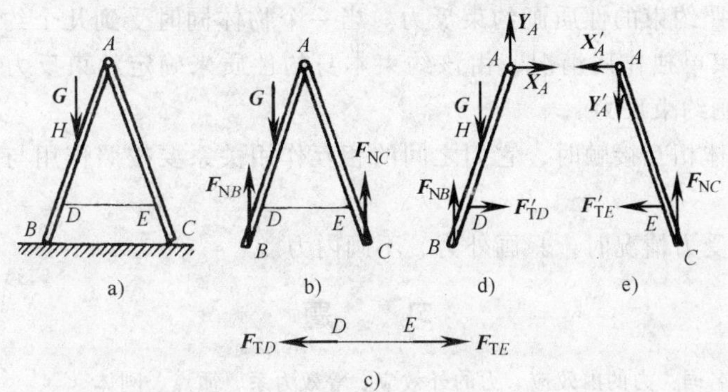


图 1-45

**解** (1) 讨论整个系统受力情况 主动力为 $\boldsymbol{G}=m\boldsymbol{g}$，按照光滑接触面性质，*B*、*C* 处受到沿法线方向的约束反力 $\boldsymbol{F}_{NB}$、$\boldsymbol{F}_{NC}$ 的作用，受力图如图 1-45b 所示。

(2) 绳子 *DE* 的受力分析 绳子两端 *D*、*E* 分别受到梯子对它的拉力 $\boldsymbol{F}_{TD}$、$\boldsymbol{F}_{TE}$ 的作用，如图 1-45c 所示。

(3) 梯子 *AB* 部分受力分析 在 *H* 处受到人对它的力 $\boldsymbol{G}$ 的作用，在铰链 *A* 处受到梯子 *AC* 部分给它的约束反力 $\boldsymbol{X}_A$ 和 $\boldsymbol{Y}_A$ 的作用。在点 *D* 处受到绳子对它的拉力 $\boldsymbol{F}'_{TD}$ 的作用。在点 *B* 处受到光滑地面对它的法向反力 $\boldsymbol{F}_{NB}$ 的作用。梯子 *AB* 部分的受力图如图 1-45d 所示。

(4) 梯子 *AC* 部分受力分析 在铰链 *A* 处受到梯子 *AB* 部分给它的约束反力 $\boldsymbol{X}'_A$ 和 $\boldsymbol{Y}'_A$ 的作用。在点 *E* 处受到绳子对它的拉力 $\boldsymbol{F}'_{TE}$ 的作用。在点 *C* 处受到光滑地面对它的法向反力 $\boldsymbol{F}_{NC}$ 的作用。梯子 *AC* 部分的受力图如图 1-45e 所示。

上题中存在着这样一些成对出现的作用力与反作用力：$\boldsymbol{X}'_A=-\boldsymbol{X}_A$、$\boldsymbol{Y}'_A=-\boldsymbol{Y}_A$、$\boldsymbol{F}'_{TD}=-\boldsymbol{F}_{TD}$、$\boldsymbol{F}'_{TE}=-\boldsymbol{F}_{TE}$，在讨论整个系统受力情况时，这些系统内部物体之间的相互作用力称为**内力**。内力总是成对出现且等值、反向、共线，对整个系统的作用效果相互抵消。系统以外的物体对系统的作用力称为**外力**。选择不同的研究对象，内力与外力之间可以相互转化，例如，在对整个系统进行受力分析时，$\boldsymbol{X}'_A$、$\boldsymbol{Y}'_A$ 和 $\boldsymbol{F}'_{TE}$ 是内力；在对梯子 *AC* 部分进行受力分析时，$\boldsymbol{X}'_A$、$\boldsymbol{Y}'_A$ 和 $\boldsymbol{F}'_{TE}$ 便是外力。可见，内力与外力的区分，只有相对于某一确定的研究对象才有意义。

正确地画出物体的受力图，是分析解决力学问题的基础。在本节开头已经介绍了画受力图时应注意的几个问题，通过上面几个例题，同学们对画受力图已有了一些认识，下面我们总结一下正确进行受力分析、画好受力图的关键点：

1) 选好研究对象。根据解题的需要，可以取单个物体或整个系统为研究对象，也可以取由几个物体组成的子系统为研究对象。

2) 正确确定研究对象受力的数目。既不能少画一个力，也不能多画一个力。力是物体之间相互的机械作用，因此，受力图上每个力都要明确它是哪一个施力物体作用的，不能凭空想像。物体之间的相互作用力可分为两类：第一类为场力，如万有引力、电磁力等；第二类为物体之间相互的接触作用力，例如压力、摩擦力等。因此，分析第二类力时，必须注意研究对象与周围物体在何处接触。

3）一定要按照约束的性质画约束反力。当一个物体同时受到几个约束的作用时，应分别根据每个约束单独作用情况，由该约束本身的性质来确定约束反力的方向，绝不能按照自己的想像画约束反力。

4）当几个物体相互接触时，它们之间的相互作用关系要按照作用与反作用定律来分析。

5）分析系统受力情况时，只画外力，不画内力。

## 习　题

1-1　解释下列名词：力的内效应、力的外效应、等效力系、质点、刚体。

1-2　平衡状态一定静止吗？什么是平衡力系？

1-3　什么是二力杆？二力杆一定是直杆吗？

1-4　什么是作用在刚体上的力的三要素？什么是三力平衡汇交定理？

1-5　如图 1-46 所示，已知力 $F_1=60\text{N}$，$\alpha_1=30°$；力 $F_2=80\text{N}$，$\alpha_2=45°$。试用力的三角形法则求合力 $\boldsymbol{F}_R$ 的大小以及与力 $\boldsymbol{F}_1$ 的夹角 $\beta$。

图　1-46　　　　图　1-47

1-6　已知 $\boldsymbol{F}_1$、$\boldsymbol{F}_2$、$\boldsymbol{F}_3$ 三个力同时作用在一个刚体上，它们的作用线位于同一平面，作用点分别为 $A$、$B$、$C$，如图 1-47 所示。已知力 $\boldsymbol{F}_1$、$\boldsymbol{F}_2$ 的作用线方向，试求力 $\boldsymbol{F}_3$ 的作用线方向。

1-7　如图 1-48 所示，圆柱斜齿轮受啮合力 $\boldsymbol{F}_n$ 的作用，大小为 2kN。已知斜齿轮的螺旋角 $\beta=15°$，压力角 $\alpha=20°$。试求力 $\boldsymbol{F}_n$ 沿 $x$、$y$ 和 $z$ 轴的分力。

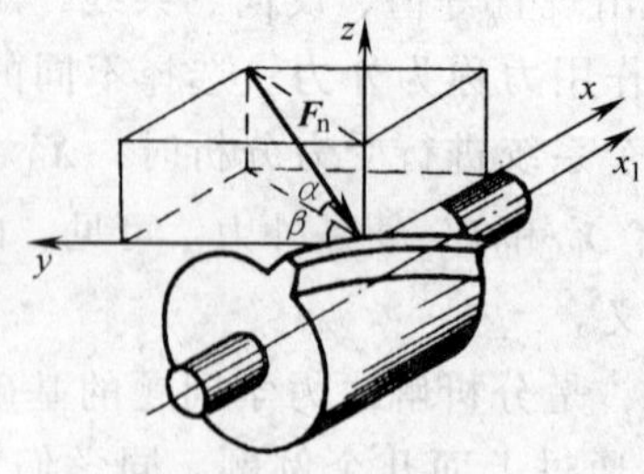


图　1-48

1-8　如图 1-49 所示，试计算各图中力 $\boldsymbol{F}$ 对点 $O$ 的矩。（$OA$ 线水平）

1-9　力 $\boldsymbol{F}$ 作用在曲轴的曲柄中点 $A$ 处，如图 1-50 所示。已知 $\alpha=30°$，与 $y$ 轴垂直的作用力 $F=400\text{N}$，$c=1.0\text{m}$，$r=0.125\text{m}$。试计算力 $\boldsymbol{F}$ 对 $O$ 点的矩以及对坐标轴 $y$ 的矩。

1-10　已知接触面为光滑表面，试画出图 1-51 所示的圆球的受力图。

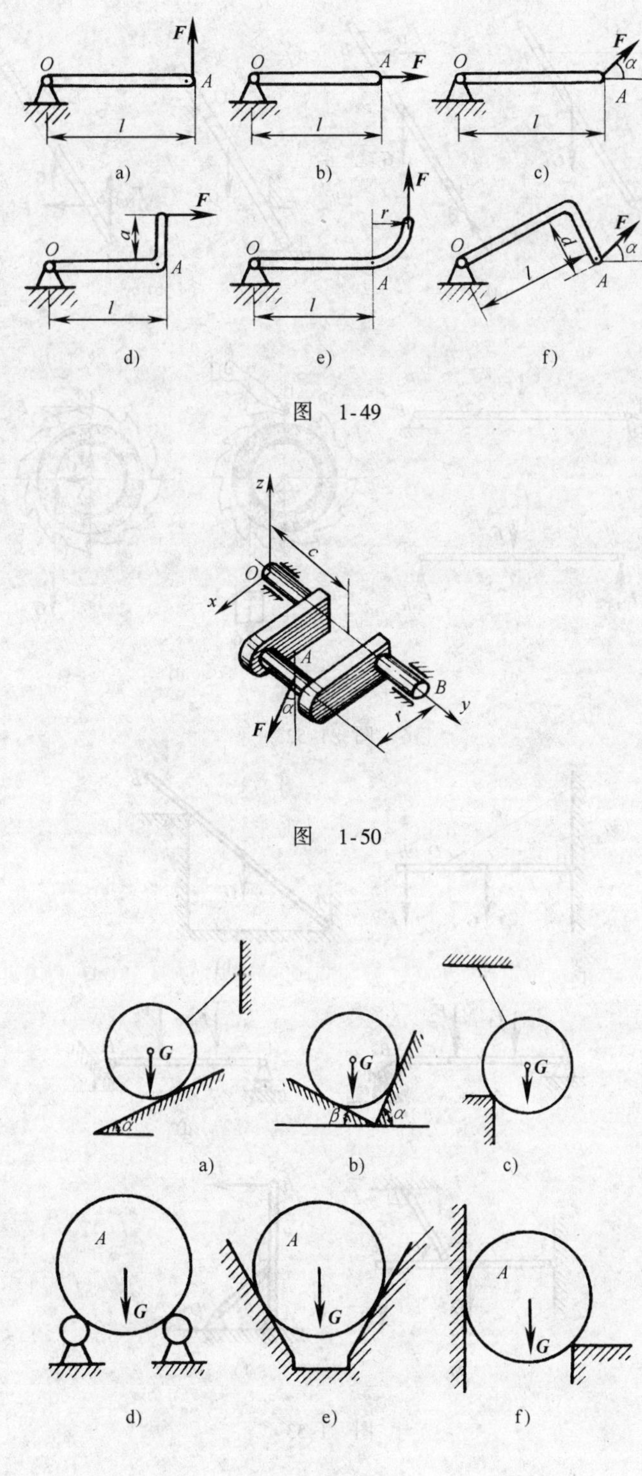


图 1-49

图 1-50

图 1-51

1-11 如图 1-52 所示，各物体的受力图是否有错误？如何改正？

1-12 如图 1-53 所示，试画出各分图中物体 $AB$ 的受力图。

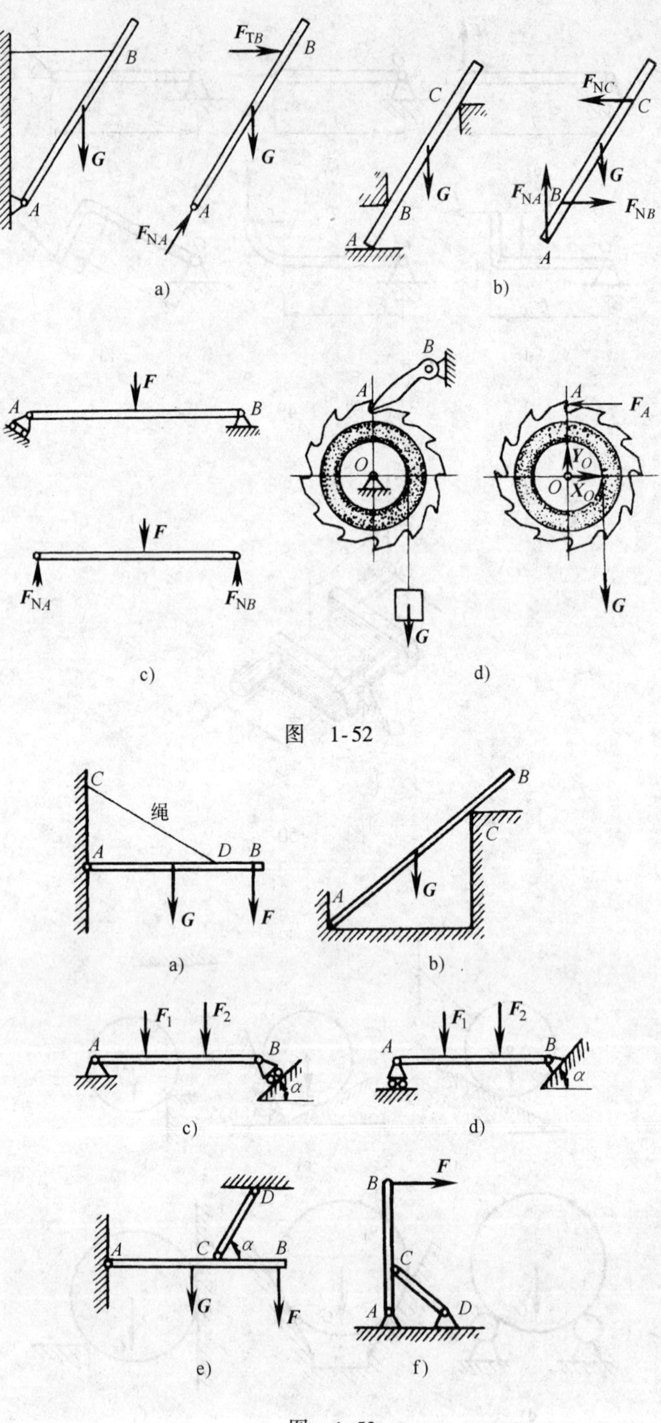


图 1-52

图 1-53

# 第二章　力系的简化和平衡方程

为了研究方便，我们将力系按其作用线的分布情况进行分类。各力的作用线处在同一平面内的一群力称为**平面力系**，力系中各力的作用线不处在同一平面的称为**空间力系**。我们在本章主要研究平面力系的简化合成问题，以及处于平衡时应满足的条件。在本章的其他部分将介绍空间一般力系，研究讨论物体的重心问题以及在机械工程中的应用。

## 第一节　平面汇交力系

在平面力系中，各力作用线相交于一点的称为**平面汇交力系**，作用线相互平行的称为**平面平行力系**，作用线既不平行又不相交于一点的称为**平面任意力系**。如图 2-1 所示，钢架的角撑板承受 $\boldsymbol{F}_1$、$\boldsymbol{F}_2$、$\boldsymbol{F}_3$、$\boldsymbol{F}_4$ 四个力的作用，这些力的作用线位于同一平面内并且汇交于点 $O$，构成一个平面汇交力系。

按照由简单到复杂，由特殊到一般的认识学习规律，我们首先讨论平面汇交力系。讨论力系的合成和平衡条件可以用几何的方法和解析的方法。几何法直观明了，物理意义明确；解析法计算规范化、程式化，适合于计算机编程。

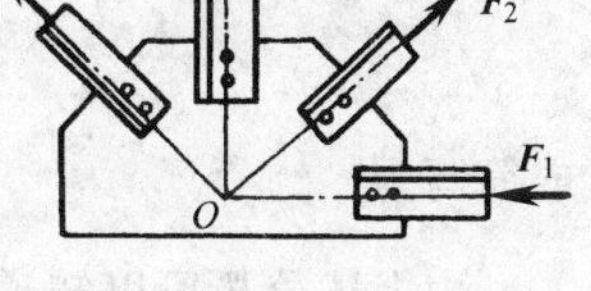

图　2-1

### 一、几何法

设作用于刚体上的四个力 $\boldsymbol{F}_1$、$\boldsymbol{F}_2$、$\boldsymbol{F}_3$、$\boldsymbol{F}_4$ 构成平面汇交力系，如图 2-2a 所示。根据力的可传性原理，首先将各力沿其作用线移到 $O$ 点（图 2-2b），然后从任意点 $a$ 出发连续应用力三角形法则，将各力依次合成，如图 2-2c 所示，即先将力 $\boldsymbol{F}_1$ 与 $\boldsymbol{F}_2$ 合成，求出合力 $\boldsymbol{F}_{R2}$，然后将力 $\boldsymbol{F}_{R2}$与 $\boldsymbol{F}_3$ 合成得到合力 $\boldsymbol{F}_{R3}$，最后将力 $\boldsymbol{F}_{R3}$和 $\boldsymbol{F}_4$ 合成，求出力系的合力 $\boldsymbol{F}_R$，即

$$\boldsymbol{F}_R = \boldsymbol{F}_1 + \boldsymbol{F}_2 + \boldsymbol{F}_3 + \boldsymbol{F}_4$$

由于我们需要求出的是整个力系的合力 $\boldsymbol{F}_R$，所以对作图过程中表示的矢量线 $\boldsymbol{F}_{R2}$、$\boldsymbol{F}_{R3}$可以省去不画，只要把力系中各力矢首尾相接，连接最先画的力矢 $\boldsymbol{F}_1$ 的始端 $a$ 与最后画的力矢 $\boldsymbol{F}_4$ 的末端 $e$ 的矢量 $\boldsymbol{ae}$，就是合力矢量 $\boldsymbol{F}_R$，如图 2-2d 所示，各力矢 $\boldsymbol{F}_1$、$\boldsymbol{F}_2$、$\boldsymbol{F}_3$、$\boldsymbol{F}_4$ 和合力矢 $\boldsymbol{F}_R$构成的多边形 $abcde$ 称为**力多边形**。代表合力矢 $\boldsymbol{ae}$ 的边称为力多边形的封闭边。这种用力多边形求合力矢的作图规则称为**力多边形法则**。

用力多边形法则求汇交力系合力的方法称为汇交力系合成的几何法。合成中需要注意以下两点：

1）合力 $\boldsymbol{F}_R$的作用线必通过汇交点。

2）改变力系合成的顺序，只改变力多边形的形状，并不影响最后的结果。即不论如何合成，合力 $\boldsymbol{F}_R$是惟一确定的。

如果平面汇交力系中有 $n$ 个力组成，可以采用与上述同样的力多边形法则，将各力

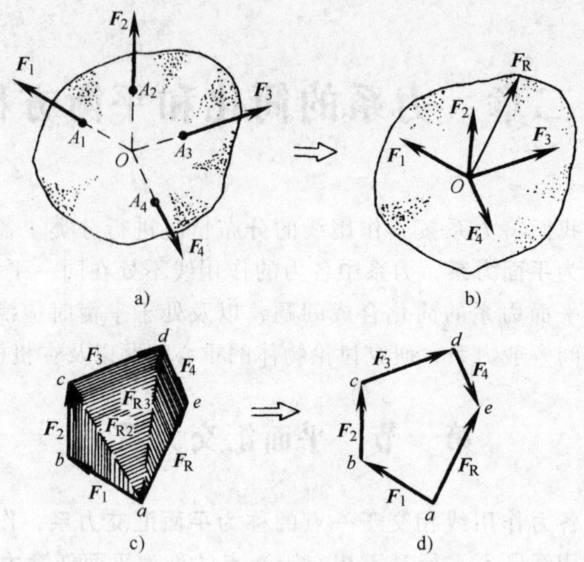


图 2-2

$\boldsymbol{F}_i$（$i=1$，…，$n$）相加，得到合力 $\boldsymbol{F}_R$。于是有如下结论：**平面汇交力系合成的结果是一个合力，其大小和方向由力多边形的封闭边代表，作用线通过力系中各力作用线的汇交点**。合力 $\boldsymbol{F}_R$的表达式为

$$\boldsymbol{F}_R = \boldsymbol{F}_1 + \boldsymbol{F}_2 + \cdots + \boldsymbol{F}_n$$

或简写为

$$\boldsymbol{F}_R = \sum_{i=1}^{n} \boldsymbol{F}_i \tag{2-1}$$

由上述分析可以知道，平面汇交力系可以用一个合力来代替，所以该**力系平衡的充分必要条件是力系的合力等于零。**

即

$$\sum_{i=1}^{n} \boldsymbol{F}_i = 0 \tag{2-2}$$

上式表明，当平面汇交力系平衡时，我们画出的力系多边形其封闭边长度必为零。由此可得，平面汇交力系平衡的几何条件为：**各分力 $\boldsymbol{F}_1$，$\boldsymbol{F}_2$，…，$\boldsymbol{F}_n$ 所构成的力多边形自行封闭。**

应用平面汇交力系平衡的几何条件，可以求解平衡力系中力的未知元素。力是矢量，包括大小和方向二个元素。作力多边形求解平面汇交力系平衡问题时，由于合力为零这个平面矢量方程本质上可以化为二个标量方程，所以用封闭力多边形可以求出二个未知元素。即可以有一个力大小和方向都未知，或者有二个力各有一个未知元素（大小或方向）。

**例 2-1** 在物体圆环上作用有三个力 $F_1=300\text{N}$，$F_2=600\text{N}$，$F_3=1500\text{N}$，其作用线相交于 $O$ 点，如图 2-3 所示。试用几何作图法求力系的合力。

**解** 1）选比例尺，如图所示。

2）将 $\boldsymbol{F}_1$、$\boldsymbol{F}_2$、$\boldsymbol{F}_3$ 首尾相接得到力多边形 $abcd$，其封闭边矢量 $\boldsymbol{ad}$ 就是合力矢 $\boldsymbol{F}_R$。量得 $ad$ 的长度，得到合力 $F_R=1650\text{N}$，$\boldsymbol{F}_R$与 $x$ 轴夹角 $\alpha=16°21'$。

**例 2-2** 在曲柄压机的铰链 $A$ 上作用一水平力 $F=300\text{N}$，如图 2-4a 所示。已知杆 $OA$

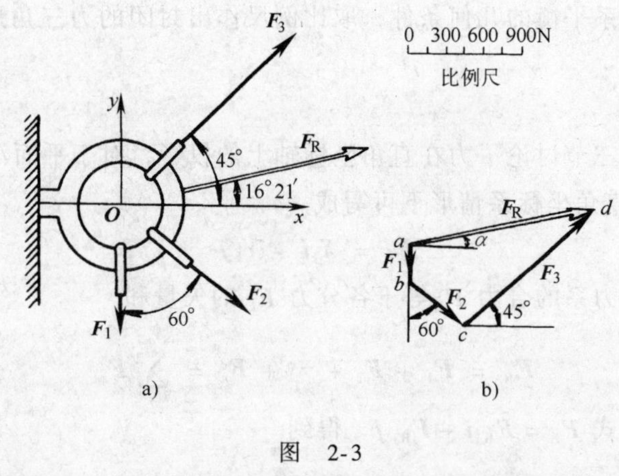


图 2-3

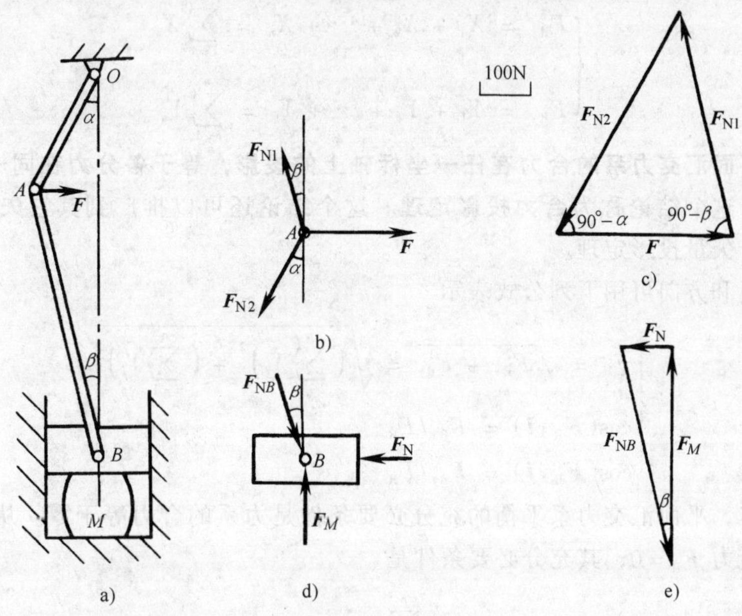


图 2-4

$=0.2\text{m}, AB=0.4\text{m}$。试求当杆 $OA$ 与铅垂线 $OB$ 的夹角 $\alpha=30°$时，锤头作用于物体 $M$ 的压力。

**解** (1) 以销钉 $A$ 为研究对象进行受力分析 $OA$ 和 $AB$ 杆均为链杆，按照约束的性质，$OA$ 杆及 $AB$ 杆对销钉 $A$ 的作用力 $\boldsymbol{F}_{N1}$、$\boldsymbol{F}_{N2}$ 必沿各杆两端销钉中心的连线，但方向不能肯定。$\boldsymbol{F}$、$\boldsymbol{F}_{N1}$、$\boldsymbol{F}_{N2}$ 构成平面汇交力系，受力图如图 2-4b 所示。

由正弦定理得到 $$\beta=\arcsin\left(\frac{OA}{AB}\sin\alpha\right)=\arcsin 0.25=14.48°$$

按照平面汇交力系平衡的几何条件，取比例尺作出封闭的力三角形，如图 2-4c 所示。量得 $F_{N1}=370\text{N}$。

(2) 其次取锤头 $B$ 为研究对象 锤头 $B$ 受到连杆 $AB$ 对锤头的作用力 $\boldsymbol{F}_{NB}$ 作用，如图 2-4d 所示。由链杆 $AB$ 的性质得到 $F_{NB}=F_{N1}=370\text{N}$，$\boldsymbol{F}_{NB}$ 与 $\boldsymbol{F}_{N1}$ 方向相反。壁的反力 $\boldsymbol{F}_N$ 以及压榨物 $M$ 对锤头的反作用力为 $\boldsymbol{F}_M$。

按照平面汇交力系平衡的几何条件，取比例尺作出封闭的力三角形，如图 2-4e 所示。量得 $F_M = 360\text{N}$。

**二、解析法**

本书在第一章第三节讨论了力在直角坐标轴上的投影，对于平面汇交力系 $\boldsymbol{F}_k$（$k=1, 2, \cdots, n$），在平面直角坐标系情形下可写成

$$\boldsymbol{F}_k = X_k\boldsymbol{i} + Y_k\boldsymbol{j} \tag{2-3}$$

按照定义，平面汇交力系的合力 $\boldsymbol{F}_\text{R}$ 等于各分力 $\boldsymbol{F}_k$ 的矢量和。

即
$$\boldsymbol{F}_\text{R} = \boldsymbol{F}_1 + \boldsymbol{F}_2 + \cdots + \boldsymbol{F}_n = \sum_{k=1}^{n}\boldsymbol{F}_k$$

将合力写成解析式 $\boldsymbol{F}_\text{R} = \boldsymbol{F}_{\text{R}x}\boldsymbol{i} + \boldsymbol{F}_{\text{R}y}\boldsymbol{j}$，得到

$$\begin{cases} F_{\text{R}x} = X_1 + X_2 + \cdots + X_n = \sum\limits_{i=1}^{n} X_i \\ F_{\text{R}y} = Y_1 + Y_2 + \cdots + Y_n = \sum\limits_{i=1}^{n} Y_i \end{cases} \tag{2-4}$$

上式表明：**平面汇交力系的合力在任一坐标轴上的投影，等于各分力在同一坐标轴上投影的代数和**。这个结论称为**合力投影定理**。这个结论还可以推广到其它矢量的合成上，可以统称为合矢量投影定理。

合力的模和方向可用下列公式表示

$$\begin{cases} F_\text{R} = \sqrt{F_{\text{R}x}^2 + F_{\text{R}y}^2} = \sqrt{\left(\sum\limits_{i=1}^{n} X_i\right)^2 + \left(\sum\limits_{i=1}^{n} Y_i\right)^2} \\ \cos(\boldsymbol{F}_\text{R}, \boldsymbol{i}) = F_{\text{R}x}/F_\text{R} \\ \cos(\boldsymbol{F}_\text{R}, \boldsymbol{j}) = F_{\text{R}y}/F_\text{R} \end{cases} \tag{2-5}$$

我们知道，平面汇交力系平衡的充分必要条件是力系的合力等于零。从式（2-4）可知，要满足合力 $\boldsymbol{F}_\text{R} = 0$，其充分必要条件是

$$\begin{cases} \sum\limits_{i=1}^{n} X_i = 0 \\ \sum\limits_{i=1}^{n} Y_i = 0 \end{cases} \tag{2-6}$$

即平面汇交力系平衡的充分必要的解析条件是：**力系中各力在 $x$、$y$ 坐标轴上的投影的代数和都等于零**。式（2-6）称为**平面汇交力系的平衡方程**，可以求解两个未知量。用解析法求解未知力时，约束力的指向要事先假定。在平衡方程中解出未知力若为正值，说明预先假定的指向是正确的；若为负值，说明实际指向与假定的方向相反。

**例 2-3** 图 2-5a 所示为三铰拱，不计拱重。已知结构尺寸 $a$ 和作用在 $D$ 点的水平作用力 $F = 141.4\text{N}$，求支座 $A$、$C$ 的约束反力。

**解** (1) 取左半拱 $AB$（包括销钉 $B$）为研究对象 $AB$ 只受到右半拱 $BC$ 的作用力 $\boldsymbol{F}'_{\text{R}B}$ 和铰链支座 $A$ 的约束反力 $\boldsymbol{F}_{\text{R}A}$ 的作用，属于二力构件（图 2-5b）。所以 $\boldsymbol{F}'_{\text{R}B}$ 和 $\boldsymbol{F}_{\text{R}A}$ 两个力的作用线必沿 $AB$ 连线，并且有 $\boldsymbol{F}_{\text{R}A} = -\boldsymbol{F}'_{\text{R}B}$。

(2) 再取右半拱 $BC$ 为研究对象 作用在 $BC$ 上有三个力，分别为水平力 $\boldsymbol{F}$、铰链支

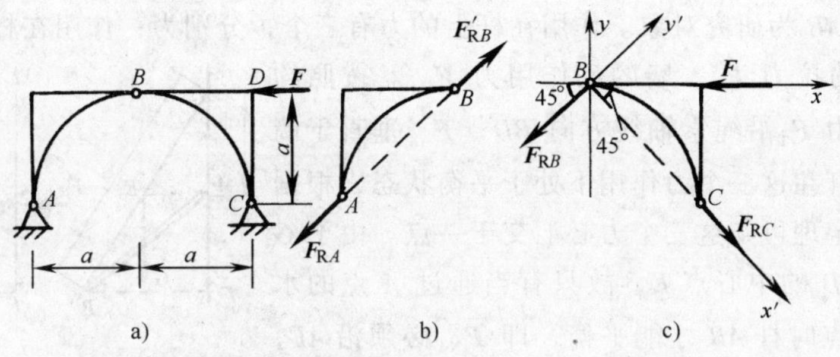


图 2-5

座 $C$ 的约束反力 $\boldsymbol{F}_{RC}$ 和 $AB$ 拱对 $BC$ 拱的约束反力 $\boldsymbol{F}_{RB}$。这里 $\boldsymbol{F}_{RB}$ 和 $\boldsymbol{F}'_{RB}$ 为一对作用力与反作用力，即 $\boldsymbol{F}_{RB}=-\boldsymbol{F}'_{RB}$。应用三力平衡汇交定理可确定 $\boldsymbol{F}_{RC}$ 作用线的方位，即沿 $B$、$C$ 点的连线，假定从 $B$ 指向 $C$，如图 2-5c 所示。

根据右半拱 $BC$ 的受力图并取坐标系 $Bxy$，列出平面汇交力系的平衡方程：

$$\sum_{i=1}^{n} X_i = 0 \quad -F-F_{RB}\cos45°+F_{RC}\cos45° = 0 \tag{1}$$

$$\sum_{i=1}^{n} Y_i = 0 \quad -F_{RB}\sin45°-F_{RC}\sin45° = 0 \tag{2}$$

由式(2)得 $$F_{RC} = -F_{RB} \tag{3}$$

将式(3)代入式(1)得 $$F_{RB} = -\frac{\sqrt{2}}{2}F = -100\text{N} \tag{4}$$

求得 $F_{RB}$ 为负值表示力矢量 $\boldsymbol{F}_{RB}$ 的指向与受力图中假定的指向相反，把式（4）代入式(3)，注意把负号一起代入，得到 $F_{RC}=-\left(-\frac{\sqrt{2}}{2}F\right)=100\text{N}$。

求得 $F_{RC}$ 为正值，表示所假定的指向符合实际。

因为 $F_{RA}=F'_{RB}=F_{RB}$，所以 $F_{RA}=-\frac{\sqrt{2}}{2}F=-100\text{N}$。求得 $F_{RA}$ 为负值，表示 $\boldsymbol{F}_{RA}$ 的指向与受力图中假定的指向相反。

为简便起见，在求解本题时，可以取投影轴 $x'$、$y'$ 分别垂直于未知力 $\boldsymbol{F}_{RB}$、$\boldsymbol{F}_{RC}$。

则 $$\sum_{i=1}^{n} X'_i = 0 \quad F_{RC}-F\cos45° = 0$$

$$F_{RC} = \frac{\sqrt{2}}{2}F = 100\text{N}$$

$$\sum_{i=1}^{n} Y'_i = 0 \quad -F_{RB}-F\sin45° = 0$$

$$F_{RB} = -\frac{\sqrt{2}}{2}F = -100\text{N}$$

这样可以使所列的每一个平衡方程中只包含一个未知数，避免求解联立方程的麻烦。

**例 2-4** 如图 2-6a 所示，均质细长杆 $AB$ 重 $\boldsymbol{G}=10\text{N}$，长 $l=1\text{m}$。杆一端 $A$ 靠在光滑的铅垂墙上，另一端 $B$ 用长 $a=1.5\text{m}$ 的绳 $BD$ 拉住。求平衡时 $A$、$D$ 两点之间的距离 $x$、墙对杆的反力 $\boldsymbol{F}_{NA}$ 和绳的拉力 $\boldsymbol{F}_{T}$。

**解** 以杆 $AB$ 为研究对象。作用在杆上的力有三个，分别为：作用在杆中点上的重力 $\boldsymbol{G}$，绳索对杆的拉力 $\boldsymbol{F}_{\mathrm{T}}$、墙的反作用力 $\boldsymbol{F}_{\mathrm{N}A}$。按照约束的性质，拉力 $\boldsymbol{F}_{\mathrm{T}}$沿绳索轴线方向 $BD$、$\boldsymbol{F}_{\mathrm{N}A}$垂直于墙即水平向右。杆在这三个力作用下处于平衡状态，根据三力平衡汇交定理可知这三个力必汇交于一点。由于 $\boldsymbol{G}$ 与 $\boldsymbol{F}_{\mathrm{T}}$相交于 $BD$ 的中心点 $E$，故只有当通过 $A$ 点的水平力也通过 $E$ 点时杆 $AB$ 才能平衡，即 $\boldsymbol{F}_{\mathrm{N}A}$必须沿 $AE$，杆 $AB$ 的受力如图 2-6b 所示。

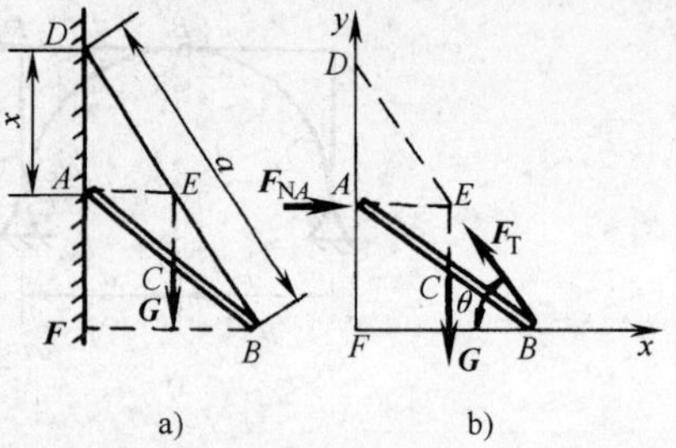

图 2-6

过 $B$ 点作水平线交墙于 $F$ 点，因为 $\boldsymbol{F}_{\mathrm{N}A}$ 垂直于墙，所以 $AE$ 线水平，与 $BF$ 平行。由于 $DE=EB$，所以 $DA=AF=x$，对于直角三角形 $BFD$，有 $BF^2=BD^2-DF^2=a^2-(2x)^2$；对于直角三角形 $BFA$，有 $BF^2=BA^2-AF^2=l^2-x^2$。于是可得

$$a^2-4x^2=l^2-x^2$$

解得

$$x=\sqrt{\frac{a^2-l^2}{3}}=0.65\mathrm{m}$$

由此得到绳索与 $BF$ 夹角

$$\theta=\arcsin\frac{DF}{DB}=\arcsin\frac{2x}{a}=\arcsin 0.8607=59.39°$$

下面应用平面汇交力系的平衡方程，求解绳索拉力 $\boldsymbol{F}_{\mathrm{T}}$和墙约束反力 $\boldsymbol{F}_{\mathrm{N}A}$。取直角坐标系，如图 2-6b 所示。

列写方程：

$$\sum_{i=1}^{n}X_i=0 \qquad F_{\mathrm{N}A}-F_{\mathrm{T}}\cos\theta=0 \tag{1}$$

$$\sum_{i=1}^{n}Y_i=0 \qquad F_{\mathrm{T}}\sin\theta-G=0 \tag{2}$$

由（2）式得到
$$F_{\mathrm{T}}=\frac{G}{\sin\theta}=\frac{10}{0.8607}\mathrm{N}=11.62\mathrm{N}$$

代入（1）式得到
$$F_{\mathrm{N}A}=F_{\mathrm{T}}\cos\theta=11.62\times\cos 59.39°\mathrm{N}=5.92\mathrm{N}$$

## 第二节 力偶和力偶系

### 一、力偶的概念及等效

当物体受到大小相等、方向相反的二个共线力作用时，物体保持平衡状态。但是，当物体受到大小相等、方向相反、平行而不共线的二个力作用时，物体将发生转动或出现转动的趋势。司机开汽车用双手转动转向盘，我们用手指旋转钥匙或自来水龙头、拧螺钉，都是上述受力情况的实例。在力学上，**把大小相等、方向相反并且不共线的两个平行力称为力偶**，记作（$\boldsymbol{F}$，$\boldsymbol{F}'$）。力偶中两个力所在的平面叫力偶作用面，两个力作用线之间的垂直距离叫力偶臂，常以 $d$ 表示，如图 2-7 所示。力偶是个特殊的力系，这个力系具有它自己的特性。它是研究复杂力系的基础。

由于力偶中的两个力大小相等、方向相反、作用线平行，所以这两个力在任何坐标

轴上投影之和均为零，见图 2-8。可见，力偶对物体不产生移动效应，即力偶的合力矢为零。这说明力偶不能等效为一个力，同时也不能用一个力来平衡。力偶只能与力偶等效，也只能用力偶来平衡，因而它成为一个基本的力学量。

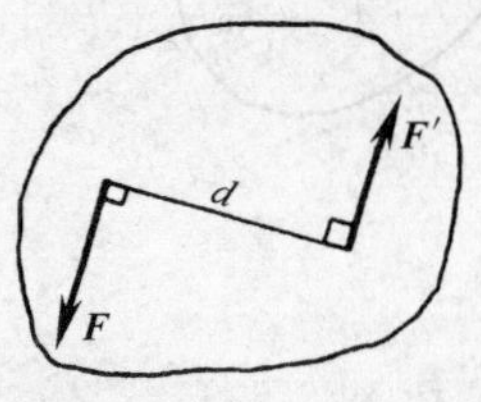


图 2-7

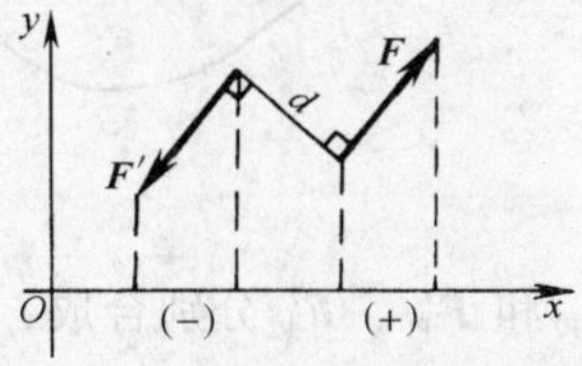

图 2-8

力偶对物体的运动效应和一个力对物体的运动效应不同。一个力能使静止的物体产生移动，也能使它既产生移动又产生转动，但是一个力偶只能使静止的物体产生转动。为度量力偶对物体的转动效应，我们引入力偶矩概念，即在平面问题时，**力偶中一个力的大小和力偶臂的乘积称为力偶矩**。因此在同一个平面内，力偶的力偶矩是一个代数量，用 $M$（$\boldsymbol{F}$，$\boldsymbol{F}'$）表示，也可以简写成 $M$。

即
$$M = \pm Fd \tag{2-7}$$

式中正负号的表示方法一般以逆时针转向为正，顺时针转向为负。在国际单位制中，力偶矩的单位用牛顿·米（N·m）表示。

力偶只能使刚体产生转动，其转动效应应该用力和力偶臂之积力偶矩来度量。由于一个力偶对物体的作用效应完全取决于其力偶矩，所以由力学证明得到下面结论：

1）两个在同一平面内的力偶，如果力偶矩相等，则两个力偶彼此等效。

2）力偶可在其作用面内任意移动和转动，而不会改变它对物体的作用。

3）在保持力偶矩大小和转向不变的条件下，可以同时改变力和力偶臂的大小，而不会改变力偶对物体的作用。

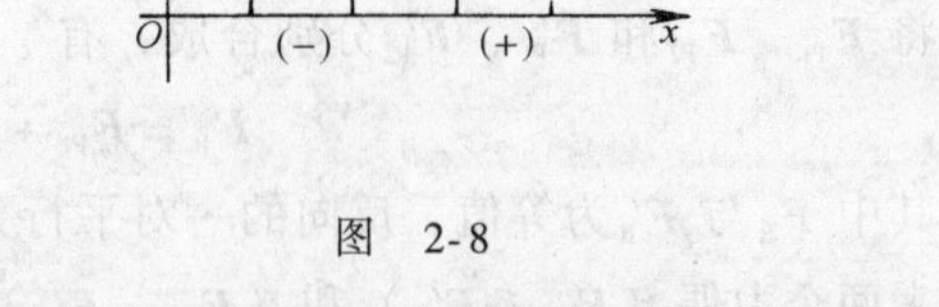

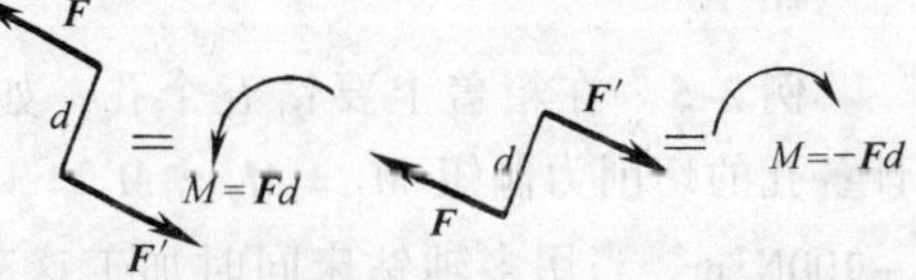


图 2-9

按照上述结论，我们可以把力偶直接用力偶矩 $M$ 来表示，如图 2-9 所示。

**二、平面力偶系的合成与平衡**

作用在同一个物体上的 $n$ 个力偶组成一个力偶系。作用在同一平面内的力偶系叫平面力偶系。

设（$\boldsymbol{F}_1$，$\boldsymbol{F}'_1$）和（$\boldsymbol{F}_2$，$\boldsymbol{F}'_2$）为作用在某物体同一平面内的两个力偶，如图 2-10 所示，其力偶臂分别为 $d_1$、$d_2$，于是有

$$M_1 = F_1 d_1，\ M_2 = F_2 d_2$$

在力偶作用平面内任取线段 $AB = d$，于是可将原来的两个力偶分别等效为力偶（$\boldsymbol{F}_{P1}$，$\boldsymbol{F}'_{P1}$）和（$\boldsymbol{F}_{P2}$，$\boldsymbol{F}'_{P2}$）。其中 $\boldsymbol{F}_{P1}$ 和 $\boldsymbol{F}_{P2}$ 的大小分别为

$$F_{P1} = \frac{M_1}{d} \quad F_{P2} = \frac{M_2}{d}$$

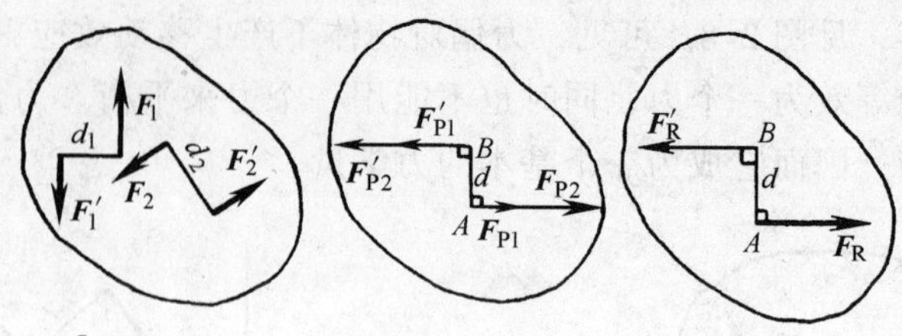


图 2-10

将 $\boldsymbol{F}_{P1}$、$\boldsymbol{F}_{P2}$和 $\boldsymbol{F}'_{P1}$、$\boldsymbol{F}'_{P2}$分别合成，有

$$\boldsymbol{F}_R = \boldsymbol{F}_{P1} + \boldsymbol{F}_{P2} \quad \boldsymbol{F}'_R = \boldsymbol{F}'_{P1} + \boldsymbol{F}'_{P2}$$

其中 $\boldsymbol{F}_R$与 $\boldsymbol{F}'_R$为等值、反向的一对平行力，组成一新的力偶，此力偶（$\boldsymbol{F}_R$，$\boldsymbol{F}'_R$）即为原来两个力偶（$\boldsymbol{F}_{P1}$，$\boldsymbol{F}'_{P1}$）和（$\boldsymbol{F}_{P2}$，$\boldsymbol{F}'_{P2}$）的合力偶。其力偶矩为

$$M = F_R \cdot d = (F_{P1} + F_{P2})\ d = \left(\frac{M_1}{d} + \frac{M_2}{d}\right) d = M_1 + M_2$$

上面讨论的是两个力偶的合成情形，推广到一般情况，设作用在同一平面内有 $n$ 个力偶，则该平面力偶系的合力偶矩为

$$M = M_1 + M_2 + \cdots + M_n = \sum_{i=1}^{n} M_i \tag{2-8}$$

**即平面力偶系的合成结果为一合力偶，合力偶矩等于各分力偶矩的代数和。**

欲使平面力偶系平衡，充分必要条件是合力偶矩等于零，即力偶系中各力偶矩的代数和等于零。

$$\sum_{i=1}^{n} M_i = 0 \tag{2-9}$$

**例 2-5** 在箱盖上要钻五个孔，如图 2-11 所示。现估计各孔的切削力偶矩 $M_1 = M_2 = M_3 = M_4 = -20\text{N}\cdot\text{m}$，$M_5 = -100\text{N}\cdot\text{m}$。当用多轴钻床同时加工这五个孔时，问工件受到的总切削力偶矩是多少？

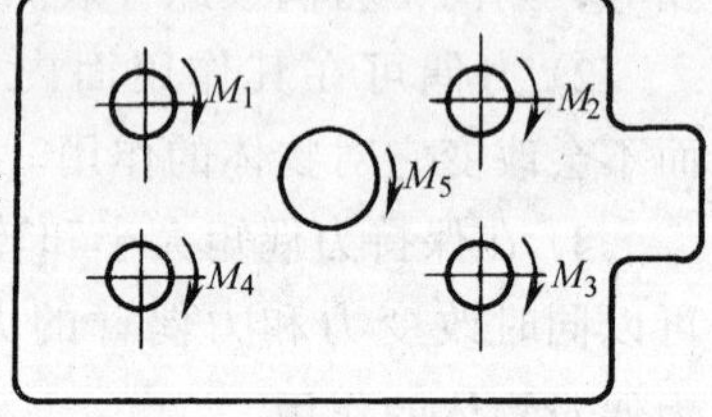


图 2-11

**解** 多轴钻床作用在箱盖上的力偶系由五个力偶组成，切削力偶矩的值为负号，表示力矩顺时针转向，由于这五个力偶处于同一个平面，所以它们的合力矩等于各力偶矩的代数和，即

$$\begin{aligned} M &= \sum_{i=1}^{n} M_i = M_1 + M_2 + M_3 + M_4 + M_5 \\ &= (-20 - 20 - 20 - 20 - 100)\text{N}\cdot\text{m} \\ &= -180\text{N}\cdot\text{m} \end{aligned}$$

负号表示合力偶矩为顺时针转向。

另外，如果机械加工工艺允许，我们将钻第五个孔的轴改为逆时针方向转动，钻其他四个孔的轴转向不变，这时总切削力偶矩为

$$M = \sum_{i=1}^{n} M_i = M_1 + M_2 + M_3 + M_4 + M_5$$

$$= (-20-20-20-20+100)\text{N}\cdot\text{m}$$
$$= 20\text{N}\cdot\text{m}$$

经过上述变动，固定箱盖的夹具在加工时受力状态将大为改善。

## 第三节　平面一般力系

上两节我们讨论了平面汇交力系和平面力偶系这两种特殊力系，现在研究复杂一些的平面一般力系。**所谓平面一般力系是指各力的作用线在同一平面内任意分布的力系。**工程实际中很多构件所受的力都可以看成平面一般力系。如图 2-12 所示，作用在悬臂吊车横梁 $AB$ 上的力有自重 $\boldsymbol{G}$、载荷 $\boldsymbol{P}$、拉力 $\boldsymbol{F}_T$ 和铰链 $A$ 的约束反力 $\boldsymbol{X}_A$、$\boldsymbol{Y}_A$，这些力的作用线任意分布在同一平面内，所以是平面一般力系。有些机械构件或结构物，虽然形式上不是受到平面力系的作用，但是其结构、支承和所受载荷具有一个共同的对称面，因此作用在这些机械构件或结构物上的力系，可以简化为对称平面内的平面一般力系。如图 2-13 所示，桥式起重机具有对称平面，虽然作用在横梁上的重力 $\boldsymbol{G}_1$、电动葫芦的重力 $\boldsymbol{G}_2$、被吊起重物的重力 $\boldsymbol{G}_3$、导轨对轮子的反力 $\boldsymbol{F}_{N1}$、$\boldsymbol{F}_{N2}$、$\boldsymbol{F}_{N3}$、$\boldsymbol{F}_{N4}$ 不在同一平面内，但是由于作用在对称平面两侧的力是对称的，所以可以简化成为在对称平面内的平面力系来分析，即系统受到 $\boldsymbol{G}_1$、$\boldsymbol{G}_2$、$\boldsymbol{G}_3$、$\boldsymbol{F}_{R1}$、$\boldsymbol{F}_{R2}$ 五个力的作用，其中 $\boldsymbol{F}_{R1}$ 为导轨对轮子的反力 $\boldsymbol{F}_{N1}$ 和 $\boldsymbol{F}_{N2}$ 的合力，$\boldsymbol{F}_{R2}$ 为导轨对轮子的反力 $\boldsymbol{F}_{N3}$ 和 $\boldsymbol{F}_{N4}$ 的合力。

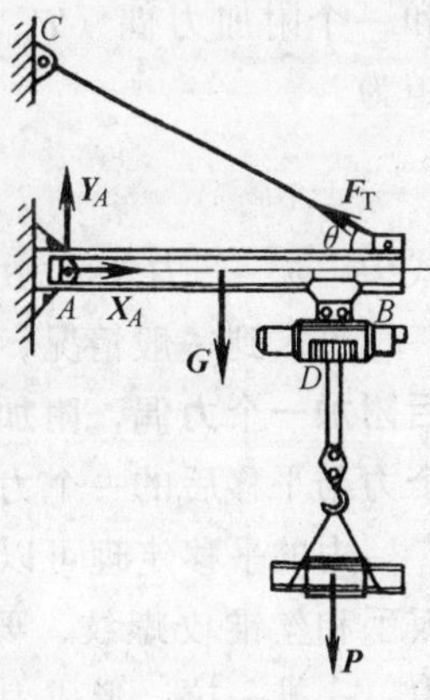

图　2-12

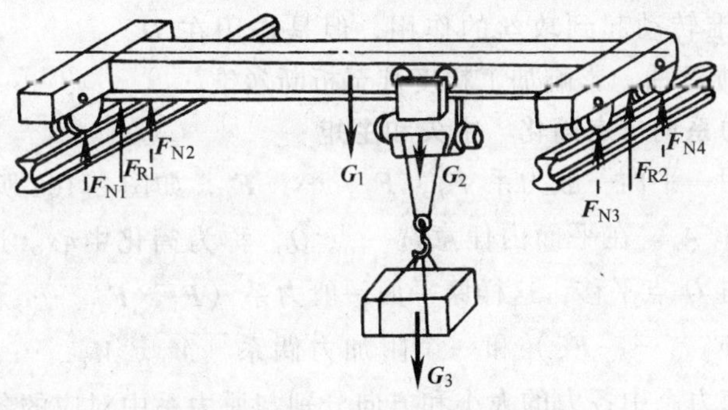

图　2-13

**各力的作用线位于同一平面内并且互相平行的力系称为平面平行力系。**平面平行力系是平面一般力系的一种特殊情况。图 2-13 中 $\boldsymbol{G}_1$、$\boldsymbol{G}_2$、$\boldsymbol{G}_3$、$\boldsymbol{F}_{R1}$、$\boldsymbol{F}_{R2}$ 五个力便构成平面平行力系。

### 一、力的平移定理

在第一章第二节中我们曾经指出，作用在刚体上的力沿其作用线可以传到任意点，而不改变力对刚体的作用效果。显然，如果力离开其作用线，平行移动到任意一点上，就会改变它对刚体的作用效应。

设力 $\boldsymbol{F}$ 作用在刚体的 $A$ 点，如图 2-14 所示，现在要把它平行移动到刚体上的另一点

$B$，为此在 $B$ 点加两个互相平衡的力 $\boldsymbol{F}'$ 和 $\boldsymbol{F}''$，令 $\boldsymbol{F}=\boldsymbol{F}'=-\boldsymbol{F}''$。显然增加一对平衡力系（$\boldsymbol{F}'$，$\boldsymbol{F}''$）并不改变原力系对刚体的作用效应，即三个力 $\boldsymbol{F}$、$\boldsymbol{F}'$ 和 $\boldsymbol{F}''$ 对刚体的作用与原力 $\boldsymbol{F}$ 的作用等效。由于 $\boldsymbol{F}$ 和 $\boldsymbol{F}''$ 大小相等、方向相反且不共线，故可以将 $\boldsymbol{F}$ 和 $\boldsymbol{F}''$ 视为一个力偶。因此，可以认为作用于 $A$ 点的 $\boldsymbol{F}$，平行移动到 $B$ 点后成为力 $\boldsymbol{F}'$ 和一个附加力偶（$\boldsymbol{F}$，$\boldsymbol{F}''$），此力偶矩为

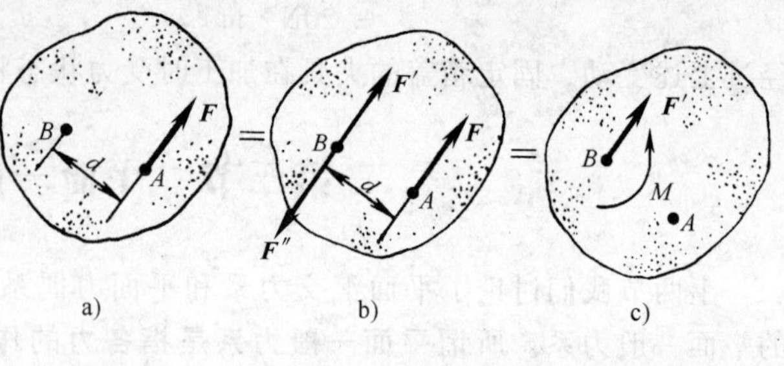


图 2-14

$$M=M_B(\boldsymbol{F})=Fd \tag{2-10}$$

式中　$d$——力 $\boldsymbol{F}$ 对 $B$ 点的力臂，也是力偶（$\boldsymbol{F}$，$\boldsymbol{F}''$）的力偶臂。

推广到一般情况，得到**力的平移定理：作用在刚体上的力可以向任意点平移，平移后附加一个力偶，附加力偶的力偶矩等于原力对平移点的力矩**。也就是说，平移前的一个力与平移后的一个力和一个附加力偶等效。

力的平移定理可以用在分析实际机械加工问题。例如用扳手和丝锥攻螺纹，要求两个手同时在扳手的两端均匀用力，一推一拉，形成力偶作用。如果只用一个手在扳手的一端 $B$ 加力 $\boldsymbol{F}$，如图 2-15 所示，由力的平移定理可知，对丝锥来说，其效应相当于在 $O$ 点加上一个力 $\boldsymbol{F}'$ 和一个附加力偶（$\boldsymbol{F}$，$\boldsymbol{F}''$），此附加力偶矩大小为 $Fd$，顺时针转向。力偶（$F$，$F''$）可以使丝锥转动起到攻丝的作用，但是作用在 $O$ 点的力 $\boldsymbol{F}'$ 将引起丝锥弯曲，影响加工精度甚至折断丝锥。

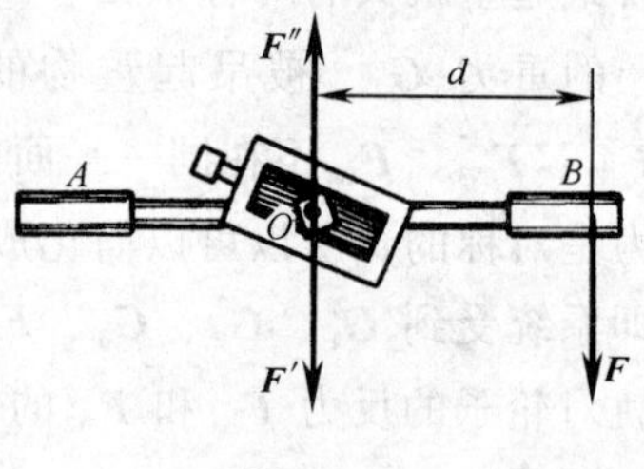


图 2-15

## 二、平面一般力系向一点简化　主矢和主矩

设在刚体上作用一平面一般力系 $\boldsymbol{F}_1$，$\boldsymbol{F}_2$，…，$\boldsymbol{F}_n$，如图 2-16a 所示，各力的作用点分别为 $A_1$，$A_2$，…，$A_n$。在平面内任意选一点 $O$，称为**简化中心**。运用力的平移定理，将力系中各力分别向 $O$ 点平移，这样原平面一般力系（$\boldsymbol{F}_1$，$\boldsymbol{F}_2$，…，$\boldsymbol{F}_n$）转化为一个平面汇交力系（$\boldsymbol{F}'_1$，$\boldsymbol{F}'_2$，…，$\boldsymbol{F}'_n$）和一个附加力偶系（$M_1$，$M_2$，…，$M_n$），如图 2-16b 所示。所得平面汇交力系中各力的大小和方向分别与原力系中对应的各力相同，即

$$\boldsymbol{F}'_1=\boldsymbol{F}_1,\ \boldsymbol{F}'_2=\boldsymbol{F}_2,\ \cdots,\ \boldsymbol{F}'_n=\boldsymbol{F}_n$$

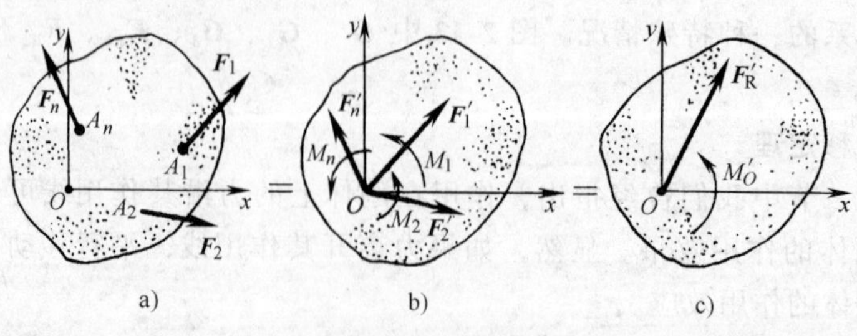


图 2-16

而所得附加力偶系中各附加力偶的力偶矩，分别等于原力系中各力对 $O$ 点的矩，即

$$M_1 = M_O(\boldsymbol{F}_1), M_2 = M_O(\boldsymbol{F}_2), \cdots, M_n = M_O(\boldsymbol{F}_n)$$

平面汇交力系（$\boldsymbol{F}'_1$，$\boldsymbol{F}'_2$，…，$\boldsymbol{F}'_n$）可以合成为一个合力 $\boldsymbol{F}'_R$，作用点为 $O$。合力 $\boldsymbol{F}'_R$ 等于 $\boldsymbol{F}'_1$，$\boldsymbol{F}'_2$，…，$\boldsymbol{F}'_n$的矢量和，即

$$\boldsymbol{F}'_R = \boldsymbol{F}'_1 + \boldsymbol{F}'_2 + \cdots + \boldsymbol{F}'_n = \boldsymbol{F}_1 + \boldsymbol{F}_2 + \cdots + \boldsymbol{F}_n = \sum_{i=1}^{n} \boldsymbol{F}_i$$

式中 $\boldsymbol{F}'_R$的大小和方向可根据力多边形法则用几何法求出，也可以根据解析法求解。在用解析法时，选取如图 2-16 所示坐标系 $Oxy$，$\boldsymbol{F}'_R$在 $x$、$y$ 轴上的投影分别为

$$\left\{\begin{aligned} F'_{Rx} &= X_1 + X_2 + \cdots + X_n = \sum_{i=1}^{n} X_i \\ F'_{Ry} &= Y_1 + Y_2 + \cdots + Y_n = \sum_{i=1}^{n} Y_i \end{aligned}\right. \tag{2-11}$$

式中 $X_1$，$X_2$，…，$X_n$——分别为 $\boldsymbol{F}_1$，$\boldsymbol{F}_2$，…，$\boldsymbol{F}_n$ 在 $x$ 轴上的投影；

$Y_1$，$Y_2$，…，$Y_n$——分别为 $\boldsymbol{F}_1$，$\boldsymbol{F}_2$，…，$\boldsymbol{F}_n$ 在 $y$ 轴上的投影。

于是可求得 $\boldsymbol{F}'_R$的大小和方向余弦为

$$\left\{\begin{aligned} F'_R &= \sqrt{(F'_{Rx})^2 + (F'_{Ry})^2} = \sqrt{\left(\sum_{i=1}^{n} X_i\right)^2 + \left(\sum_{i=1}^{n} Y_i\right)^2} \\ \cos(\boldsymbol{F}'_R, \boldsymbol{i}) &= \frac{\sum_{i=1}^{n} X_i}{F'_R} \\ \cos(\boldsymbol{F}'_R, \boldsymbol{j}) &= \frac{\sum_{i=1}^{n} Y_i}{F'_R} \end{aligned}\right. \tag{2-12}$$

附加力偶系可以合成为一个力偶，合力偶矩 $M'_O$等于各附加力偶的力偶矩 $M_1$，$M_2$，…，$M_n$ 的代数和，因而有

$$\begin{aligned} M'_O &= M_1 + M_2 + \cdots + M_n = M_O(\boldsymbol{F}_1) + M_O(\boldsymbol{F}_2) + \cdots + M_O(\boldsymbol{F}_n) \\ &= \sum_{i=1}^{n} M_O(\boldsymbol{F}_i) \end{aligned}$$

从上面的分析可知，平面一般力系向其作用面内任意一点 $O$ 简化，可得一个作用在 $O$ 点的力和一个作用在力系平面内的力偶。这个力的矢量 $\boldsymbol{F}'_R$称为力系的**主矢**，等于力系中各力的矢量和；这个力偶的力偶矩 $M'_O$称为力系对简化中心 $O$ 的**主矩**，等于力系中各力对简化中心之矩的代数和。

值得注意的是，选取不同的简化中心，主矢不会改变，因为主矢总是等于平面一般力系中各力的矢量和，也就是说**主矢与简化中心的位置无关**。但是主矩一般来说与简化中心的位置有关，因为一般情况下力系中的各力对不同的简化中心的力矩是不同的，所以力系中各力对不同的简化中心之矩的代数和一般也是不相同的，在**提到主矩时一定要指明是对哪一点的主矩**。

下面应用平面一般力系向一点简化的结论，分析一下工程中常见的固定端约束和约

束反力。我们把既能限制物体移动，又能限制物体转动的约束，称为**固定端约束**或称**插入端约束**。固定端或插入端是常见的一种约束形式，如图 2-17a、b 所示的支柱对悬臂梁，图 2-17c 中的刀架对车刀，图 2-17d 中的卡盘对工件等都构成固定端约束。这类约束的特点是连接处有很大的刚性，不允许构件与约束之间发生任何相对运动。虽然这类约束的具体形式各式各样，但是其约束力具有共同的特点。现在讨论图 2-18a 所示的一端插入墙内的约束，在主动力 $\boldsymbol{F}$ 的作用下，梁的插入部分受到墙的约束，与墙接触的点均受到约束反力的作用，但是各点受到的力大小和方向都未知，即这些约束反力所组成的平面一般力系的分布情况是不清楚的，如图 2-18b 所示。我们将约束反力所组成的平面一般力系向梁上的指定点 $A$ 简化，得到一个主矢和一个主矩，主矢即约束反力 $\boldsymbol{F}'_{\mathrm{R}}$，主矩即约束反力偶 $M_A$。进一步将约束反力 $\boldsymbol{F}'_{\mathrm{R}}$分解为水平分力 $\boldsymbol{X}_A$ 和铅垂分力 $\boldsymbol{Y}_A$。这样在讨论平面力系的情况下，固定端约束共有三个未知量：约束反力 $\boldsymbol{X}_A$、$\boldsymbol{Y}_A$ 和约束反力偶 $M_A$，如图 2-18c 所示。

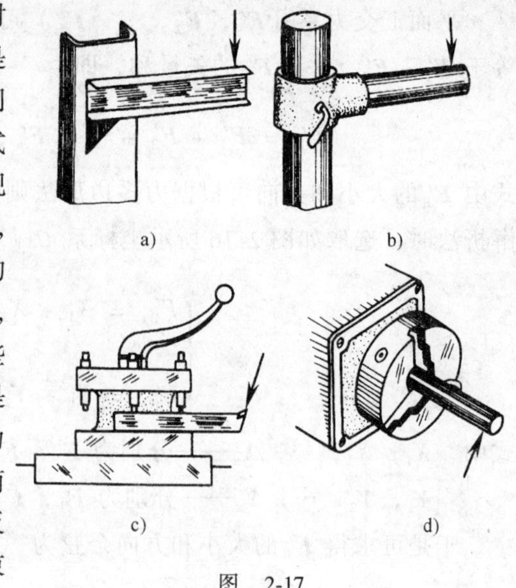
a) b) c) d)

图 2-17

### 三、平面一般力系的平衡方程

由上一节的讨论可知，平面一般力系向任意一点简化时，得到两个基本力系——平面汇交力系和平面力偶系。这两个力系是不能相互平衡的，故要使平面一般力系平衡，就要两个基本力系分别平衡。平面汇交力系平衡的充分必要条件是合力为零，相当于平面一般力系的主矢 $\boldsymbol{F}'_{\mathrm{R}}$ 为零；平面力偶系平衡的充分必要条件是合力偶矩 $M'_O$ 为零，相当于平面一般力系对任一点 $O$ 的主矩为零。因此平面一般力系平衡的充分必要条件是：**力系的主矢和力系对任一点 $O$ 的主矩分别等于零**。即

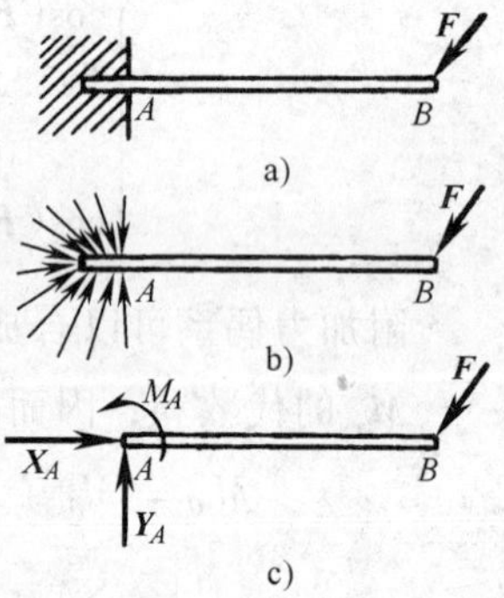

$$\begin{cases} \boldsymbol{F}'_{\mathrm{R}} = 0 \\ M'_O = 0 \end{cases} \tag{2-13}$$

图 2-18

将上述平衡条件用解析式表达，由式（2-4）、（2-8）可得到下列平面一般力系的平衡方程（**基本式**）：

$$\begin{cases} \sum_{i=1}^{n} X_i = 0 \\ \sum_{i=1}^{n} Y_i = 0 \\ \sum_{i=1}^{n} M_O(\boldsymbol{F}_i) = 0 \end{cases} \tag{2-14}$$

于是平面一般力系平衡的充分必要条件可以叙述为：**力系中各力在两个任意选择的直角坐标轴上的投影的代数和分别为零，并且各力对任一点的矩的代数和也等于零。**式（2-14）包含三个独立方程，可以求解三个未知量。

我们把公式（2-14）称为平面一般力系平衡方程的基本形式，它有两个投影式和一个力矩式。另外平衡方程还可以表示为：

1）一个投影式和两个力矩式即**二力矩式**。方程式为

$$\left\{\begin{array}{l}\sum_{i=1}^{n} X_i = 0 \\ \sum_{i=1}^{n} M_A(\boldsymbol{F}_i) = 0 \\ \sum_{i=1}^{n} M_B(\boldsymbol{F}_i) = 0\end{array}\right. \tag{2-15}$$

其中，$A$、$B$ 两点的连线 $AB$ 不能与 $x$ 轴垂直。

2）三个都是力矩式即**三力矩式**。方程式为

$$\left\{\begin{array}{l}\sum_{i=1}^{n} M_A(\boldsymbol{F}_i) = 0 \\ \sum_{i=1}^{n} M_B(\boldsymbol{F}_i) = 0 \\ \sum_{i=1}^{n} M_C(\boldsymbol{F}_i) = 0\end{array}\right. \tag{2-16}$$

其中，$A$、$B$、$C$ 三点不能共线。

这样，平面一般力系共有基本式、二力矩式、三力矩式三种不同形式的平衡方程，但是必须注意，不论何种形式，独立的平衡方程只有三个。在三个独立的方程之外列出的任何方程都是这三个独立方程的组合而不是独立的。平面一般力系平衡方程只能求解三个未知量。

在实际应用时，是选用基本式、二力矩式还是三力矩式，完全决定于计算是否方便。为简化计算，在建立投影方程时，坐标轴的选取应该与尽可能多的未知力垂直，以便这些未知力在此坐标轴上的投影为零，避免一个方程中含有多个未知量而需要解联立方程。在建立力矩方程时，尽量选取两个未知力的交点作为矩心，这样通过矩心的未知力就不会在此力矩方程中出现，以达到减少方程中未知量数的目的。

## 四、平面平行力系的平衡方程

各力作用线在同一平面内并且相互平行的力系称为**平面平行力系**。平面平行力系是平面一般力系的一种特殊情况。设物体受平面平行力系 $\boldsymbol{F}_1$、$\boldsymbol{F}_2$、⋯、$\boldsymbol{F}_n$ 的作用，如图 2-19 所示。过任一点 $O$ 取直角坐标系 $Oxy$，并且使 $Oy$ 轴与已知各力平行，则力系中各力在 $x$ 轴上的投影分别为零，式（2-14）中的第一个方程 $\sum_{i=1}^{n} X_i = 0$ 就成为恒等式而自然满足，于是平面平行力系的独立平衡方程只有两个

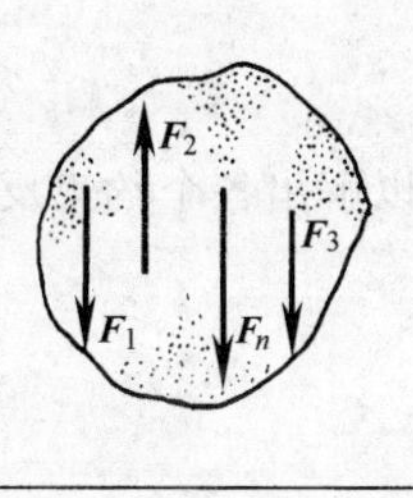

图 2-19

$$\begin{cases} \sum_{i=1}^{n} F_i = 0 \\ \sum_{i=1}^{n} M_O(\boldsymbol{F}_i) = 0 \end{cases} \tag{2-17}$$

式中　$\sum_{i=1}^{n} F_i$——各力在 $y$ 轴上投影的和，即各力的代数和。

所以，**平面平行力系平衡的充分必要条件是力系中各力的代数和等于零，以及各力对任一点的矩的代数和等于零。**

平面平行力系的平衡方程也可以表示为两力矩形式，即

$$\begin{cases} \sum_{i=1}^{n} M_A(\boldsymbol{F}_i) = 0 \\ \sum_{i=1}^{n} M_B(\boldsymbol{F}_i) = 0 \end{cases} \tag{2-18}$$

需要注意的是，$A$、$B$ 连线不能与力系各力的作用线平行。

**例 2-6**　数控车床一齿轮传动轴自重 $G=900\text{N}$，水平安装在向心轴承 $A$ 和向心推力轴承（止推轴承）$B$ 之间，如图 2-20a 所示，齿轮受一水平推力 $\boldsymbol{F}$ 作用。已知 $a=0.4\text{m}$，$b=0.6\text{m}$，$c=0.25\text{m}$，$F=160\text{N}$。当不计轴承的宽度和摩擦时，试求轴上 $A$、$B$ 处所受的约束反力。

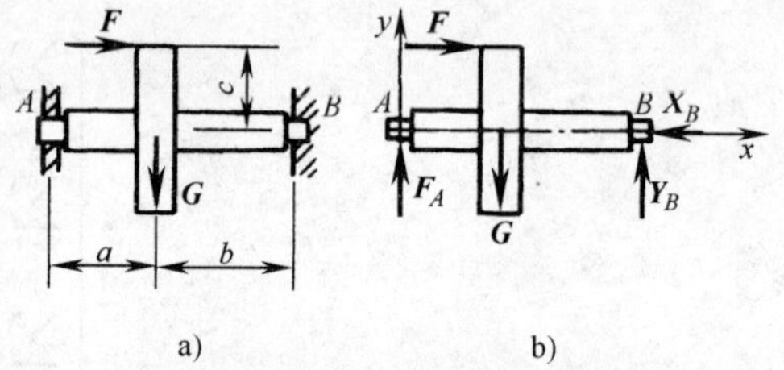


图　2-20

**解**　以齿轮传动轴为研究对象进行受力分析。轴受到主动力 $\boldsymbol{G}$、$\boldsymbol{F}$ 作用以及 $A$、$B$ 两处约束反力的作用。向心轴承只阻止 $A$ 处的铅垂移动，向心推力轴承既阻止 $B$ 处铅垂移动，又阻止 $B$ 处水平移动。按照向心轴承和向心推力轴承（止推轴承）约束的性质，$A$ 处受到铅垂反力 $\boldsymbol{F}_A$ 作用，$B$ 处反力为 $\boldsymbol{X}_B$、$\boldsymbol{Y}_B$，受力图及坐标系如图 2-20b 所示，其中各约束反力的指向是假定的。

列平衡方程

$$\sum_{i=1}^{n} X_i = 0 \qquad F - X_B = 0$$

$$\sum_{i=1}^{n} Y_i = 0 \qquad F_A + Y_B - G = 0$$

$$\sum_{i=1}^{n} M_A(\boldsymbol{F}_i) = 0 \quad (a+b)Y_B - aG - cF = 0$$

可以解出各个约束反力

$$X_B = F = 160\text{N}$$

$$Y_B = \frac{aG + cF}{a+b} = \frac{0.4 \times 900 + 0.25 \times 160}{0.4 + 0.6}\text{N} = 400\text{N}$$

$$F_A = G - Y_B = (900 - 400)\text{N} = 500\text{N}$$

所得正值说明各约束反力的实际指向与假定的一致。

**例 2-7** 如图 2-21a 所示，水平梁 $AB$ 受到一个均布载荷和一个力偶的作用。已知均布载荷的集度 $q=0.2\text{kN/m}$，力偶矩的大小 $M=1\text{kN·m}$，长度 $l=5\text{m}$。不计梁本身的质量，求支座 $A$、$B$ 的约束反力。

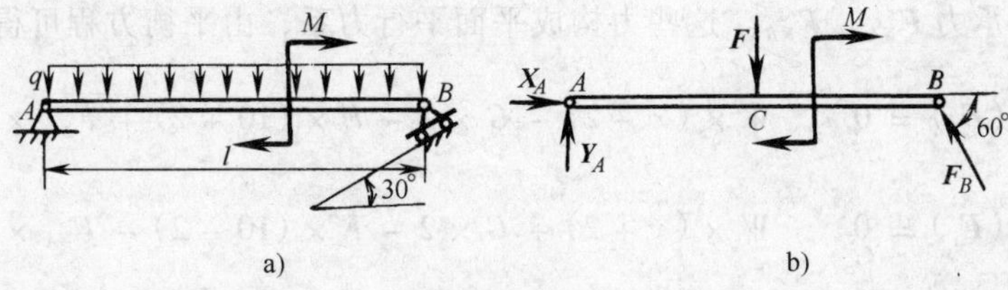


图 2-21

**解** 以梁 $AB$ 为研究对象进行受力分析。将均布载荷等效为集中力 $\boldsymbol{F}$，其大小为 $F=ql=0.2\times5\text{kN}=1\text{kN}$，方向铅垂向下，作用点在 $AB$ 梁的中点 $C$。按照 $A$、$B$ 两处约束的性质，得到 $A$ 处支座反力为 $\boldsymbol{X}_A$、$\boldsymbol{Y}_A$，$B$ 处反力 $\boldsymbol{F}_B$ 垂直于支承面，梁的受力情况如图 2-21b 所示。

作用在梁上的力组成一平面一般力系，其中有三个未知数，即 $X_A$、$Y_A$、$F_B$。应用平面一般力系的平衡方程，可以求出这三个未知数。

取
$$\sum_{i=1}^{n} X_i = 0 \qquad X_A - F_B\cos60^\circ = 0 \tag{1}$$

$$\sum_{i=1}^{n} Y_i = 0 \qquad Y_A - F + F_B\sin60^\circ = 0 \tag{2}$$

$$\sum_{i=1}^{n} M_A(\boldsymbol{F}_i) = 0 \qquad -F\times AC - M + F_B\times AB\sin60^\circ = 0 \tag{3}$$

由（3）式得到
$$F_B = \frac{F\times AC + M}{AB\sin60^\circ} = \frac{1\times2.5+1}{5\times\sin60^\circ}\text{kN} = 0.81\text{kN}$$

将 $F_B$ 之值代入式（1）、(2)，得

$$X_A = F_B\cos60^\circ = 0.40\text{kN}$$

$$Y_A = F - F_B\sin60^\circ = (1-0.81\times\sin60^\circ)\ \text{kN} = 0.30\text{kN}$$

$X_A$、$Y_A$、$F_B$ 均为正值，表明它们的实际指向与假设的方向一致。

需要强调的是，在求解本类问题时应注意下列三点：

1) 在列写平衡方程时，因为组成力偶的两个力在任一轴上的投影的代数和等于零，所以力偶 $M$ 在 $x$、$y$ 轴上力的投影方程中不出现。

2) 力偶 $M$ 对平面上任意一点的矩为常量。

3) 应尽量选择各未知力作用线的交点为力矩方程的矩心，使力矩方程中未知量的个数尽量少。

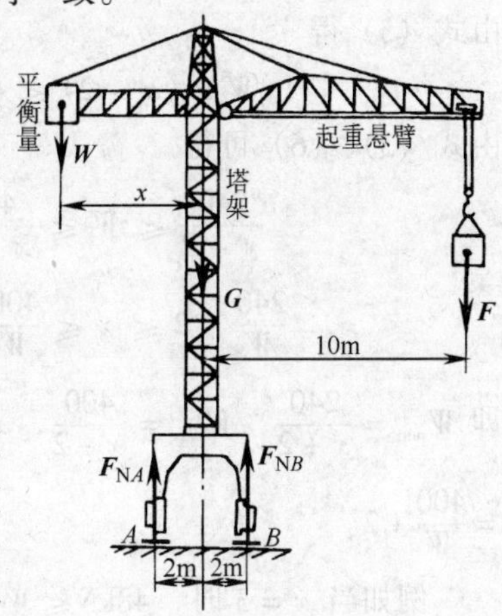


图 2-22

**例 2-8** 如图 2-22 所示，一可沿轨道移动的塔式起重机，机身重 $G=200\text{kN}$，作用线通过塔架中心。最大起重量 $F=80\text{kN}$。为了防止起重机在满载时向右倾倒，在离中心线 $x$ 处附加一平衡重 $W$，但又必须防止起重机在空载时向左边倾倒。试确定平衡重 $W$ 以及离轨道中心线的距离 $x$

的值。

**解** 以整个起重机为研究对象进行受力分析，对满载和空载情况分别考虑。

1）满载时作用在起重机上的力有五个，即最大起重量 $\boldsymbol{F}$、起重机机身自重 $\boldsymbol{G}$、平衡重 $\boldsymbol{W}$ 和轨道支承力 $\boldsymbol{F}_{NA}$、$\boldsymbol{F}_{NB}$。这些力构成平面平行力系，由平衡方程可得

$$\sum_{i=1}^{n} M_A(\boldsymbol{F}_i) = 0 \qquad W \times (x-2) - G \times 2 - F \times (10+2) + F_{NB} \times 4 = 0$$

$$\sum_{i=1}^{n} M_B(\boldsymbol{F}_i) = 0 \qquad W \times (x+2) + G \times 2 - F \times (10-2) - F_{NA} \times 4 = 0$$

解得
$$F_{NA} = \frac{W \times (2+x) + 400 - 8F}{4} = \frac{W \times (2+x) - 240}{4} \tag{1}$$

$$F_{NB} = \frac{-W \times (x-2) + 400 + 12F}{4} = \frac{-W \times (x-2) + 1360}{4} \tag{2}$$

由式（1）、(2）可见，当 $F$ 增大或 $W$ 减小时，$F_{NB}$ 增大而 $F_{NA}$ 减小，但是 $F_{NA}$ 不能无限制减小，也就是说轨道不能对起重机轮子产生拉力，所以当 $F_{NA}=0$ 时，说明左轮即将与轨道脱离，也即起重机处于将翻未翻的临界状态。可见欲使起重机满载时不致向右倾倒的条件为 $F_{NA} \geqslant 0$，由式（1）得

$$W \times (2+x) \geqslant 240 \tag{3}$$

2）再考虑空载时的情况。这时作用在起重机上的力有四个，即起重机机身自重 $\boldsymbol{G}$、平衡重 $\boldsymbol{W}$ 和轨道支承力 $\boldsymbol{F}_{NA}$、$\boldsymbol{F}_{NB}$。这些力构成平面平行力系，由平衡方程可得

$$\sum_{i=1}^{n} M_A(\boldsymbol{F}_i) = 0 \qquad W \times (x-2) - G \times 2 + F_{NB} \times 4 = 0$$

$$\sum_{i=1}^{n} M_B(\boldsymbol{F}_i) = 0 \qquad W \times (x+2) + G \times 2 - F_{NA} \times 4 = 0$$

解得
$$F_{NA} = \frac{W \times (2+x) + 400}{4} \tag{4}$$

$$F_{NB} = \frac{-W \times (x-2) + 400}{4} \tag{5}$$

起重机空载时不致向左倾倒的条件为 $F_{NB} \geqslant 0$，由式（5）得

$$W \times (x-2) \leqslant 400 \tag{6}$$

由式（3）、(6）可得

$$\frac{240}{x+2} \leqslant W \leqslant \frac{400}{x-2} \tag{7}$$

$$\frac{240}{W} - 2 \leqslant x \leqslant \frac{400}{W} + 2 \tag{8}$$

即 $W_{\min} = \dfrac{240}{x+2}$，$W_{\max} = \dfrac{400}{x-2}$，$x_{\min} = \dfrac{240}{W} - 2$，$x_{\max} = \dfrac{400}{W} + 2$。

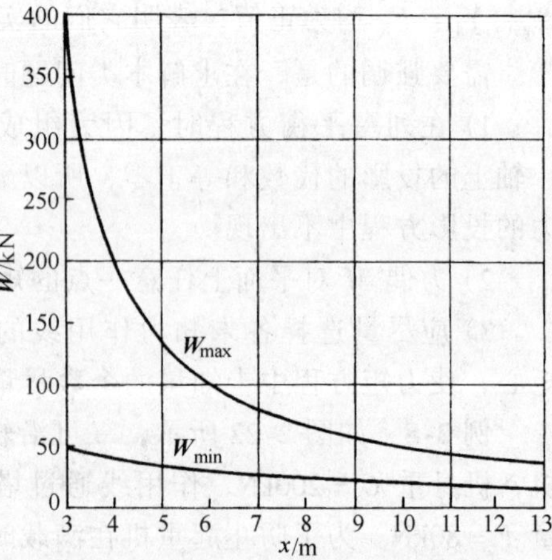

图 2-23

例如当 $x=3$ 时，$48\text{kN} \leqslant W \leqslant 400\text{kN}$；当 $x=4$ 时，$40\text{kN} \leqslant W \leqslant 200\text{kN}$。平衡重 $W$ 与其离中心线的

距离 $x$ 应满足的关系如图 2-23 所示。

## 第四节　空间一般力系简介

**各力的作用线在空间任意分布的力系称为空间一般力系，简称空间力系。**空间一般力系是物体最一般的受力情况，平面汇交力系、平面平行力系、平面一般力系都是它的特殊情况。图 2-25 所示的数控车床主轴所受的力系就是空间一般力系。空间力在直角坐标轴上的投影、力对点的矩以及力对轴的矩已经在第一章的第三、四、五节讨论过了。空间一般力系可以通过向一点的简化，得到一个空间汇交力系和一个空间力偶系，进而得到平衡条件。本书用比较直观的方法介绍空间一般力系的平衡方程。

设一物体上作用着一个空间一般力系 $\boldsymbol{F}_1$，$\boldsymbol{F}_2$，…，$\boldsymbol{F}_n$，如图 2-24 所示，则力系既能产生使物体沿空间直角坐标 $x$、$y$、$z$ 轴方向移动的效应，又能产生使物体绕 $x$、$y$、$z$ 轴转动的效应。若物体在空间一般力系作用下保持平衡，则必须同时满足以下两点：

1）对于平行移动，物体对 $x$、$y$、$z$ 轴保持平衡（静止或匀速直线运动），空间一般力系各力在 $x$、$y$、$z$ 轴投影的代数和为零；

2）对于转动，物体对 $x$、$y$、$z$ 轴保持平衡，空间一般力系各力对 $x$、$y$、$z$ 轴之矩的代数和为零。

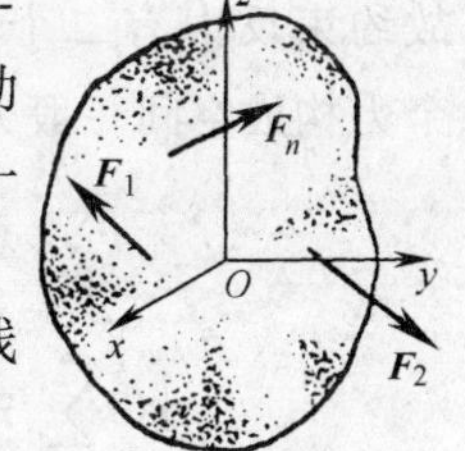


图　2-24

由此得到空间一般力系的平衡方程为

$$\left\{\begin{aligned}&\sum_{i=1}^{n} X_i = 0\\&\sum_{i=1}^{n} Y_i = 0\\&\sum_{i=1}^{n} Z_i = 0\\&\sum_{i=1}^{n} M_x(\boldsymbol{F}_i) = 0\\&\sum_{i=1}^{n} M_y(\boldsymbol{F}_i) = 0\\&\sum_{i=1}^{n} M_z(\boldsymbol{F}_i) = 0\end{aligned}\right. \qquad (2\text{-}19)$$

上式表示了空间一般力系平衡的充分必要条件，即**各力在直角坐标系的三个坐标轴上的投影的代数和以及各力对此三轴之矩的代数和分别等于零。**

式（2-19）有六个独立的平衡方程，可以求解六个未知量，它是解决空间一般力系平衡问题的基本方程。

**例 2-9**　数控车床主轴安装在向心推力轴承 $A$ 和向心轴承 $B$ 上，如图 2-25 所示。直齿圆柱齿轮 $C$ 的节圆半径 $r_C = 120\text{mm}$，其下与另一齿轮啮合，压力角 $\alpha = 20°$。在轴的右端固定一半径为 $r_D = 60\text{mm}$ 的圆柱体工件。已知 $a = 60\text{mm}$，$b = 400\text{mm}$，$c = 250\text{mm}$。车刀

刀尖对工件的力作用在 $H$ 处，$HD$ 水平。测量得到切削力在 $x$、$y$、$z$ 轴上的分量为：$F_x=465\text{N}$，$F_y=325\text{N}$，$F_z=1455\text{N}$。试求齿轮所受的啮合力 $\boldsymbol{F}_{\text{Q}}$ 和两轴承的约束反力。

**解** 取主轴、齿轮、工件三者组成的系统为研究对象，以 $A$ 为坐标原点，取 $x$ 轴沿水平面，$y$ 轴与主轴轴线重合，$z$ 轴沿铅垂线。

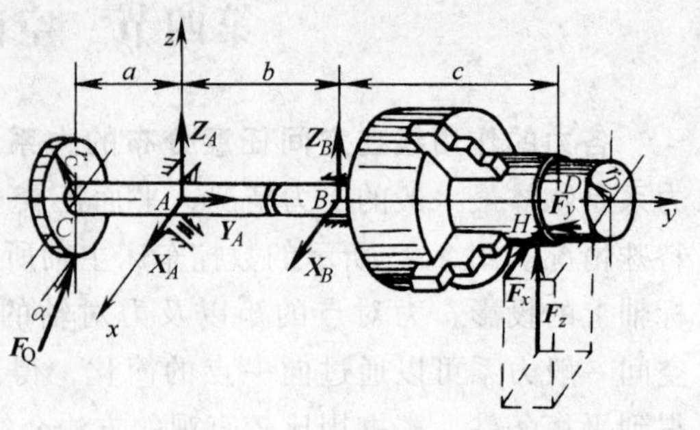

图 2-25

系统受到的主动力分别为齿轮 $C$ 所受的啮合力 $\boldsymbol{F}_{\text{Q}}$ 和工件受到的切削力 $\boldsymbol{F}_x$、$\boldsymbol{F}_y$、$\boldsymbol{F}_z$。向心推力轴承不允许主轴 $A$ 处沿任何方向移动，故约束反力有三个，分别为 $\boldsymbol{X}_A$、$\boldsymbol{Y}_A$、$\boldsymbol{Z}_A$；向心轴承不允许主轴 $B$ 处沿 $x$、$z$ 轴方向移动，故约束反力有二个，分别为 $\boldsymbol{X}_B$、$\boldsymbol{Z}_B$。上述 9 个力构成空间一般力系，由式（2-19）可写出平衡方程如下：

$$\sum_{i=1}^{n} X_i = 0 \qquad -F_x + X_A + X_B - F_{\text{Q}}\cos\alpha = 0 \tag{1}$$

$$\sum_{i=1}^{n} Y_i = 0 \qquad -F_y + Y_A = 0 \tag{2}$$

$$\sum_{i=1}^{n} Z_i = 0 \qquad F_z + Z_A + Z_B + F_{\text{Q}}\sin\alpha = 0 \tag{3}$$

$$\sum_{i=1}^{n} M_x(\boldsymbol{F}_i) = 0 \qquad (b+c)F_z + bZ_B - aF_{\text{Q}}\sin\alpha = 0 \tag{4}$$

$$\sum_{i=1}^{n} M_y(\boldsymbol{F}_i) = 0 \qquad -r_D F_z + r_C F_{\text{Q}}\cos\alpha = 0 \tag{5}$$

$$\sum_{i=1}^{n} M_z(\boldsymbol{F}_i) = 0 \qquad (b+c)F_x - r_D F_y - bX_B - aF_{\text{Q}}\cos\alpha = 0 \tag{6}$$

由式（2）得
$$Y_A = F_y = 325\text{N}$$

由式（5）得
$$F_{\text{Q}} = \frac{r_D}{r_C\cos\alpha}F_z = \frac{60\times1455}{120\times\cos20^\circ}\text{N} = 774.2\text{N}$$

由式（6）得

$$X_B = \frac{(b+c)\ F_x - r_D F_y - aF_{\text{Q}}\cos\alpha}{b}$$

$$= \frac{(400+250)\ \times465 - 60\times325 - 60\times774.2\times\cos20^\circ}{400}\text{N} = 597.8\text{N}$$

由式（1）得

$$X_A = F_x + F_{\text{Q}}\cos\alpha - X_B$$

$$= (465 + 774.2\times\cos20^\circ - 597.8)\ \text{N} = 594.7\text{N}$$

由式（4）得

$$Z_B = \frac{aF_{\text{Q}}\sin\alpha - (b+c)\ F_z}{b}$$

$$= \frac{60\times774.2\times\sin20^\circ - (400+250)\ \times1455}{400}\text{N} = -2325\text{N}$$

最后由式（3）得

$$Z_A = -F_z - Z_B - F_Q\sin\alpha = [-1455-(-2325)-774.2\times\sin20°]\ \text{N}$$
$$=605.2\text{N}$$

## 第五节　物体的重心

重心是力学中的一个重要概念。对物体重心的研究，在工程实际中有很重要的意义。例如起重机重心的位置若超出某一范围，受载后就不能保证起重机的平衡；高速旋转的物体如涡轮机的叶片、洗衣机甩干桶等，如果其重心偏离转轴的中心线，转动起来就会引起轴的振动和轴承的动压力；汽车或飞机重心的位置对它们运动的稳定性和操纵性也有很大影响。

**一、物体的重心**

物体的重力就是地球对它的吸引力。如果把物体视为由许多质点组成，由于地球比所研究的物体大得多，作用在这些质点上的重力形成的力系可以认为是一个铅垂的平行力系。这个空间平行力系的中心称为物体的重心，如图 2-26 所示。

将物体分割成许多微单元，每一微单元的重力方向均指向地心，近似地看成一平行力系，大小分别为 $G_1$，$G_2$，…，$G_n$，其作用点为 $C_1$（$x_1$，$y_1$，$z_1$），$C_2$（$x_2$，$y_2$，$z_2$），…，$C_n$（$x_n$，$y_n$，$z_n$）。物体重心 $C$ 的坐标的近似公式为

$$x_C=\frac{\sum G_i x_i}{\sum G_i}\qquad y_C=\frac{\sum G_i y_i}{\sum G_i}\qquad z_C=\frac{\sum G_i z_i}{\sum G_i}\tag{2-20}$$

式中　$\sum G_i$——整个物体的重量 $G$。

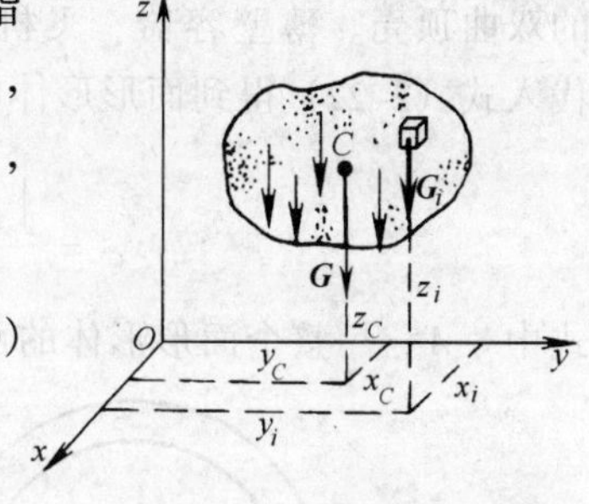


图　2-26

微单元分得越多，每个单元体体积越小，所求得的重心 $C$ 的位置就越准确。在极限情况下，$n\to\infty$，$G_i\to0$，得到重心的一般公式为

$$\left.\begin{aligned}x_C&=\frac{\lim\limits_{n\to\infty}\sum\limits_{i=1}^{n}G_i x_i}{G}=\frac{\int_V\rho g x\,\mathrm{d}V}{\int_V\rho g\,\mathrm{d}V}\\ y_C&=\frac{\lim\limits_{n\to\infty}\sum\limits_{i=1}^{n}G_i y_i}{G}=\frac{\int_V\rho g y\,\mathrm{d}V}{\int_V\rho g\,\mathrm{d}V}\\ z_C&=\frac{\lim\limits_{n\to\infty}\sum\limits_{i=1}^{n}G_i z_i}{G}=\frac{\int_V\rho g z\,\mathrm{d}V}{\int_V\rho g\,\mathrm{d}V}\end{aligned}\right\}\tag{2-21}$$

式中　$\rho$——密度；

$g$——重力加速度；

$\rho g$——物体单位体积所受的重力；

$dV$——微单元的体积。

对于匀质的物体来说，$\rho g$ 为常数，代入式（2-21）得到

$$x_C = \frac{\int_V x\mathrm{d}V}{\int_V \mathrm{d}V} = \frac{\int_V x\mathrm{d}V}{V} \qquad y_C = \frac{\int_V y\mathrm{d}V}{\int_V \mathrm{d}V} = \frac{\int_V y\mathrm{d}V}{V}$$

$$z_C = \frac{\int_V z\mathrm{d}V}{\int_V \mathrm{d}V} = \frac{\int_V z\mathrm{d}V}{V} \tag{2-22}$$

式中　$V$——整个物体的体积。

由式（2-22）可见，匀质物体的重心，只决定于物体的几何形状，而与物体的重度无关，因此又称为**形心**。

需要强调的是，一个形体的形心不一定在该形体上。如图 2-27 所示的输水管道，其形心在 $C$ 点。一个物体的重心，同样也不一定在该物体上。例如我们日常用的碗，其重心也不在碗体上。

工程实际中常采用匀质、等厚度的薄板、薄壳结构，形成一种面形形体。例如厂房的双曲顶壳、薄壁容器、飞机机翼等。若厚度为 $t$，面积元为 $\mathrm{d}A$，则体积元 $\mathrm{d}V = t\mathrm{d}A$，代入式（2-22）得到面形形体的重心坐标公式

$$x_C = \frac{\int_A x\mathrm{d}A}{A} \qquad y_C = \frac{\int_A y\mathrm{d}A}{A} \qquad z_C = \frac{\int_A z\mathrm{d}A}{A} \tag{2-23}$$

式中　$A$——整个面形形体的面积。

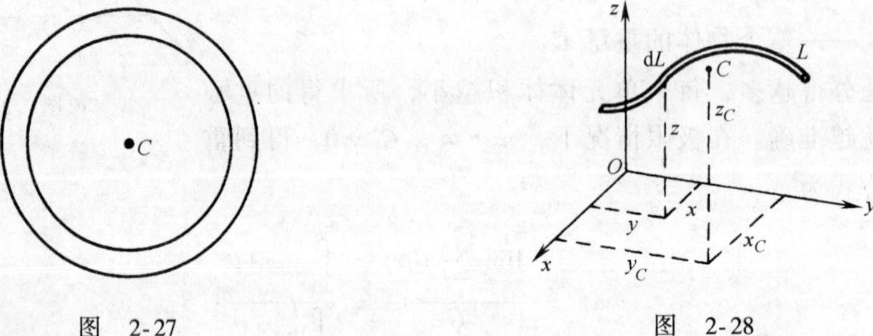


图　2-27　　　　图　2-28

对于匀质线段如等截面匀质细长曲杆、细金属丝，可以视为一匀质空间曲线，如图 2-28 所示，其重心坐标公式为

$$x_C = \frac{\int_L x\mathrm{d}L}{L} \qquad y_C = \frac{\int_L y\mathrm{d}L}{L} \qquad z_C = \frac{\int_L z\mathrm{d}L}{L} \tag{2-24}$$

式中　$L$——整个线段的长度。

**二、确定物体重心的几种方法**

下面介绍几种常用的确定物体重心的方法。

1. 对称法　对于具有对称轴、对称面或对称中心的匀质物体，可以利用其对称性确定重心位置。可以证明（从略），这种物体的重心必在对称轴、对称面或对称中心上。如圆球体或球面的重心在球心，圆柱体的重心在轴线中点，圆周的重心在圆心，等腰三角

形的重心在垂直于底边的中线上。

2. 积分法　对于具有某种规律的规则形体，可以根据式（2-22）、式（2-23）或式（2-24）利用积分方法求出形体的重心，从而得到简单图形的形心，见表 2-1。

**表 2-1　简单图形的形心位置**

| 图　形 | 形心坐标 |
| --- | --- |
| 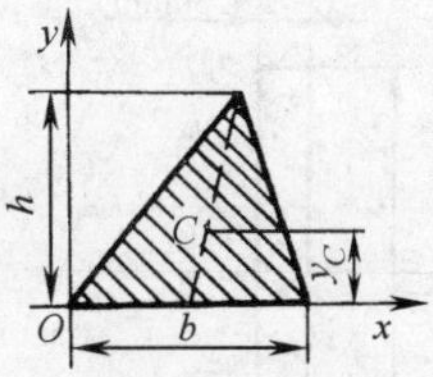  | $y_C = \frac{1}{3}h$ |
| 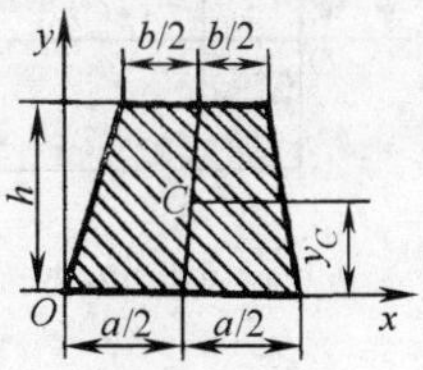  | $y_C = \frac{h\ (a+2b)}{3\ (a+b)}$ |
| 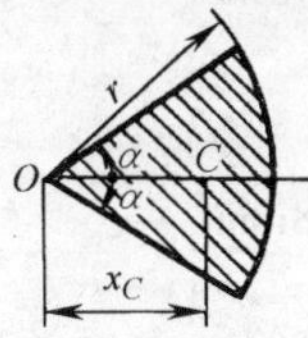  | $x_C = \frac{2}{3}\frac{r\sin\alpha}{\alpha}$（$\alpha$ 用弧度表示，以下同）<br>对半圆　$\alpha = \frac{\pi}{2}$，则 $x_C = \frac{4r}{3\pi}$ |
| 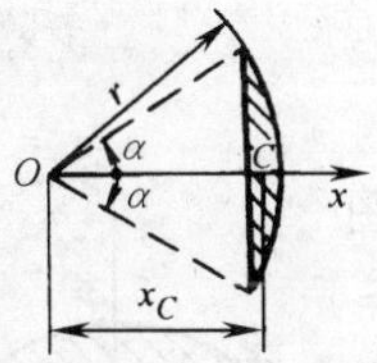  | $x_C = \frac{2}{3}\frac{r^3\sin^3\alpha}{A}$<br>其中弓形面积 $A = \frac{r^2\ (2\alpha - \sin 2\alpha)}{2}$ |
| 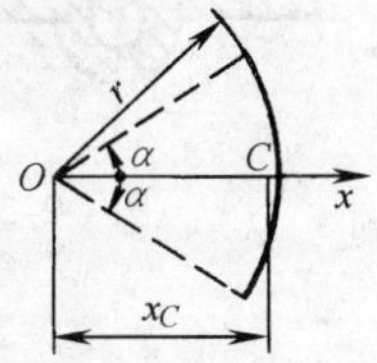  | $x_C = \frac{r\sin\alpha}{\alpha}$<br>对于半圆弧　$\alpha = \frac{\pi}{2}$，则 $x_C = \frac{2r}{\pi}$ |

3. 组合法　工程中有些形体虽然比较复杂，但往往是由一些简单形体组成的，而简单形体重心位置根据对称性或查表很容易确定。因而可将组合形体分割为若干个简单几何形体，然后应用公式（2-25）求出组合形体的重心位置。

$$x_C = \frac{\sum_{i=1}^{n} A_i x_i}{A} \qquad y_C = \frac{\sum_{i=1}^{n} A_i y_i}{A} \qquad z_C = \frac{\sum_{i=1}^{n} A_i z_i}{A} \tag{2-25}$$

式中　$A$——整个面积体的面积。

**例 2-10**　角钢截面的尺寸如图 2-29 所示，试求其形心的位置。

**解**　取 $Oxy$ 坐标系如图 2-29 所示，角钢截面可用虚线分为两个矩形。两矩形的形心位置 $C_1$ 和 $C_2$ 处于矩形对角线的交点，坐标分别为

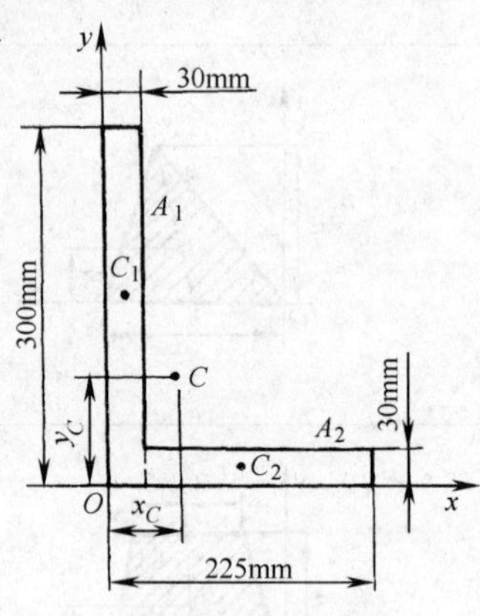


图　2-29

$$x_1 = 15\text{mm} \qquad y_1 = 150\text{mm}$$

$$x_2 = \left(30 + \frac{225 - 30}{2}\right)\text{mm} = 127.5\text{mm} \qquad y_2 = 15\text{mm}$$

两个矩形的面积分别为

$$A_1 = 30 \times 300\text{mm}^2 = 9000\text{mm}^2$$

$$A_2 = (225 - 30) \times 30\text{mm}^2 = 5850\text{mm}^2$$

将以上数值代入式（2-25），得到角钢截面对 $Oxy$ 坐标系的形心坐标为

$$x_C = \frac{\sum_{i=1}^{n} A_i x_i}{A} = \frac{9000 \times 15 + 5850 \times 127.5}{9000 + 5850}\text{mm} = 59.3\text{mm}$$

$$y_C = \frac{\sum_{i=1}^{n} A_i y_i}{A} = \frac{9000 \times 150 + 5850 \times 15}{9000 + 5850}\text{mm} = 96.8\text{mm}$$

4. 负面积法　如果在规则形体上切去一部分，例如钻孔或开槽等，求这类形体的形心时，首先认为原形体是完整的，然后把切去的部分视为负面积，运用式（2-25）求出形心。

负面积法可以认为是形体组合法的推广。

**例 2-11**　已知振动器用的偏心块为等厚度的匀质形体，如图 2-30 所示，其上有半径为 $r_2$ 的圆孔。偏心块的几何尺寸 $R = 120\text{mm}$，$r_1 = 35\text{mm}$，$r_2 = 15\text{mm}$。试求偏心块形心的位置。

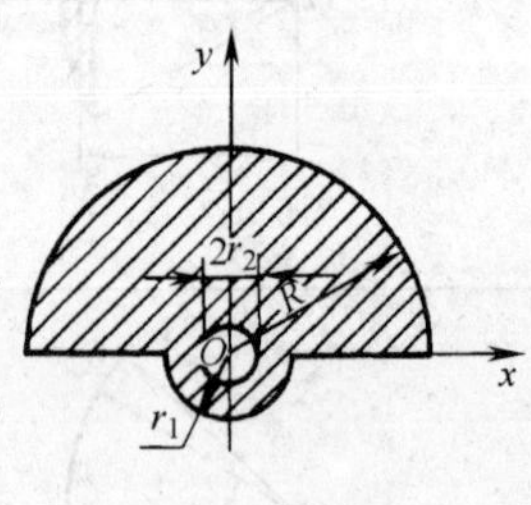


图　2-30

**解**　将偏心块被挖空的圆孔视为“负面积”，于是偏心块的面积可以视为由半径为 $R$ 的大半圆、半径为 $r_1$ 的小半圆和半径为 $r_2$ 的小圆（负面积）共三部分组成。

取坐标系 $Oxy$，其中 $Oy$ 轴为对称轴。根据对称性，偏心块的形心 $C$ 必在对称轴 $Oy$ 上，所以

$$x_C = 0$$

半径为 $R$ 的大半圆的面积　$A_1 = \frac{1}{2}\pi R^2 = 7200\pi$

查表 2-1 得到形心坐标　$y_1 = \frac{4R}{3\pi} = \frac{160}{\pi}\text{mm}$

半径为 $r_1$ 的小半圆的面积 $$A_2=\frac{1}{2}\pi r_1^2=612.5\pi$$

查表 2-1 得到形心坐标 $$y_2=\frac{-4r_1}{3\pi}=-\frac{46.67}{\pi}\text{mm}$$

半径为 $r_2$ 的小圆的面积 $$A_3=-\pi r_2^2=-225\pi$$

形心坐标 $$y_3=0$$

代入式（2-25）可得到形心坐标为

$$y_C=\frac{\sum_{i=1}^{n}A_iy_i}{A}=\frac{7200\pi\times\frac{160}{\pi}+612.5\pi\times\left(-\frac{46.7}{\pi}\right)+(-225\pi)\times 0}{7200\pi+612.5\pi+(-225\pi)}\text{mm}$$

$$=\frac{1.123\times 10^6}{7587.5\pi}\text{mm}=47.1\text{mm}$$

5. 试验法　对于某些形状复杂的机械零部件，在工程实际中常采用试验方法来测定其重心。试验法常比计算法直接、简便，并具有足够的准确性。常用的试验方法有如下两种：

（1）悬挂法　对于形状复杂的薄平板，求形心时可以采用悬挂法。如图 2-31 所示，首先将板悬挂于任一点 $A$，则可以判断薄平板的形心在绳子向下的延长线 $AD$ 上；然后将薄平板悬挂于另一点 $B$，其形心在绳子向下的延长线 $BE$ 上。显然，$AD$ 与 $BE$ 的交点即为薄平板的形心 $C$。

（2）称重法　形状复杂或体积庞大的物体，可以采用称重法求重心。例如内燃机的连杆，其重心必在对称中心线 $AB$ 上，如图 2-32 所示，我们只需确定重心在中心线 $AB$ 上的确切位置。将连杆的小端 $A$ 放在水平面上，大端 $B$ 放在台秤上，使中心线 $AB$ 处于水平位置。已知连杆重量为 $G$，小头支承点距重力 $\boldsymbol{G}$ 的作用线的距离为 $x_C$，由力矩平衡方程

$$\sum_{i=1}^{n}M_A(\boldsymbol{F}_i)=0\qquad F_{NB}l-Gx_C=0$$

可得 $$x_C=\frac{F_{NB}}{G}l$$

式中　$l$——连杆大、小头支承点间的距离；

$G$——连杆的重量，可以直接测定。$B$ 端的反力 $F_{NB}$ 的大小可由台秤读出，从而求出 $x_C$ 的值。

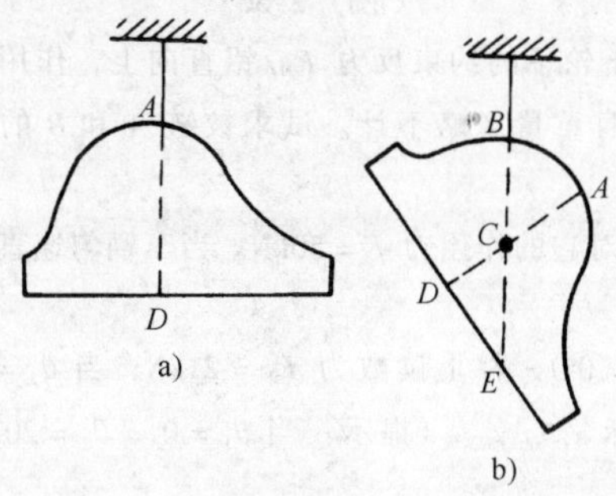


图　2-31

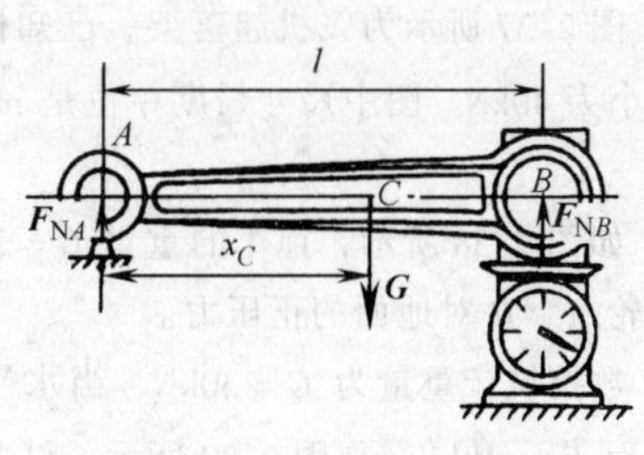


图　2-32

为了便于测量和减少误差，$A$、$B$ 支承处的接触面积要尽量小，可做成刃口形状。摩

托车、汽车、各类机床等的重心位置可以用称重法确定。

## 习　题

2-1　圆柱的重量 $G=2.5\text{kN}$，搁置在三角形槽上，如图 2-33 所示。若不计摩擦，试用几何法求圆柱对三角槽壁 $A$、$B$ 处的压力。

2-2　用解析法求解上题。

2-3　如图 2-34 所示，简易起重机用钢丝绳吊起重量 $G=10\text{kN}$ 的重物。各杆自重不计，$A$、$B$、$C$ 三处为光滑铰链联接。铰链 $A$ 处装有不计半径的光滑滑轮。求杆 $AB$ 和 $AC$ 受到的力。

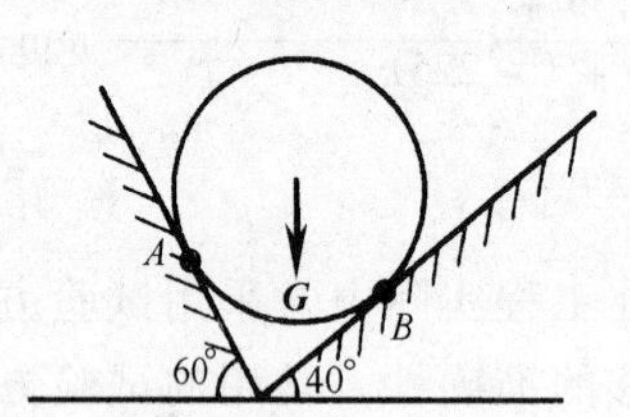


图　2-33

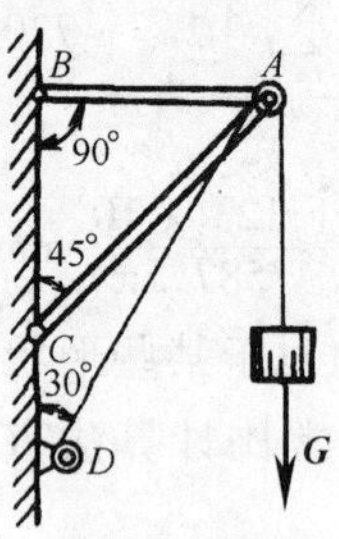


图　2-34

2-4　夹具中所用增力机构如图 2-35 所示。已知推力 $F_1$ 作用于 $A$ 点，夹紧平衡时杆与水平线的夹角为 $\alpha$，不计滑块和杆重，视各铰链为光滑，定义增力倍数 $\beta=F_2/F_1$。试求 $\beta$ 与 $\alpha$ 的函数关系。

2-5　如图 2-36 所示，锻压机在工作时，如果锤头所受工件的作用力偏离中心线，就会使锤头发生偏斜，这样在导轨上将产生很大的压力，加速导轨的磨损，影响工件的精度。已知打击力 $F=150\text{kN}$，偏心距 $e=20\text{mm}$，锤头高度 $h=300\text{mm}$。试求锤头加给两侧导轨的压力。

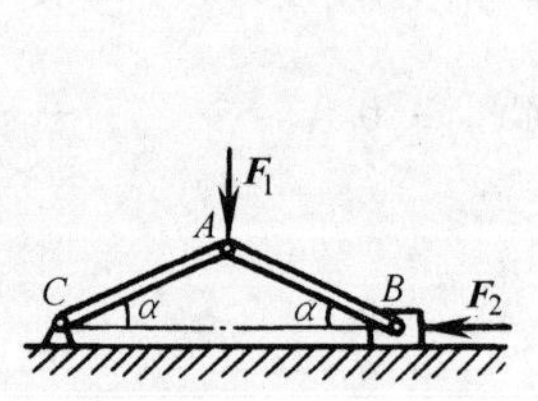


图　2-35

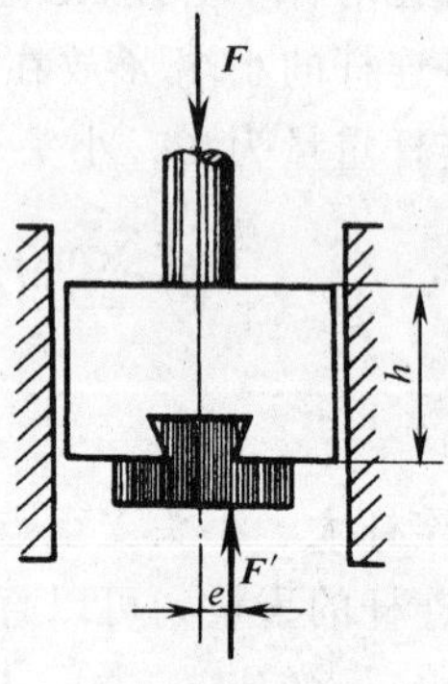


图　2-36

2-6　图 2-37 所示为飞机起落架，已知机场跑道作用于轮子的约束反力 $F_{ND}$ 铅直向上，作用线通过轮心，大小为 40kN。图中尺寸长度单位是 mm，起落架本身重量忽略不计。试求铰链 $A$ 和 $B$ 的约束反力。

2-7　如图 2-38 所示，拖车的重量 $G=250\text{kN}$，牵引车对它的作用力 $F=50\text{kN}$。当车辆匀速直线行驶时，求车轮 $A$、$B$ 对地面的正压力。

2-8　数控铣床重量为 $G=30\text{kN}$，当水平放置时（$\theta_1=0°$），秤上读数为 $F_1=21\text{kN}$；当 $\theta_2=20°$时，秤上读数为 $F_2=18\text{kN}$，如图 2-39 所示。试求机床重心坐标 $x_C$、$y_C$。（提示：当 $\theta_1=0°$、$\theta_2=20°$时，分别对 $B$ 点列力矩平衡方程）

2-9　平面桁架由 7 根相同材料的匀质等截面杆构成，每根杆长如图 2-40 所示，试求该桁架重心的位置。

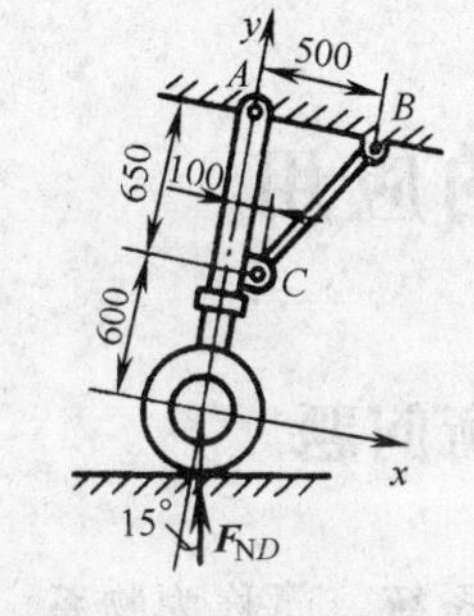


图　2-37

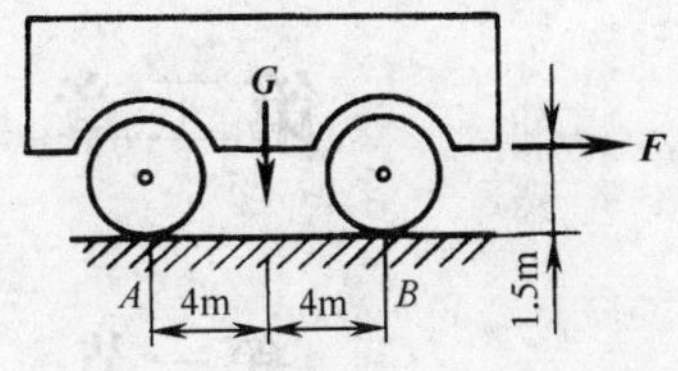


图　2-38

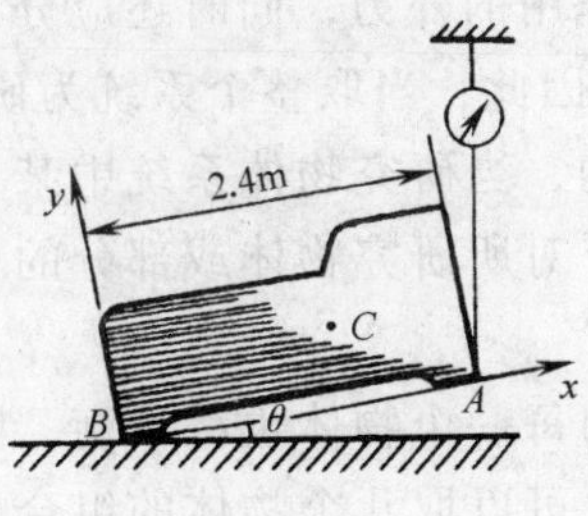


图　2-39

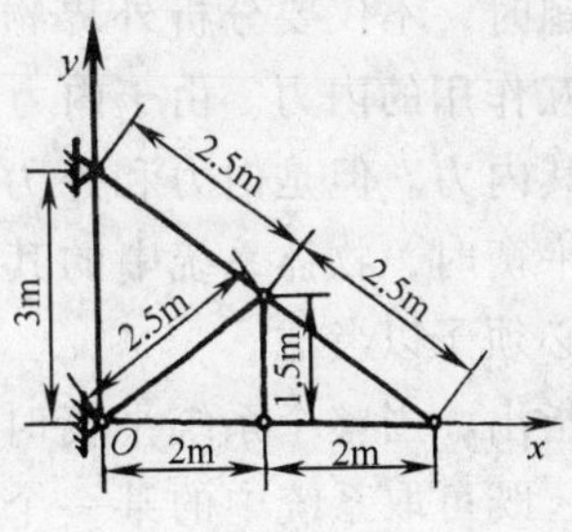


图　2-40

# 第三章　平衡方程的应用

## 第一节　物体系统的平衡问题

由若干个物体通过约束联系所组成的系统称为**物体系统**，简称为**物系**。在研究物系的平衡问题时，不仅要分析外界物体对于这个系统作用的外力，同时还应分析系统内各物体间相互作用的内力。由于内力总是成对出现的，因此，当取整个系统为研究对象时，可不考虑其内力。但是内力和外力的概念又是相对的，当研究物体系统中某一物体或某一部分的平衡时，物体系统中的其他物体或其他部分对所研究物体或部分的作用力就成为外力，必须予以考虑。

应当指出，当整个系统平衡时，则组成该系统的每一个物体也都平衡，因此研究这类问题时，既可取系统中的某一个物体为分离体，也可以取几个物体的组合或取整个系统为分离体。这要根据问题的具体情况，以便于求解为原则来适当地选取。对于 $n$ 个物体组成的系统，在平面任意力系作用下，可以列出 $3n$ 个独立平衡方程。若系统中的物体有受平面汇交力系或平面平行力系作用时，则独立平衡方程的总数目应相应地减少。在选择分离体列平衡方程时，应尽可能避免解联立方程。

在刚体静力学中，当研究单个物体或物体系统的平衡问题时，由于对应于每一种力系的独立平衡方程的数目是一定的，所以，若所研究的问题的未知量的数目等于或少于独立平衡方程的数目时，则所有未知量都能由平衡方程求出，这样的问题称为**静定问题**。若未知量的数目多于独立平衡方程的数目，则未知量不能全部由平衡方程求出，这样的问题称为**静不定问题**（或称**超静定问题**），而总未知量数与总独立平衡方程数两者之差称为**静不定次数**。图 3-1 所示的平衡问题都是静定问题，而图 3-2 所示的问题都是一次静不定问题。

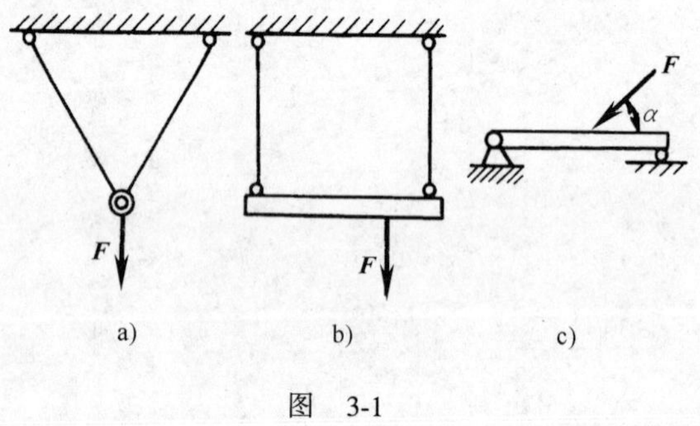

图　3-1

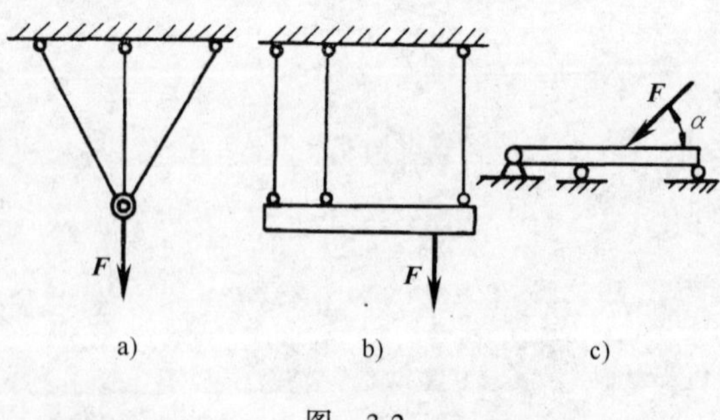

图　3-2

静不定问题仅用刚体静力平衡方程是不能完全解决的，需要把物体作为变形体，考虑作用于物体上的力与变形的关系，再列出补充方程来解决。关于静不定问题的求解，已超出了本章所研究的范围。

下面通过实例来说明各类物体系统平衡问题的解法。

**例 3-1**　多跨静定梁由 $AB$ 梁和 $BC$ 梁用中间铰链 $B$ 连接而成，支承和载荷情况如图

3-3a 所示，已知 $F=20\text{kN}$，$q=5\text{kN/m}$，$\alpha=45°$，求支座 $A$、$C$ 的反力和中间铰链 $B$ 处的内力。

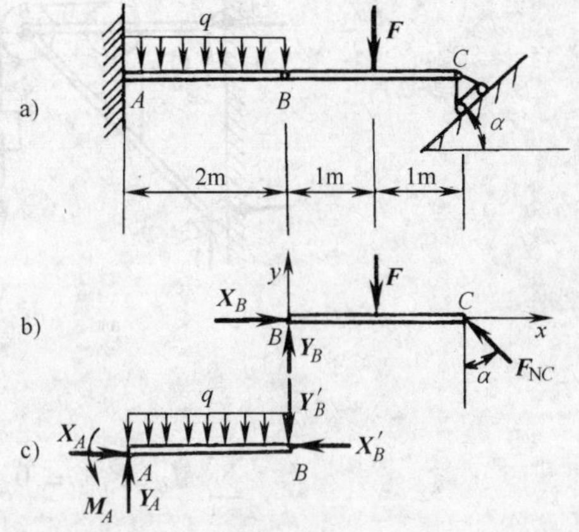

图 3-3

**解** 一般静定多跨梁是由几个部分梁所组成，组成的次序是先固定基本部分，后加上附属部分，单靠本身能承受荷载并保持平衡的部分梁称为基本部分，单靠本身不能承受荷载并保持平衡的部分梁称为附属部分。本题 $AB$ 梁是基本部分，而 $BC$ 梁是附属部分。这类问题的求解，通常是先研究附属部分，再计算基本部分。因此，对这类问题首先要会区分基本部分与附属部分。

1）先取 $BC$ 梁（附属部分）为研究对象，受力图如图 3-3b 所示，列平衡方程：

$$\sum_{i=1}^{n} M_B(\boldsymbol{F}_i)=0 \qquad -F\times 1+F_{NC}\cos\alpha\times 2=0$$

解得
$$F_{NC}=\frac{F}{2\cos\alpha}=\frac{20}{2\cos45°}\text{kN}=14.14\text{kN}$$

$$\sum_{i=1}^{n} X_i=0 \qquad X_B-F_{NC}\sin\alpha=0$$

解得
$$X_B=F_{NC}\sin\alpha=14.14\sin45°\text{kN}=10\text{kN}$$

$$\sum_{i=1}^{n} Y_i=0 \qquad Y_B-F+F_{NC}\cos\alpha=0$$

解得
$$Y_B=F-F_{NC}\cos\alpha=20-14.14\cos45°\text{kN}=10\text{kN}$$

2）再取 $AB$ 梁为研究对象，受力图如图 3-3c 所示，列平衡方程：

$$\sum_{i=1}^{n} M_A(\boldsymbol{F}_i)=0 \qquad M_A-\frac{1}{2}q\times 2^2-Y'_B\times 2=0 \tag{1}$$

$$\sum_{i=1}^{n} X_i=0 \qquad X_A-X'_B=0 \tag{2}$$

$$\sum_{i=1}^{n} Y_i=0 \qquad Y_A-2q-Y'_B=0 \tag{3}$$

由作用和反作用定律得 $X'_B=X_B=10\text{kN}$，$Y'_B=Y_B=10\text{kN}$，代入式(1)、(2)、(3)解得

$$M_A=2q+2Y'_B=(2\times 5+2\times 10)\text{kN}\cdot\text{m}=30\text{kN}\cdot\text{m}$$
$$X_A=X'_B=10\text{kN}$$
$$Y_A=2q+Y'_B=2\times 5\text{kN}+10\text{kN}=20\text{kN}$$

**例 3-2** 一构架由杆 $AB$ 和 $BC$ 所组成，载荷 $F=20\text{kN}$，如图 3-4 所示。已知 $AD=DB=1\text{m}$，$AC=2\text{m}$，滑轮半径均为 0.3m，如不计滑轮重和杆重，求 $A$ 和 $C$ 处的约束反力。

**解** 由于此构架不能分为基本部分和附属部分，通常是先取整体研究，列平衡方程求得部分未知量或建立未知量之间的关系式。再取分体（一般其上含有剩余未知量的分体）研究，以求出全部未知量。

1）本题先取整体为研究对象，受力图如图 3-4a 所示，列平衡方程：

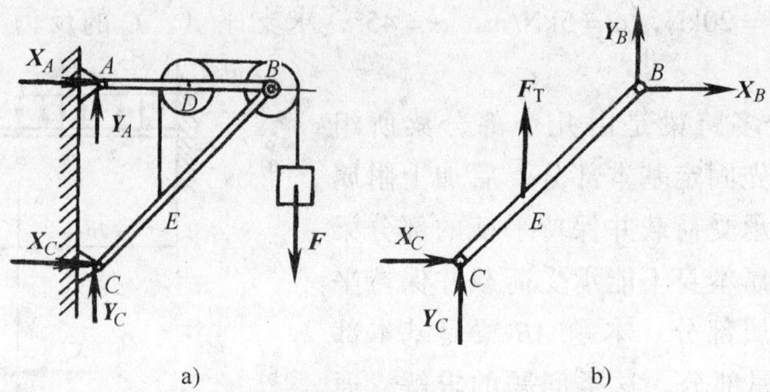


图　3-4

$$\sum_{i=1}^{n} M_C(\boldsymbol{F}_i) = 0 \qquad -X_A \times 2 - F \times 2.3 = 0 \tag{1}$$

解得　　$X_A = -23\text{kN}$(负号表示 $X_A$ 指向与图示相反)

$$\sum_{i=1}^{n} X_i = 0 \qquad X_A + X_C = 0 \tag{2}$$

$$\sum_{i=1}^{n} Y_i = 0 \qquad Y_A + Y_C - F = 0 \tag{3}$$

由(2)式得到　　$X_C = -X_A = 23\text{kN}$

2）再取 $BC$ 杆研究,受力如图 3-4b 所示,由定滑轮的性质可知 $F_T = F$,列平衡方程:

$$\sum_{i=1}^{n} M_B(\boldsymbol{F}_i) = 0 \qquad -F_T \times 1.3 - Y_C \times 2 + X_C \times 2 = 0 \tag{4}$$

解得　　$Y_C = 10\text{kN}$

代入(3)式得　　$Y_A = F - Y_C = 10\text{kN}$

**例 3-3**　图 3-5a 所示的曲柄连杆机构由活塞、连杆、曲柄和飞轮组成。已知飞轮重 $G$,曲柄 $OA$ 长 $r$,连杆 $AB$ 长 $l$,当曲柄 $OA$ 在铅垂位置时系统平衡,作用于活塞 $B$ 上的总压力为 $F$,不计活塞、连杆和曲柄的重量,求阻力偶矩 $M$、轴承 $O$ 的反力。

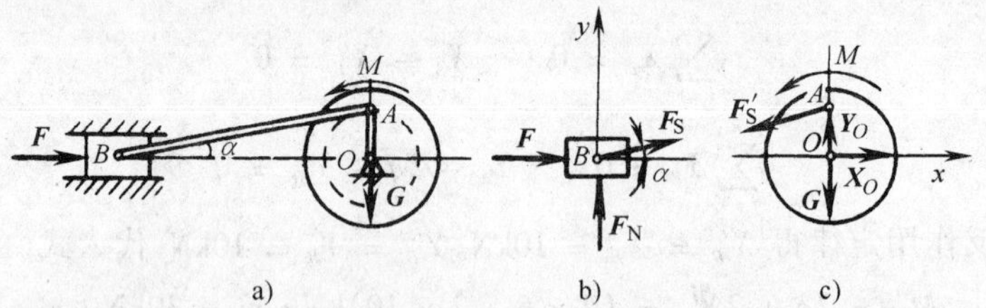


图　3-5

**解**　本题是物系平衡的另一类型的问题,这类问题的特点是系统的构件是可动的,它的平衡是有条件的,主动力与阻力之间要满足一定关系才能平衡。通常解这类问题是从受已知力作用的构件开始,依传动顺序选取研究对象,逐个求解。对于较复杂的机构平衡,求主动力与阻力之间关系的问题宜用虚位移原理(限于学时本书不介绍)解决。

先以活塞 $B$ 为研究对象,受力图如图 3-5b 所示,列平衡方程:

$$\sum_{i=1}^{n} X_i = 0 \qquad F + F_S\cos\alpha = 0 \tag{1}$$

$$\sum_{i=1}^{n} Y_i = 0 \qquad F_N + F_S \sin\alpha = 0 \tag{2}$$

由式(1)得

$$F_S = -\frac{F}{\cos\alpha} = -F\frac{l}{\sqrt{l^2 - r^2}} \tag{3}$$

计算结果 $F_S$ 为负值,说明 $F_S$ 的实际指向与所设相反,即连杆受压力。

将式(3)代入式(2),得到

$$F_N = -F_S \sin\alpha = -\left(-\frac{F}{\cos\alpha}\right)\sin\alpha = F\tan\alpha = F\frac{r}{\sqrt{l^2 - r^2}}$$

再取飞轮连同曲柄为研究对象,受力图如图 3-5c 所示,列平衡方程:

$$\sum_{i=1}^{n} X_i = 0 \qquad -F'_S \cos\alpha + X_O = 0 \tag{4}$$

$$\sum_{i=1}^{n} Y_i = 0 \qquad -F'_S \sin\alpha + Y_O - G = 0 \tag{5}$$

$$\sum_{i=1}^{n} M_O(\boldsymbol{F}_i) = 0 \qquad rF'_S \cos\alpha + M = 0 \tag{6}$$

以 $F'_S = F_S$ 及式(3)代入式(4)、(5)、(6),得

$$X_O = F'_S \cos\alpha = -F$$

$$Y_O = G + F'_S \sin\alpha = G - F\frac{r}{\sqrt{l^2 - r^2}}$$

$$M = -F'_S r\cos\alpha = Fr$$

## 第二节　平面桁架的内力分析

作为应用平面一般力系和平面汇交力系平衡方程解决实际问题的具体例了,本节介绍桁架的一些最基本的概念及计算桁架内力的方法。

**桁架**是指由若干直杆在其两端用铰链连接而成的几何形状不变的结构。由于桁架结构受力合理,使用材料比较经济,因而在工程实际中被广泛采用,例如屋架、桥梁、高压输电塔、电视塔等。

如果桁架所有的杆件都在同一平面内,这种桁架称为**平面桁架**(如屋架、桥梁桁架等),否则称为空间桁架(如输电铁塔、电视发射塔等)。桁架中各杆件的连接处称为**节点**。本节只讨论平面桁架。在平面桁架计算中,通常引用如下假定:

1)组成桁架的各杆都是直杆。

2)所有外力都作用在桁架所处的平面内,且都作用于节点处。

3)组成桁架的各杆件彼此都用光滑铰链连接,杆件自重略去不计(或平均分配在杆件两端的节点上),故桁架的每根杆件都是二力杆。

满足上述假定的桁架称为**理想桁架**,实际的桁架与上述假定是有差别的,如钢筋混凝土桁架结构的节点是有一定刚性的整体节点,钢桁架结构的节点为铆接或焊接,它们都有一定的刚性,杆件的中心线也不可能是绝对直的,但上述假定已反映了实际桁架的主要受力特征,其计算结果可满足工程实际的需要。

分析静定平面桁架内力的基本方法有节点法和截面法，下面分别予以介绍。

**一、节点法**

因为桁架中各杆都是二力杆，所以每个节点都受到平面汇交力系的作用，为计算各杆内力，可以逐个地取节点为研究对象，分别列出平衡方程或作出封闭的力多边形，即可由已知力求出全部杆件的内力，这就是**节点法**。由于平面汇交力系只能列出两个独立平衡方程，所以应用节点法必须从只含两个未知力大小的节点开始计算。

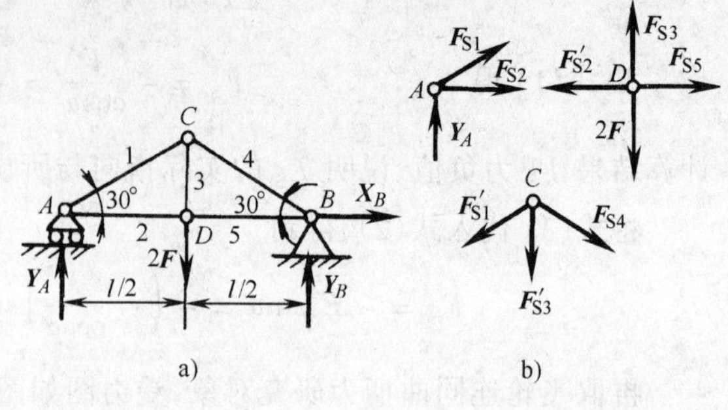

图 3-6

**例 3-4** 平面桁架的受力及尺寸如图 3-6a 所示，试求桁架各杆的内力。

**解** 先求支座反力：以整体桁架为研究对象，桁架受力 $2\boldsymbol{F}$、$\boldsymbol{Y}_A$、$\boldsymbol{X}_B$、$\boldsymbol{Y}_B$ 作用，列平衡方程：

$$\sum_{i=1}^{n} X_i = 0 \qquad X_B = 0 \tag{1}$$

$$\sum_{i=1}^{n} Y_i = 0 \qquad Y_A + Y_B - 2F = 0 \tag{2}$$

$$\sum_{i=1}^{n} M_B(\boldsymbol{F}_i) = 0 \qquad 2F\frac{l}{2} - Y_A l = 0 \tag{3}$$

由式(3) 解得 $$Y_A = F$$

由式(2) 解得 $$Y_B = 2F - Y_A = F$$

为求各杆的内力，应假想将杆件截断，取出各节点来研究。作 $A$、$D$、$C$ 节点受力图如图 3-6b 所示，对各杆可以均假设为拉力，若计算结果为负，则表示杆实际受压力。

由于平面汇交力系的平衡方程只能求解两个未知力，故应从只含两个未知力的节点开始，逐次列出各节点的平衡方程，求出各杆内力。

节点 $A$：

$$\sum_{i=1}^{n} X_i = 0 \qquad F_{S2} + F_{S1}\cos 30^\circ = 0 \tag{4}$$

$$\sum_{i=1}^{n} Y_i = 0 \qquad Y_A + F_{S1}\sin 30^\circ = 0 \tag{5}$$

将 $Y_A = F$ 代入式(5) 解得 $$F_{S1} = -2F(\text{压})$$

将上式代入式(4) 解得 $$F_{S2} = 1.73F(\text{拉})$$

节点 $D$： $$\sum_{i=1}^{n} X_i = 0 \qquad -F'_{S2} + F_{S5} = 0$$

$$\sum_{i=1}^{n} Y_i = 0 \qquad F_{S3} - 2F = 0$$

$$F'_{S2} = F_{S2} = 1.73F$$

解得 $$F_{S3} = 2F(\text{拉})$$

$$F_{S5} = F'_{S2} = 1.73F(\text{拉})$$

节点 $C$：

$$\sum_{i=1}^{n} X_i = 0 \qquad -F'_{S1}\sin60° + F_{S4}\sin60° = 0 \tag{6}$$

$$\sum_{i=1}^{n} Y_i = 0 \qquad -F'_{S1}\cos60° - F_{S4}\cos60° - F'_{S3} = 0 \tag{7}$$

$$F'_{S1} = F_{S1} = -2F$$

$$F'_{S3} = F_{S3} = 2F$$

代入式(6) 解得

$$F_{S4} = F'_{S1} = -2F(\text{压})$$

至此已经求出各杆内力,式(7) 可用来校核计算结果。

通过上例,可将求桁架内力的节点法总结如下：

1) 一般先求出桁架的支座反力。

2) 从只有两个未知力的节点开始,逐个选择各节点为研究对象,用几何法或解析法求解内力。

3) 判定各杆件受拉还是受压。分析节点受力时,通常先假设各杆都受拉力(即杆件对节点的作用力背离节点),如求解结果为正,则说明该杆确实受拉;若为负,则说明该杆实际受压力,即与假设相反。

**二、截面法**

节点法用于求桁架全部杆件内力的场合是适宜的。但是在工程实际中,有时只要求计算桁架内某几个杆件所受的内力,如仍用节点法就显得麻烦。此时,可以适当地选择一截面,在需求其内力的杆件处假想地把桁架截开为两部分,然后考虑其中任一部分的平衡,应用平面任意力系平衡方程求出这些被截断杆件的内力,这就是**截面法**。应用截面法求桁架内某些杆件内力的步骤和要点与节点法基本相同。

**例 3-5** 如图 3-7a 所示平面桁架各杆件的长度都等于 1m,在节点 $E$ 上作用载荷 $F_1$ = 21kN,在节点 $G$ 上作用载荷 $F_2$ = 15kN,试计算杆 1、2 和 3 的内力。

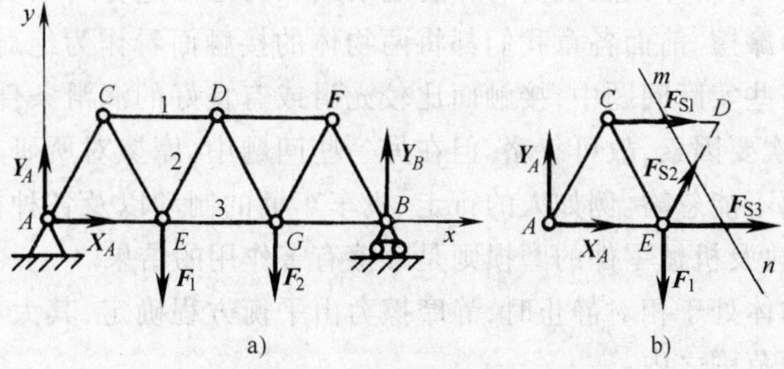


图 3-7

**解** 先求支座反力：以整体桁架为研究对象,受力图如图 3-7a 所示,列平衡方程：

$$\sum_{i=1}^{n} X_i = 0 \qquad X_A = 0 \tag{1}$$

$$\sum_{i=1}^{n} Y_i = 0 \qquad Y_A + Y_B - F_1 - F_2 = 0 \tag{2}$$

$$\sum_{i=1}^{n} M_A(\boldsymbol{F}_i) = 0 \qquad Y_B \times 3 - F_1 \times 1 - F_2 \times 2 = 0 \tag{3}$$

由式(3)解得 $$Y_B = \frac{F_1 + 2F_2}{3} = 17\text{kN}$$

将 $Y_B$ 代入式(2)解得 $$Y_A = F_1 + F_2 - Y_B = 19\text{kN}$$

为求杆1、2和3的内力，作截面 $mn$ 假想将此三杆截断，并取桁架的左半部分为研究对象，设所截三杆都受拉力，这部分桁架的受力图如图3-7b所示。列平衡方程：

$$\sum_{i=1}^{n} M_E(\boldsymbol{F}_i) = 0 \qquad -F_{S1} \times 1 \times \sin60° - Y_A \times 1 = 0 \tag{4}$$

$$\sum_{i=1}^{n} M_D(\boldsymbol{F}_i) = 0 \qquad F_1 \times \frac{1}{2} + F_{S3} \times 1 \times \sin60° - Y_A \times \frac{3}{2} = 0 \tag{5}$$

$$\sum_{i=1}^{n} Y_i = 0 \qquad Y_A + F_{S2}\sin60° - F_1 = 0 \tag{6}$$

由式(4)解得 $$F_{S1} = -\frac{Y_A}{\sin60°} = -21.94\text{kN(压)}$$

由式(5)解得 $$F_{S3} = \frac{3Y_A - F_1}{2\sin60°} = \frac{3 \times 19 - 21}{2 \times 0.866}\text{kN} = 20.79\text{kN(拉)}$$

由式(6)解得 $$F_{S2} = \frac{F_1 - Y_A}{\sin60°} = \frac{21 - 19}{0.866}\text{kN} = 2.31\text{kN(拉)}$$

如选取桁架的右半部分为研究对象，可求得相同的结果。由上例可见，采用截面法求内力时，选择适当的力矩方程，常可较快地求得某些指定杆件的内力。还应注意到，平面任意力系只有三个独立平衡方程，因此作假想截面时，一般每次最多只能截断三根杆件，如果截断的杆件多于3根时，它们的内力一般不能全部求出。

## 第三节　考虑摩擦时物体的平衡问题

一个物体沿另一个物体接触表面有相对运动或相对运动趋势时而受到阻碍的现象，称为**摩擦现象**，简称为**摩擦**。前面各章我们都将两物体的接触面看作为绝对光滑和刚硬的，未考虑摩擦作用。在某些实际问题中，接触面比较光滑或有良好的润滑条件，这时摩擦对所研究的问题的影响为次要因素，故可忽略。但在另一些问题中，摩擦对所研究的问题有重要的影响，是主要因素而不能忽略。例如人的行走、机车车辆的制动以及各种机械夹具等都要利用摩擦，而鞋底、钢轨及机械零件的磨损则是摩擦有害作用的结果。

研究表明，当物体处于相对静止时，静摩擦力由平衡方程确定，其大小随主动力的变化而变化，并且在如下范围之内：

$$\begin{gathered} 0 \leqslant F \leqslant F_{\max} \\ F_{\max} = fF_{\mathrm{N}} \end{gathered} \tag{3-1}$$

式中　$F_{\max}$—— 当物体处于临界平衡状态时，摩擦力达到的最大值；

$f$—— **静滑动摩擦因数**，简称**静摩擦因数**；

$F_{\mathrm{N}}$—— 摩擦面法线方向的压力值。

求解考虑摩擦时物体的平衡问题，其方法和步骤与前面几章所述基本相同，只是在画

受力图时必须考虑摩擦力,摩擦力的方向与相对滑动趋势的方向相反。一般考虑有摩擦时的平衡问题可分为下述三种类型:

1) 已知作用于物体上的主动力,须判断物体是否处于平衡状态,并计算所受的摩擦力。

2) 已知物体处于临界的平衡状态,需求主动力的大小或物体平衡时的位置(距离或角度)。

3) 求物体的平衡范围。由于静摩擦力的值 $F$ 可以随主动力变化而变化($F \leqslant F_{max}$),因此物体平衡时,主动力的大小或平衡位置允许在一定范围内变化。这类问题的解答往往是一个范围值,称为平衡范围。

下面分别举例加以说明。

**例 3-6** 重量 $G = 1000\text{N}$ 的物体放在倾角 $\alpha = 45°$ 的斜面上,如图 3-8 所示,若接触面间的静摩擦因数 $f = 0.25$,今有一大小为 $F_P = 800\text{N}$ 的力沿斜面推物体,问物体在斜面上是否处于平衡状态?若静止,这时摩擦力为多大?

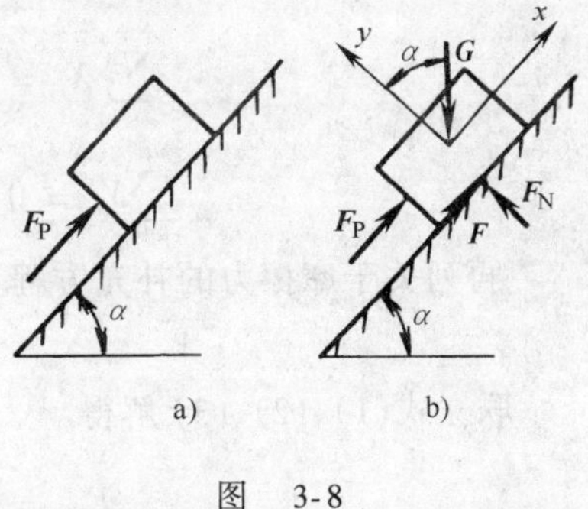


图 3-8

**解** 本题属于第一类型的问题,可先假定物体静止,然后计算保持静止时所需要的摩擦力以及可能产生的最大静摩擦力 $F_{max}$,进行比较后,就可以确定物体所处的实际状态。

设物体静止并有向下滑的趋势,画出物体受力图及坐标,如图 3-8b 所示,由平衡方程

$$\sum_{i=1}^{n} X_i = 0 \qquad F_P - G\sin\alpha + F = 0$$

解得

$$F = G\sin\alpha - F_P = (1000\sin45° - 800)\text{N} = -93\text{N}$$

由

$$\sum_{i=1}^{n} Y_i = 0 \qquad F_N - G\cos\alpha = 0$$

解得

$$F_N = G\cos\alpha = 1000\cos45°\text{N} = 707\text{N}$$

根据静摩擦定律,接触面可能出现的最大静摩擦力为

$$F_{max} = fF_N = 0.25 \times 707\text{N} = 177\text{N}$$

以上求得的力 $\boldsymbol{F}$ 为负号,说明它的实际指向应与假设方向相反,即沿斜面向下,故物块实际上有向上滑的趋势,又保持平衡所需的摩擦力 $F$ 的值小于最大静摩擦力 $F_{max}$,故物块在斜面上保持静止状态,这时摩擦力的值为 93N,方向沿斜面向下。

**例 3-7** 斜面上放一重为 $G$ 的重物如图 3-9a 所示,斜面倾角为 $\alpha$,物体与斜面间的摩擦角为 $\varphi_m$(摩擦角的正切等于静滑动摩擦因数 $f$,即摩擦角 $\varphi_m = \arctan f$),且知 $\alpha > \varphi_m$,试求维持物体在斜面上静止时,水平推力 $\boldsymbol{F}_P$ 所容许的范围。

**解** 取物体为研究对象。由题意知 $\alpha > \varphi_m$,如果不加水平力 $\boldsymbol{F}_P$,物体将向下滑,现加上水平推力 $\boldsymbol{F}_P$ 使物体保持平衡。本题属于第三类型的问题,$\boldsymbol{F}_P$ 的大小允许在一定范围内变化,显然,这个变化范围的上下限即为物体的两个临界状态:当 $F_P$ 值为下限时,物体处于向下滑的临界状态,当 $F_P$ 值为上限时,物体处于向上滑的临界状态,故第三类型的问题,往往可以化为两个第二类型的问题进行分析。

(1) 求 $F_P$ 的下限 $F_{Pmin}$　设 $F_{Pmin}=F_{P1}$,这时静摩擦力 $\boldsymbol{F}_1$ 的方向应沿斜面向上,如图 3-9b 所示,取坐标轴 $x$、$y$,列平衡方程:

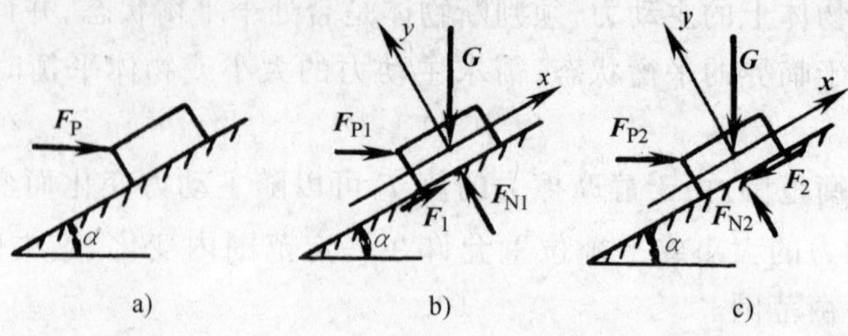


图　3-9

$$\sum_{i=1}^{n} X_i = 0 \qquad F_{P1}\cos\alpha - G\sin\alpha + F_1 = 0 \tag{1}$$

$$\sum_{i=1}^{n} Y_i = 0 \qquad -F_{P1}\sin\alpha - G\cos\alpha + F_{N1} = 0 \tag{2}$$

再列关于摩擦力的补充方程:

$$F_1 = fF_{N1} = F_{N1}\tan\varphi_m \tag{3}$$

联立式(1)、(2)、(3) 解得

$$F_{P1} = G\,\frac{\tan\alpha - f}{1 + f\tan\alpha} = G\tan(\alpha - \varphi_m)$$

(2) 求 $F_P$ 的上限 $F_{Pmax}$　设 $F_{Pmax}=F_{P2}$,这时静摩擦力 $\boldsymbol{F}_2$ 的方向应沿斜面向下,如图 3-9c 所示,取坐标轴 $x$、$y$ 列平衡方程:

$$\sum_{i=1}^{n} X_i = 0 \qquad F_{P2}\cos\alpha - G\sin\alpha - F_2 = 0 \tag{4}$$

$$\sum_{i=1}^{n} Y_i = 0 \qquad -F_{P2}\sin\alpha - G\cos\alpha + F_{N2} = 0 \tag{5}$$

再列关于摩擦力的补充方程:

$$F_2 = fF_{N2} = F_{N2}\tan\varphi_m \tag{6}$$

联立式(4)、(5)、(6) 解得

$$F_{P2} = G\,\frac{\tan\varphi + f}{1 - f\tan\alpha} = G\tan(\alpha + \varphi_m)$$

由上述分析可知,当水平推力 $F_P$ 的大小在 $F_{P1} \leqslant F_P \leqslant F_{P2}$ 范围内变化时,物体在斜面上保持静止,这就是它的平衡范围:

$$G\tan(\alpha - \varphi_m) \leqslant F_P \leqslant G\tan(\alpha + \varphi_m)$$

**例 3-8**　制动器的构造和主要尺寸如图 3-10a 所示,制动块与鼓轮表面间的摩擦因数为 $f$,求制动鼓轮转动所必需的最小力 $F_P$。

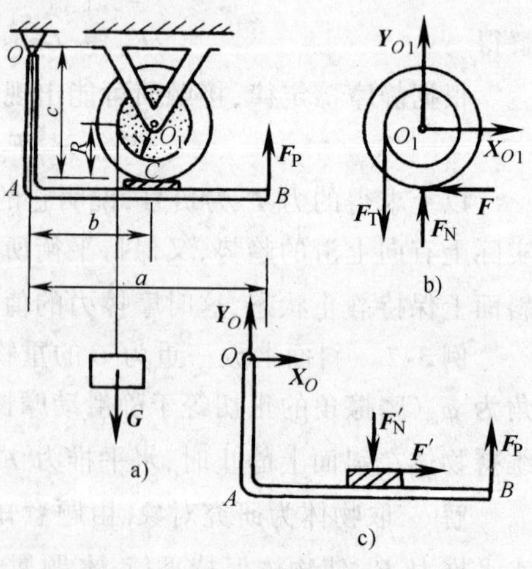


图　3-10

**解**　先取鼓轮为研究对象,受力如图 3-10b 所示。其中 $F_T=G$,由平衡方程:

$$\sum_{i=1}^{n} M_{O1}(\boldsymbol{F}_i) = 0 \qquad F_{\mathrm{T}}r - FR = 0 \tag{1}$$

解得
$$F = \frac{r}{R}F_{\mathrm{T}} = \frac{r}{R}G \tag{2}$$

当 $F_{\mathrm{P}}$ 为最小值时，鼓轮与制动块间处于临界平衡状态，所以

$$F_{\mathrm{N}} = \frac{F_{\max}}{f} = \frac{r}{Rf}G \tag{3}$$

再取杠杆 $OAB$ 为研究对象，受力如图 3-10c 所示，其中 $F'_{\mathrm{N}} = F_{\mathrm{N}}, F' = F$，由平衡方程：

$$\sum_{i=1}^{n} M_O(\boldsymbol{F}_i) = 0 \qquad F_{\mathrm{P}}a + F'c - F'_{\mathrm{N}}b = 0 \tag{4}$$

解得
$$F_{\mathrm{P}} = \frac{Gr}{aR}\left(\frac{b}{f} - c\right)$$

按临界状态求得的 $F_{\mathrm{P}}$ 是最小值，所以制动鼓轮的力必须满足的条件是

$$F_{\mathrm{P}} \geqslant \frac{Gr}{aR}\left(\frac{b}{f} - c\right)$$

## 习　题

3-1　静定多跨梁的载荷及尺寸如图 3-11 所示，长度单位为 m，求支座反力和中间铰链处的压力。

3-2　静定刚架所受载荷及尺寸如图 3-12 所示，长度单位为 m，求支座反力和中间铰链处的压力。

3-3　在图 3-13 所示的曲柄压力机构中，已知曲柄 $OA = R = 0.23\mathrm{m}$，设计要求：当 $\alpha = 20°$，$\beta = 3.2°$ 时达到最大冲力 $F = 3150\mathrm{kN}$。求在最大冲压力 $\boldsymbol{F}$ 作用时，导轨对滑块的侧压力和曲柄上所加的转矩 $M$，并求此时轴承 $O$ 的约束反力。

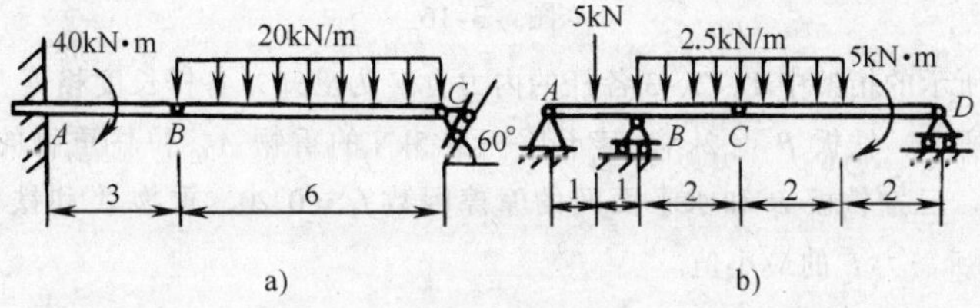


图　3-11

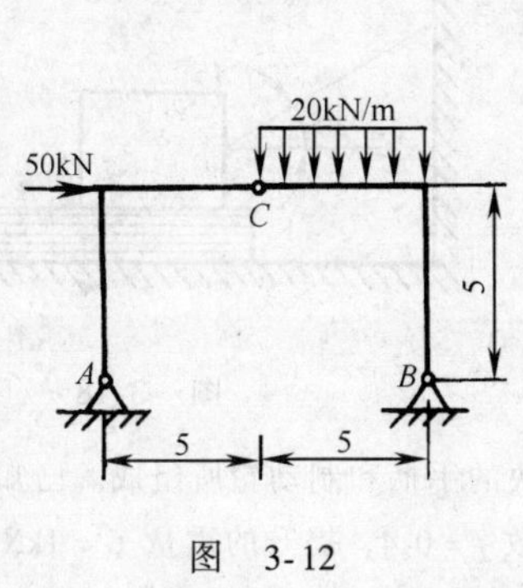


图　3-12

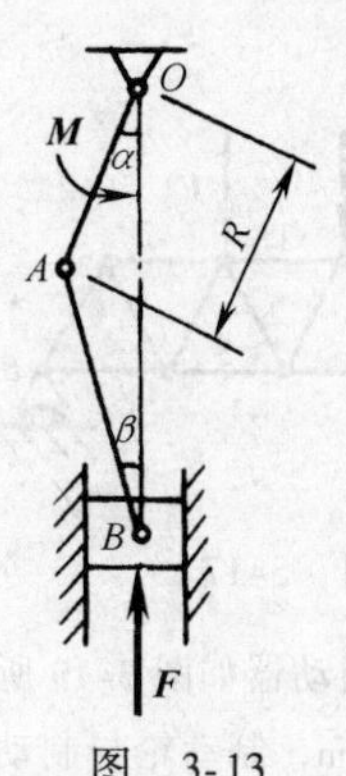


图　3-13

3-4　折梯由两个相同的部分 $AC$ 和 $BC$ 构成，这两部分各重 0.1kN，在 $C$ 点用铰链连接，并用绳子在 $D$、$E$ 点互相连接，如图 3-14 所示，梯子放在光滑的水平地板上，今在销钉 $C$ 上悬挂 $G = 0.5\mathrm{kN}$ 的重

物，已知 $AC = BC = 4\text{m}$，$DC = EC = 3\text{m}$，$\angle CAB = 60°$，求绳子的拉力和 $AC$ 作用于销钉 $C$ 的力。

3-5 起重机停在水平组合梁板上，载有 $G = 10\text{kN}$ 的重物，起重机本身重 50kN，其重心位于垂线 $DC$ 上。已知尺寸如图 3-15 所示，如不计梁板自重，求 $A$、$B$ 两处的约束反力。

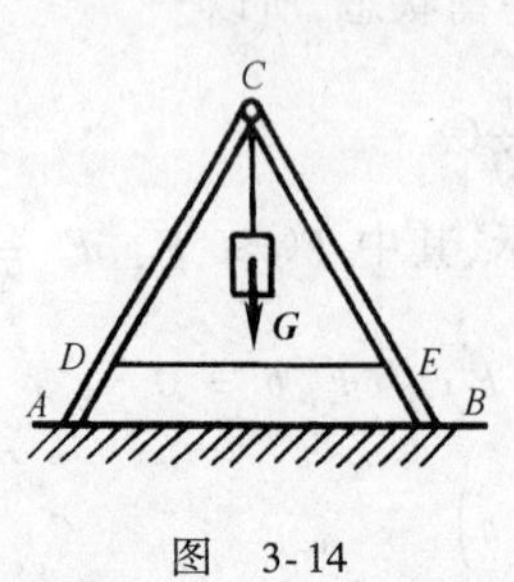

图 3-14

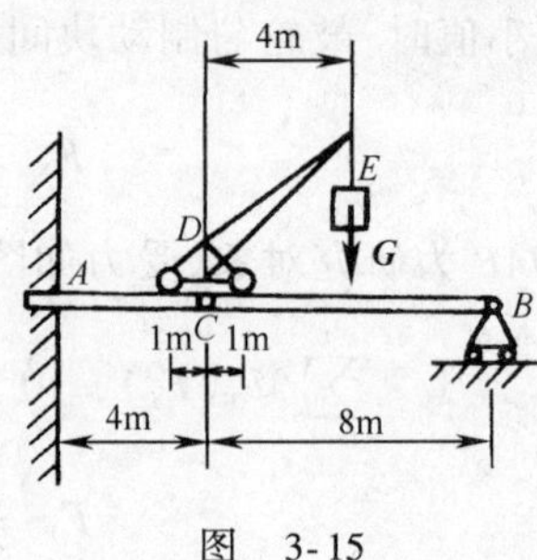

图 3-15

3-6 平面桁架的载荷如图 3-16 所示，求各杆的内力。

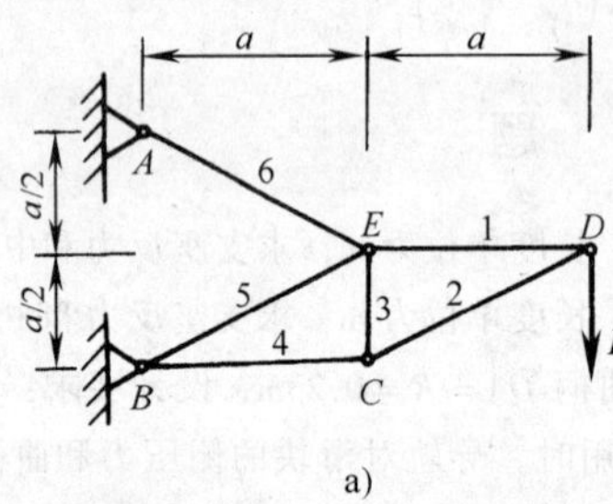


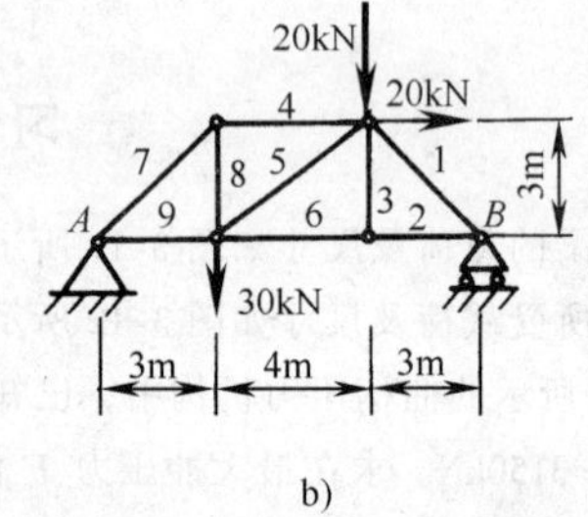


图 3-16

3-7 求图 3-17 所示的桁架中 1、2、3 各杆的内力，$\boldsymbol{F}$ 为已知，各杆长度相等。

3-8 如图 3-18 所示，铁板 $B$ 重 2kN，其上压一重 5kN 的重物 $A$，拉住重物的绳索与水平面成 30°角，今欲将铁板抽出。已知铁板 $B$ 和水平面间的摩擦因数 $f_1 = 0.20$，重物 $A$ 和铁板间的摩擦因数 $f_2 = 0.25$，求抽出铁板 $B$ 所需力 $F$ 的最小值。

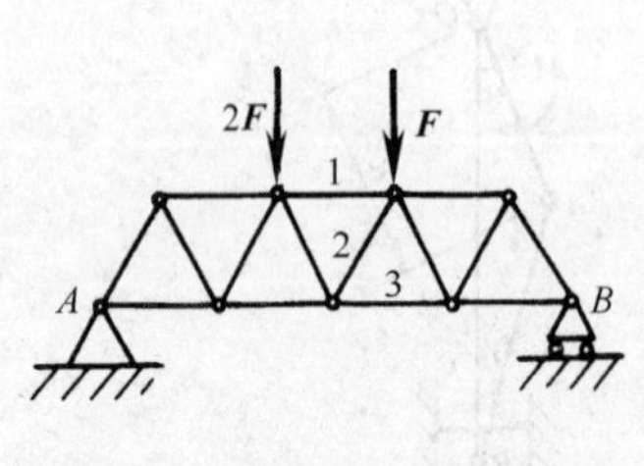

图 3-17

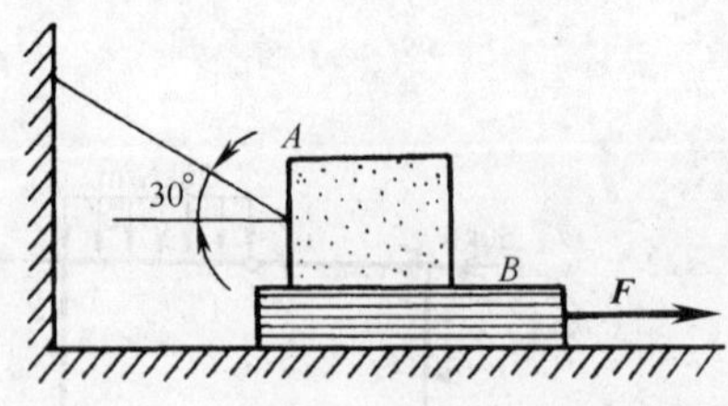

图 3-18

3-9 起重绞车的制动器如图 3-19 所示，由有制动块的手柄和制动轮所组成。已知制动轮半径 $R = 0.5\text{m}$，鼓轮半径 $r = 0.3\text{m}$，制动轮与制动块间的摩擦因数 $f = 0.4$，提升的重量 $G = 1\text{kN}$，手柄长 $l = 3\text{m}$，$a = 0.6\text{m}$，$b = 0.1\text{m}$，不计手柄和制动轮的重量，求能够制动所需力 $F$ 的最小值。

3-10 如图 3-20 所示偏心夹紧装置，转动偏心手柄，就可使杠杆一端 $O_1$ 点升高，从而压紧工件。已知偏心轮半径为 $r$，与台面间摩擦因数为 $f$。不计偏心轮和杠杆的自重，要求在图示位置夹紧工件后不至于自动松开，问偏心距 $e$ 应为多少？

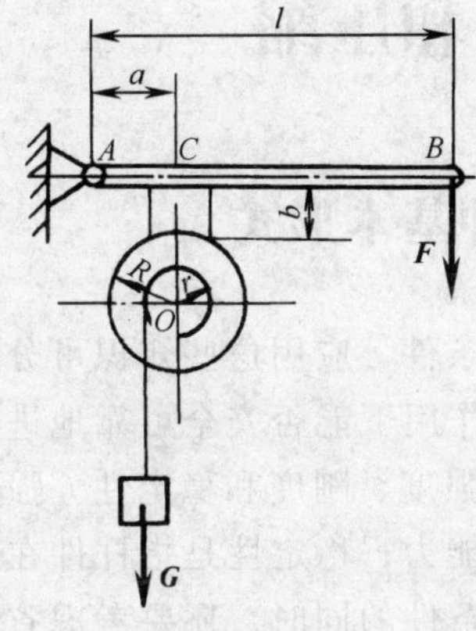


图 3-19

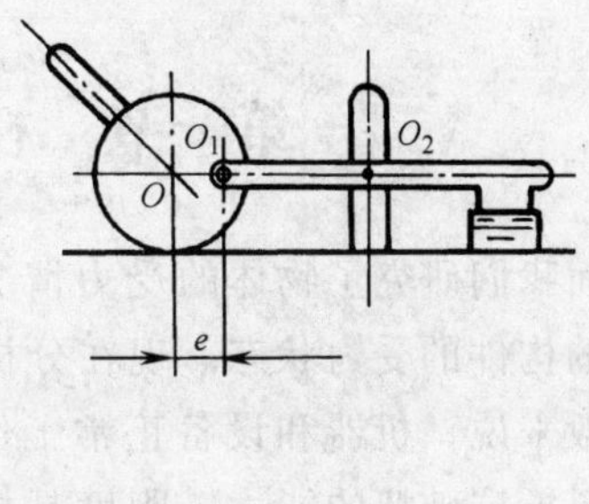


图 3-20

# 第四章　轴向拉伸和压缩

## 第一节　杆件变形的四种基本形式

前面我们研究了物体的受力情况以及力系的平衡条件，应用这些知识可分析组成机器设备的构件的受力状态。现在分析这些构件在外力作用下能否安全可靠地进行正常工作。一般来说，机器和设备正常工作必须具有足够的强度、刚度和稳定性。强度是指杆件或材料抵抗破坏的能力；刚度是指杆件抵抗变形的能力；稳定性是指杆件在外力作用下能保持平衡形式的能力。在保证构件满足上述三个条件的同时，还要考虑省料、实用和价廉等经济要求。必须指出的是，研究构件的强度、刚度和稳定性时，我们的研究对象不再是刚体而是可变形固体，并且作如下假设：

**（1）材料的均匀连续性假设**　指物体内部毫无空隙地充满物质，且各处具有相同的力学性能。

**（2）各向同性假设**　指材料沿各个方向具有相同的力学性能。

**（3）小变形条件**　指杆件受到外力作用后发生的变形与原尺寸相比非常微小，在进行内力和变形计算时仍可按变形前的尺寸。

杆件在不同外力作用下将产生不同形式的变形，主要有轴向拉伸（压缩）（图 4-1）、剪切（图 4-2）、扭转（图 4-3）与弯曲（图 4-4）四种基本变形，其他复杂的变形都可以将其视为上述基本受力与变形形式的组合。

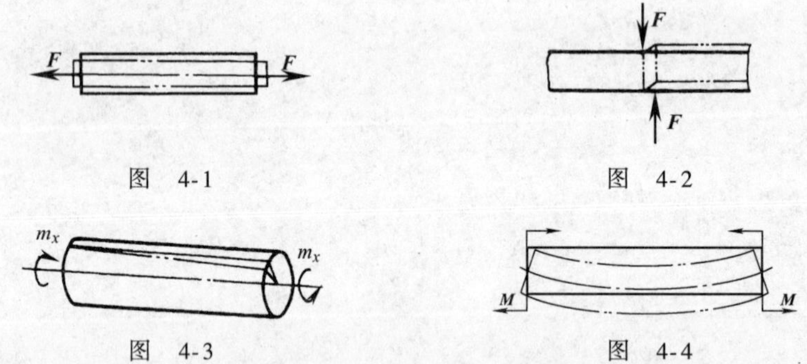


图　4-1　　　　图　4-2

图　4-3　　　　图　4-4

本书在讨论杆件的各种基本变形时，除非特别说明，一般情况下都是指杆件处于平衡状态。

## 第二节　轴向拉伸和压缩时的内力

工程结构中经常遇到承受拉伸和压缩的直杆。例如，曲柄连杆滑块机构中的连杆，起吊重物的钢索，千斤顶的螺杆，桁架中的杆件等，均为受拉伸或压缩杆的实例。这些杆的受力特点是：外力（或外力的合力）的作用线与杆件的轴线重合。变形特点是：杆件产生沿轴线方向的伸长或缩短，如图 4-5a、b 所示。

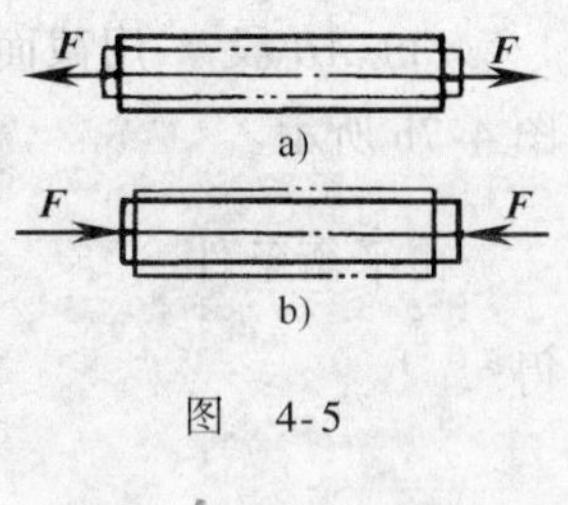


图 4-5

## 一、内力

构件在受到外力作用之前，为了保持构件的固有形状，分子间已存在着结合力，构件受外力时发生变形，为了抵抗外力引起的变形，结合力增大了，这种由于外力作用而引起的内力的改变量，称为“附加内力”，简称**内力**。内力随外力增减而变化，当内力增大到某一极限时，构件就会发生破坏，所以内力与构件的强度和刚度密切相关。可见，研究强度就必须求出内力。

欲求某一截面 $m$-$m$ 上的内力，可假想将杆沿该截面截开，分成左、右两段，任取其中一段为研究对象，将另一段对该段的作用以内力 $\boldsymbol{F}_{\mathrm{N}}$ 来代替，因为构件整体是平衡的，所以它的任一部分也必须是平衡的。列出平衡方程即可求出截面上内力的大小和方向。这种方法称为**截面法**。

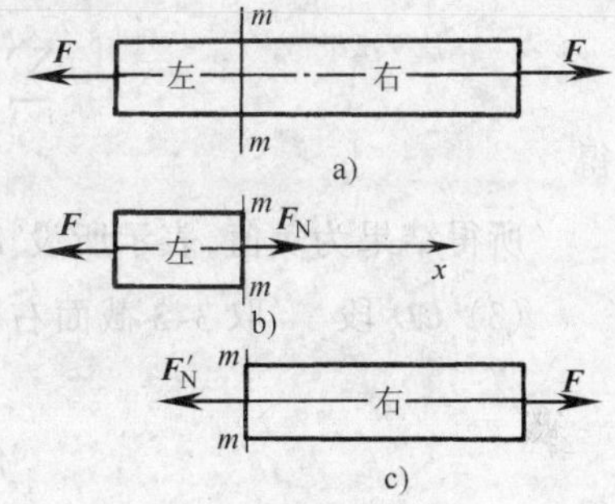

图 4-6

如图 4-6a 所示的轴向拉杆，若取 $m$-$m$ 截面左段研究，其受力分析如图 4-6b 所示，由平衡条件

$$\sum_{i=1}^{n} X_i = 0 \quad F_{\mathrm{N}} - F = 0$$

可得

$$F_{\mathrm{N}} = F$$

若取右段为研究对象(图 4-6c)，同样可得 $F_{\mathrm{N}} = F$，由于轴向拉压引起的内力也与杆的轴线一致，称为轴向内力，简称**轴力**。现约定：拉伸引起的轴力为正值，指向背离横截面；压缩引起的轴力为负值，指向向着横截面。按这种符号规定，无论取杆件左段或右段研究，同一截面两侧上的内力不但数值相等，而且符号也相同。

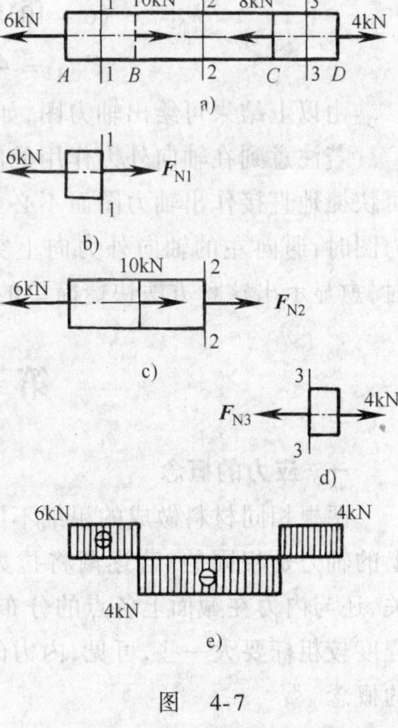


图 4-7

用截面法确定杆件横截面上内力的过程可总结为三句话：

1) 假截留半(留任一部分)。

2) 内力代换(以内力代替弃去部分对留下部分的作用)。

3) 内外平衡(留下部分的内力与外力相平衡)。

## 二、轴力图

当杆件上有多个轴向外力作用在不同位置时，杆件各段的轴力是不同的，应当分段应用截面法确定各段内的轴力。为了直观地表示整个杆件各横截面轴力的变化情况，用平行于杆轴线的坐标表示横截面的位置，用垂直于杆轴线的坐标按选定的比例表示对应截面轴力的正负及大小。这种表示轴力沿轴线方向变化的图形称为**轴力图**。

**例 4-1** 一直杆受外力作用如图 4-7a 所示，求此杆各段的轴力，并作轴力图。

**解** 根据外力的变化情况，各段内轴力各不相同，应分段计算。

(1) $AB$段 用截面1-1假想将杆截开，取左段研究，设截面上的轴力为正方向，受力如图4-7b所示。

由平衡条件 $$\sum_{i=1}^{n} X_i = 0 \qquad F_{N1} - 6 = 0$$

得

$$F_{N1} = 6\text{kN}(拉力)$$

(2) $BC$段 取2-2截面左段研究，$\boldsymbol{F}_{N2}$设为正向，受力如图4-7c所示，由平衡条件

$$\sum_{i=1}^{n} X_i = 0 \qquad F_{N2} + 10 - 6 = 0$$

得

$$F_{N2} = -4\text{kN}(压力)$$

所得结果为负值，表示所设$\boldsymbol{F}_{N2}$的方向与实际方向相反，即$\boldsymbol{F}_{N2}$为压力。

(3) $CD$段 取3-3截面右段研究，$\boldsymbol{F}_{N3}$亦先设为正，受力如图4-7d所示。由平衡条件

$$\sum_{i=1}^{n} X_i = 0 \qquad 4 - F_{N3} = 0$$

得

$$F_{N3} = 4\text{kN}(拉力)$$

总结以上计算，可以得出求指定截面上轴力的简捷方法，表述如下：

轴向拉压杆某截面上的轴力，等于该截面任一侧轴向外力的代数和，轴向外力背离该截面时取正号，指向该截面时取负号。现用此法再计算本例中各段轴力。

$$F_{N1\text{-}1} = 6\text{kN}(拉力)(取1\text{-}1截面左侧研究)$$

$$F_{N2\text{-}2} = (6-10)\text{kN} = -4\text{kN}(压力)(取2\text{-}2截面左侧研究)$$

$$F_{N3\text{-}3} = 4\text{kN}(拉力)(取3\text{-}3截面右侧研究)$$

由以上结果可绘出轴力图，如图4-7e所示。

若注意到在轴向外力作用处的截面上，轴力发生突变，且突变量等于轴向外力的特点，可快捷地直接作出轴力图而不必先分段求出各段内的轴力，具体做法是：当自左往右画轴力图时，遇向左的轴向外力向上突变，遇向右的轴向外力向下突变。当杆上轴向外力愈多时，愈显示出这种方法快捷简单的优点。

## 第三节 拉压杆的应力

### 一、应力的概念

两根相同材料做成的粗细不同的直杆在相同拉力作用下，用截面法求得的两杆横截面上的轴力是相同的。若逐渐将拉力增大，则细杆先被拉断。这说明杆的强度不仅与内力有关，还与内力在截面上各点的分布集度有关。当粗细二杆轴力相同时，细杆内力分布的密集程度较粗杆要大一些，可见，内力的密集程度才是影响强度的主要原因。为此我们引入应力的概念。

### 二、轴向拉压杆横截面上的应力

为了确定拉压杆横截面上的应力，首先必须知道横截面上内力的分布规律。为此，取一

根易变形的等直杆,先在杆的表面画上两条垂直于轴线的横向线 $ab$ 和 $cd$。当杆的两端受到一对轴向拉力 $\boldsymbol{F}$ 作用后,可以看到直线 $ab$ 和 $cd$ 仍垂直于轴线,但分别平移到 $a'b'$ 和 $c'd'$ 位置(图 4-8a),这一现象是杆的变形在其表面的反映。从而假设杆内部的变形情况也是如此,即杆变形后各横截面仍保持为平面,这个假设称为平面截面假设,简称**平面假设**。

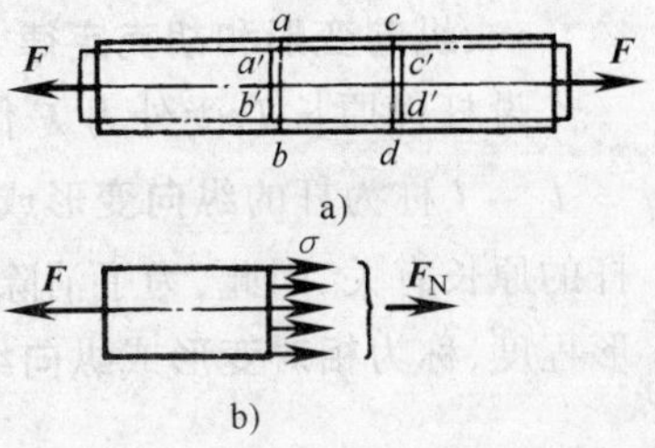

a)

b)

图 4-8

如果设想杆件由无数根纵向纤维所组成。根据平面截面假设可以推断出两平面之间所有纵向纤维的伸长相同。又由材料是均匀连续的,可以推知,横截面上的轴力是均匀分布的,由此可得,拉压杆横截面上各点的应力也必然是均匀分布的,其方向与轴力一致,如图 4-8b 所示。

由此可知,横截面上的应力的方向垂直于横截面,称为"正应力"并以"$\sigma$"表示。于是得

$$\sigma = \frac{F_N}{A} \tag{4-1}$$

式中 $\sigma$—— 横截面上的正应力;

$F_N$—— 横截面上的轴力;

$A$—— 横截面面积。

式(4-1)即为杆件受轴向拉、压时横截面上正应力的计算公式。$\sigma$ 的符号规定与轴力 $\boldsymbol{F}_N$ 相同。当轴力为正时,$\sigma$ 为拉应力,取正号;当轴力为负时,$\sigma$ 为压应力,取负号。应力的量纲为〔力〕/[长度]$^2$,国际单位为 Pa($1Pa = 1N/m^2$),常用的还有 kPa、MPa、GPa。其中 $1kPa = 10^3 Pa$,$1MPa = 10^6 Pa$,$1GPa = 10^9 Pa$。

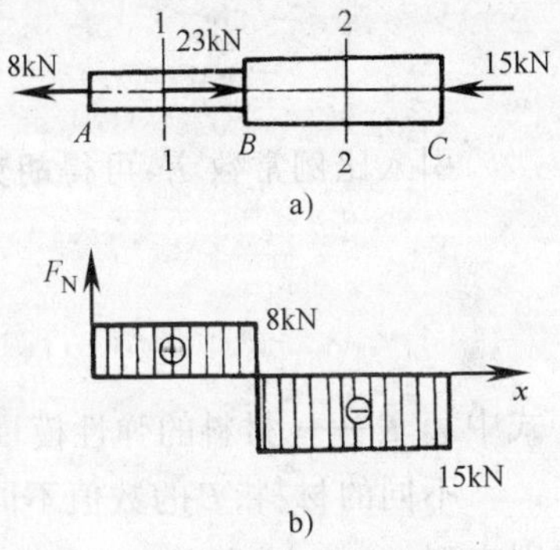

a)

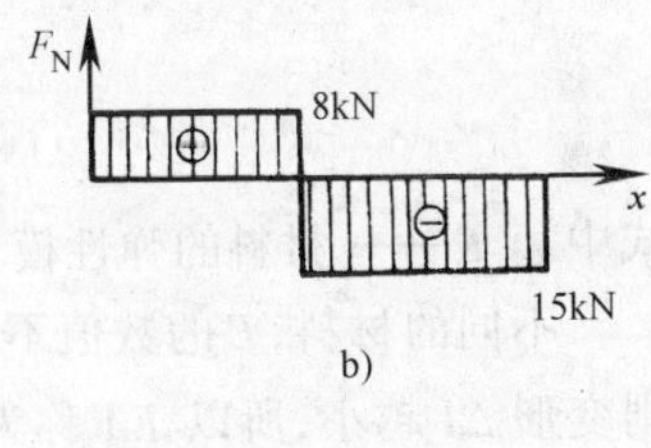


b)

图 4-9

**例 4-2** 一阶梯杆如图 4-9a 所示,$AB$ 段横截面面积为 $A_1 = 100mm^2$,$BC$ 段横截面面积为 $A_2 = 180mm^2$,试求各段杆横截面上的正应力。

**解** (1) 计算各段内轴力 由截面法,求出各段杆的轴力为

$AB$ 段 $F_{N1} = 8kN$(拉力)

$BC$ 段 $F_{N2} = -15kN$(压力)

(2) 确定应力 根据式(4-1),各段杆的正应力为:

$AB$ 段 $$\sigma_1 = \frac{F_{N1}}{A_1} = \frac{8 \times 10^3}{100 \times 10^{-6}} Pa = 80MPa(拉应力)$$

$BC$ 段 $$\sigma_2 = \frac{F_{N2}}{A_2} = \frac{-15 \times 10^3}{180 \times 10^{-6}} Pa = -83.3MPa(压应力)$$

## 第四节 拉压杆的变形

直杆在轴向拉力或压力作用下,杆件产生的变形是轴向伸长或缩短,与此同时,杆件的横向尺寸还会产生缩小或增大。前者称为纵向变形,后者称为横向变形。下面分别讨论这两

种变形。

## 一、纵向变形和胡克定律

设杆件原长 $l$,受外力 $\boldsymbol{F}$ 作用后,长度为 $l_1$,如图 4-10 所示,则杆的长度改变量为 $\Delta l$,$\Delta l = l_1 - l$ 称为杆的**纵向变形**或**绝对变形**。拉伸时 $\Delta l > 0$,压缩时 $\Delta l < 0$,杆件的绝对变形与杆的原长有关,因此,为了消除杆件原长度的影响,采用单位长度的变形量来度量杆件的变形程度,称为**相对变形**或**纵向线应变**,用 $\varepsilon$ 表示,则

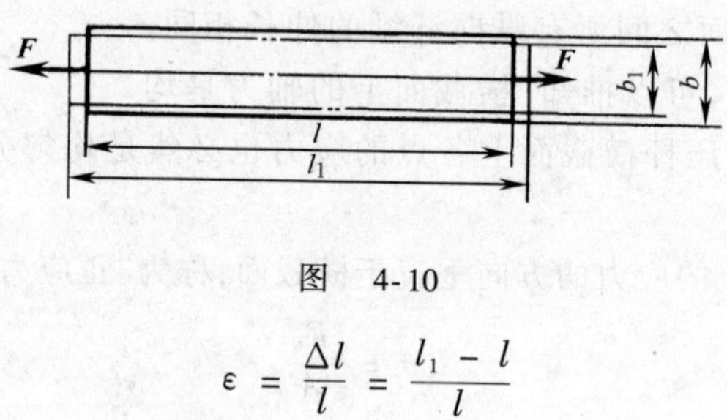


图 4-10

$$\varepsilon = \frac{\Delta l}{l} = \frac{l_1 - l}{l}$$

式中 $\varepsilon$—— 纵向线应变,是无量纲量。

纵向线应变 $\varepsilon$ 在轴向拉伸时为正值,称为拉应变;在压缩时为负值,称为压应变。

实验表明,当轴向拉(压)杆件横截面上的正应力不大于某一极限值时,杆件的纵向变形量 $\Delta l$ 与轴力 $F_N$ 及杆长 $l$ 成正比,而与横截面面积 $A$ 成反比,即

$$\Delta l \propto \frac{F_N l}{A}$$

引入比例常数 $E$,可得**胡克定律**

$$\Delta l = \frac{F_N l}{EA} \tag{4-2}$$

式中 $E$—— 材料的弹性模量,单位为 Pa。

不同的材料,$E$ 的数值不同,可由实验测得。式(4-2)表明,对 $\boldsymbol{F}_N$、$l$ 相同的杆件,$EA$ 越大则变形 $\Delta l$ 越小,所以 $EA$ 称为杆件的抗拉(或抗压)刚度。

将 $\sigma = F_N/A$,$\varepsilon = \Delta l/l$ 代入式(4-2),得到

$$\sigma = E\varepsilon \tag{4-3}$$

这是胡克定律的另一表达形式。它表明在弹性范围内,杆件上任一点的正应力与线应变成正比。

## 二、横向变形

轴向拉伸或压缩的杆件,不仅有纵向变形,还有横向变形。设杆件变形前的横向尺寸为 $b$,变形后为 $b_1$,如图 4-11 所示,若以 $\varepsilon'$ 表示横向应变,则有

$$\varepsilon' = \frac{\Delta b}{b} = \frac{b_1 - b}{b}$$

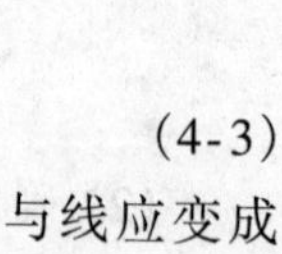

图 4-11

试验表明,同一种材料,在弹性变形范围内,横向应变 $\varepsilon'$ 和纵向应变 $\varepsilon$ 之间存在下列关系,即

$$\left|\frac{\varepsilon'}{\varepsilon}\right| = \mu \tag{4-4}$$

$\mu$ 称为**横向变形系数**或**泊松比**，也是无量纲量，其值因材料而异，由试验确定。由于 $\mu$ 取绝对值，而 $\varepsilon$ 与 $\varepsilon'$ 总是符号相反，故

$$\varepsilon' = -\mu\varepsilon \tag{4-5}$$

和弹性模量 $E$ 一样，泊松比 $\mu$ 也是材料的弹性常数，由实验测定。现将常用材料的 $E$、$\mu$ 值列于表 4-1 中，供参考。

**表 4-1　几种常用材料的 $E$ 和 $\mu$ 的值**

| 材料名称 | 弹性模量 $E$/GPa | 泊松比 $\mu$ |
|---|---|---|
| 铸铁 | 80 ~ 160 | 0.23 ~ 0.27 |
| 碳钢 | 196 ~ 216 | 0.24 ~ 0.28 |
| 合金钢 | 206 ~ 216 | 0.25 ~ 0.30 |
| 铝合金 | 70 ~ 72 | 0.26 ~ 0.33 |
| 铜及其合金 | 72 ~ 128 | 0.31 ~ 0.42 |

**例 4-3**　一钢制阶梯杆如图 4-12a 所示，已知轴向外力 $\boldsymbol{F}_1 = 50\text{kN}$，$\boldsymbol{F}_2 = 20\text{kN}$，各段杆长为 $l_1 = 150\text{mm}$，$l_2 = l_3 = 120\text{mm}$，横截面面积 $A_1 = A_2 = 600\text{mm}^2$，$A_3 = 300\text{mm}^2$，钢的弹性模量 $E = 200\text{GPa}$，试求各段杆的纵向变形和线应变。

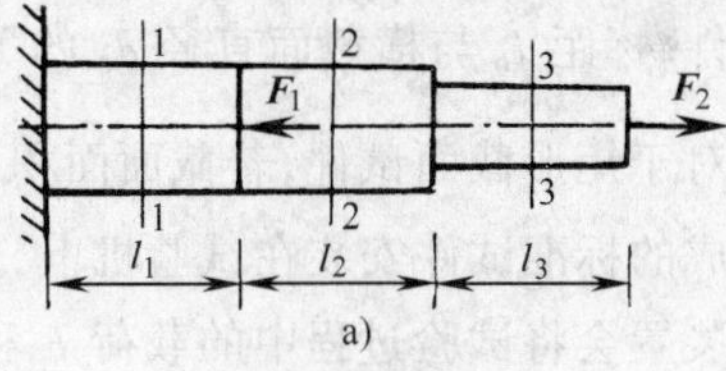

a)

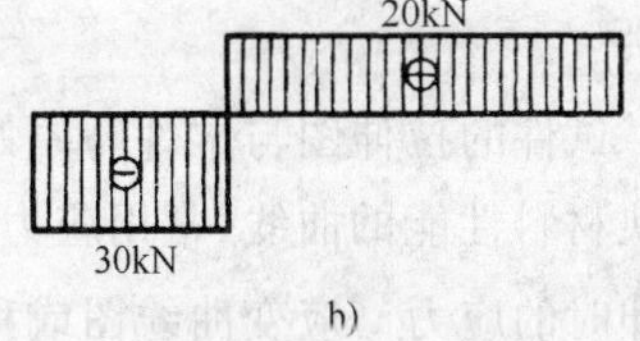

b)

图　4-12

**解**　(1) 作轴力图　如图 4-12b 所示。

$$F_{N1} = -30\text{kN} \qquad F_{N2} = F_{N3} = 20\text{kN}$$

(2) 计算各段杆的纵向变形

$$\Delta l_1 = \frac{F_{N1} l_1}{EA_1} = \frac{-30\times10^3\times150\times10^{-3}}{200\times10^9\times600\times10^{-6}}\text{m} = -3.75\times10^{-5}\text{m}$$

$$\Delta l_2 = \frac{F_{N2} l_2}{EA_2} = \frac{20\times10^3\times120\times10^{-3}}{200\times10^9\times600\times10^{-6}}\text{m} = 2.0\times10^{-5}\text{m}$$

$$\Delta l_3 = \frac{F_{N3} l_3}{EA_3} = \frac{20\times10^3\times120\times10^{-3}}{200\times10^9\times300\times10^{-6}}\text{m} = 4.0\times10^{-5}\text{m}$$

(3) 计算各段杆的线应变

$$\varepsilon_1 = \frac{\Delta l_1}{l_1} = \frac{-3.75\times10^{-5}}{0.15} = -2.5\times10^{-4}$$

$$\varepsilon_2 = \frac{\Delta l_2}{l_2} = \frac{2.0\times10^{-5}}{0.12} = 1.67\times10^{-4}$$

$$\varepsilon_3 = \frac{\Delta l_3}{l_3} = \frac{4.0\times10^{-5}}{0.12} = 3.33\times10^{-4}$$

## 第五节　材料在轴向拉伸和压缩时的力学性能

材料的力学性能是指材料受外力作用时在强度和变形方面表现的各种特性。如弹性模量 $E$、泊松比 $\mu$ 以及极限应力等都属于材料的力学性能。

材料的力学性能是通过实验得到的,实验环境和加载方式都影响着材料的力学性能。本节主要介绍工程中广泛使用的两种金属材料低碳钢和铸铁在常温、静载(缓慢加载)下受轴向拉伸和压缩时的力学性能。

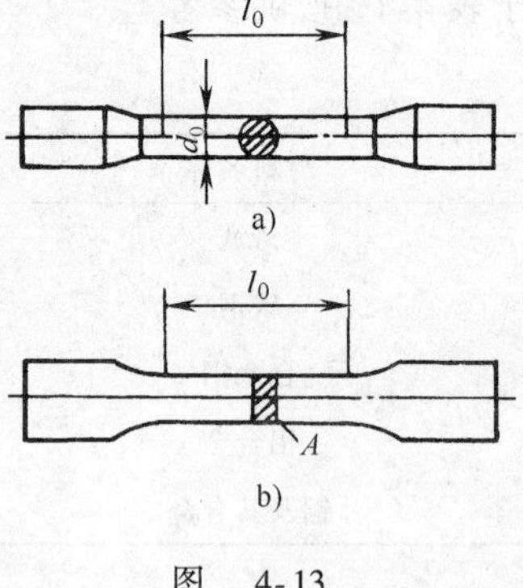

图　4-13

### 一、材料拉伸时的力学性能

**1. 低碳钢的拉伸试验**　在做拉伸试验时,要求将金属材料按国家标准《金属材料拉伸试验法》制成标准试件。一般金属材料采用圆形截面试件(图 4-13a)或矩形截面试件(图 4-13b)。

试件的有效工作总长度称为标距 $l_0$,按规定,对圆形试件,标距 $l_0$ 与横截面直径 $d_0$ 的关系为 $l_0 = 10d_0$ 或 $l_0 = 5d_0$,对于矩形截面试件,若截面面积为 $A_0$,则 $l_0 = 11.3\sqrt{A_0}$ 或 $l_0 = 5.65\sqrt{A_0}$。将低碳钢 Q235 制成的标准试件安装在试验机上,开动机器缓慢加载,直至试件拉断为止。试验机的自动绘图装置会将试验过程中的载荷 $F$ 和对应的伸长量 $\Delta l$ 绘成 $F$-$\Delta l$ 曲线图,称为拉伸图,如图 4-14 所示。

试件的拉伸图与试件的原始几何尺寸有关,为了消除试件原始几何尺寸的影响,获得反映材料性能的曲线,常用应力 $\sigma = F/A$ 作为纵坐标,应变 $\varepsilon = \Delta l/l_0$ 作为横坐标,得到材料拉伸时的应力 - 应变曲线图或称 $\sigma$-$\varepsilon$ 曲线,如图 4-15 所示。

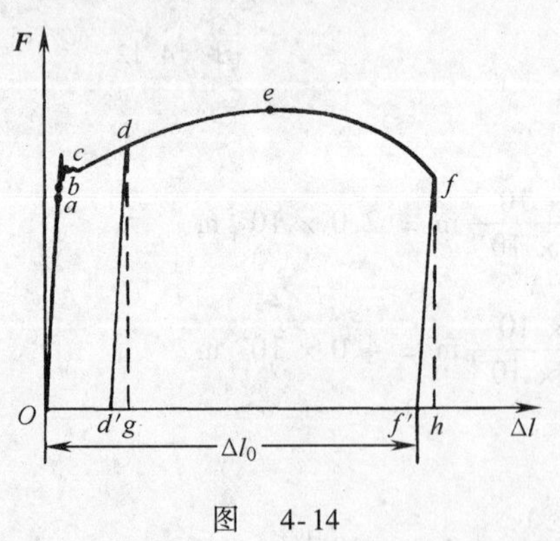

图　4-14

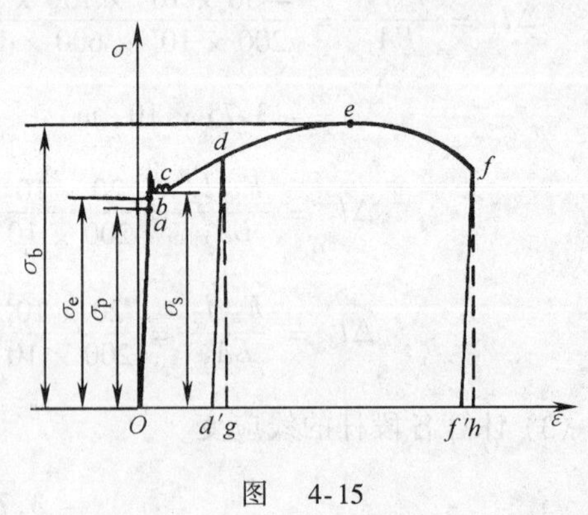

图　4-15

现将低碳钢的应力 - 应变曲线分成四个阶段,讨论其力学性能。

**(1) 弹性阶段**　弹性阶段由直线段 $Oa$ 和微弯段 $ab$ 组成。直线段 $Oa$ 部分表示应力与应变成正比关系,故 $Oa$ 段称为比例阶段或线弹性阶段,在此阶段内,材料服从胡克定律,即 $\sigma = E\varepsilon$ 适用,$a$ 点所对应的应力值称为材料的**比例极限**,用 $\sigma_p$ 表示,低碳钢的 $\sigma_p \approx 200$MPa。

应力超过比例极限后,应力与应变不再成比例关系,曲线 $ab$ 段称为非线弹性阶段,只要

应力不超过 $b$ 点，材料的变形仍是弹性变形，所以 $b$ 点对应的应力称为弹性极限，以 $\sigma_e$ 表示。由于大部分材料的 $\sigma_p$ 和 $\sigma_e$ 极为接近，工程上并不严格区分弹性极限和比例极限，常认为在弹性范围内，胡克定律成立。

**(2) 屈服阶段**　当应力超过弹性极限后，$\sigma$-$\varepsilon$ 曲线图上的 $bc$ 段将出现近似的水平段，这时应力几乎不增加，而变形却增加很快，表明材料暂时失去了抵抗变形的能力。这种现象称为**屈服现象**或**流动现象**。屈服阶段（$bc$ 段）的最低点对应的应力称为屈服点，以 $\sigma_s$ 表示。低碳钢的 $\sigma_s$ 约为 240MPa。当应力达到屈服点时，如试件表面光滑，就会在表面上出现与轴线成 45° 夹角的倾斜条纹（称为滑移线）。它是由于材料内部晶格间发生滑移所引起的，一般认为，晶格间的滑移是产生塑性变形的根本原因。工程中的大多数构件一旦出现塑性变形，将不能正常工作（或称失效）。所以屈服点是衡量材料失效与否的强度指标。

**(3) 强化阶段**　过了屈服阶段，材料恢复了抵抗变形的能力，要使试件继续变形必须再增加载荷，这种现象称为材料的**强化**，故 $\sigma$-$\varepsilon$ 曲线图中的 $ce$ 段称为**强化阶段**，最高点 $e$ 点所对应的应力称为材料的强度极限，以 $\sigma_b$ 表示，它是材料所能承受的最大应力，所以强度极限 $\sigma_b$ 是衡量材料强度的另一个重要指标。Q235 钢的 $\sigma_b$ 约为 400MPa。

图　4-16

**(4) 缩颈阶段**　载荷达到最高值后，可以看到在试件的某一局部范围内的横截面迅速收缩变细，形成**缩颈现象**（图 4-16）。应力 - 应变曲线图中的 $ef$ 段称为缩颈阶段。由于缩颈部分的横截面急剧收缩，试件继续变形所需的拉力也随之下降，到达 $f$ 点时试件就被拉断。

试件拉断后，弹性变形消失了，只剩下残余变形，残余变形标志着材料的塑性。工程中常用**伸长率 $\delta$** 和**断面收缩率 $\psi$** 作为材料的二个塑性指标。分别为

$$\delta = \frac{l_1 - l_0}{l_0} \times 100\% \tag{4-6}$$

$$\psi = \frac{A_0 - A_1}{A_0} \times 100\% \tag{4-7}$$

式中　$l_1$—— 试件拉断后的标距长度；

$l_0$—— 原标距长度；

$A_0$—— 试件原横截面面积；

$A_1$—— 试件被拉断后在缩颈处测得的最小横截面面积。

一般把 $\delta > 5\%$ 的材料称为塑性材料，把 $\delta < 5\%$ 的材料称为脆性材料。低碳钢的伸长率 $\delta = 20\% \sim 30\%$，是典型的塑性材料。

截面收缩率 $\psi$ 也是衡量材料塑性的重要指标，低碳钢的截面收缩率 $\psi$ 约为 60% 左右。应当指出，材料的塑性和脆性会因制造工艺、变形速度、温度等条件的变化而变化，例如某些脆性材料在高温下会呈现塑性，而某些塑性材料在低温下呈现脆性，又如在铸铁中加入球化剂可使其变为塑性较好的球墨铸铁。

**2. 铸铁的拉伸试验**　铸铁是典型的脆性材料，其拉伸 $\sigma$-$\varepsilon$ 曲线如图 4-17a 所示，图中无明显的直线部分，但应力较小时接近于直线，可近似认为服从胡克定律。工程上有时以曲线的某一割线的斜率作为弹性模量。

铸铁拉伸时无屈服现象和缩颈现象，断裂是突然发生的。强度极限 $\sigma_b$ 是衡量铸铁强度的惟一指标。

**二、材料在压缩时的力学性能**

**1. 低碳钢的压缩试验** 压缩试验所用的金属试件常做成圆柱形短试件，高度是直径的 1.5 ~ 3.0 倍。低碳钢压缩时的应力—应变曲线如图 4-18 所示。图中虚线是为了便于比较而绘出的拉伸的 $\sigma$-$\varepsilon$ 曲线。从图中可以看出，低碳钢压缩时的弹性模量与拉伸时相同，但由于是塑性材料，所以试件愈压愈扁，可以产生很大的塑性变形而不破坏，因而没有抗压强度极限。

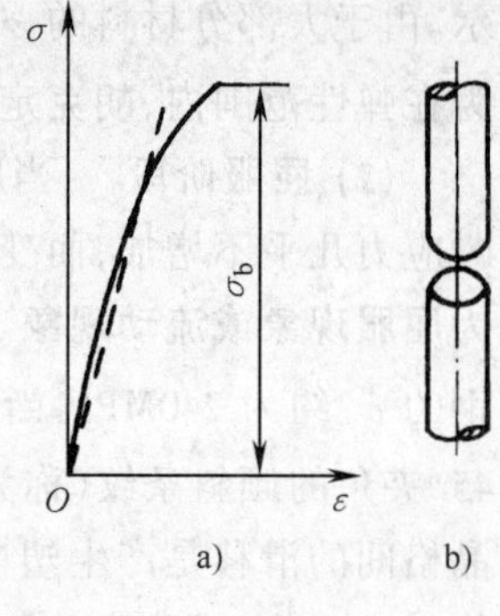

图 4-17

**2. 铸铁压缩试验** 图 4-19 所示是铸铁压缩时的 $\sigma$-$\varepsilon$ 曲线。其线性阶段不明显，强度极限 $\sigma_b$ 比拉伸时高 2 ~ 4 倍，破坏突然发生，断口与轴线大致成 45° ~ 55° 的倾角。

由于脆性材料抗压强度高，宜用于制作承压构件。

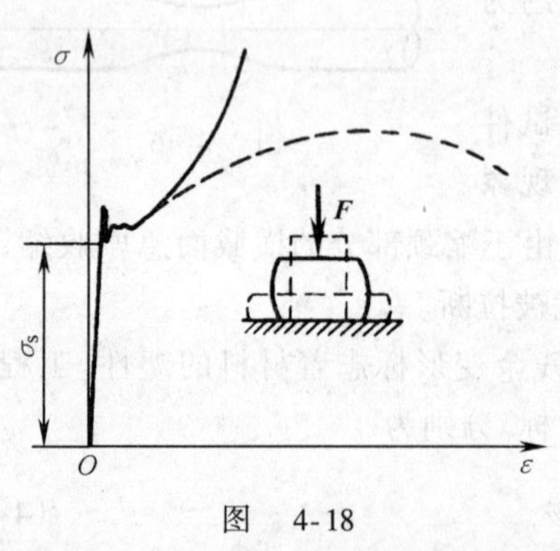

图 4-18

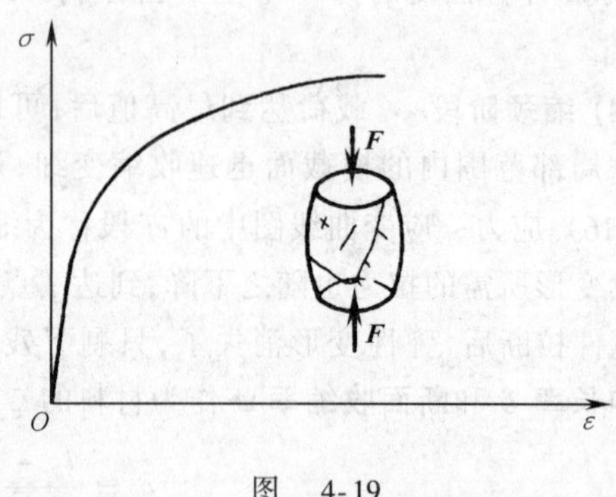

图 4-19

## 第六节 许用应力和安全系数

为了保证构件具有足够的强度，构件在外力作用下的最大工作应力必须小于材料的极限应力。在强度计算中，把材料的极限应力除以一个大于 1 的系数 $n$（称为安全系数），作为构件工作时所允许的最大应力，称为材料的**许用应力**，以 $[\sigma]$ 表示。

安全系数的确定除了要考虑载荷变化、构件加工精度不够、计算不准确、工作环境的变化等因素外，还要考虑材料的性能差异（塑性材料或脆性材料）及材质的均匀性等。

安全系数的选取，必须体现既安全又经济的设计思想，通常由国家有关部门制订，公布在有关的规范中供设计时参考。一般在静载下

脆性材料 $[\sigma] = \dfrac{\sigma_b}{n_b} \quad n_b = 2.0 \sim 5.0$

塑性材料 $[\sigma] = \dfrac{\sigma_s}{n_s} \quad n_s = 1.5 \sim 2.0$

## 第七节　轴向拉伸和压缩的强度计算

为了保证构件在外力作用下安全可靠地工作，必须使构件的最大工作应力小于材料的许用应力，即

$$\sigma_{max} = \frac{F_{Nmax}}{A} \leqslant [\sigma] \tag{4-8}$$

这就是杆件受轴向拉伸或压缩时的**强度条件**。根据这一强度条件，可以进行杆件如下三方面的强度计算。

**(1) 强度校核**　直接应用式(4-8)，若杆件满足强度条件，就能安全工作。否则，因强度不够而不安全。

**(2) 设计截面**　将公式改成

$$A \geqslant \frac{F}{[\sigma]}$$

即可确定杆件所需的横截面面积。

**(3) 确定许用载荷**　可先由静力平衡方程求出杆件的内力与外力之间的关系，再代入

$$F \leqslant A[\sigma]$$

就可确定出杆件或结构所能承受的最大许可载荷。

下面分别举例说明。

**例 4-4**　一结构由钢杆 1 和铜杆 2 在 $A$、$B$、$C$ 处铰接而成，如图 4-20a 所示，在节点 $A$ 点悬挂一个 $G = 40\text{kN}$ 的重物。钢杆 $AB$ 的横截面面积为 $A_1 = 150\text{mm}^2$，铜杆的横截面面积为 $A_2 = 300\text{mm}^2$。材料的许用应力分别为 $[\sigma_1] = 160\text{MPa}$，$[\sigma_2] = 98\text{MPa}$，试校核此结构的强度。

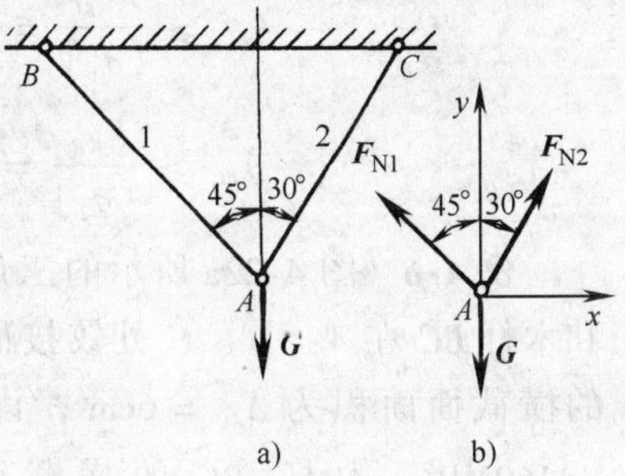

B
C
1
2
45°
30°
A
G
$F_{N1}$
$F_{N2}$
y
x
a)
b)

图　4-20

**解**　(1) 求各杆的轴力　取节点 $A$ 为研究对象，作出其受力图，如图 4-20b 所示，图中假定两杆均为拉力。由平衡方程

$$\sum_{i=1}^{n} X_i = 0 \qquad F_{N2}\sin 30° - F_{N1}\sin 45° = 0 \tag{1}$$

$$\sum_{i=1}^{n} Y_i = 0 \qquad F_{N1}\cos 45° + F_{N2}\cos 30° - G = 0 \tag{2}$$

$G = 40\text{kN}$ 为已知，联立式(1)、(2) 可解得

$$F_{N1} = 20.7\text{kN} \qquad F_{N2} = 29.3\text{kN}$$

(2) 求两杆横截面上的应力

$$\sigma_1 = \frac{F_{N1}}{A_1} = \frac{20.7 \times 10^3}{150 \times 10^{-6}}\text{Pa} = 138\text{MPa}$$

$$\sigma_2 = \frac{F_{N2}}{A_2} = \frac{29.3 \times 10^3}{300 \times 10^{-6}}\text{Pa} = 97.7\text{MPa}$$

由于 $\sigma_1 < [\sigma_1] = 160\text{MPa}$，$\sigma_2 < [\sigma_2] = 98\text{MPa}$，故此结构的强度足够。

**例 4-5** 如图 4-21a 所示，三角架受载荷 $F=50\text{kN}$ 作用，$AC$ 杆是钢杆，其许用应力 $[\sigma_1]=160\text{MPa}$；$BC$ 杆的材料是木材，其许用应力 $[\sigma_2]=8\text{MPa}$，试设计两杆的横截面面积。

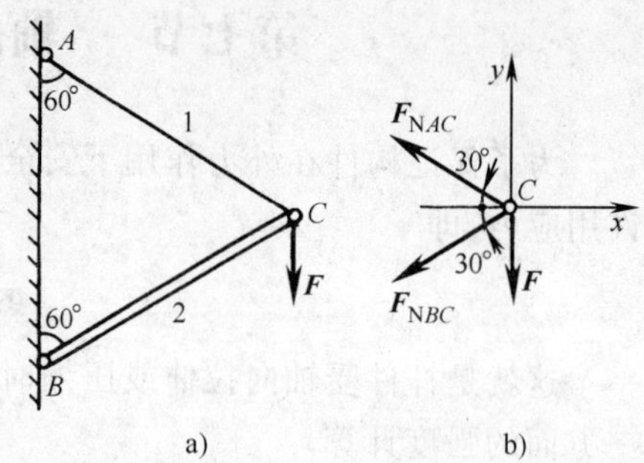


图 4-21

**解** 由于 $[\sigma_1]$、$[\sigma_2]$ 已知，故只要求出 $AC$ 杆和 $BC$ 杆的轴力 $F_{NAC}$ 和 $F_{NBC}$，即可由 $A_{AC}\geqslant\dfrac{F_{NAC}}{[\sigma_1]}$，$A_{BC}\geqslant\dfrac{F_{NBC}}{[\sigma_2]}$求解。

(1) 求两杆的轴力 取节点 $C$ 研究，受力分析如图 4-21b 所示，列平衡方程

$$\sum_{i=1}^{n}X_i=0\qquad -F_{NAC}\cos30^\circ-F_{NBC}\cos30^\circ=0\tag{1}$$

$$\sum_{i=1}^{n}Y_i=0\qquad F_{NAC}\sin30^\circ-F_{NBC}\sin30^\circ-F=0\tag{2}$$

由式 (1) 得到
$$F_{NAC}=-F_{NBC}$$
代入式 (2) 得到
$$F_{NAC}=F=50\text{kN}(拉)\qquad F_{NBC}=-F_{NAC}=-50\text{kN}(压)$$

(2) 设计截面 分别求得两杆的横截面面积为

$$A_{AC}\geqslant\frac{F_{NAC}}{[\sigma_1]}=\frac{50\times10^3}{160\times10^6}\text{m}^2=3.13\times10^{-4}\text{m}^2=3.13\text{cm}^2$$

$$A_{BC}\geqslant\frac{F_{NBC}}{[\sigma_2]}=\frac{50\times10^3}{8\times10^6}\text{m}^2=62.5\times10^{-4}\text{m}^2=62.5\text{cm}^2$$

**例 4-6** 图 4-22a 所示的三角架由钢杆 $AC$ 和木杆 $BC$ 在 $A$、$B$、$C$ 处铰接而成，钢杆 $AC$ 的横截面面积为 $A_{AC}=6\text{cm}^2$，许用应力 $[\sigma_1]=160\text{MPa}$，木杆 $BC$ 的横截面面积 $A_{BC}=100\text{cm}^2$，许用应力 $[\sigma_2]=8\text{MPa}$，求 $C$ 点允许起吊的最大载荷 $F$ 为多少？

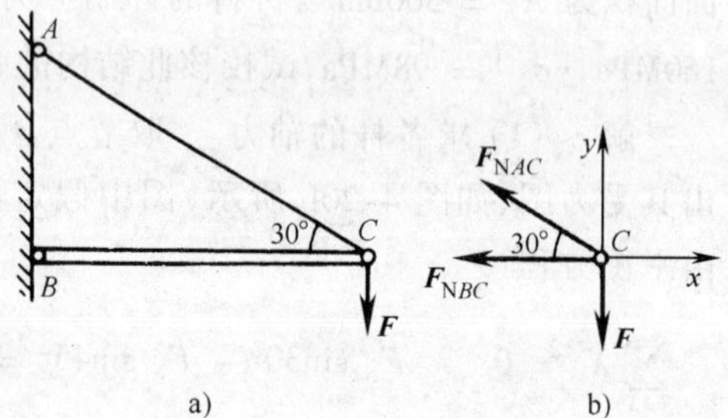


图 4-22

**解** 1) 先求出 $AC$ 杆和 $BC$ 杆的轴力 $\boldsymbol{F}_{NAC}$、$\boldsymbol{F}_{NBC}$与 $\boldsymbol{F}$ 的关系，为此，取节点 $C$ 研究，受力分析如图 4-22b 所示，列平衡方程

$$\sum_{i=1}^{n}X_i=0\quad -F_{NAC}\cos30^\circ-F_{NBC}=0\tag{1}$$

$$\sum_{i=1}^{n}Y_i=0\quad F_{NAC}\sin30^\circ-F=0\tag{2}$$

联立式 (1)、(2) 解得 $F_{NAC}=2F(拉)\quad F_{NBC}=-\sqrt{3}F(压)$

2) 求许可的最大载荷 $F$

由
$$F_{NAC}\leqslant A_{AC}[\sigma_1]$$
得
$$2F\leqslant6\times10^{-4}\times160\times10^6\text{N}$$

即 $F_1 \leqslant 48\text{kN}$

又由 $F_{NBC} \leqslant A_{BC}[\sigma_2]$

得 $\sqrt{3}F \leqslant 100 \times 10^{-4} \times 8 \times 10^6\text{N}$

即 $F_2 \leqslant 46.2\text{kN}$

为了保证整个结构的安全，$C$ 点允许起吊的最大载荷应选取所求得的 $F_1$、$F_2$ 中的较小值，即

$$[F] = 46.2\text{kN}$$

## 第八节　拉压超静定问题简介

在前面所讨论的问题中，杆件的约束反力和杆件的内力可以用静力平衡方程求出。这类问题称为**静定问题**。如图 4-23a 所示的构架，由 $AB$ 及 $AC$ 两杆组成，在 $A$ 点受到载荷 $\boldsymbol{G}$ 的作用，求 $AB$ 和 $AC$ 杆的两个未知内力时，因能列出两个平衡方程，所以是静定问题。

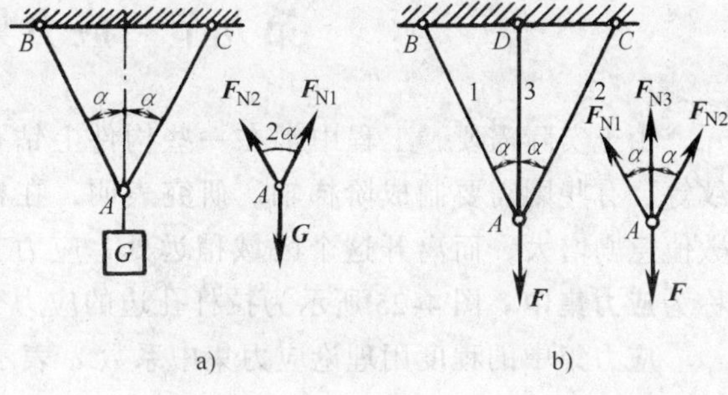


图　4-23

在工程实际中，有时为了增加构件和结构物的强度和刚度，或者由于构造上的需要，往往要给构件增加一些约束，或在结构物中增加一些杆件，这时构件的约束反力或杆件的数目多于静力平衡方程的数目，因而仅用静力平衡方程不能求解。这类问题称为**超静定问题**。未知力个数与独立的平衡方程数之差称为**静不定次数**。如图 4-23b 所示的构架，由 $AB$、$AC$、$AD$ 三杆组成，若取节点 $A$ 研究，其受力组成平面汇交力系，可列出 2 个静力平衡方程，但未知力有 3 个（$F_{N1}$、$F_{N2}$、$F_{N3}$），属于一次超静定问题。显然仅由静力平衡方程不能求出全部未知内力。

求解超静定问题，除了根据静力平衡条件列出平衡方程外，还必须根据杆件变形之间的相互关系，即**变形谐调条件**，列出变形的几何方程，再由力和变形之间的物理条件（胡克定律）建立所需的补充方程。下面通过一个简单的例子说明超静定问题的解法。

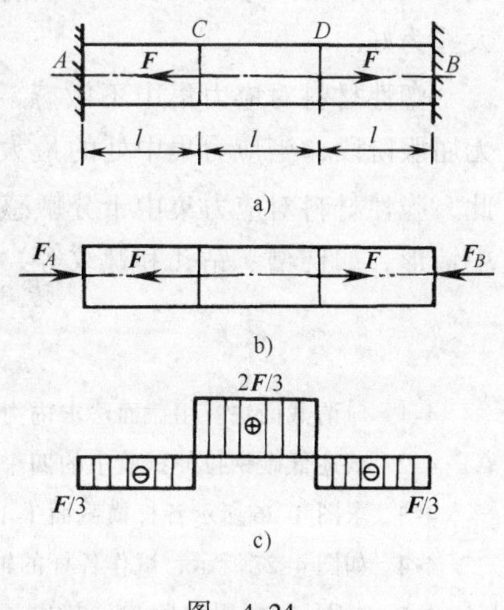


图　4-24

**例 4-7**　图 4-24a 所示为两端固定的杆。在 $C$、$D$ 两截面处有一对力 $\boldsymbol{F}$ 作用，杆的横截面面积为 $A$，弹性模量为 $E$，求 $A$、$B$ 处支座反力，并作轴力图。

**解**　假设 $A$、$B$ 处的约束反力如图 4-24b 所示，据此列出平衡方程

$$\sum_{i=1}^{n} X_i = 0 \quad F_A - F + F - F_B = 0$$

得 $$F_A = F_B \tag{1}$$

因式中含有两个未知量，不能一一解出，还需列一个补充方程。

显然，杆件各段变形后，由于约束的限制，总长度保持不变，故变形谐调条件为

$$\Delta l_1 + \Delta l_2 + \Delta l_3 = 0$$

由此，根据胡克定律，得到变形的几何方程为

$$\frac{-F_A l}{EA} + \frac{(F - F_A)l}{EA} + \frac{-F_B l}{EA} = 0$$

整理后得

$$2F_A + F_B = F \tag{2}$$

将式（1）代入式（2），可解得

$$F_A = F_B = \frac{F}{3}$$

于是可作出杆的轴力图，如图 4-24c 所示。

## 第九节　应力集中的概念

由于实际需要，工程中常在一些构件上钻孔、开槽（如退刀槽、键槽等）及车削螺纹等，有些则需要制成阶梯轴。研究表明，在杆件截面突变处附近的小范围内，应力的数值急剧增大，而离开这个区域稍远处，应力就大为降低，并趋于均匀分布，这种现象称为**应力集中**。图 4-25 所示为拉杆孔边的应力分布简图。

应力集中的程度用理论应力集中系数 $\alpha$ 表示：

$$\alpha = \frac{\sigma_{max}}{\sigma_a} \tag{4-9}$$

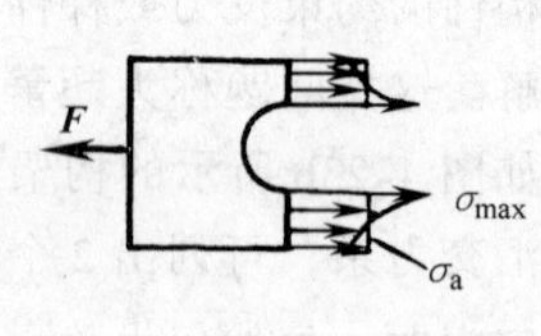

图　4-25

式中　$\sigma_{max}$——最大拉应力；

$\sigma_a$——假设应力均匀分布时该截面上的名义应力。

应力集中系数 $\alpha$ 值取决于截面的几何形状与尺寸，截面尺寸改变越急剧，应力集中的程度就越严重。因此，杆件上应尽量避免带尖角、槽或小孔，在阶梯轴肩处，过渡圆弧的半径以尽可能大些为好。

塑性材料对应力集中不敏感，实际工程计算中可按应力均匀分布计算。脆性材料因无屈服阶段，当应力集中处的最大应力 $\sigma_{max}$ 达到强度极限 $\sigma_b$ 时，该处首先产生裂纹。因此，脆性材料对应力集中十分敏感，必须考虑应力集中的影响。对于各种典型的应力集中情形，如铣槽、钻孔和螺纹等，$\alpha$ 的数值可查有关的机械设计手册。

## 习　题

4-1　何谓截面法？用截面法求内力的方法和步骤如何？

4-2　试述低碳钢拉伸试验中的四个阶段，其应力—应变图上四个特征点的物理意义是什么？

4-3　求图 4-26 所示各杆横截面 1-1、2-2、3-3 上的轴力（外力分别作用在 $A$、$B$、$C$、$D$ 面上）。

4-4　如图 4-27 所示，试作各杆的轴力图。

4-5　求图 4-28 所示阶梯轴横截面 1-1、2-2、3-3 上的轴力，并作轴力图。若横截面面积 $A_1 = 200\text{mm}^2$，$A_2 = 250\text{mm}^2$，$A_3 = 300\text{mm}^2$，求各横截面上的应力。

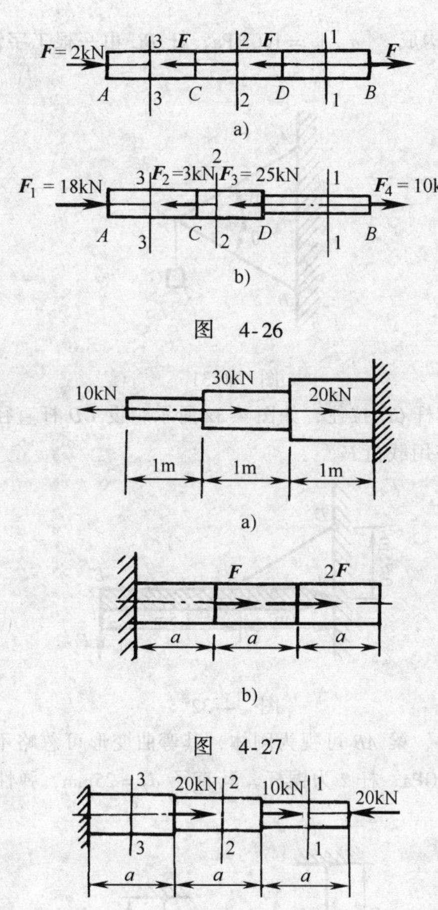


图 4-26

图 4-27

图 4-28

4-6 一钢制阶梯杆如图 4-29 所示。已知沿轴线方向外力 $F_1=50\text{kN}$，作用于 $B$ 截面；$F_2=20\text{kN}$，作用于 $D$ 截面。各段杆长 $l_1=100\text{mm}$，$l_2=l_3=80\text{mm}$，横截面面积 $A_1=A_2=400\text{mm}^2$，$A_3=250\text{mm}^2$，钢的弹性模量 $E=200\text{GPa}$，试求各段杆的纵向变形、杆的总变形量及各段杆的线应变。

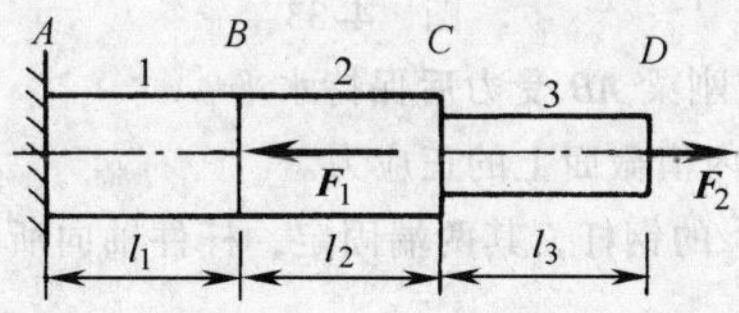


图 4-29

4-7 如图 4-30 所示的三角架，杆 $AB$ 及 $BC$ 均为圆截面钢制杆，杆 $AB$ 的直径为 $d_1=20\text{mm}$，杆 $BC$ 的直径为 $d_2=40\text{mm}$，设重物的重量为 $G=20\text{kN}$，钢材料的 $[\sigma]=160\text{MPa}$，问此三角架是否安全？

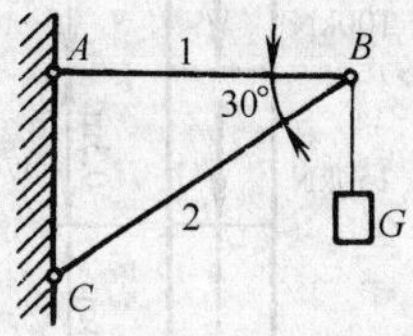

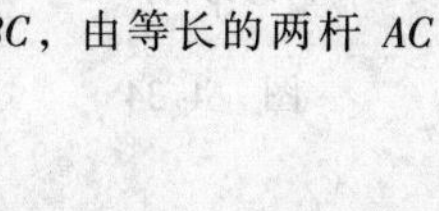

图 4-30

4-8 如图 4-31 所示，三角形构架 $ABC$，由等长的两杆 $AC$ 及 $BC$ 组成，在点 $C$ 受到载荷 $G=350\text{kN}$

的作用。已知杆 $AC$ 由两根槽钢构成，$[\sigma_{AC}]=160\text{MPa}$，杆 $BC$ 由一根工字钢构成，$[\sigma_{BC}]=100\text{MPa}$，试选择两杆的截面。

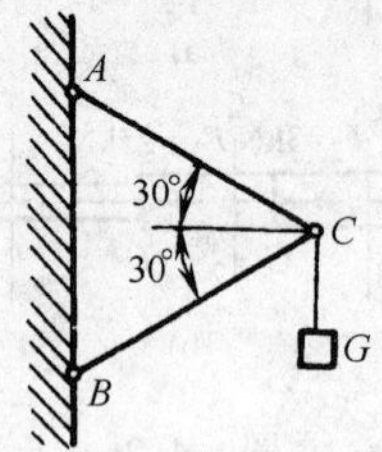


图 4-31

4-9 刚性杆 $AB$ 由圆截面钢杆 $CD$ 拉住，如图 4-32 所示，设 $CD$ 杆直径为 $d=20\text{mm}$，许用应力 $[\sigma]=160\text{MPa}$，求作用于点 $B$ 处的许用载荷 $F$。

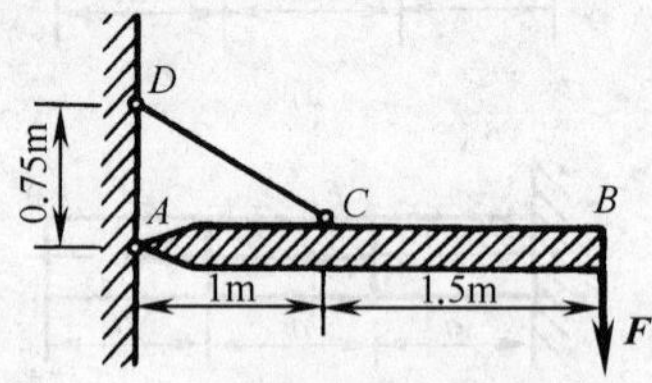


图 4-32

4-10 如图 4-33 所示结构中，梁 $AB$ 可视为刚体，其弯曲变形可忽略不计。杆 1 为钢质圆杆，直径 $d_1=20\text{mm}$，其弹性模量 $E_1=200\text{GPa}$，杆 2 为铜杆，其直径 $d_2=25\text{mm}$，弹性模量 $E_2=100\text{GPa}$，不计刚梁 $AB$ 的自重，试求：

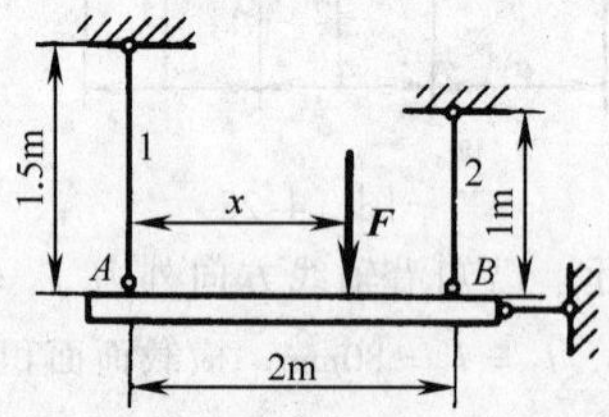


图 4-33

(1) 载荷 $\boldsymbol{F}$ 加在何处，才能使刚梁 $AB$ 受力后保持水平？

(2) 若此时 $F=30\text{kN}$，求两杆内横截面上的正应力。

4-11 横截面面积为 $A=10\text{cm}^2$ 的钢杆，其两端固定，杆件轴向所受外力如图 4-34 所示。试求钢杆各段内的应力。

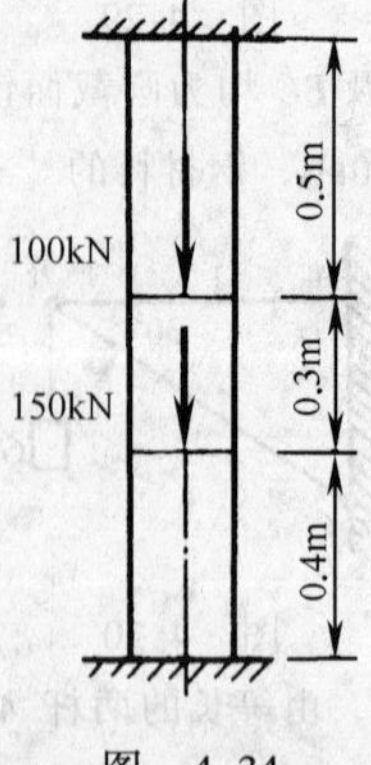


图 4-34

# 第五章　剪切和挤压

## 第一节　剪切变形　剪切胡克定律

### 一、剪切的概念

我们以剪床剪钢板为例来阐明剪切的概念。当剪床剪钢板时（图 5-1a），剪床的上下两个刀刃以大小相等、方向相反、作用线相距很近的两个力 $\boldsymbol{F}$ 作用于钢板上（图 5-1b），迫使钢板在 $m$-$n$ 截面的两侧部分沿 $m$-$n$ 截面发生相对错动，当 $F$ 增加到某一极限值时，钢板将沿截面 $m$-$n$ 被剪断。构件在这样一对大小相等、方向相反、作用线相隔很近的外力（或外力的合力）作用下，截面沿着力的方向发生相对错动的变形，称为**剪切变形**。

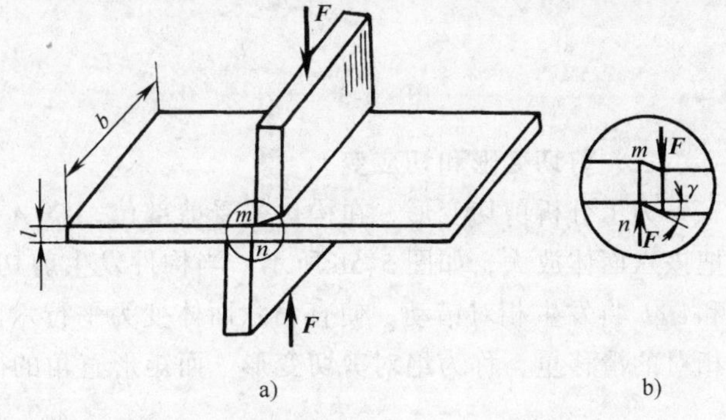


图　5-1

在变形过程中，产生相对错动的截面（如 $m$-$n$）称为**剪切面**。它位于方向相反的两个外力之间，且与外力的作用线平行。

机器中一些常用的联接件，如联接两钢板的螺栓（图 5-2）、联接齿轮的轴和键（图 5-3）等，在外力的作用下，将沿着 $m$-$n$ 截面发生剪切变形。

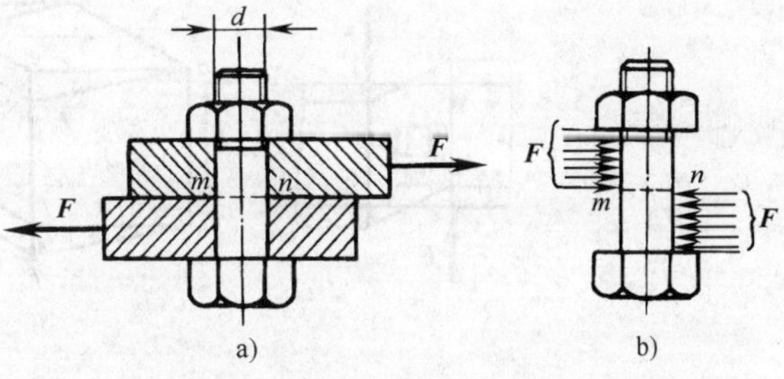

图　5-2

### 二、切应力

为了对构件进行切应力计算，首先要计算剪切面上的内力。现以图 5-2 所示的联接螺栓为例，进行分析。

**1. 内力的计算**　应用截面法，假想将螺栓沿剪切面（$m$-$n$）分成上下两部分，如图 5-4a 所示，任取其中一部分为研究对象，根据平衡可知，剪切面上内力的合力 $\boldsymbol{F}_Q$ 必然与外力 $\boldsymbol{F}$ 平行。大小由平衡条件

$$\sum_{i=1}^{n} X_i = 0 \quad F - F_Q = 0$$

得

$$F_Q = F$$

因 $\boldsymbol{F}_Q$ 与剪切面相切，故称为剪切力，简称剪力。

**2. 切应力的计算**　与求直杆拉伸（压缩）时横截面上的应力一样，求得剪力以后，我们进一步确定剪切面上应力的数值（图 5-4b）。因剪力在剪切面上的分布情况比较复杂，用理论的方法计算切应力非常困难，也不实用。因此，工程上常采用以经验为基础、

近似但切合于实际的实用计算方法。在这种实用计算中，假定内力在剪切面内均匀分布，这样很容易求出切应力，若以 $\tau$ 代表切应力，$A$ 代表剪切面的面积，则

$$\tau = F_Q / A \tag{5-1}$$

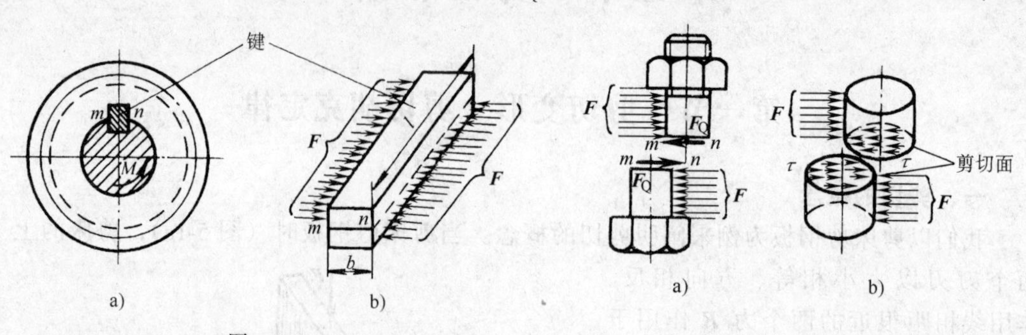


图 5-3　　图 5-4

**三、剪切变形和切应变**

为了分析剪切变形，在构件的受剪部位，绕 $A$ 点取一直角六面体如图 5-5a 所示，并把该六面体放大，如图 5-5b 所示。当构件发生剪切变形时，直角六面体的两个侧面 $abcd$ 和 $efgh$ 将发生相对错动，使直角六面体变为平行六面体。图 5-5b 中线段 $ee'$（或 $ff'$）为相对的滑移量，称为**绝对剪切变形**。而矩形直角的微小改变量 $\gamma$

$$\gamma \approx \tan\gamma = \frac{ee'}{ae} = \frac{ff'}{bf}$$

称为**切应变，即相对剪切变形**。

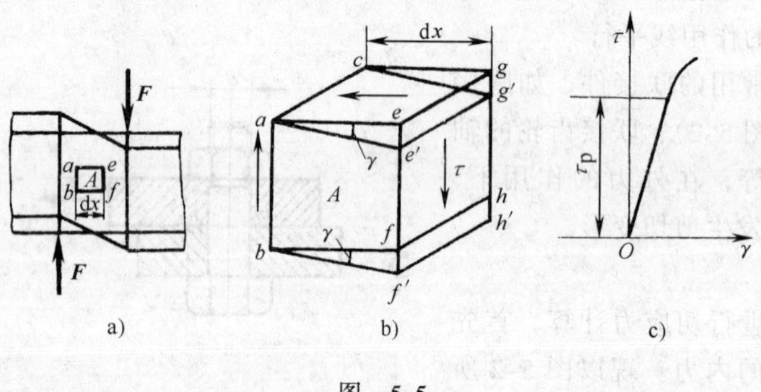


图 5-5

**四、剪切胡克定律**

实验证明：当切应力不超过材料的剪切比例极限 $\tau_p$ 时，切应力 $\tau$ 与切应变 $\gamma$ 成正比，如图 5-5c 所示，这就是材料的**剪切胡克定律**，可用下式表示：

$$\tau = G\gamma \tag{5-2}$$

式中　$G$——材料的**切变模量**。

因 $\gamma$ 是一个无量钢的量，所以 $G$ 的量纲与 $\tau$ 相同，常用的单位是 $GN/m^2$ 即 GPa。钢的切变模量 $G$ 值约为 80GPa。

另外，对各向同性材料，切变模量 $G$、弹性模量 $E$ 和泊松比 $\mu$ 三个弹性常数之间存在下列关系（证明略）：

$$G = \frac{E}{2(1+\mu)} \tag{5-3}$$

# 第二节　挤　　压

## 一、挤压的概念

机械中的联接件如螺栓、销钉、键、铆钉等，在承受剪切的同时，还将在联接件和被联接件的接触面上相互压紧，这种现象称为**挤压**。如图 5-2 所示的联接件中，螺栓的左侧圆柱面在上半部分与钢板相互压紧，而螺栓的右侧圆柱面在下半部分与钢板相互挤压。其中相互压紧的接触面称为**挤压面**，挤压面的面积用 $A_{bs}$ 表示。

## 二、挤压应力

通常把作用于接触面上的压力称为**挤压力**，用 $F_{bs}$ 表示。而挤压面上的应力称为**挤压应力**，用 $\sigma_{bs}$ 表示。

挤压应力与压缩应力不同，压缩应力分布在整个构件内部，且在横截面上均匀分布；而挤压应力则只分布于两构件相互接触的局部区域，在挤压面上的分布也比较复杂。

像切应力的实用计算一样，在工程实际中也采用实用计算方法来计算挤压应力。即假定在挤压面上应力是均匀分布的，则

$$\sigma_{bs} = \frac{F_{bs}}{A_{bs}} \tag{5-4}$$

挤压面面积 $A_{bs}$ 的计算要根据接触面的情况而定。当接触面为平面时，如图 5-3 中所示的键联接，其接触面面积为挤压面面积，即 $A_{bs} = \frac{h}{2} l$（图 5-6a 中带阴影部分的面积）；当接触面为近似半圆柱侧面时，如图 5-2 中所示的螺栓联接，钢板与螺栓之间挤压应力的分布情况如图 5-6b 所示，圆柱形接触面中点的挤压应力最大。若以圆柱面的正投影作为挤压面积（图 5-6c 中带阴影部分的面积），计算而得的挤压应力与接触面上的实际最大应力大致相等。所以，对于螺栓、销钉等圆柱形联接件的挤压面积计算公式为 $A_{bs} = dt$，$d$ 为螺栓的直径，$t$ 为钢板的厚度。

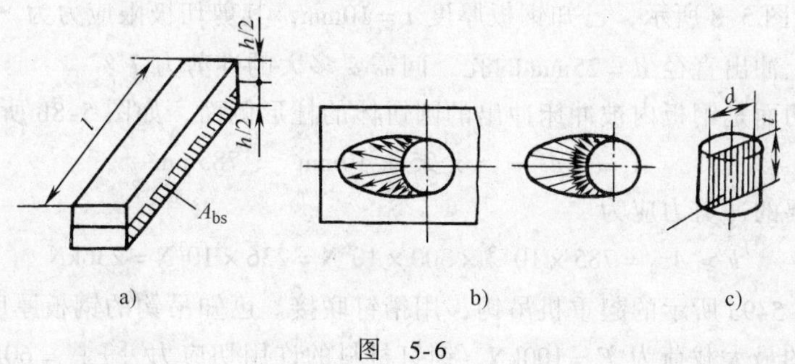


图　5-6

# 第三节　剪切和挤压的强度计算

## 一、剪切的强度条件

为了保证构件在工作中不被剪断，必须使构件的实际切应力不超过材料的许用切应力，这就是**剪切的强度条件**。其表达式为

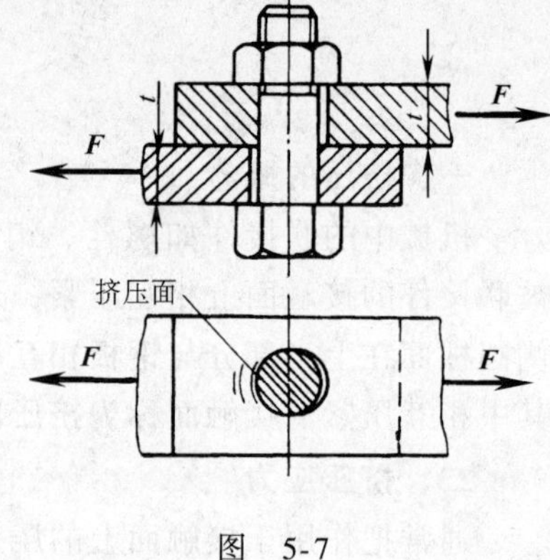

图 5-7

$$\tau = \frac{F_Q}{A} \leqslant [\tau] \tag{5-5}$$

式中　$[\tau]$——许用切应力，单位为 Pa 或 MPa。

可以根据实验得出剪切强度极限 $\tau_0$，并考虑适当的安全储备，得出许用切应力为

$$[\tau] = \frac{\tau_0}{n}$$

式中　$n$——安全系数。

许用切应力 $[\tau]$ 可以从有关设计手册中查得。此外，对于钢材，根据试验结果常取

$$[\tau] = (0.6 \sim 0.8)[\sigma]$$

式中　$[\sigma]$——许用应力，单位为 Pa 或 MPa。

## 二、挤压的强度条件

在工程实际中，往往由于挤压破坏使联接松动而不能正常工作，如图 5-2a 所示的螺栓联接，钢板的圆孔可能被挤压成如图 5-7 所示的长圆孔，或螺栓的表面被压溃。因此，除了进行剪切强度计算外，还要进行挤压强度计算。其强度条件为

$$\sigma_{bs} = \frac{F_{bs}}{A_{bs}} \leqslant [\sigma_{bs}] \tag{5-6}$$

式中　$[\sigma_{bs}]$——材料的许用挤压应力，可以从有关设计手册中查得。

对于钢材，也可以按如下的经验公式确定：

$$[\sigma_{bs}] = (1.7 \sim 2.0)[\sigma_-]$$

式中　$[\sigma_-]$——材料的许用压应力。

必须注意，如果两个相互挤压构件的材料不同，应对材料挤压强度小的构件进行计算。

## 三、强度计算实例

**例 5-1**　如图 5-8 所示，已知钢板厚度 $t = 10\text{mm}$，其剪切极限应力为 $\tau_0 = 300\text{MPa}$。若用冲床在钢板上冲出直径 $d = 25\text{mm}$ 的孔，问需要多大的冲剪力 $\boldsymbol{F}$？

**解**　因剪切面是钢板内被冲床冲出的圆饼体的柱形侧面，如图 5-8b 所示。其面积为

$$A = \pi dt = \pi \times 25 \times 10\text{mm}^2 = 785\text{mm}^2$$

冲孔所需要的冲剪力应为

$$F \geqslant A\tau_0 = 785 \times 10^{-6} \times 300 \times 10^6\text{N} = 236 \times 10^3\text{N} = 236\text{kN}$$

**例 5-2**　图 5-9a 所示的起重机吊钩，用销钉联接。已知吊钩的钢板厚度 $t = 24\text{mm}$，吊起时所能承受的最大载荷为 $F = 100\text{kN}$，销钉材料的许用切应力 $[\tau] = 60\text{MPa}$，许用挤压应力 $[\sigma_{bs}] = 180\text{MPa}$。试设计销钉直径。

**解**　1）取销钉为研究对象，画出受力图如图 5-9b 所示。用截面法求剪切面上的剪力，受力图如图 5-9c 所示，根据平衡条件 $\sum_{i=1}^{n} Y_i = 0$，得剪切面上剪力 $\boldsymbol{F}_Q$ 的大小为

$$\boldsymbol{F}_Q = \frac{F}{2} = 50\text{kN}$$

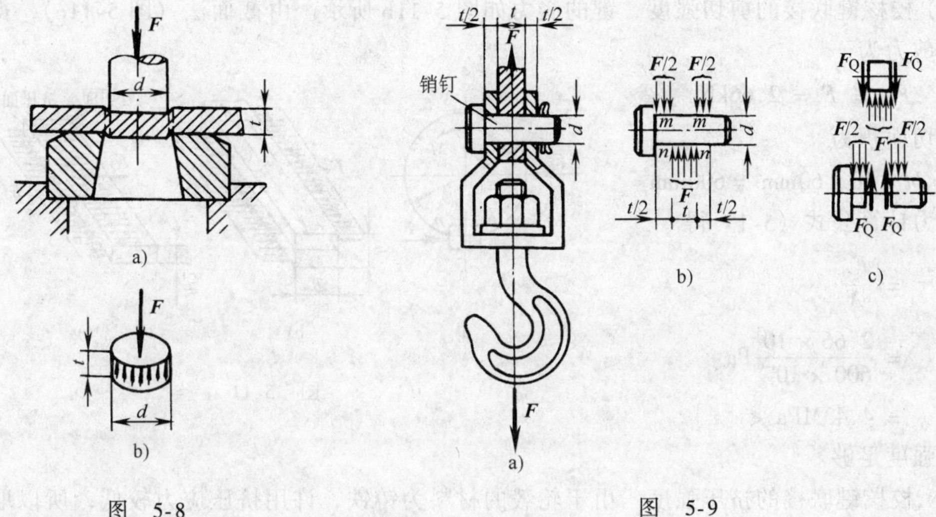


图 5-8　　　　图 5-9

2）按照剪切的强度条件，即式（5-5），得

$$A \geqslant \frac{F_Q}{[\tau]} = \frac{50 \times 10^3}{60 \times 10^6}\text{m}^2 = 8.33 \times 10^{-4}\text{m}^2$$

圆截面销钉的面积为

$$A = \frac{\pi d^2}{4}$$

故

$$d \geqslant \sqrt{\frac{4A}{\pi}} = \sqrt{\frac{4 \times 8.33 \times 10^{-4}}{3.14}}\text{m} = 32.6\text{mm}$$

3）销钉所受挤压力 $F_{bs} = F$，挤压面积为 $A_{bs}$，按挤压的强度条件公式（5-6）得

$$A_{bs} = dt \geqslant \frac{F_{bs}}{[\sigma_{bs}]}$$

故

$$d \geqslant \frac{F}{[\sigma_{bs}]t} = \frac{100 \times 10^3}{180 \times 10^6 \times 24 \times 10^{-3}}\text{m} = 23.1\text{mm}$$

为了保证销钉安全工作，必须同时满足剪切和挤压强度条件，应取 $d = 33$mm。

**例 5-3**　某数控机床电动机轴与带轮用平键联接，如图 5-10a 所示。已知轴的直径 $d = 35$mm，键的尺寸 $b \times h \times l = 10\text{mm} \times 8\text{mm} \times 60\text{mm}$，如图 5-10b 所示，传递的力矩 $M = 46.5\text{N}\cdot\text{m}$。键材料为 45 钢，许用切应力 $[\tau] = 60$MPa，许用挤压应力 $[\sigma_{bs}] = 100$MPa。带轮材料为铸铁，许用挤压应力 $[\sigma_{bs}] = 53$MPa。试校核键联接的强度。

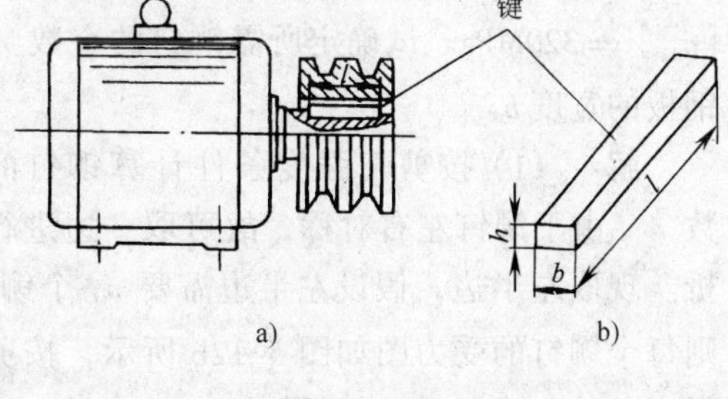


图 5-10

**解**　(1) 计算作用于键上的力 $\boldsymbol{F}$　取轴和键一起为研究对象，其受力如图 5-11a 所示。由平衡条件 $\sum_{i=1}^{n} M_O(\boldsymbol{F}_i) = 0$，得

$$F = \frac{2M}{d} = \frac{2 \times 46.5}{35 \times 10^{-3}}\text{N} = 2.66\text{kN}$$

(2) 校核键联接的剪切强度　键的受力如图 5-11b 所示。由截面法（图 5-11c），得剪切面的剪力为

$$F_Q = F = 2.66\text{kN}$$

键的剪切面积为

$$A = bl = 10 \times 60\text{mm}^2 = 600\text{mm}^2$$

按切应力计算公式（5-1）得

$$\tau = \frac{F_Q}{A} = \frac{2.66 \times 10^3}{600 \times 10^{-6}}\text{Pa} = 4.43\text{MPa} < [\tau]$$

故剪切强度足够。

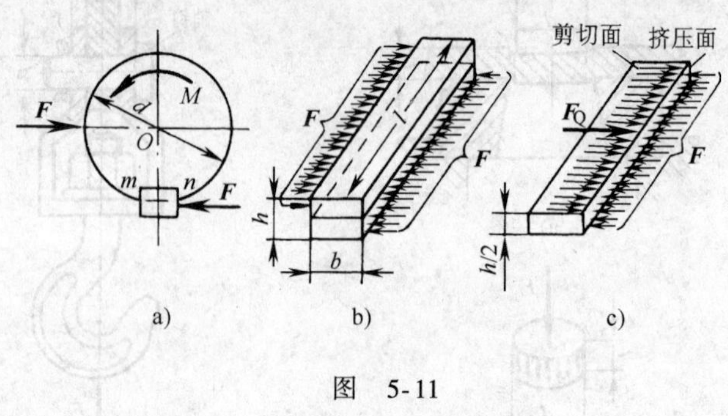


图　5-11

(3) 校核键联接的挤压强度　由于轮毂的材料为铸铁，许用挤压应力较低，所以取铸铁的许用挤压应力 $[\sigma_{bs}]$ 作为核算的根据，其挤压力为

$$F_{bs} = F = 2.66\text{kN}$$

挤压面积为键和轮毂的接触面

$$A_{bs} = \frac{h}{2}l = 4 \times 60\text{mm}^2 = 240\text{mm}^2$$

按挤压应力计算公式（5-4）得

$$\sigma_{bs} = \frac{F_{bs}}{A_{bs}} = \frac{2.66 \times 10^3}{240 \times 10^{-6}}\text{Pa} = 11.1\text{MPa} < [\sigma_{bs}]$$

故挤压强度也足够。

综上所述，整个键的联接强度足够。

**例 5-4**　有一铆钉接头如图 5-12a 所示，已知拉力 $F = 100\text{kN}$，铆钉直径 $d = 16\text{mm}$，钢板厚度 $t = 20\text{mm}$，$t_1 = 12\text{mm}$，铆钉和钢板的许用应力 $[\sigma] = 160\text{MPa}$，$[\tau] = 140\text{MPa}$，$[\sigma_{bs}] = 320\text{MPa}$。试确定所需铆钉的个数 $n$ 及钢板的宽度 $b$。

**解**　(1) 按剪切强度条件计算铆钉的个数 $n$　由于铆钉左右对称，故可取一边进行分析。现取左半边，假设左半边需要 $n_1$ 个铆钉，则每个铆钉的受力图如图 5-12b 所示，按剪切强度条件公式（5-5）可得

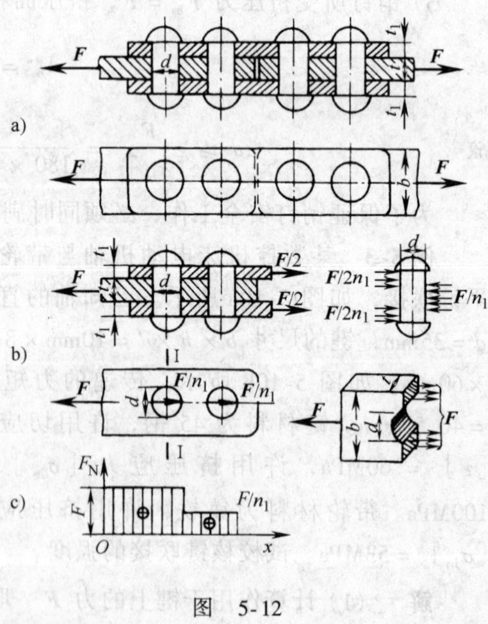


图　5-12

$$\tau = \frac{F/n_1}{2 \times \dfrac{\pi}{4}d^2} \leqslant [\tau]$$

$$n_1 \geqslant \frac{4F}{2\pi d^2[\tau]} = \frac{4 \times 100 \times 10^3}{2\pi \times (16 \times 10^{-3})^2 \times 140 \times 10^6} = 1.78$$

取整得 $n_1 = 2$，故共需铆钉数 $n = 2n_1 = 4$。

(2) 校核挤压强度　上下副板厚度之和为 $2t_1$，中间主板厚度 $t$，由于 $2t_1 > t$，故主板与铆钉间的挤压应力较大。按挤压强度公式 (5-6) 得

$$\sigma_{bs} = \frac{F_{bs}}{A_{bs}} = \frac{F/n_1}{dt} = \frac{100 \times 10^3}{2 \times 16 \times 10^{-3} \times 20 \times 10^{-3}}\text{Pa} = 156\text{MPa} < [\sigma_{bs}]$$

故挤压强度也足够。

(3) 计算钢板宽度 $b$　钢板宽度要根据抗拉强度确定，由 $2t_1 > t$，可知主板抗拉强度较低，其受力情况如图 5-12c 所示，由轴力图可知截面Ⅰ-Ⅰ为危险截面。按拉伸强度条件公式得

$$\sigma = \frac{F_N}{A} = \frac{F}{(b-d)t} \leqslant [\sigma]$$

$$b \geqslant \frac{F}{t[\sigma]} + d = \left(\frac{100 \times 10^3}{20 \times 10^{-3} \times 160 \times 10^6} + 16 \times 10^{-3}\right)\text{m} = 47.3\text{mm}$$

取 $b = 48\text{mm}$。

## 习　题

5-1　挤压和压缩有何区别？试指出图 5-13 中哪个物体应考虑压缩强度？哪个物体应考虑挤压强度？

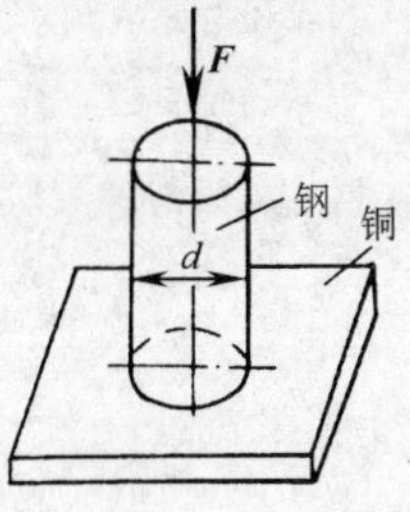


图　5-13

5-2　如图 5-14 所示，拉杆的材料为钢材，在拉杆和木材之间放一金属垫圈，该垫圈起何作用？

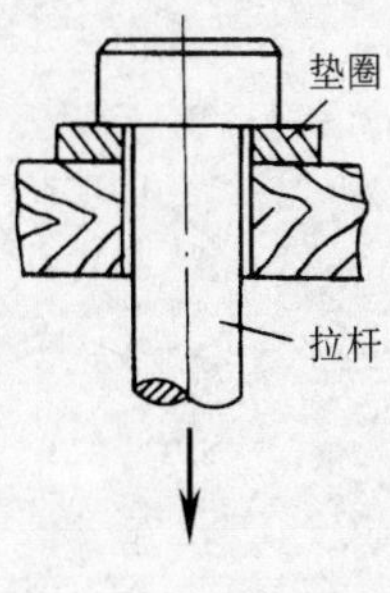


图　5-14

5-3　图 5-15 所示为测定圆柱试件剪切强度的实验装置，已知试件直径 $d = 20\text{mm}$，剪断时的压力 $F = 470\text{kN}$，试求该材料的剪切强度极限 $\tau_0$。

5-4　如图 5-16 所示，冲床的最大冲力为 400kN，冲头材料的许用应力 $[\sigma] = 440\text{MPa}$，被冲钢板的剪切强度极限 $\tau_0 = 360\text{MPa}$。试求此冲床上，能冲剪圆孔的最小直径和钢板的最大厚度 $t$。

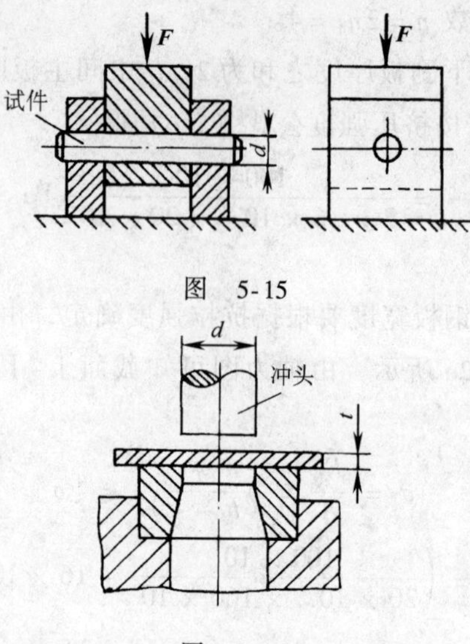


图 5-15

图 5-16

# 第六章　圆轴的扭转

## 第一节　外力偶矩的计算

### 一、扭转的概念和实例

扭转是杆的又一种基本变形形式。其受力特点是构件两端受到两个作用面与杆的轴线垂直的、大小相等的、转向相反的力偶矩作用，使杆件的横截面绕轴线发生相对转动，这时任意两横截面间有相对角位移，称为**扭转角**（图 6-1）。

在工程实际中，机械的许多构件，其主要变形是扭转。例如，钻探机的钻杆，电动机的主轴及机器的传动轴，都是杆件受扭转的实例。这类以扭转变形为主的杆件在工程上统称为**轴**。机械工程较常见的是圆形直杆，称为圆轴。本章主要介绍圆轴扭转时的应力和变形的分析，以及强度和刚度的计算。

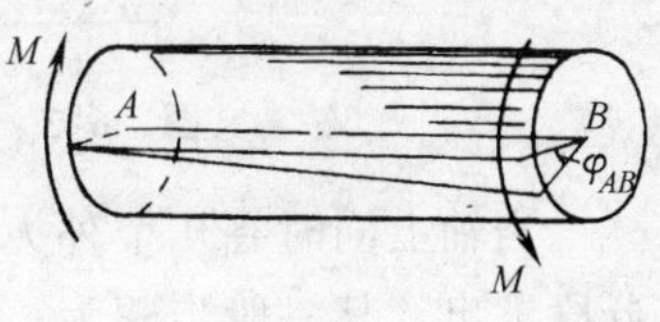

图　6-1

### 二、外力偶矩的计算

在工程实例中，作用在轴上的外力偶矩的大小常常不直接给出，而是给定轴所传递的功率和轴的转速。我们可利用功率、转速和外力偶矩之间的关系，求出作用在轴上的外力偶矩，其关系为

$$M = 9550\,\frac{P}{n} \tag{6-1}$$

式中　$M$——作用在轴上的外力偶矩，单位为 N·m；

$P$——轴所传递的功率，单位为 kW；

$n$——轴的转速，单位为 r/min。

当传递的功率 $P$ 的单位为 PS（马力，1PS = 735.5W）时，式（6-1）变为

$$M = 7030\,\frac{P}{n} \tag{6-2}$$

## 第二节　扭矩和扭矩图

现在讨论受扭杆件横截面上的内力，仍然采用截面法。图 6-2 所示为一根圆轴在一对大小相等、转向相反的外力偶矩作用下产生扭转变形。

假想用 1-1 截面将其截开，并取左段研究，显然，为保持平衡，该截面上必定有内力偶作用。其力偶矩称为**扭矩**，用 $T$ 表示。

由
$$\sum_{i=1}^{n} M_{ix} = 0 \qquad T - M = 0$$

得
$$T = M$$

$T$ 称为截面 1-1 的扭矩。

若取轴的右段研究，结果相同。但由于它们是作用与反作用关系，扭矩的数值相同而转向相反。扭矩的转向由正负号表示，为使同一截面上的扭矩无论取左段还是右段研究都得到相同的正负号，可采用右手螺旋法则；如果用右手四指表示扭矩的转向，则拇指的指向离开截面时规定扭矩为正(图 6-3a)；若拇指指向截面时，则扭矩为负(图 6-3b)。

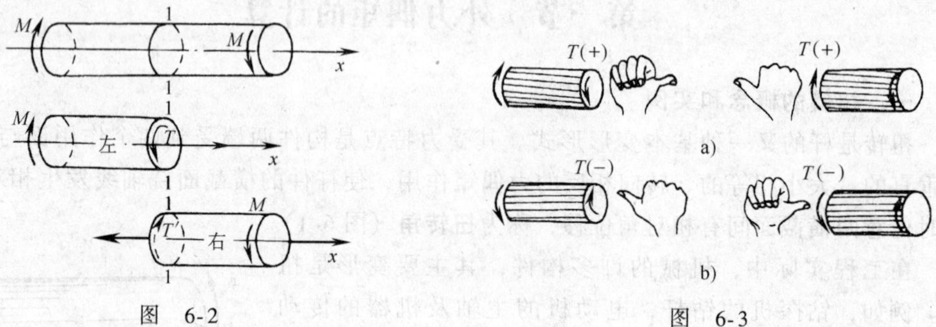

图 6-2　　　图 6-3

当轴上同时有几个外力偶矩作用时，一般而言，各段截面上的扭矩是不同的，必须分段求出，其一般步骤为："假截留半，内力代换，内外平衡"。也可用简捷方法计算而无须画出分离体受力图。其方法为：受扭转杆件某截面上的扭矩等于截面任一侧外力偶矩的代数和。外力偶矩的正负号仍用右手螺旋法则：以右手四指表示外力偶矩转向，拇指指向离开该截面（欲求扭矩的截面）时取正值，指向该截面时取负值。

为了直观地表示沿轴线各横截面上扭矩的变化规律，取平行于轴线的横坐标表示横截面的位置，用纵坐标表示扭矩的代数值，画出各截面扭矩的变化图，称为**扭矩图**。

**例 6-1**　求图 6-4a 所示的传动轴截面 1-1、2-2 的扭矩，并画扭矩图。

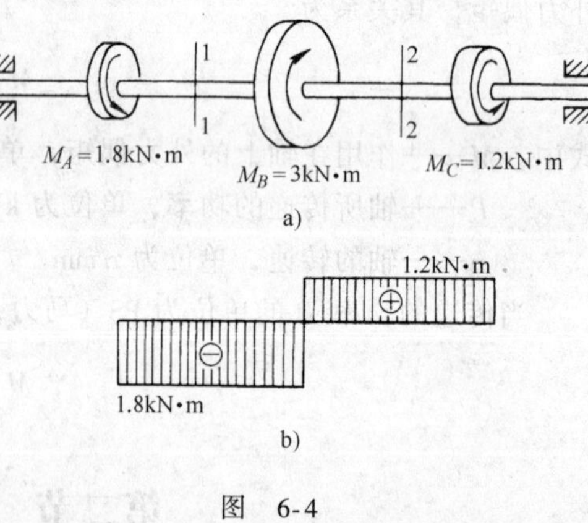

图 6-4

**解**　采用截面法计算扭矩

取截面 1-1 左侧研究，可得

$$T_{1\text{-}1} = -M_A = -1.8\text{kN}\cdot\text{m}$$

取 2-2 截面右侧研究，可得

$$T_{2\text{-}2} = M_C = 1.2\text{kN}\cdot\text{m}$$

作出扭矩图，如图 6-4b 所示。

我们注意到，在外力偶矩作用处的截面上，扭矩发生突变，突变量等于该截面上外力偶矩的数值。利用这一特性，可较快地画出扭矩图。对本例可先求出 $T_{1\text{-}1}$，自左往右画扭矩图。在 $B$ 和 $C$ 截面处只要利用上述突变特性即可快捷地作出全部扭矩图。当轴上有较多外力偶矩作用时，这种方法显示出快捷简便的特点。

## 第三节　圆轴扭转时的应力

在工程实际中，用途最广的扭转杆件是圆轴，在求得横截面上的内力后，要想确定应力的性质和大小，必须弄清楚内力分布的规律。为此，从变形的几何关系、应力应变关系及静力学关系三方面来研究。

## 一、变形的几何关系

取一左端固定的易变形的圆形截面直杆，在此圆轴的表面各画两条相平行的圆周线和纵向线，如图6-5所示。

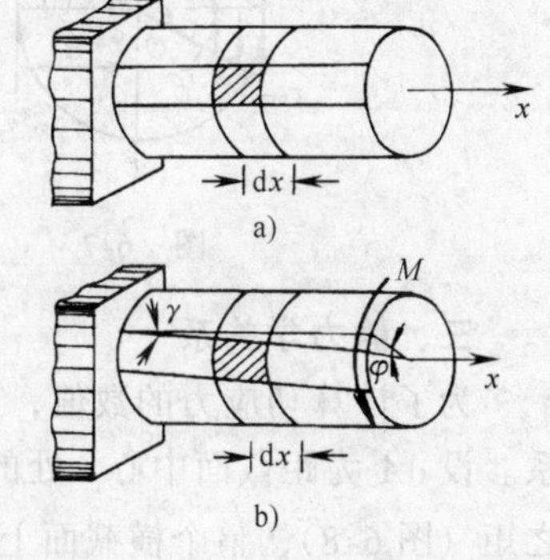

图 6-5

在轴的右端施加一个力偶矩 $M$ 使其产生扭转变形，这时可观察到如下现象：

1）圆周线的形状和大小不变，相邻两圆周线的间距保持不变，仅绕轴线作相对转动。

2）纵向线均倾斜了一个角度 $\gamma$。

根据上述现象，可以作如下推断：圆轴扭转变形后，横截面仍保持为平面，且其形状大小不变，横截面上的半径仍保持为直线，即横截面刚性地绕轴线作相对转动，这就是**平面截面假设**。当然，不同的横截面转动的角度是不同的，所以截面间发生了相对错动。这表明，横截面不存在正应力而仅有垂直于半径方向的切应力。

圆轴表面的纵向直线的倾斜角 $\gamma$ 即为其切应变。为了弄清横截面上各点切应变 $\gamma_\rho$ 的分布规律及其与圆轴表面的切应变 $\gamma$ 的关系，我们从圆轴中取出长为 d$x$ 的微段来研究，如图6-6a所示。

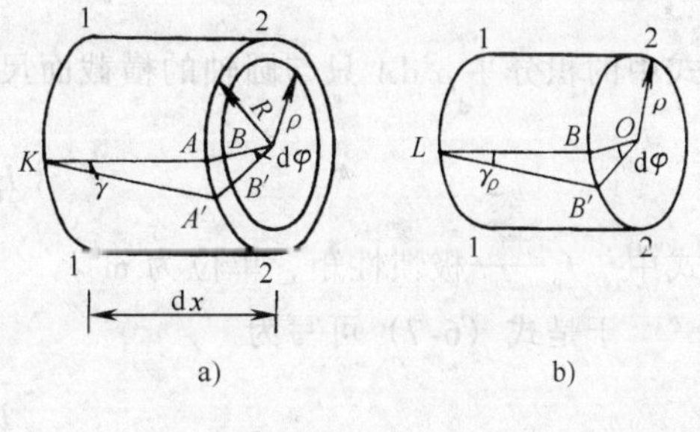

图 6-6

设截面2-2相对于截面1-1转过了一个角度 d$\varphi$，微段表面上的纵向线 $KA$ 由于扭转而倾斜到 $KA'$，表面的切应变为 $\gamma$。

为了研究距圆心为 $\rho$ 的里层圆柱面上的切应变 $\gamma_\rho$，设想将半径为 $\rho$ 的圆柱体取出，如图6-6b所示。其圆柱面上的纵向线 $LB$ 由于扭转倾斜到 $LB'$，$\gamma_\rho$ 为其切应变，由图6-6a可得

$$\gamma \approx \tan\gamma = \frac{\overset{\frown}{AA'}}{KA} = \frac{R\mathrm{d}\varphi}{\mathrm{d}x} \tag{6-3}$$

由图6-6b可得

$$\gamma_\rho \approx \tan\gamma_\rho = \frac{\overset{\frown}{BB'}}{LB} = \rho\frac{\mathrm{d}\varphi}{\mathrm{d}x} \tag{6-4}$$

由式（6-3）可知 $\mathrm{d}\varphi/\mathrm{d}x = \gamma/R$，所以在同一横截面上 $\mathrm{d}\varphi/\mathrm{d}x$ 是一个常数，因此各点的切应变 $\gamma_\rho$ 与该点到圆心的距离 $\rho$ 成正比。

## 二、应力应变关系

切应力与切应变之间存在一定的物理关系，这便是**剪切胡克定律**：

$$\tau = G\gamma$$

由此，可得圆轴扭转时横截面上各点的切应力为

$$\tau_\rho = G\gamma_\rho = G\rho\frac{\mathrm{d}\varphi}{\mathrm{d}x} \tag{6-5}$$

这就是横截面上切应力的变化规律。显然，各点的切应力与该点到圆心的距离 $\rho$ 成正比，即轴线处的切应力为零，圆轴外表面切应力最大。截面上切应力的分布图如图 6-7 所示。

图 6-7　　图 6-8

### 三、静力学关系

为了计算切应力的数值，必须从静力学方面来考虑，建立切应力与扭矩 $T$ 之间的关系。设 $\mathrm{d}A$ 为距截面中心 $\rho$ 处的微面积，则 $\rho\tau_\rho \mathrm{d}A$ 为作用在微面积上的力 $\tau_\rho \mathrm{d}A$ 对截面中心之矩（图 6-8），整个横截面上这些力矩的合成结果应等于扭矩 $T$，即

$$T = \int_A \rho\tau_\rho \mathrm{d}A \tag{6-6}$$

式中　$A$——圆轴的横截面积。

式（6-6）表明了切应力与扭矩的关系。

将式（6-5）中的 $\tau_\rho$ 值代入式（6-6），得

$$T = \int_A G\rho^2 \frac{\mathrm{d}\varphi}{\mathrm{d}x}\mathrm{d}A = G\frac{\mathrm{d}\varphi}{\mathrm{d}x}\int_A \rho^2 \mathrm{d}A \tag{6-7}$$

式中的积分 $\int_A \rho^2 \mathrm{d}A$ 只与圆轴的横截面尺寸有关，称为横截面的**极惯性矩**，以 $I_p$ 表示，即

$$I_p = \int_A \rho^2 \mathrm{d}A \tag{6-8}$$

式中　$I_p$——极惯性矩，单位为 $m^4$。

于是式（6-7）可写为

$$T = GI_p \frac{\mathrm{d}\varphi}{\mathrm{d}x} \tag{6-9}$$

或

$$\frac{\mathrm{d}\varphi}{\mathrm{d}x} = \frac{T}{GI_p} \tag{6-10}$$

将式（6-9）代入式（6-5）即得

$$\tau_\rho = \frac{T\rho}{I_p} \tag{6-11}$$

这就是等直圆轴扭转时横截面上任一点处切应力的计算公式。显然，当 $\rho$ 等于圆轴横截面的半径 $R$ 时，切应力达到最大值。

$$\tau_{max} = \frac{TR}{I_p} \tag{6-12}$$

若设 $W_p = \dfrac{I_p}{R}$，则

$$\tau_{max} = \frac{T}{W_p} \tag{6-13}$$

式中　$W_p$——**抗扭截面系数**，单位为 $m^3$。

为了计算圆轴的极惯性矩，可在横截面上距圆心为 $\rho$ 处取一宽为 $d\rho$ 的圆环形微面积 $dA$，如图 6-9a 所示。将 $dA=2\pi\rho d\rho$ 代入式（6-8），得到

$$I_p=\int_A\rho^2 dA=2\pi\int_0^{\frac{d}{2}}\rho^3 d\rho=\frac{\pi d^4}{32}\tag{6-14}$$

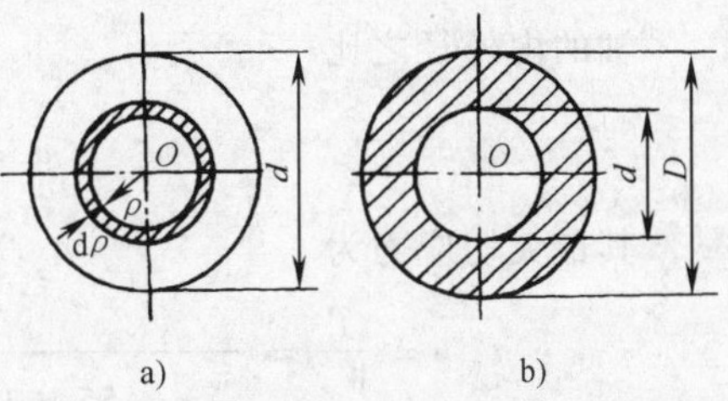


图　6-9

抗扭截面系数 $W_p=\dfrac{I_p}{R}$成为

$$W_p=\frac{I_p}{d/2}=\frac{1}{16}\pi d^3\tag{6-15}$$

对于内外径比为 $d/D=\alpha$ 的空心圆截面（图 6-9b），其极惯性矩和抗扭截面系数分别为

$$I_p=\frac{\pi D^4}{32}(1-\alpha^4)\quad W_p=\frac{\pi D^3}{16}(1-\alpha^4)\tag{6-16}$$

## 第四节　圆轴扭转时的强度计算

由式（6-12）可知，圆轴扭转时横截面上的最大切应力发生在距截面中心最远处，为了保证圆轴扭转时具有足够的强度，必须使轴内横截面上的最大切应力不超过轴的许用切应力，故其强度条件为

$$\tau_{max}=\frac{T}{W_p}\leqslant[\tau]\tag{6-17}$$

式中的许用切应力［$\tau$］是根据扭转试验，并考虑适当的安全系数确定的。

对于传动轴等运动件，由于所受的不是静载荷，而且除了受扭转外还受到弯曲，故许用切应力［$\tau$］值要比受静载时低，具体数值可参照有关机械设计手册的规定选用。

扭转强度条件同样可以用来解决强度校核、截面设计和确定许用载荷等三类扭转强度问题。

**例 6-2**　图 6-10a 所示为阶梯形圆轴，其中 $AB$ 段为实心部分，直径 $d_1=40mm$；$BD$ 段为空心部分，外径 $D=55mm$，内径 $d=45mm$。轴上 $A$、$D$、$C$ 处为带轮，已知主动轮 $C$ 输入的外力偶矩为 $M_C=1.8kN\cdot m$，从动轮 $A$、$D$ 传递的外力偶矩分别为 $M_A=0.8kN\cdot m$，$M_D=1kN\cdot m$，材料的许用切应力［$\tau$］$=80MPa$。试校核该轴的强度。

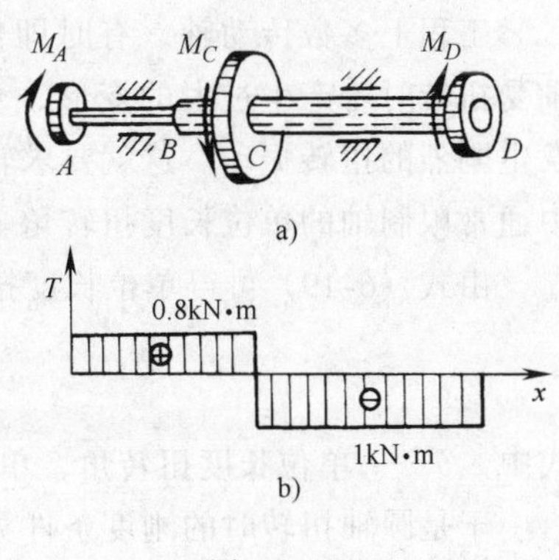


图　6-10

**解**　(1) 画扭矩图　用截面法（或简捷方法）可作出该阶梯形圆轴的扭矩图，如图 6-10b 所示。

(2) 强度校核　由于两段轴的截面面积和扭矩值不同，故要分别进行强度校核。

$AB$ 段

$$\tau_{\max} = \frac{T}{W_p} = \frac{0.8 \times 10^3}{\frac{\pi}{16} \times (40 \times 10^{-3})^3} \text{Pa} = 63.7\text{MPa} < [\tau]$$

*CD* 段

轴的内外径之比

$$\alpha = \frac{d}{D} = \frac{45}{55} = 0.818$$

其最大切应力为

$$\tau_{\max} = \frac{T}{W_p} = \frac{1 \times 10^3}{\frac{\pi}{16} \times (55 \times 10^{-3})^3 \times (1 - 0.818^4)} \text{Pa} = 55.5\text{MPa} < [\tau]$$

由强度条件知 *AB* 段和 *CD* 段强度足够，所以此阶梯形圆轴满足强度条件。

## 第五节　圆轴扭转时的变形和刚度计算

圆轴扭转时，两横截面相对转过的角度称为这两截面的相对扭转角，简称**扭转角**。

由式（6-9）可得相距 d$x$ 的两横截面间的相对扭转角为

$$\mathrm{d}\varphi = \frac{T}{GI_p}\mathrm{d}x$$

对长为 $l$ 的一段轴，则其两端横截面间相对扭转角为

$$\varphi = \int_l \mathrm{d}\varphi = \int_l \frac{T\mathrm{d}x}{GI_p} \tag{6-18}$$

若在圆轴的 $l$ 长度内，$T$、$G$、$I_p$ 均为常数，则圆轴两端截面的相对扭转角为

$$\varphi = \frac{Tl}{GI_p} \tag{6-19}$$

式中的 $GI_p$ 称为圆轴的**抗扭刚度**，它反映了圆轴抵抗扭转变形的能力。抗扭刚度 $GI_p$ 愈大，相对扭转角愈小。材料的力学性能和横截面的尺寸决定抗扭刚度的大小。

工程上多数传动轴，有时即便满足了强度条件，也不一定确保正常工作。例如，当轴受扭转时若产生过大的变形，会影响机器的精度，或者在运转过程中因为变形过大而发生剧烈的扭转振动。这就要求转轴除了具有足够的强度外，还应有足够的刚度。机械中通常限制轴的单位长度扭转角 $\theta$，使之不超过规定的允许值 $[\theta]$。

由式（6-19）可得单位长度扭转角 $\theta$ 为

$$\theta = \frac{\varphi}{l} = \frac{T}{GI_p} \tag{6-20}$$

式中　$\theta$——单位长度扭转角，单位是 rad/m。

于是圆轴扭转时的刚度条件为

$$\theta = \frac{T}{GI_p} \leqslant [\theta] \tag{6-21}$$

工程实际中，$[\theta]$ 的单位通常采用度/米（°/m），由于 1rad = 180°/π，故上述刚度条件又可写成

$$\theta = \frac{T}{GI_p} \times \frac{180}{\pi} \leqslant [\theta] \tag{6-22}$$

单位长度许用扭转角 $[\theta]$ 的数值大致规定如下：

精密机器、仪器的轴 $[\theta] = 0.25 \sim 0.50°/m$；

一般传动轴 $[\theta] = 0.5 \sim 1.0°/m$；

精度要求不高的传动轴 $[\theta] = 2.0 \sim 4.0°/m$。

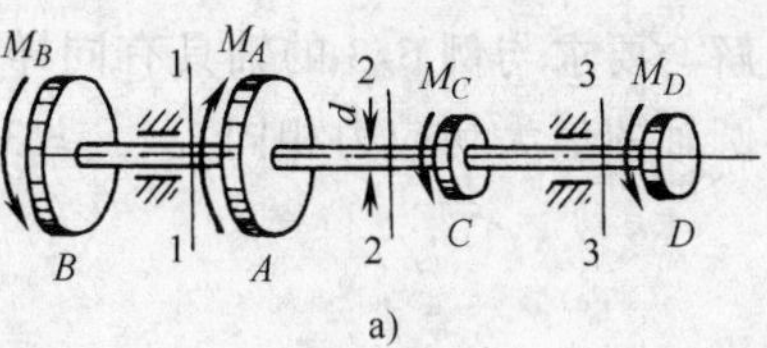

a)

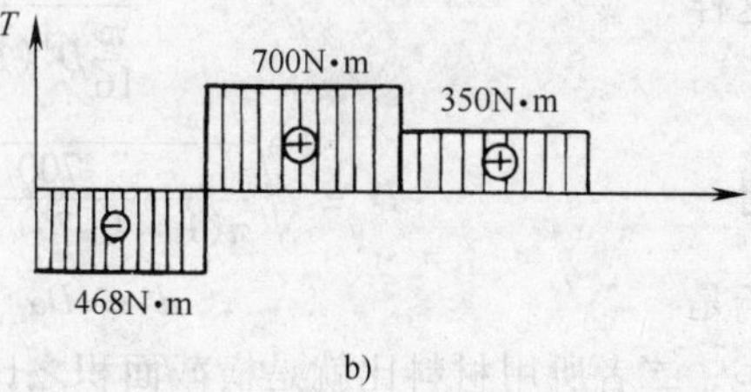

b)

图 6-11

**例 6-3** 一传动轴如图 6-11a 所示，已知轴的直径 $d = 45$mm，转速 $n = 300$r/min。主动轮 $A$ 输入的功率 $P_A = 36.7$kW，从动轮 $B$、$C$、$D$ 输出的功率分别为 $P_B = 14.7$kW，$P_C = P_D = 11$kW。轴材料的切变模量 $G = 80$GPa，许用切应力 $[\tau] = 40$MPa，单位长度的许用扭转角 $[\theta] = 1.5°/m$，试校核轴的强度和刚度。

**解** (1) 计算外力偶矩 作用在各轮上的外力偶矩由式 (6-1) 可得

$$M_A = 9550\frac{P_A}{n} = 9550 \times \frac{36.7}{300}\text{N}\cdot\text{m} = 1168\text{N}\cdot\text{m}$$

$$M_B = 9550\frac{P_B}{n} = 9550 \times \frac{14.7}{300}\text{N}\cdot\text{m} = 468\text{N}\cdot\text{m}$$

$$M_C = M_D = 9550\frac{P_C}{n} = 9550 \times \frac{11}{300}\text{N}\cdot\text{m} = 350\text{N}\cdot\text{m}$$

(2) 绘扭矩图 用截面法求得截面 1-1 上的扭矩为

$$T_1 = -M_B = -468\text{N}\cdot\text{m}$$

截面 2-2 的扭矩为

$$T_2 = -M_B + M_A = (-468 + 1168)\text{N}\cdot\text{m} = 700\text{N}\cdot\text{m}$$

截面 3-3 的扭矩为

$$T_3 = M_C = 350\text{N}\cdot\text{m}$$

绘出的扭矩图如图 6-11b 所示，可见 $AC$ 段扭矩最大，由于是等截面圆轴，故危险截面在 $AC$ 段内。

(3) 强度校核 由式 (6-17) 有

$$\tau_{\max} = \frac{T}{W_p} = \frac{700}{\frac{\pi}{16} \times (45 \times 10^{-3})^3}\text{Pa} = 38.4\text{MPa} < [\tau] = 40\text{MPa}$$

所以轴满足强度条件。

(4) 刚度校核 按刚度条件式 (6-22) 得

$$\theta_{\max} = \frac{T_{\max}}{GI_p} \times \frac{180}{\pi} = \frac{700}{80 \times 10^9 \times \frac{\pi}{32} \times (45 \times 10^{-3})^4} \times \frac{180}{\pi}°/\text{m}$$

$$= 1.23°/\text{m} < [\theta] = 1.5°/\text{m}$$

轴同时满足刚度条件，所以传动轴是安全的。

**例 6-4** 若将例 6-3 中圆轴改为同样强度的空心圆轴，其内外径之比 $d/D=\alpha=0.7$，试设计其内外径尺寸，并与例 6-3 所消耗的材料作一比较。

**解** 要求与例 6-3 的轴具有同样强度，也就是要求该空心圆轴工作时的最大切应力与实心圆轴的最大切应力相同：$\tau_{max}=38.4\text{MPa}$，即有

$$\tau_{max}=\frac{T}{W_p}=38.4\text{MPa}$$

这样

$$\frac{700}{\frac{\pi}{16}D^3(1-\alpha^4)}=38.4\times10^6$$

得

$$D=\sqrt[3]{\frac{700\times16}{\pi(1-0.7^4)\times38.4\times10^6}}\text{m}=0.049\text{m}=49\text{mm}$$

于是

$$d=D\alpha=49\times0.7\text{mm}\approx34\text{mm}$$

二者所用材料比就是横截面积之比

$$\frac{A_{空}}{A_{实}}=\frac{\frac{\pi}{4}(D^2-d^2)}{\frac{\pi}{4}\times45^2}=\frac{49^2-34^2}{45^2}=\frac{1245}{2025}=0.61$$

可见空心圆轴所用材料只占实心轴所用材料的 61%，节约了材料。节省材料的原因在于圆轴扭转时，横截面上应力呈线性分布，越接近截面中心，应力越小，那里的材料就没有充分发挥作用。做成空心轴，使得截面中心处的材料安置到轴的外缘，材料得到了充分利用，而且也减轻了构件的自重。但制造空心轴要比制造实心轴困难些，故应综合考虑。

## 习 题

6-1 试述绘制扭矩图的方法和步骤。

6-2 为什么空心轴比实心轴能充分发挥材料的作用？

6-3 已知图 6-12 所示圆杆横截面上的扭矩，试画出截面上与 $T$ 对应的切应力分布图。

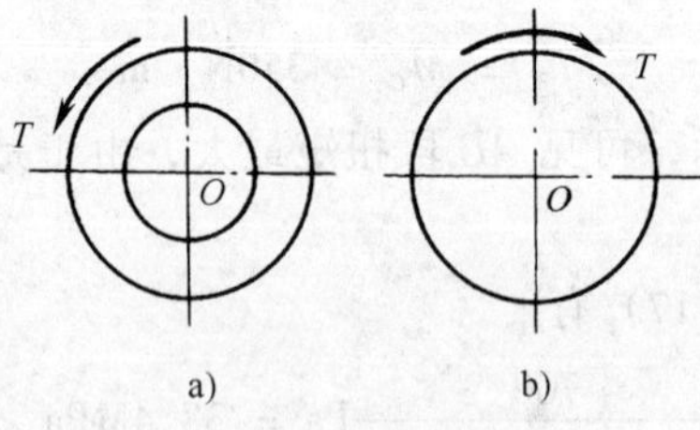


图 6-12

6-4 用截面法求图 6-13 所示各杆在截面 1-1、2-2、3-3 上的扭矩。

6-5 作图 6-14 所示各杆的扭矩图。

6-6 如图 6-15 所示，圆轴长 $l=500\text{mm}$，直径 $d=60\text{mm}$，受到外力偶矩 $M_1=4\text{kN}\cdot\text{m}$ 和 $M_2=7\text{kN}\cdot\text{m}$ 作用，材料的切变模量 $G=80\text{GPa}$。

1）画出轴的扭矩图；

2）求轴的最大切应力；

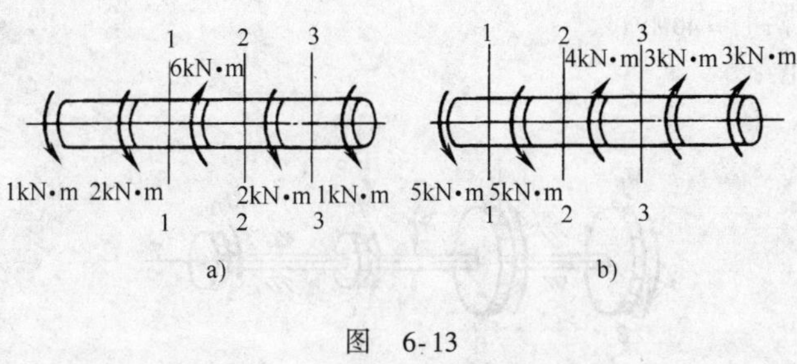


图 6-13

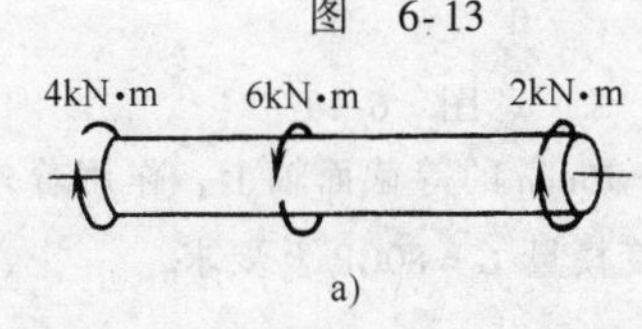


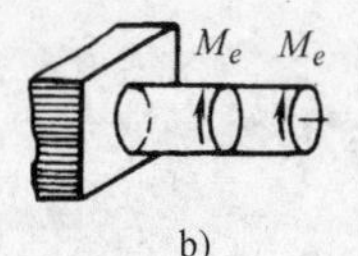


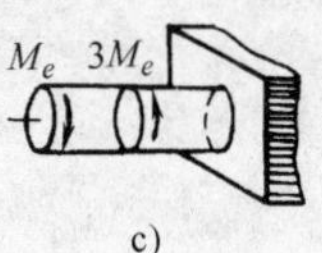


图 6-14

3）求轴的最大单位长度扭转角。

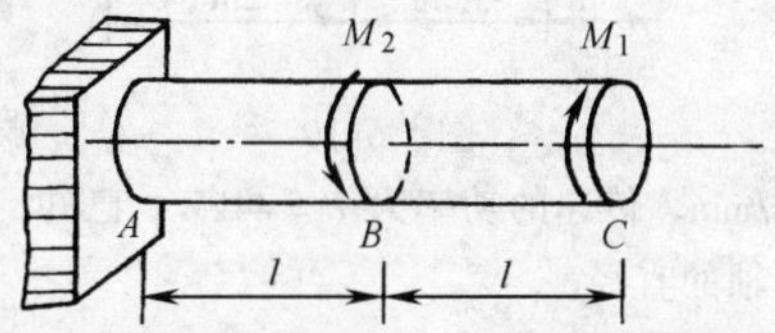


图 6-15

6-7 实心圆轴和空心轴通过牙嵌离合器而联接，如图 6-16 所示。已知轴的转速 $n=100\text{r/min}$，传递的功率 $P=7.5\text{kW}$，材料的许用应力 $[\tau]=40\text{MPa}$，试通过计算确定

1）采用实心轴时，直径 $d_1$ 的大小；

2）采用内外径比值为 1/2 的空心轴时，外径 $D_2$ 的大小。

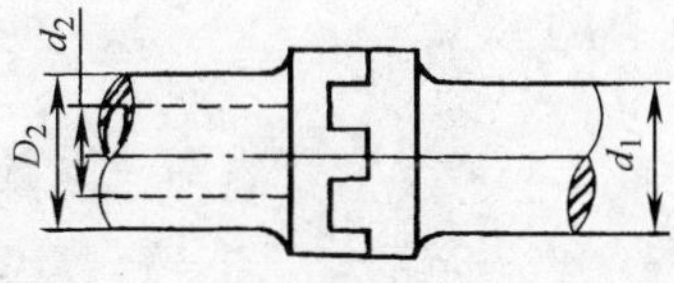


图 6-16

6-8 如图 6-17 所示的变截面钢轴，已知作用于其上的外力偶矩 $M_1=1.8\text{kN·m}$，$M_2=1.2\text{kN·m}$，材料的切变模量 $G=80\text{GPa}$，试求最大切应力和最大相对扭转角。

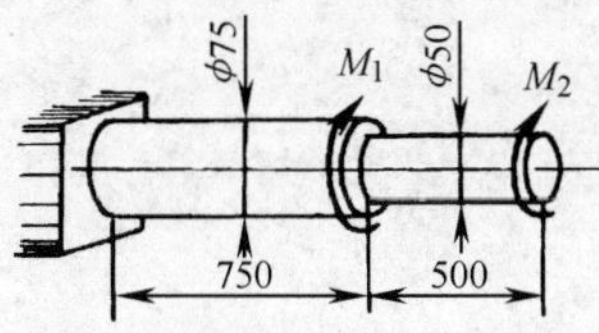


图 6-17

6-9 图 6-18 所示为带传动轴，轴的直径 $d=50\text{mm}$，轴的转速为 $n=180\text{r/min}$，轴上装有四个带轮。已知 $A$ 轮的输入功率为 $P_A=20\text{kW}$，轮 $B$、$C$、$D$ 的输出功率分别为 $P_B=3\text{kW}$，$P_C=10\text{kW}$，$P_D=7\text{kW}$，

轴材料的许用切应力 [$\tau$] = 40MPa。

1）画出轴的扭矩图；

2）校核轴的强度。

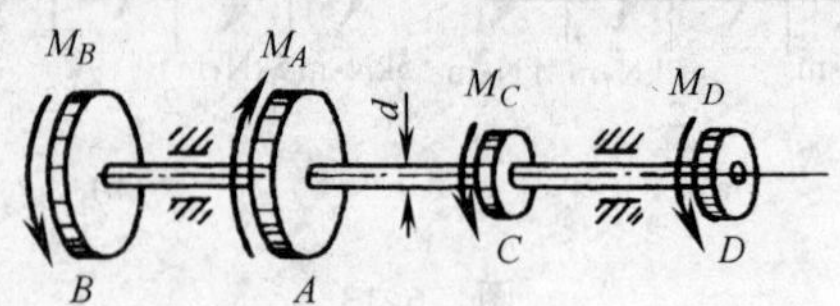


图 6-18

6-10 如图 6-19 所示，在一直径为 75mm 的等截面轴上，作用着外力偶矩：$M_1$ = 1000N·m，$M_2$ = 600N·m，$M_3$ = $M_4$ = 200N·m，材料的切变模量 $G$ = 80GPa。要求

1）画出轴的扭矩图；

2）求出轴的最大切应力；

3）求出轴的总扭转角。

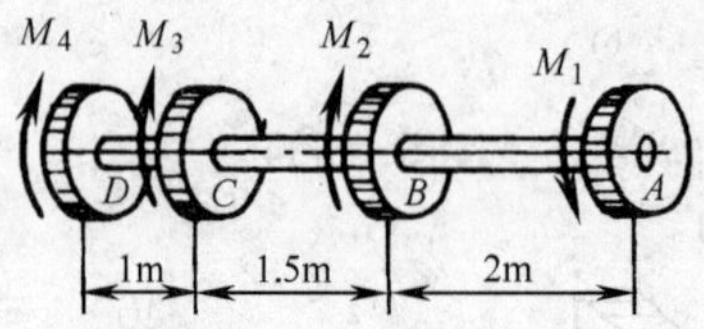


图 6-19

6-11 一钢轴的转速 $n$ = 240r/min，传递的功率为 $P$ = 44kW。已知 [$\tau$] = 40MPa，[$\theta$] = 1°/m，$G$ = 80GPa，试按强度和刚度条件确定轴的直径。

# 第七章　直梁弯曲时的内力和应力

## 第一节　平面弯曲的概念和实例

### 一、平面弯曲

当杆件受到垂直于轴线的外力作用，或受到作用面平行于轴线的外力偶作用时，杆件的轴线会由直线变为曲线，这种变形称**弯曲变形**。以弯曲变形为主的杆件称作**梁**。工程中有许多弯曲变形的例子，如图 7-1 所示的火车轮轴和图 7-2 所示的齿轮轴。在分析计算时，常以轴线代表梁，图 7-1a 的火车轮轴和图 7-2a 的齿轮轴的计算简图分别如图 7-1b 和图 7-2b 所示。

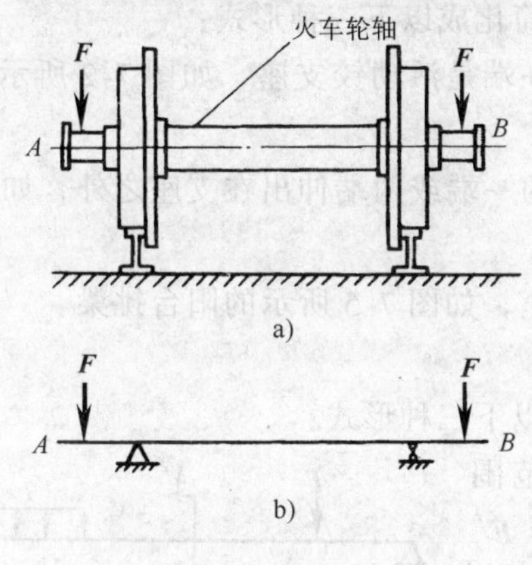


图　7-1

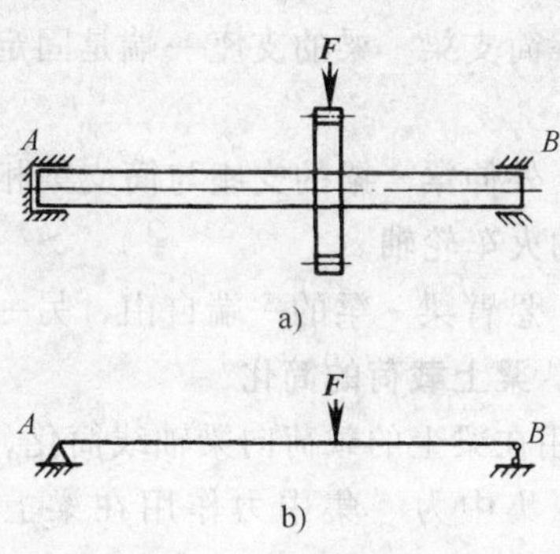


图　7-2

工程中常见的梁的轴线是直线，这样的梁称**直梁**。常见的梁横截面都有一根纵向对称轴，由横截面的纵向对称轴和梁的轴线所确定的平面称梁的纵向对称面，如图 7-3 所示的梁，平面 *ABCD* 为纵向对称面。如果梁的外力及支座反力都作用在纵向对称面内，则梁弯曲时轴线将变成此平面内的一条曲线，这种弯曲变形称为平面弯曲。本章及下章所讨论的弯曲变形都是平面弯曲。

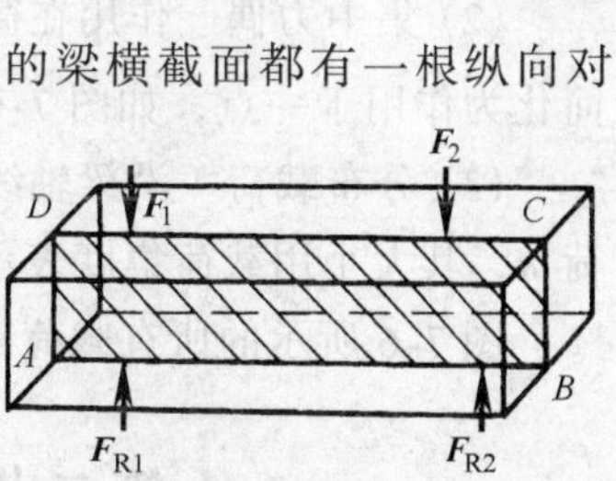

图　7-3

### 二、静定梁的基本形式

工程中常见的梁的支座有以下三种形式：

(1) 固定铰支座　如图 7-4a 所示，固定铰支座限制梁在支承处任何方向的线位移，其支座反力可用两个分量表示，沿梁轴线方向的 $\boldsymbol{X}_A$ 和垂直于梁轴线方向的 $\boldsymbol{Y}_A$。

(2) 活动铰支座　如图 7-4b 所示，活动铰支座只能限制梁在支承处垂直于支承面的线位移，支座反力可用一个分量 $\boldsymbol{F}_{RA}$ 表示。

(3) 固定端支座　如图 7-4c 所示，固定端支座限制梁在支承处的任何方向线位移和角位移，其支座反力有两个力分量 $\boldsymbol{X}_A$、$\boldsymbol{Y}_A$ 和一个力偶分量 $M_A$。

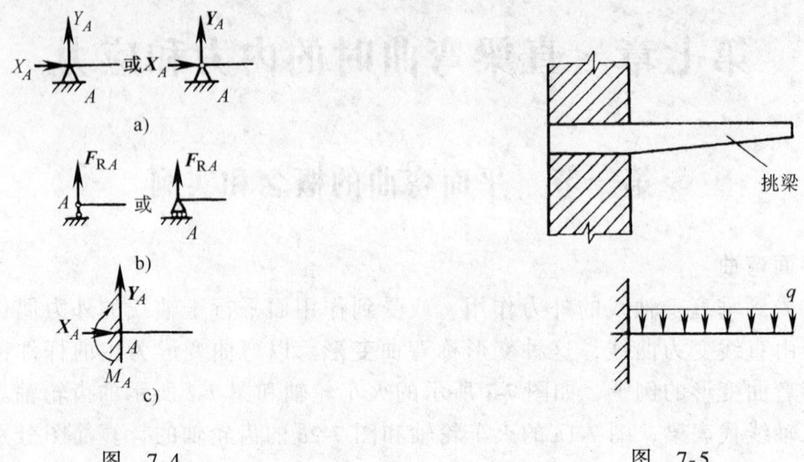


图 7-4　　图 7-5

根据梁的支座情况，工程中常见的静定梁可以简化成以下三种形式：

(1) 简支梁　梁的支座一端是固定铰支座，另一端是活动铰支座，如图 7-2 所示的齿轮轴。

(2) 外伸梁　梁的支座与简支梁相同，只是梁的一端或两端伸出在支座之外，如图 7-1 所示的火车轮轴。

(3) 悬臂梁　梁的一端自由，另一端是固定支座，如图 7-5 所示的阳台挑梁。

**三、梁上载荷的简化**

作用在梁上的载荷向梁轴线简化，可以简化为以下三种形式：

(1) 集中力　集中力作用在梁上的很小一段范围内，可近似简化为作用于一点，如图 7-6 所示的力 $\boldsymbol{F}$，单位为牛（N）或千牛（kN）。

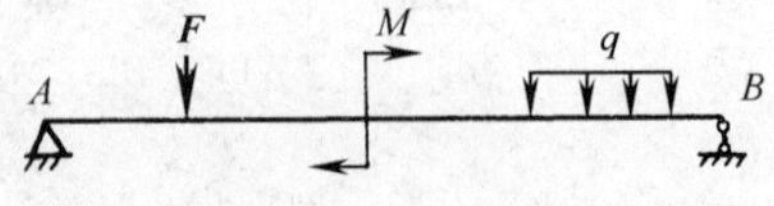

图 7-6

(2) 集中力偶　作用在微小梁段上的力偶，可近似简化为作用于一点，如图 7-6 所示的力偶 $M$，单位为牛·米（N·m）或千牛·米（kN·m）。

(3) 分布载荷　沿梁轴线方向，在一定长度上连续分布的力系，如图 7-6 所示均布载荷 $q$，其大小用载荷集度表示，单位为牛/米（N/m）或千牛/米（kN/m）。

图 7-6 所示的所有载荷都垂直于梁轴线，称作横向力。

## 第二节　弯曲时的内力　剪力和弯矩

**一、剪力和弯矩**

如图 7-7a 所示，梁 $AB$ 上作用有外力 $\boldsymbol{F}_1$、$\boldsymbol{F}_2$，支座反力 $\boldsymbol{F}_{RA}$、$\boldsymbol{F}_{RB}$ 可由平衡条件求得，现计算任一截面 $m$-$m$ 上的内力，使用截面法，假设一平面在 $m$-$m$ 处把梁截断，$C$ 为截面形心，考虑左侧部分平衡，$m$-$m$ 截面处必有与截面平行方向的力 $\boldsymbol{F}_{Qm}$ 与 $\boldsymbol{F}_1$、$\boldsymbol{F}_{RA}$ 平衡。$\boldsymbol{F}_1$、$\boldsymbol{F}_{RA}$ 对 $m$-$m$ 截面的力矩代数和一般不为零，为了与该力矩代数和平衡，$m$-$m$ 截面处必有力偶矩 $M_m$。所以 $m$-$m$ 截面上的内力有与截面平行的力 $\boldsymbol{F}_{Qm}$，称为**剪力**，以及力

偶矩 $M_m$，称为弯矩。

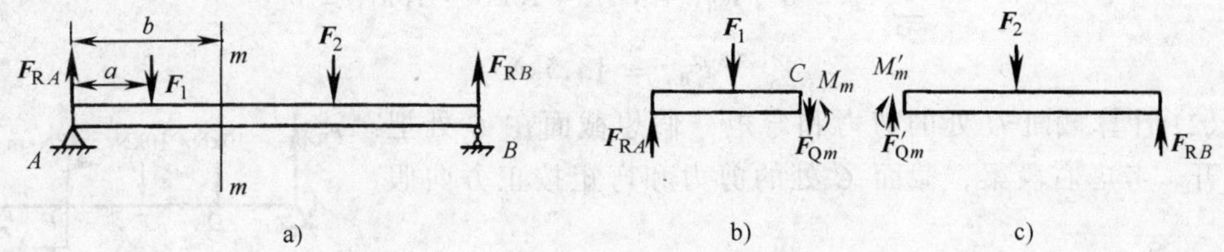


图 7-7

根据左段梁的平衡方程

$$\sum_{i=1}^{n} Y_i = 0 \quad F_{RA} - F_1 - F_{Qm} = 0$$

$$\sum_{i=1}^{n} M_C(\boldsymbol{F}_i) = 0 \quad M_m + F_1(b-a) - F_{RA}b = 0$$

得

$$F_{Qm} = F_{RA} - F_1$$

$$M_m = F_{RA}b - F_1(b-a)$$

通过右段梁的平衡也可求得 $m$-$m$ 截面的剪力 $\boldsymbol{F}'_{Qm}$ 和弯矩 $M'_m$，而 $\boldsymbol{F}_{Qm}$ 和 $\boldsymbol{F}'_{Qm}$、$M_m$ 和 $M'_m$ 分别大小相等、方向相反。

## 二、剪力和弯矩的正负号规定

在计算内力时，为了使考虑左段梁平衡与考虑右段梁平衡的结果一致，对剪力和弯矩的正负号作以下规定：

(1) 剪力　使截面绕其内侧任一点有顺时针旋转趋势的剪力为正，如图 7-8a 所示；反之为负，如图 7-8b 所示。

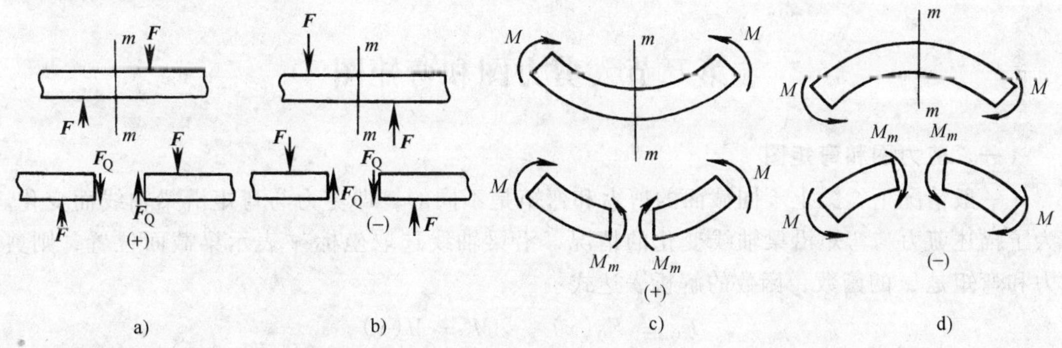


图 7-8

(2) 弯矩　使受弯杆件下侧纤维受拉为正，如图 7-8c 所示；使受弯杆件上侧纤维受拉为负，如图 7-8d 所示。或者使受弯杆件向下凸时为正，反之为负。

以上规定可以概括为：外力左上右下，剪力为正；外力矩左顺右逆，弯矩为正。

**例 7-1**　如图 7-9 所示简支梁，求 $C$、$D$ 截面的弯曲内力。

**解**　(1) 求 $A$、$B$ 支座反力　考虑整体平衡，有

$$\sum_{i=1}^{n} M_A(\boldsymbol{F}_i) = 0 \quad 4F_{RB} + 4\text{kN}\cdot\text{m} - 10\times 2\text{kN}\cdot\text{m} - 10\times 1\text{kN}\cdot\text{m} = 0$$

得

$$F_{RB} = 6.5\text{kN}$$

$$\sum_{i=1}^{n} Y_i = 0 \quad F_{RA} + F_{RB} - 10\text{kN} - 10\text{kN} = 0$$

得
$$F_{RA} = 13.5\text{kN}$$

(2) 计算截面 $C$ 处的剪力和弯矩　假想截面在 $C$ 处把梁截开，考虑右段梁，截面 $C$ 处的剪力和弯矩按正方向假设。

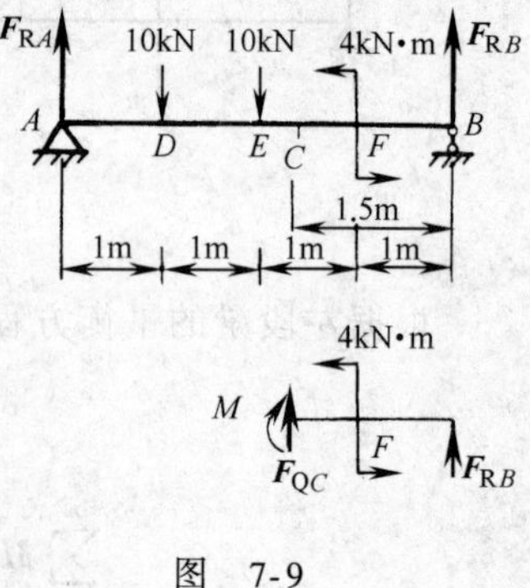

图 7-9

$$\sum_{i=1}^{n} Y_i = 0 \qquad F_{QC} + F_{RB} = 0$$

得
$$F_{QC} = -F_{RB} = -6.5\text{kN}$$

$$\sum_{i=1}^{n} M_C(\boldsymbol{F}_i) = 0 \quad -M_C + 4\text{kN}\cdot\text{m} + 1.5F_{RB}\text{kN}\cdot\text{m} = 0$$

得
$$M_C = 13.75\text{kN}\cdot\text{m}$$

可以看出，任一截面的剪力等于该截面任一侧所有外力在该截面切线方向投影的代数和；任一截面的弯矩等于该截面任一侧所有外力对该截面形心力矩的代数和。以后计算梁截面的剪力和弯矩时可直接利用该结论。

(3) 计算截面 $D$ 处的剪力和弯矩　截面 $D$ 作用有集中力，剪力在此有突变，用 $D_+$ 表示在截面 $D$ 右侧，离截面 $D$ 无限近的截面；$D_-$ 表示在截面 $D$ 左侧，离截面 $D$ 无限近的截面；分别计算 $D_+$ 和 $D_-$ 处的剪力。

$$F_{QD+} = F_{RA} - 10\text{kN} = (13.5 - 10)\text{kN} = 3.5\text{kN}$$

$$F_{QD-} = F_{RA} = 13.5\text{kN}$$

$$M_D = F_{RA} \times 1\text{m} = 13.5\text{kN}\cdot\text{m}$$

## 第三节　剪力图和弯矩图

### 一、剪力图和弯矩图

一般情况下，梁上不同截面的剪力和弯矩是不同的，即剪力与弯矩沿梁轴线而变化。为了描述剪力与弯矩沿梁轴线变化的情况，沿梁轴线选取坐标 $x$ 表示梁截面位置，则剪力和弯矩是 $x$ 的函数，函数的解析表达式

$$F_Q = F_Q(x) \qquad M = M(x)$$

分别称为**剪力方程**和**弯矩方程**。

为了形象地描述剪力和弯矩沿梁轴线的变化情况，可描绘出剪力方程和弯矩方程的图线。以梁轴线为横坐标，分别以剪力值和弯矩值为纵坐标，按适当的比例作出剪力和弯矩沿轴线的变化曲线，称作**剪力图**和**弯矩图**。

掌握剪力和弯矩沿梁轴线变化的情况是解决梁的强度和刚度问题的前提。因此，建立剪力方程和弯矩方程，作梁的剪力图和弯矩图是分析梁弯曲问题的重要基础。

**例 7-2**　简支梁 $AB$ 受载荷集度为 $q$ 的均布载荷作用，如图 7-10a 所示，试作梁 $AB$ 的剪力图和弯矩图。

**解**　(1) 求支座反力　根据对称性，可知

$$F_{RA} = \frac{1}{2}ql \qquad F_{RB} = \frac{1}{2}ql$$

(2) 求剪力方程和弯矩方程　梁上任取一截面，到支座 $A$ 的距离为 $x$，由截面法得该截面的剪力方程和弯矩方程

$$F_Q(x) = \frac{1}{2}ql - qx \quad (0 \leqslant x \leqslant l)$$

$$M(x) = \frac{1}{2}qlx - \frac{1}{2}qx^2 \qquad (0 \leqslant x \leqslant l)$$

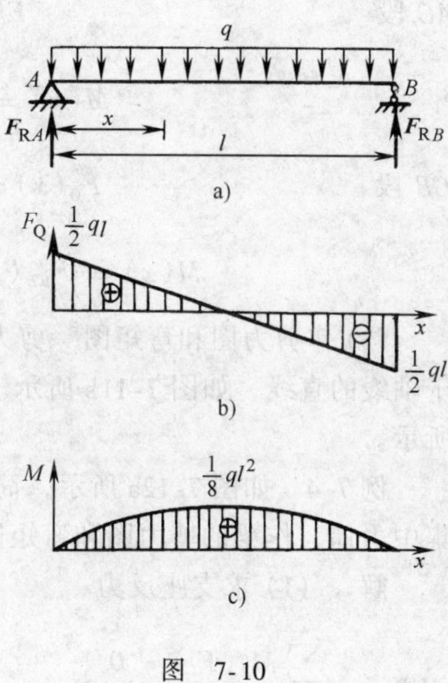

图　7-10

(3) 作剪力图和弯矩图　剪力方程是 $x$ 的一次函数，剪力图是一斜直线。两点可以确定一条直线，当 $x=0$ 时，$F_Q(0)=\frac{1}{2}ql$；当 $x=l$ 时，$F_Q(l)=-\frac{1}{2}ql$。连接这两点可得剪力图，如图 7-10b 所示。弯矩方程是 $x$ 的二次函数，弯矩图是一抛物线。确定抛物线需要三个控制点，当 $x=0$ 时，$M(0)=0$；当 $x=l$ 时，$M(l)=0$。

下面确定抛物线的极值点，求 $M(x)$ 的导数

$$\frac{dM(x)}{dx} = \frac{1}{2}ql - qx$$

令

$$\frac{dM(x)}{dx} = 0$$

得

$$x = \frac{1}{2}l$$

所以，在梁中点处弯矩有极值，而该极值也是梁的最大弯矩值

$$M_{max} = \frac{1}{2}ql \times \frac{1}{2}l - \frac{1}{2}q\left(\frac{1}{2}l\right)^2 = \frac{1}{8}ql^2$$

由这三个控制点可以作弯矩图，如图 7-10c 所示。

**例 7-3**　如图 7-11a 所示，简支梁 $C$ 截面处作用集中力 $\boldsymbol{F}$，作梁的剪力图和弯矩图。

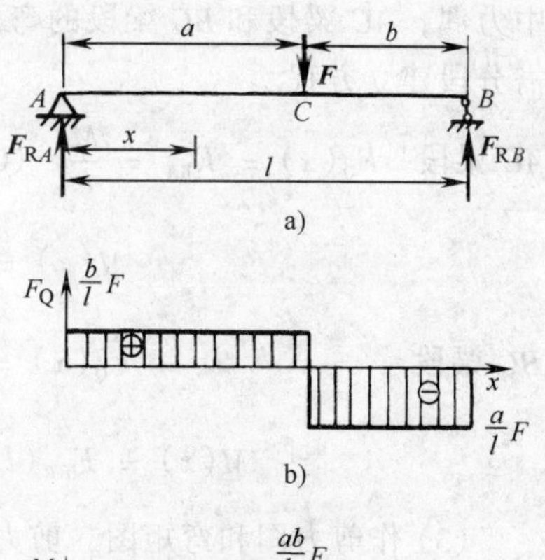


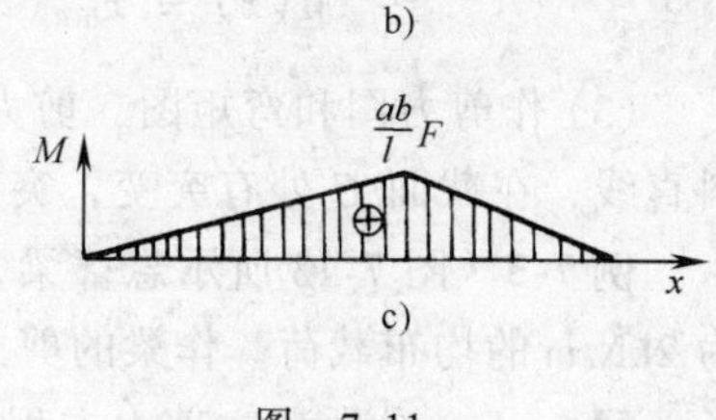

图　7-11

**解**　(1) 求支座反力

$$\sum_{i=1}^{n} M_B(\boldsymbol{F}_i) = 0, F_{RA}l - Fb = 0$$

得

$$F_{RA} = \frac{b}{l}F$$

$$\sum_{i=1}^{n} M_A(\boldsymbol{F}_i) = 0 \quad F_{RB}l - Fa = 0$$

得

$$F_{RB} = \frac{a}{l}F$$

(2) 求剪力方程和弯矩方程　截面 $C$ 处作用有集中力，$AC$ 梁段和 $BC$ 梁段的剪力方

程表达式不一样，需分段建立方程

AC 段 $$F_Q(x)=\frac{b}{l}F \quad (0\leqslant x\leqslant a)$$

$$M(x)=F_{RA}x=\frac{b}{l}Fx \quad (0\leqslant x\leqslant a)$$

CB 段 $$F_Q(x)=-F_{RB}=-\frac{a}{l}F \quad (a\leqslant x\leqslant l)$$

$$M(x)=F_{RB}(l-x)=\frac{a}{l}F(l-x) \quad (a\leqslant x\leqslant l)$$

(3) 作剪力图和弯矩图　剪力图在截面 $C$ 处有突变，突变量是 $F$。剪力图是两段平行于轴线的直线，如图 7-11b 所示。两段的弯矩图都是斜直线，在 $C$ 点处重合，如图 7-11c 所示。

**例 7-4**　如图 7-12a 所示，简支梁截面 $C$ 处作用有集中力偶，作梁的剪力图和弯矩图。

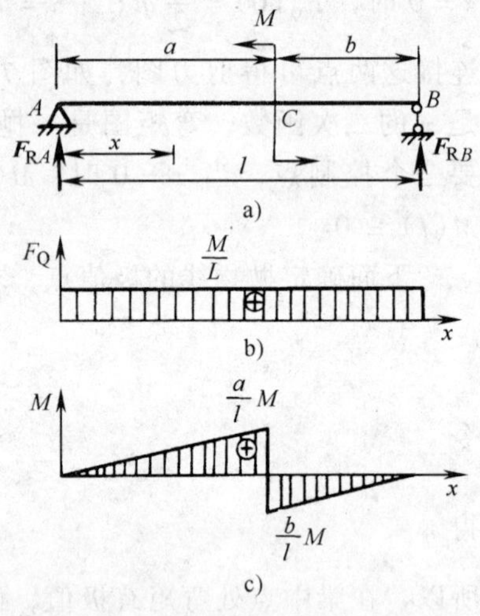


图　7-12

**解**　(1) 求支座反力

$$\sum_{i=1}^{n}M_B(\boldsymbol{F}_i)=0 \qquad -F_{RA}l+M=0$$

得 $$F_{RA}=\frac{M}{l}$$

$$\sum_{i=1}^{n}M_A(\boldsymbol{F}_i)=0 \qquad F_{RB}l+M=0$$

得 $$F_{RB}=-\frac{M}{l}$$

(2) 求剪力方程和弯矩方程　由于截面 $C$ 作用有集中力偶，$AC$ 梁段和 $BC$ 梁段的弯矩方程表达式不一样，需分段建立方程。

AC 梁段 $$F_Q(x)=F_{RA}=\frac{M}{l} \quad (0\leqslant x\leqslant a)$$

$$M(x)=F_{RA}x=\frac{M}{l}x \quad (0\leqslant x\leqslant a)$$

BC 梁段 $$F_Q(x)=-F_{RB}=\frac{M}{l} \quad (a\leqslant x\leqslant l)$$

$$M(x)=F_{RB}(l-x)=-\frac{M}{l}(l-x) \quad (a\leqslant x\leqslant l)$$

(3) 作剪力图和弯矩图　剪力图是一平行于轴线的直线，如图 7-12b 所示。弯矩图是斜直线，在截面 $C$ 处有突变，突变量为 $M$，如图 7-12c 所示。

**例 7-5**　图 7-13 所示悬臂梁，自由端 $A$ 作用有集中力 10kN，$CB$ 段作用有载荷集度为 2kN/m 的均布载荷，作梁的剪力图和弯矩图。

**解**　(1) 分段建立剪力方程和弯矩方程

AC 梁段

$$F_Q(x)=-10\text{kN} \quad (0\leqslant x\leqslant 2m)$$
$$M(x)=-10\text{kN}\cdot x \quad (0\leqslant x\leqslant 2m)$$

$CB$ 梁段

$$F_Q(x) = -10\text{kN} - 2\,\frac{\text{kN}}{\text{m}}(x - 2\text{m}) \quad (2\text{m} \leqslant x \leqslant 5\text{m})$$

$$M(x) = -10\text{kN}\cdot x - \frac{1}{2}\times 2\,\frac{\text{kN}}{\text{m}}(x - 2\text{m})^2 \quad (2\text{m} \leqslant x \leqslant 5\text{m})$$

(2) 作剪力图和弯矩图　$AC$ 段的剪力图为一水平线，$CB$ 段是斜直线，如图 7-13b 所示。$AC$ 段的弯矩图为一斜直线，$CB$ 段是抛物线，中点坐标 $x = AC + \frac{1}{2}CB = 3.5\text{m}$，计算相应的弯矩值

$$M(3.5) = \left[-10\times 3.5 - \frac{1}{2}\times(3.5-2)^2\right]\text{kN}\cdot\text{m}$$
$$= -36.1\text{kN}\cdot\text{m}$$

弯矩图如图 7-13c 所示。

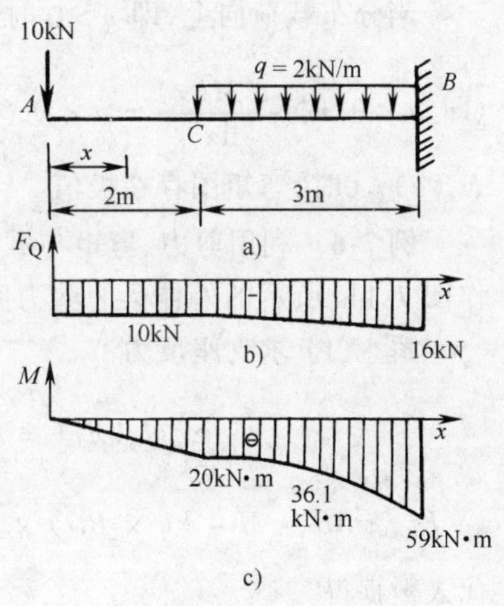


图 7-13

## 二、利用剪力、弯矩与载荷集度的微分关系作剪力图和弯矩图

图 7-10a 所示的均布载荷作用下的简支梁的剪力方程和弯矩方程如下

$$F_Q(x) = \frac{1}{2}ql - qx$$

$$M(x) = \frac{1}{2}qlx - \frac{1}{2}qx^2$$

将上式对 $x$ 求导数，有以下微分关系

$$\frac{\mathrm{d}F_Q(x)}{\mathrm{d}x} = q(x) \tag{7-1}$$

$$\frac{\mathrm{d}M(x)}{\mathrm{d}x} = F_Q(x) \tag{7-2}$$

$$\frac{\mathrm{d}^2 M(x)}{\mathrm{d}x^2} = q(x) \tag{7-3}$$

式中，载荷集度 $q(x)$ 规定向上为正。

利用梁的剪力、弯矩与载荷集度的微分关系，可快捷地绘制梁的剪力图和弯矩图。由式（7-1）、式（7-2）可知梁的载荷与剪力、弯矩存在以下关系：

1. 无分布载荷作用的梁段（$q=0$）　由于 $\frac{\mathrm{d}F_Q(x)}{\mathrm{d}x}=0$，因此 $F_Q(x)=$ 常数，即剪力图为水平直线。而 $\frac{\mathrm{d}M(x)}{\mathrm{d}x}=F_Q(x)$ 为常数，$M(x)$ 是 $x$ 的一次函数，即弯矩图为斜直线，其斜率由 $F_Q(x)$ 值确定。

1）当梁上仅有集中力作用时，剪力图在集中力作用处有突变，突变量是集中力的大小；弯矩图在集中力作用处产生尖角（参阅图 7-11）。

2）当梁上仅有集中力偶作用时，剪力图在集中力偶作用处不变；弯矩图在集中力偶作用处有突变，突变量是集中力偶的大小（参阅图 7-12）。

2. 均布载荷作用的梁段（$q(x)$为常数） 由于 $q(x)=q$，因此$\frac{\mathrm{d}F_{\mathrm{Q}}(x)}{\mathrm{d}x}=q$，即 $F_{\mathrm{Q}}(x)$是 $x$ 的一次函数，$M(x)$是 $x$ 的二次函数，所以剪力图为斜直线，其斜率由 $q$ 确定；弯矩图为二次抛物线。

当分布载荷向上，即 $q>0$ 时，$\frac{\mathrm{d}^2M(x)}{\mathrm{d}x^2}=q>0$，弯矩图为凹曲线；反之，当分布载荷向下（即 $q<0$）时，$\frac{\mathrm{d}^2M(x)}{\mathrm{d}x^2}=q<0$，弯矩图为凸曲线。此外，由于$\frac{\mathrm{d}M(x)}{\mathrm{d}x}=F_{\mathrm{Q}}(x)$，因此，当 $F_{\mathrm{Q}}(x)=0$时，弯矩图存在极值。

**例 7-6** 利用剪力、弯矩与载荷集度的微分关系作图 7-14a 所示的外伸梁的剪力图和弯矩图。

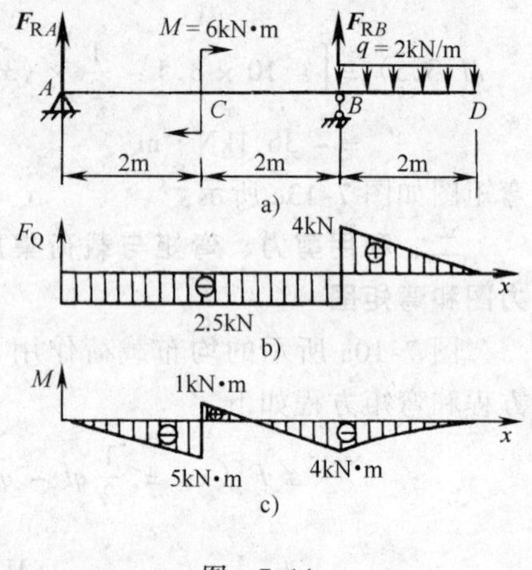

图 7-14

**解** (1) 求支座反力

$$\sum_{i=1}^{n}M_A(\boldsymbol{F}_i)=0$$

$$F_{\mathrm{R}B}\cdot AB-M-(q\times BD)\times\left(AB+\frac{BD}{2}\right)=0$$

代入数据得

$$F_{\mathrm{R}B}\times 4\mathrm{m}-6\mathrm{kN}\cdot\mathrm{m}-2\,\frac{\mathrm{kN}}{\mathrm{m}}\times 2\mathrm{m}\times 5\mathrm{m}=0$$

解得 $$F_{\mathrm{R}B}=6.5\mathrm{kN}$$

$$\sum_{i=1}^{n}Y_i=0\qquad F_{\mathrm{R}A}+F_{\mathrm{R}B}-q\times BD=0$$

代入数据得 $$F_{\mathrm{R}A}+6.5\mathrm{kN}-2\mathrm{m}\times 2\,\frac{\mathrm{kN}}{\mathrm{m}}=0$$

解得 $$F_{\mathrm{R}A}=-2.5\mathrm{kN}$$

(2) 作剪力图和弯矩图 $AB$ 段剪力图是水平线，大小为 $-2.5$kN，$BD$ 段剪力图为斜直线，确定两个控制点

$$F_{\mathrm{Q}B}=2\times 2\mathrm{kN}=4\mathrm{kN}$$

$$F_{\mathrm{Q}D}=0$$

作剪力图，如图 7-14b 所示。

$AC$ 段与 $CB$ 段的弯矩图是斜直线，$C$ 处作用有集中力偶，弯矩图在截面 $C$ 处有突变，求出以下控制截面的弯矩。

$$M_A=0$$

$$M_{C-}=F_{\mathrm{R}A}\cdot AC=-2.5\times 2\mathrm{kN}\cdot\mathrm{m}=-5\mathrm{kN}\cdot\mathrm{m}$$

$$M_{C+}=M_{C-}+M=(-5+6)\mathrm{kN}\cdot\mathrm{m}=1\mathrm{kN}\cdot\mathrm{m}$$

$$M_B=-\frac{1}{2}q\times BD^2=-\frac{1}{2}\times 2\times 2^2\mathrm{kN}\cdot\mathrm{m}=-4\mathrm{kN}\cdot\mathrm{m}$$

作 $AC$、$CB$ 两段斜直线。$BD$ 段由于有均布载荷作用，弯矩图是一段抛物线，整个弯矩图如图 7-14c 所示。

# 第四节　纯弯曲时横截面的正应力

## 一、截面的惯性矩

计算弯曲正应力时需要截面对中性轴的惯性矩，截面的中性轴又是截面的形心主轴。在图 7-15 所示截面上任一点 $K$，取其邻域 $\mathrm{d}A$，$K$ 点到 $z$ 轴、$y$ 轴的距离分别为 $y$、$z$，定义 $y^2\mathrm{d}A$、$z^2\mathrm{d}A$ 为微元对 $z$ 轴、$y$ 轴的惯性矩，分别记作

$$\mathrm{d}I_z = y^2\mathrm{d}A \qquad \mathrm{d}I_y = z^2\mathrm{d}A$$

上式对整个截面积分，得截面对 $z$ 轴、$y$ 轴的惯性矩

$$I_z = \int_A y^2\mathrm{d}A \qquad I_y = \int_A z^2\mathrm{d}A$$

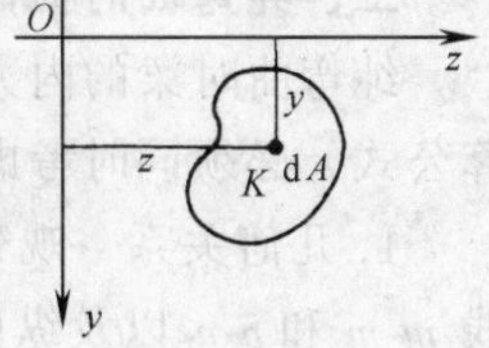

图　7-15

工程中常见的矩形、圆形等简单截面对其形心主轴的惯性矩可在表 7-1 中查到。

**表 7-1　简单截面对形心主轴的惯性矩和抗弯截面系数**

| 图　形 | 形心主轴惯性矩 | 抗弯截面系数 |
|---|---|---|
| 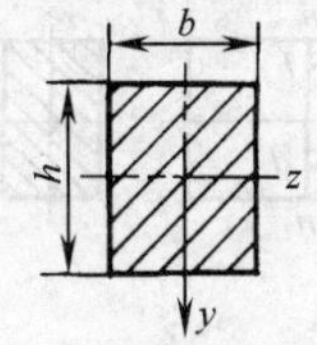 | $I_z = \dfrac{bh^3}{12}$，$I_y = \dfrac{hb^3}{12}$ | $W_z = \dfrac{bh^2}{6}$ |
| 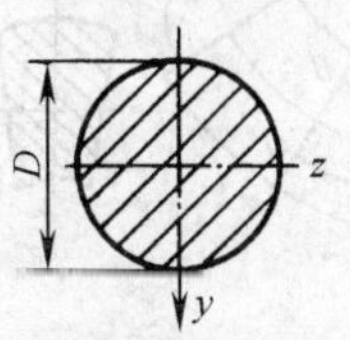 | $I_z = \dfrac{\pi D^4}{64}$ | $W_z = \dfrac{\pi D^3}{32}$ |
| 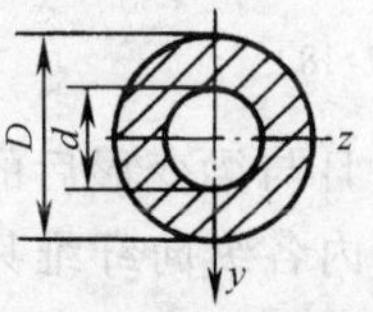 | $I_z = \dfrac{\pi D^4}{64}(1-\alpha^4)$，$\alpha = \dfrac{d}{D}$ | $W_z = \dfrac{\pi D^3}{32}(1-\alpha^4)$，$\alpha = \dfrac{d}{D}$ |

图 7-16 所示的截面形心为 $C$，面积为 $A$，$z_C$ 轴、$y_C$ 轴通过截面形心 $C$。现有不通过形心的 $z$ 轴、$y$ 轴分别与 $z_C$ 轴、$y_C$ 轴平行，两轴之间的距离分别为 $a$、$b$，截面对 $z$ 轴、$z_C$ 轴以及对 $y$ 轴、$y_C$ 轴的惯性矩有以下关系

$$I_z = I_{z_C} + a^2 A \tag{7-4}$$

$$I_y = I_{y_C} + b^2 A \tag{7-5}$$

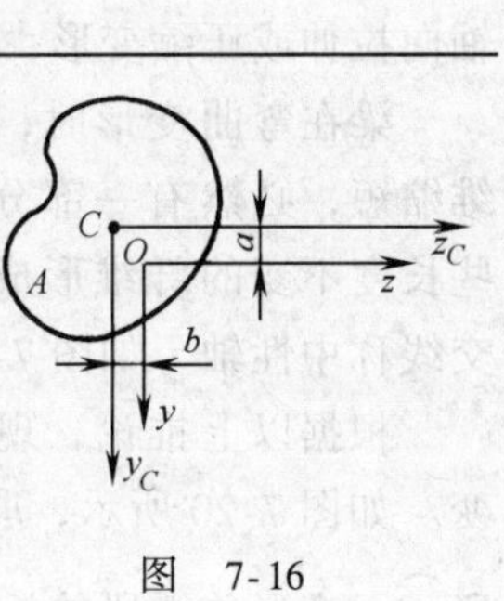

图　7-16

式（7-4）、式（7-5）称惯性矩的**平行移轴公式，即截面对任一轴 $z$ 的惯性矩等于该截面对过形心而平行于 $z$ 轴的 $z_C$ 轴的惯性矩加上两轴之间的距离的平方与截面面积的乘积。**对任一 $y$ 轴也有同样的结论。

平行移轴公式对计算截面的非形心轴的惯性矩很有帮助。从式（7-4）和式（7-5）可以看出，截面对一组平行轴的惯性矩中，过形心轴的惯性矩最小。

## 二、纯弯曲的概念

如图 7-17a 所示的简支梁，其剪力图和弯矩图分别如图 7-17b 所示，考虑 CD 梁段，剪力值为零，弯矩值是一常数。内力只有弯矩，而无剪力的弯曲变形称作**纯弯曲**。弯曲内力既有弯矩，又有剪力的弯曲变形称**剪切弯曲**（横力弯曲）。

## 三、纯弯曲时横截面的正应力

纯弯曲时梁的内力只有弯矩，横截面上只有弯曲正应力。为了推导弯曲正应力的计算公式，必须同时考虑几何关系、物理关系和静力平衡关系。

1. 几何关系　观察梁的变形，取一对称截面梁（如矩形截面梁），在其表面画上横向线 $m$-$m$ 和 $n$-$n$ 以及纵向线 $ab$ 和 $cd$，见图 7-18。在梁的纵向对称面内施加一对大小相等、方向相反的力偶，梁处于纯弯曲状态。可以观察到梁变形后横向线 $m'$-$m'$ 和 $n'$-$n'$ 依然保持直线，且与变形后的梁轴线垂直。纵向线变为曲线，靠近梁顶面的纵向线 $a'b'$ 缩短，靠近梁底面的纵向线 $c'd'$ 伸长。

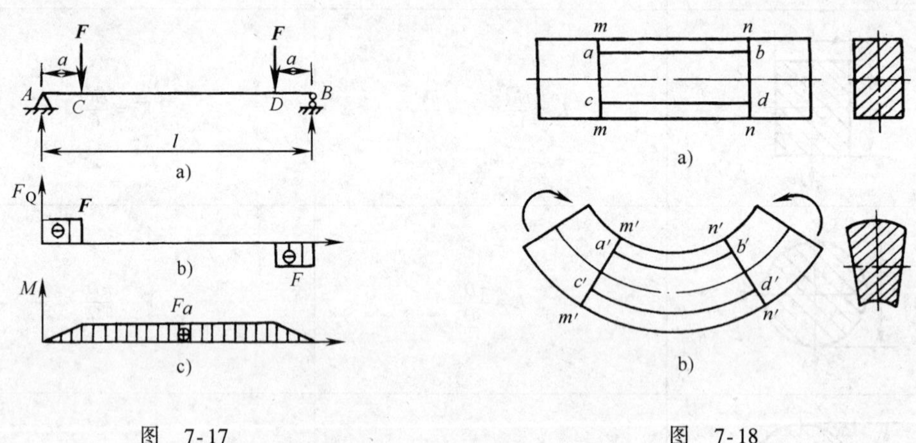


图 7-17　　图 7-18

根据以上观察，可以假设，梁变形后，横截面依然保持平面，且与梁变形后的轴线垂直，横截面绕自身某轴作了转动，以上假设称为**平面假设**。而梁内各纵向纤维只产生轴向拉伸或压缩变形，称纵向纤维单向受力假设。

梁在弯曲变形时，一部分纤维伸长，一部分纤维缩短，必然有一部分纤维既不伸长也不缩短，这些长度不变的纤维形成中性层。中性层与横截面的交线称中性轴，如图 7-19 所示。

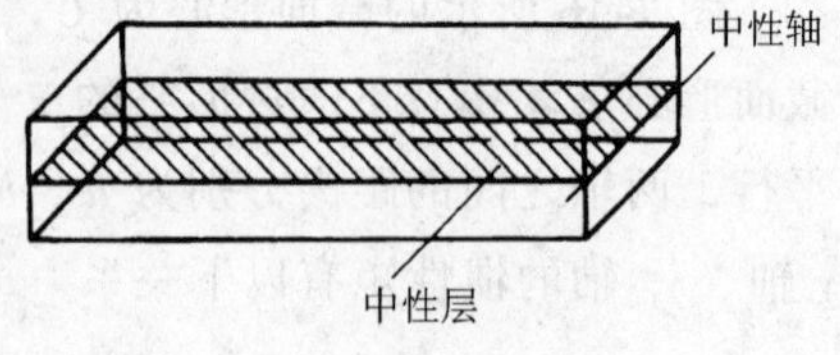


图 7-19

根据以上推论，现进一步研究梁弯曲时的线应变。如图 7-20 所示，取矩形截面纯弯曲梁的一个微段 $\overset{\frown}{cd}$，变形前微段的长度为 $\overline{cd}$，$OO_1$ 在中性层内，$cd$ 离中性层的距离为 $y$。变形后，$Oc$ 面与 $O_1d$ 面的夹角为 $d\theta$，中性层处的曲率半径为 $\rho$，则 $cd$ 处的曲率半径为 $\rho+y$。$cd$ 的线应变为

$$\varepsilon = \frac{\overset{\frown}{cd} - \overline{cd}}{\overline{cd}} = \frac{(\rho + y)\mathrm{d}\theta - \rho\mathrm{d}\theta}{\rho\mathrm{d}\theta} = \frac{y}{\rho} \tag{7-6}$$

对于一个确定的截面来说，其曲率半径 $\rho$ 是个常数，因此，式（7-6）说明同一截面处任一点纵向纤维的线应变与该点到中性层的距离成正比。这就是纯弯曲时纵向纤维线应变所应满足的几何关系。

2. 物理关系　如前所述，梁的纵向纤维只受到轴向拉伸或压缩，当正应力不超过材料的比例极限时可应用胡克定律，因此可得 $cd$ 处的正应力为

$$\sigma = E\varepsilon = E\frac{y}{\rho} \tag{7-7}$$

对于某种材料确定的梁，弹性模量 $E$ 是常量，某个截面的曲线半径也是常量。由式（7-7）可知，横截面上任一点的弯曲正应力与该点到中性轴的距离成正比，即正应力沿截面高度呈线性变化，如图 7-21 所示，在中性轴处，$y=0$，所以正应力也为零。

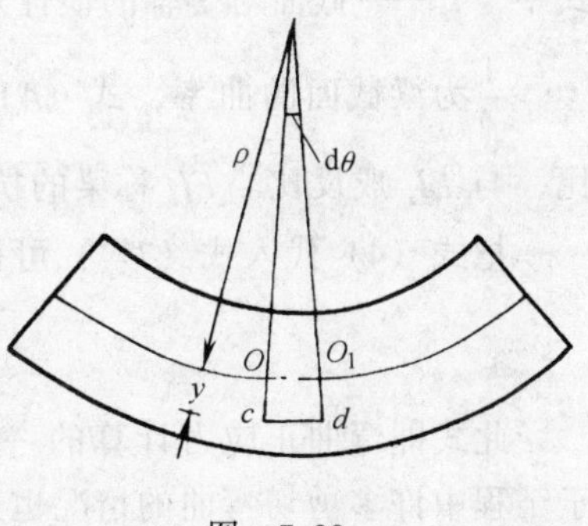


图　7-20

3. 静力平衡关系　根据以上分析，纯弯曲时梁横截面上只有弯曲正应力。设 $z$ 轴为截面的中性轴，$x$ 轴和 $y$ 轴如图 7-22 所示，截面上的内力只有弯矩 $M$。在截面上任取一微面积 $\mathrm{d}A$，该微面积上作用有轴向力 $\sigma\mathrm{d}A$，因为截面上所有轴向力的合力为零，有

$$\sum_{i=1}^{n} X_i = 0 \qquad \int_A \sigma\mathrm{d}A = 0 \tag{1}$$

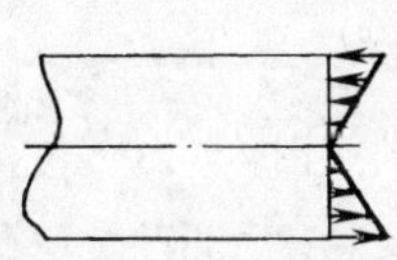

图　7-21

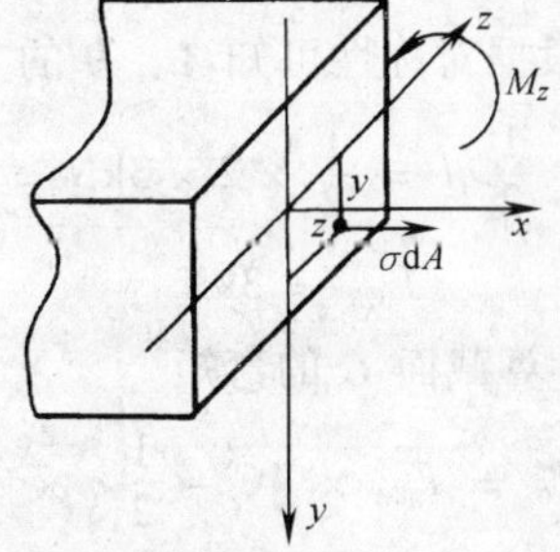


图　7-22

把式（7-7）代入式（1），得

$$\frac{E}{\rho}\int_A y\mathrm{d}A = 0$$

记

$$S_z = \int_A y\mathrm{d}A$$

有

$$S_z = 0 \tag{2}$$

式(2)说明截面对 $z$ 轴的静矩为零，所以 $z$ 轴必过截面的形心，即中性轴必过截面的形心。

截面所有微面积上的力对 $z$ 轴的合力矩为作用在该截面上的弯矩，即

$$M = \int_A y\sigma\mathrm{d}A \tag{3}$$

把式（7-7）代入式（3），可得

$$M = \int_A yE\frac{y}{\rho}\mathrm{d}A = \frac{E}{\rho}\int_A y^2\mathrm{d}A = \frac{EI_z}{\rho}$$

即
$$\frac{1}{\rho} = \frac{M}{EI_z} \tag{4}$$

式中　$I_z$——截面对 $z$ 轴的惯性矩。

$\frac{1}{\rho}$为梁截面的曲率，式（4）说明纯弯曲梁截面的曲率与作用在截面处的弯矩成正比，与 $EI_z$ 成反比。$EI_z$ 称梁的**抗弯曲刚度**。

把式（4）代入式（7-7）可得正应力的计算公式

$$\sigma = \frac{My}{I_z} \tag{7-8}$$

此式即弯曲正应力计算的一般公式，此公式虽然在纯弯曲情况下推导出来的，但对于工程中许多剪切弯曲的情况也适用。分析表明，对于梁的长度 $l$ 远大于其截面高度 $h$ 的细长梁，用式（7-8）计算弯曲正应力是相当精确的。工程中对于 $l>5h$ 的情形，往往采用式（7-8）计算剪切弯曲时的正应力。

**例 7-7**　简支梁受均布载荷 $q$ 作用，如图 7-23a 所示，已知 $q=2\text{kN/m}$，梁跨度 $l=3\text{m}$，截面为矩形，尺寸见图 7-23b。求：

1）$C$ 截面上 $a$、$b$、$c$ 三点处的正应力：

2）梁的最大正应力 $\sigma_{\max}$ 值及其位置。

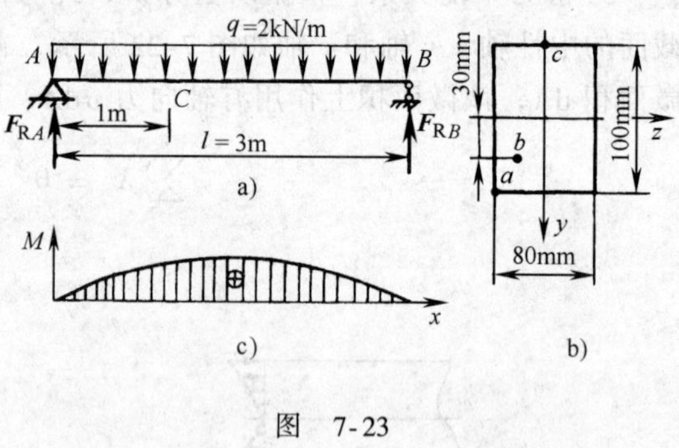

图　7-23

**解**　根据对称性可知 $A$、$B$ 的支座反力

$$F_{RA} = \frac{1}{2}ql = \frac{1}{2}\times 2\times 3\text{kN} = 3\text{kN}$$

$$F_{RB} = 3\text{kN}$$

（1）计算截面 $C$ 的弯矩

$$M_C = F_{RA}\times AC - \frac{1}{2}q\times AC^2 = \left(3\times 1 - \frac{1}{2}\times 2\times 1^2\right)\text{kN}\cdot\text{m} = 2\text{kN}\cdot\text{m}$$

计算截面对中性轴 $z$ 的惯性矩

$$I_z = \frac{bh^3}{12} = \frac{1}{12}\times 80\times 100^3\text{mm}^4 = 6.67\times 10^6\text{mm}^4$$

计算各点的正应力

$$\sigma_a = \frac{M_C y_a}{I_z} = \frac{2\times 10^3\times 50\times 10^{-3}}{6.67\times 10^6\times 10^{-12}}\text{Pa} = 1.50\times 10^7\text{Pa} = 15.0\text{MPa(拉)}$$

$$\sigma_b = \frac{M_C y_b}{I_z} = \frac{2\times 10^3\times 30\times 10^{-3}}{6.67\times 10^6\times 10^{-12}}\text{Pa} = 9.0\times 10^6\text{Pa} = 9.0\text{MPa(拉)}$$

$$\sigma_c = \frac{M_C y_c}{I_z} = \frac{2\times 10^3\times(-50\times 10^{-3})}{6.67\times 10^6\times 10^{-12}}\text{Pa} = -1.50\times 10^7\text{Pa} = -15.0\text{MPa(压)}$$

（2）作弯矩图　如图 7-23c 所示，由图可知，弯矩最大值发生在跨中截面处，其值为

$$M_{\max} = F_{RA}\times\frac{l}{2} - \frac{1}{2}q\left(\frac{l}{2}\right)^2 = \frac{1}{8}ql^2 = \frac{1}{8}\times 2\times 3^2\text{kN}\cdot\text{m} = 2.25\text{kN}\cdot\text{m}$$

梁的最大正应力发生在跨中截面的上、下边缘处，下侧边缘处受拉，上侧边缘处受压。最大正应力值为

$$\sigma_{max} = \frac{M_{max} y_{max}}{I_z} = \frac{2.25 \times 10^3 \times 50 \times 10^{-3}}{6.67 \times 10^6 \times 10^{-12}} \text{Pa} = 1.69 \times 10^7 \text{Pa} = 16.9\text{MPa}$$

## 第五节　梁的强度计算

### 一、最大正应力

对梁进行强度计算，必须计算梁的最大正应力。对于等截面梁，最大正应力发生在弯矩最大截面的上、下边缘处，弯矩最大的截面称**危险截面**，危险截面上弯曲应力最大的点称**危险点**。

对于中性轴是梁截面对称轴的梁，其最大拉应力和最大压应力值是相等的，最大正应力值为

$$\sigma_{max} = \frac{M_{max} y_{max}}{I_z}$$

引入梁的**抗弯截面系数**

$$W_z = \frac{I_z}{y_{max}}$$

则

$$\sigma_{max} = \frac{M_{max}}{W_z} \tag{7-9}$$

简单截面的抗弯截面系数可参考表 7-1，型钢的抗弯截面系数可参考附录的型钢表。

对于中性轴不是截面的对称轴的梁，其最大拉应力值与最大压应力值不相等。如图 7-24 所示的 T 形截面梁，最大拉应力 $\sigma^+_{max}$ 和最大压应力 $\sigma^-_{max}$ 分别为

$$\sigma^+_{max} = \frac{M_{max} y_2}{I_z} \qquad \sigma^-_{max} = \frac{M_{max} y_1}{I_z}$$

### 二、正应力强度条件

为了保证梁安全地工作，危险点处的正应力必须小于梁的弯曲许用应力 [σ]，这就是梁的正应力强度条件。对于塑性材料，其抗拉和抗压强度相同，宜选用中性轴为截面对称轴的梁，其正应力强度条件为

$$\sigma_{max} = \frac{M_{max}}{W_z} \leqslant [\sigma] \tag{7-10}$$

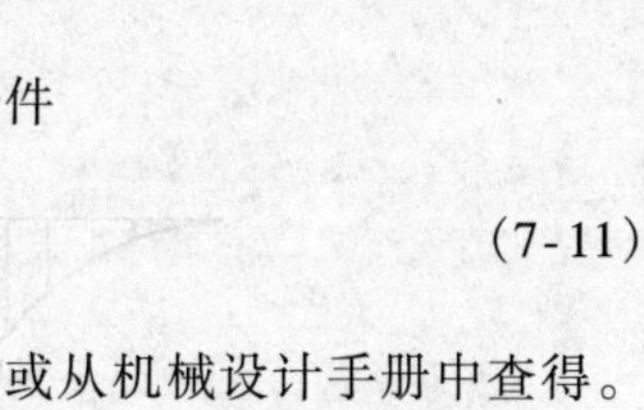

图　7-24

对于脆性材料，其抗拉和抗压强度不同，宜选用中性轴不是截面对称轴的梁，并分别对抗拉和抗压应力建立强度条件

$$\left.\begin{aligned} \sigma^+_{max} &\leqslant [\sigma_+] \\ \sigma^-_{max} &\leqslant [\sigma_-] \end{aligned}\right\} \tag{7-11}$$

梁的弯曲许用应力可以近似以材料的拉压许用应力代替，或从机械设计手册中查得。

梁的正应力强度条件可以解决以下三个问题：强度校核、截面设计和载荷估计。

以上讨论的是梁的正应力强度条件，对于工程中常见的剪切弯曲，截面上不但有正应力，还有切应力，梁的强度条件不但要考虑正应力强度条件，还要考虑切应力强度条件。

**例 7-8** 矩形截面外伸梁的尺寸和载荷如图 7-25a 所示，材料的许用正应力 $[\sigma] = 100\text{MPa}$，试校核该梁的强度。

**解** 作梁的弯矩图，如图 7-25b 所示，可知最大弯矩 $M_{\max} = 30\text{kN}\cdot\text{m}$。

计算矩形截面的抗弯截面系数

$$W_z = \frac{bh^2}{6} = \frac{120 \times 180^2}{6}\text{mm}^3 = 6.48 \times 10^5\,\text{mm}^3$$

梁的最大正应力

$$\sigma_{\max} = \frac{M_{\max}}{W_z} = \frac{30 \times 10^3}{6.48 \times 10^5 \times 10^{-9}}\text{Pa}$$

$$= 46.3 \times 10^6\,\text{Pa} = 46.3\text{MPa}$$

$$\sigma_{\max} < [\sigma] = 100\text{MPa}$$

因此，梁满足正应力强度条件。

图 7-25

**例 7-9** 图 7-26a 所示的简支梁是工字钢，作用有均布载荷 $q = 10\text{kN/m}$，其许用正应力 $[\sigma] = 170\text{MPa}$，试选择工字钢的型号。

**解** 梁的弯矩图如图 7-26b 所示，跨中截面处有最大弯矩

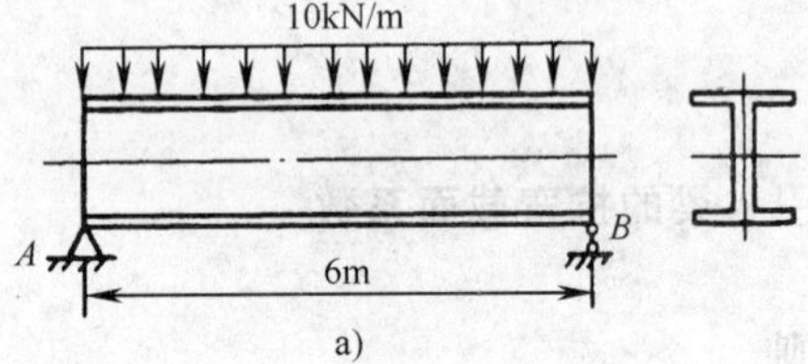


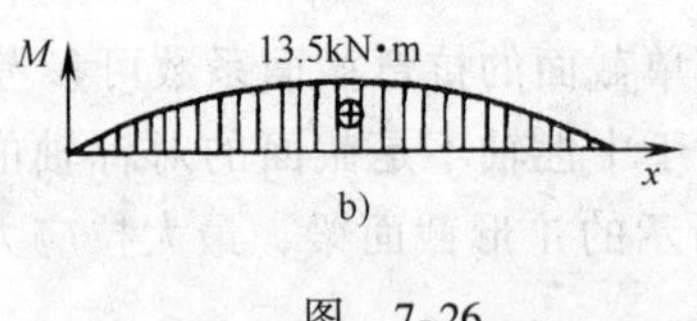


图 7-26

$$M_{\max} = \frac{1}{8}ql^2 = \frac{1}{8} \times 10 \times 6^2\,\text{kN}\cdot\text{m} = 45\text{kN}\cdot\text{m}$$

由弯曲正应力强度条件

$$\sigma_{\max} = \frac{M_{\max}}{W_z} \leqslant [\sigma]$$

得 $$W_z \geqslant \frac{M_{\max}}{[\sigma]} = \frac{45 \times 10^3}{170 \times 10^6}\text{m}^3 = 2.647 \times 10^{-4}\,\text{m}^3 = 264.7\text{cm}^3$$

查工字钢表，22a 工字钢的 $W_z = 309\text{cm}^3$，略大于所需的 $W_z$，故选用 22a 工字钢。

**例 7-10** T 形截面外伸梁，载荷及尺寸如图 7-27a 所示，已知截面的中性轴为 $z$ 轴，

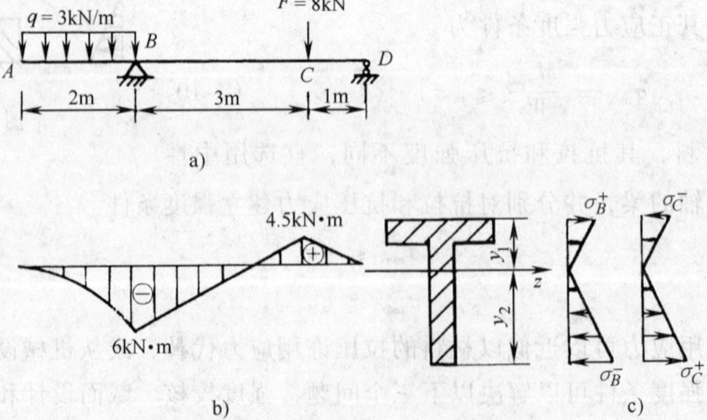


图 7-27

$z$ 轴到上边缘的距离 $y_1 = 52\text{mm}$，到下边缘的距离 $y_2 = 88\text{mm}$，截面对 $z$ 轴的惯性矩为 $I_z = 763\text{cm}^4$。梁的许用拉应力 $[\sigma_+] = 40\text{MPa}$,许用压应力$[\sigma_-] = 100\text{MPa}$。试校核该梁的正应力强度条件。

**解** (1) 计算梁的支座反力

$$\sum_{i=1}^{n} M_B(\boldsymbol{F}_i) = 0 \qquad F_{RD} \times BD - F \times BC + \frac{1}{2} q \times AB^2 = 0$$

即
$$4F_{RD} - 8 \times 3 + \frac{1}{2} \times 3 \times 2^2 = 0$$

解得
$$F_{RD} = 4.5\text{kN}$$

$$\sum_{i=1}^{n} Y_i = 0 \qquad F_{RD} + F_{RB} - q \times AB - F = 0$$

即
$$F_{RB} + 4.5\text{kN} - 3 \times 2\text{kN} - 8\text{kN} = 0$$

解得
$$F_{RB} = 9.5\text{kN}$$

(2) 作梁的弯矩图

$B$、$C$ 截面的弯矩值为

$$M_B = -\frac{1}{2} \times 3 \times 2^2 \text{kN} \cdot \text{m} = -6\text{kN} \cdot \text{m}$$

$$M_C = F_{RD} \times CD = 4.5 \times 1\text{kN} \cdot \text{m} = 4.5\text{kN} \cdot \text{m}$$

如图 7-27b 所示，$B$ 截面处产生最大负弯矩，$C$ 截面处产生最大正弯矩。$B$ 截面处下侧纤维受压，上侧纤维受拉；$C$ 截面处下侧纤维受拉，上侧纤维受压，如图 7-27c 所示。$B$、$C$ 截面都应进行强度校核。

(3) 计算 $B$ 截面的最大拉、压正应力

$$\sigma_B^+ = \frac{M_B y_1}{I_z} = \frac{6 \times 10^3 \times 52 \times 10^{-3}}{763 \times 10^{-8}} \text{Pa} = 40.9\text{MPa}$$

$$\sigma_B^- = \frac{M_B y_2}{I_z} = \frac{6 \times 10^3 \times 88 \times 10^{-3}}{763 \times 10^{-8}} \text{Pa} = 69.2\text{MPa}$$

(4) 计算 $C$ 截面的最大拉、压正应力

$$\sigma_C^+ = \frac{M_C y_2}{I_z} = \frac{4.5 \times 10^3 \times 88 \times 10^{-3}}{763 \times 10^{-8}} \text{Pa} = 51.9\text{MPa}$$

$$\sigma_C^- = \frac{M_C y_1}{I_z} = \frac{4.5 \times 10^3 \times 52 \times 10^{-3}}{763 \times 10^{-8}} \text{Pa} = 30.7\text{MPa}$$

因此，最大的拉、压正应力分别为

$$\sigma_{\max}^+ = \sigma_C^+ = 51.9\text{MPa} > [\sigma_+] = 40\text{MPa}$$

$$\sigma_{\max}^- = \sigma_B^- = 69.2\text{MPa} < [\sigma_-] = 100\text{MPa}$$

所以梁不满足弯曲正应力强度条件。

## 第六节　提高梁弯曲强度的几项措施

由前述可知，影响梁弯曲强度的主要因素是弯曲正应力强度条件，而梁的正应力强度条件为

$$\sigma_{\max} = \frac{M_{\max}}{W_z} \leqslant [\sigma]$$

为了提高梁的承载能力，必须降低梁的最大弯矩 $M_{\max}$ 和提高梁的抗弯截面系数 $W_z$。

## 一、选择合理的梁截面

1. 根据抗弯截面系数与截面面积比值 $W_z/A$ 选择截面　抗弯截面系数越大，梁能承受载荷越大；横截面积越小，梁使用的材料越少。同时，考虑梁的安全性与经济性，可知 $W_z/A$ 值越大，梁截面越合理。以下比较具有同样高度 $h$ 的矩形、圆形和工字形（槽形）截面的 $W_z/A$ 值

高为 $h$、宽为 $b$ 的矩形截面

$$\frac{W_z}{A} = \frac{\frac{bh^2}{6}}{bh} = 0.167h$$

直径为 $h$ 的圆形截面

$$\frac{W_z}{A} = \frac{\frac{\pi h^3}{32}}{\frac{1}{4}\pi h^2} = 0.125h$$

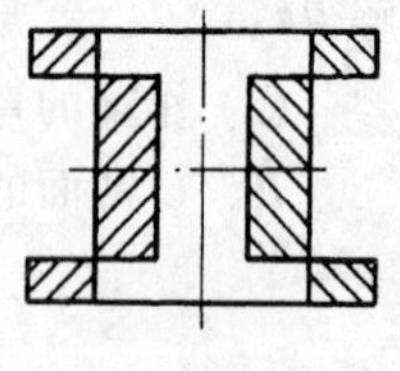

图　7-28

高为 $h$ 的工字形与槽形截面

$$\frac{W_z}{A} = (0.27 \sim 0.31)h$$

可见这三种截面的合理顺序是：①工字形与槽形截面，②矩形截面，③圆形截面。截面形状的合理性，可以从梁截面弯曲正应力的分布规律说明，梁截面的弯曲正应力沿截面高度呈线性变化，截面边缘处的正应力最大，中性轴处的正应力值为零，中性轴附近的材料没有得到充分的应用。如果减少中性轴附近处的材料，而把材料布置到距中性轴较远处（图 7-28），截面形状则较为合理。所以，工程上常采用工字形、圆环形、箱形等截面形式，如图 7-29 所示。

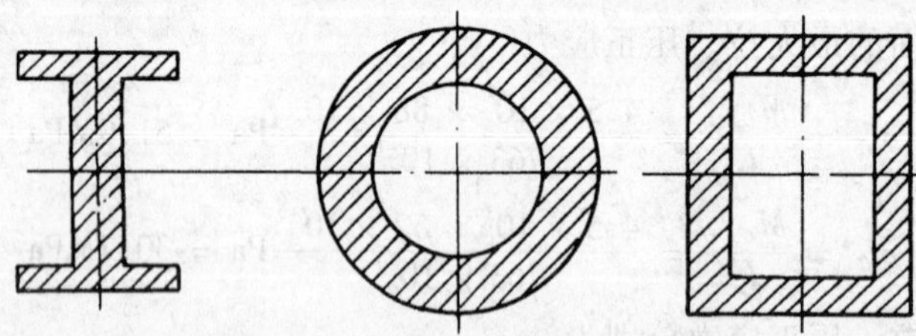

图　7-29

2. 根据材料的抗压性能选择截面　对于塑性材料，其抗拉强度和抗压强度相等，宜采用中性轴为截面对称轴的截面，使最大拉应力与最大压应力相等，如矩形、工字形、圆形和圆环形等截面形式（图 7-29）。对于脆性材料，其抗压强度大于抗拉强度，宜采用中性轴不是对称轴的截面，如 T 形截面（图 7-30），使中性轴靠近受拉端，使得

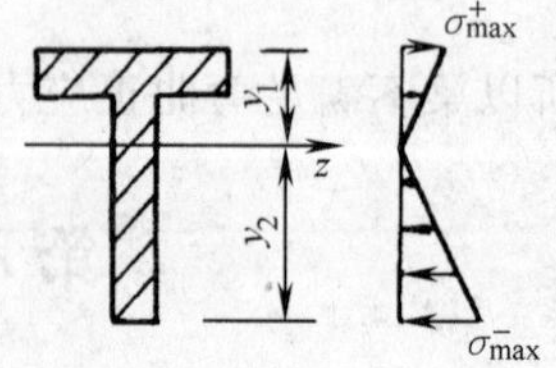


图　7-30

$$\frac{\sigma_{\max}^{+}}{\sigma_{\max}^{-}} = \frac{y_1}{y_2} = \frac{[\sigma_{+}]}{[\sigma_{-}]}$$

**二、合理安排载荷，降低梁的最大弯矩**

1. 减小梁的跨度　均布载荷作用在简支梁上时，最大弯矩与跨度的平方成正比。如果能减小梁的跨度，将会降低梁的最大弯矩。

图 7-31a 所示为受均布载荷作用的简支梁，最大弯矩为 $0.125ql^2$，若两支座同时向内移动 $0.2l$，则最大弯矩值为 $0.025ql^2$，仅为前者的 1/5，将会大大减小梁的截面尺寸。

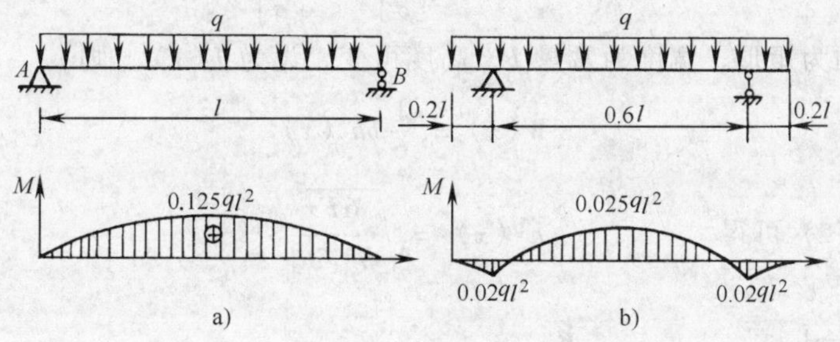


图 7-31

如在简支梁上增加支座（图 7-32），则跨度变为 $0.5l$，而最大弯矩仅为 $0.03125ql^2$，只是原来的 1/4。

2. 分散布置载荷　使梁上载荷分散布置，可以降低最大弯矩。图 7-33a 所示的简支梁，跨中作用有集中力 $\boldsymbol{F}$，最大弯矩为 $0.25Fl$，若增加一辅助梁 $CD$，如图 7-33b 所示，最大弯矩为 $0.125Fl$，最大弯矩减小一半。

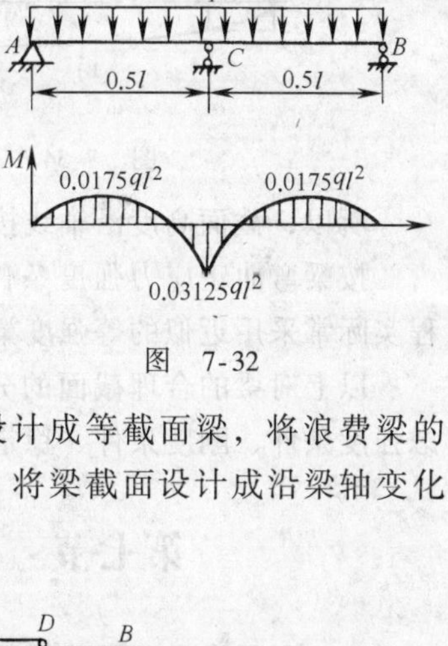

可见合理安排约束和加载方式可以减小梁内的最大弯矩。

图 7-32

**三、采用变截面梁**

按弯曲强度条件设计梁截面，是按最危险截面的弯矩设计的，其他截面的弯矩值小于危险截面的弯矩，如果设计成等截面梁，将浪费梁的材料。因此，在工程实际中，根据弯矩沿梁轴变化的情况，将梁截面设计成沿梁轴变化的。截面沿梁轴变化的梁称为变截面梁。

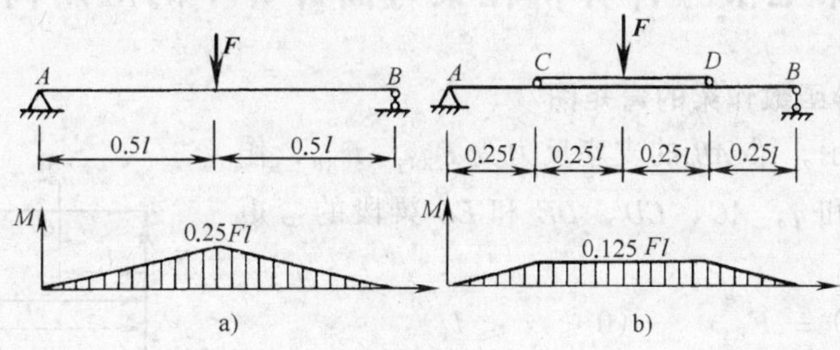


图 7-33

理想的变截面梁是使所有横截面上的最大弯曲正应力均相同，并且等于许用应力

即
$$\sigma_{\max} = \frac{M(x)}{W(x)} = [\sigma]$$

这样的梁称**等强度梁**。

如图 7-34a 所示，悬臂梁自由端作用有集中力 $\boldsymbol{F}$，下面讨论该梁的等强度梁截面形式。悬臂梁的弯矩函数为

$$M(x)=\boldsymbol{F}x$$

由

$$\frac{M(x)}{W(x)}=[\sigma]$$

可得

$$W(x)=\frac{M(x)}{[\sigma]}=\frac{\boldsymbol{F}x}{[\sigma]} \tag{1}$$

如果梁截面为矩形，宽度为常量 $b$，高度可变，设为 $h(x)$，则

$$W(x)=\frac{1}{6}bh^2(x) \tag{2}$$

由式（1）、式（2）可得

$$h(x)=\sqrt{\frac{6\boldsymbol{F}x}{b[\sigma]}}$$

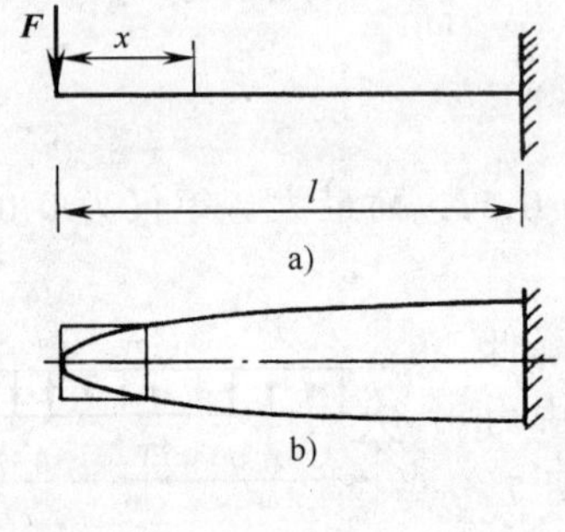


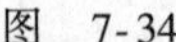


图 7-34

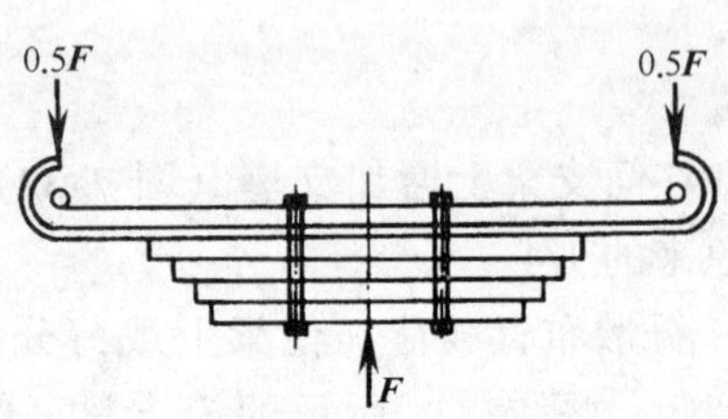


图 7-35

所以，截面高度沿轴线按抛物线规律变化，如图 7-34b 所示。

按梁弯曲正应力强度条件设计梁截面，等强度梁是理想状态，考虑到生产工艺，工程实际常采用近似的等强度梁，如图 7-35 所示的汽车板簧。

以上对梁的合理截面的分析，是从强度方面来考虑的，工程中对梁的设计应综合考虑强度条件、刚度条件、稳定性条件、生产工艺和制造等多种因素。

## *第七节　计算机在梁弯曲计算中的应用简介

### 一、利用奇异函数作梁的弯矩图

如图 7-36 所示，梁 $AB$ 的支座反力为 $\boldsymbol{F}_{RA}$、$\boldsymbol{F}_{RB}$，作用有外力 $M$、$\boldsymbol{F}$ 和 $q$，$AC$、$CD$、$DE$ 和 $EB$ 梁段的弯矩方程分别为

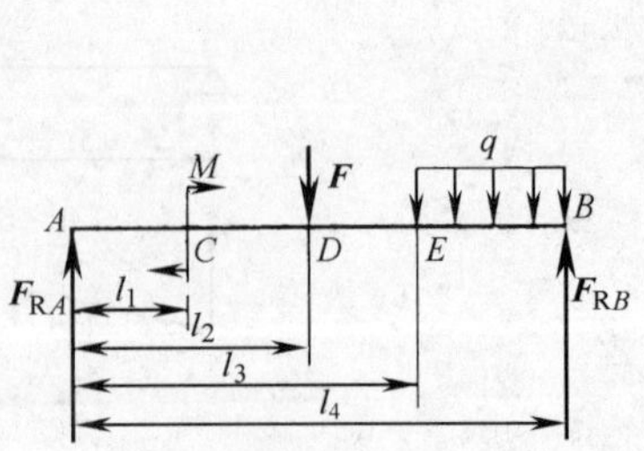

图 7-36

$$M_1(x)=\boldsymbol{F}_{RA}x \qquad (0\leqslant x\leqslant l_1)$$

$$M_2(x)=\boldsymbol{F}_{RA}x+M \qquad (l_1\leqslant x\leqslant l_2)$$

$$M_3(x)=\boldsymbol{F}_{RA}x+M-\boldsymbol{F}(x-l_2) \qquad (l_2\leqslant x\leqslant l_3)$$

$$M_4(x)=\boldsymbol{F}_{RA}x+M-\boldsymbol{F}(x-l_2)-\frac{q}{2}(x-l_3)^2 \qquad (l_3\leqslant x\leqslant l_4)$$

引入函数 $$f_n(x) = (x - l_i)^n = \begin{cases} 0, 当\ x \leqslant l_i\ 时 \\ (x - l_i)^n, 当\ x > l_i\ 时 \end{cases}$$

式中 $n \geqslant 0$，该函数称**奇异函数**。

梁 $AB$ 的弯矩方程可表达为

$$M(x) = F_{RA}x + M(x - l_1)^0 - F(x - l_2)^1 - \frac{q}{2}(x - l_3)^2 \quad (7\text{-}12)$$

式（7-12）是计算梁弯矩的通用方程，其形式十分规范，适合于计算机应用。

工程中常见的载荷为集中力、集中力偶与均布载荷，考虑以上三种载荷组合作用的梁，可编写程序利用计算机计算梁各截面的弯矩。要求输入以下信息：梁的支座类型，各载荷的种类、大小、作用位置及作用范围。程序计算出梁的支座反力，根据式（7-12）计算出梁各截面的弯矩值。如作出该函数的图像，则可得梁的弯矩图。

**二、计算较复杂组合截面的惯性矩**

利用式（7-8）计算弯曲正应力时，梁截面是简单图形时惯性矩 $I_z$ 较易计算，但当梁截面是较复杂的组合截面时，截面的惯性矩则难以计算。通过编写程序，可利用计算机计算较复杂截面的惯性矩。

首先要确定中性轴的位置，因为中性轴通过截面形心，只要确定截面形心位置就可知中性轴位置。只考虑由矩形、圆形与三角形三种简单图形组合而成的截面形状，这三种简单图形的形心坐标、面积都容易计算。在计算机计算前，先把截面划分成以上三种简单图形的组合。如图 7-37 所示，截面形状可划分为三角形 1、3，矩形 2，圆形 4（减），确定每个简单图形的形心坐标（$x_i$，$y_i$）和面积 $A_i$，由下式计算图形的形心坐标

$$x_C = \frac{\sum_{i=1}^{n} x_i A_i}{\sum_{i=1}^{n} A_i} \qquad y_C = \frac{\sum_{i=1}^{n} y_i A_i}{\sum_{i=1}^{n} A_i}$$

宽为 $b$、高为 $h$ 的矩形（图 7-38a），对其形心轴 $z$ 的惯性矩为 $I_z = \frac{bh^3}{12}$；直径为 $D$ 的圆形（图 7-38b），对其形心轴 $z$ 的惯性矩为 $I_z = \frac{\pi D^4}{64}$；底为 $b$、高为 $h$ 的三角形（图 7-38c）对其形心轴 $z$ 的惯性矩为 $I_z = \frac{bh^3}{36}$。若已确定整个截面的形心位置，利用惯性矩的平行移轴公式，可计算每一个简单图形对中性轴的惯性矩，求和则得整个图形对中性轴的惯性矩。

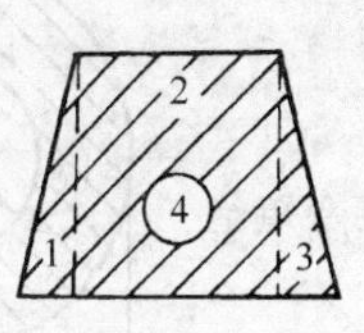


图 7-37

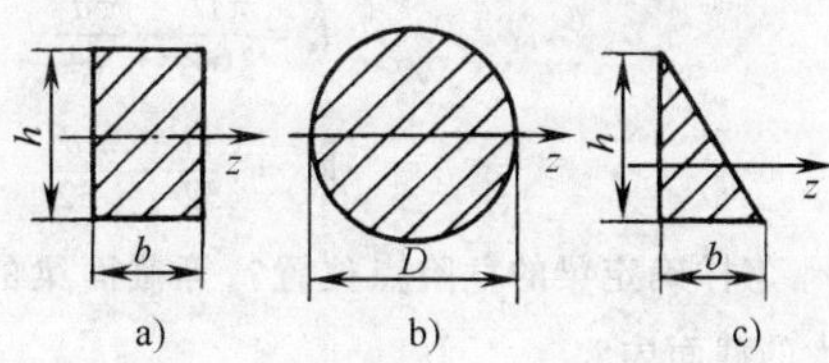


图 7-38

如果截面由 $n$ 个矩形、$m$ 个圆形及 $k$ 个三角形组成，那么截面对中性轴的惯性矩为

$$I = \sum_{i=1}^{n}\left[\frac{b_i h_i^3}{12} + (y_C - y_i)^2 b_i h_i\right] + \sum_{i=1}^{m}\left[\frac{\pi D_i^4}{64} + (y_C - y_i)^2 \frac{\pi D_i^2}{4}\right] + \sum_{i=1}^{k}\left[\frac{b_i h_i^3}{36} + (y_C - y_i)^2 \frac{b_i h_i}{2}\right] \tag{7-13}$$

只需输入组成截面的各简单图形的类型（矩形，圆形，三角形）、形心坐标、面积，计算机则可利用式（7-13）计算截面的惯性矩，从而计算截面的弯曲正应力。

## 习　题

7-1　什么是纯弯曲？什么是平面弯曲？其受力与变形有何特点？

7-2　剪力和弯矩的正负号如何确定？梁在集中力、集中力偶及均布载荷作用下的剪力图和弯矩图有何特点？

7-3　什么是剪力、弯矩和载荷集度的微分关系？如何利用微分关系作梁的剪力图和弯矩图？

7-4　如何确定弯矩的极值？弯矩的极值是否一定是梁的最大弯矩值？

7-5　指出图7-39所示各弯矩图的错误，并画出正确的弯矩图。

7-6　什么是抗弯截面系数？什么是抗弯刚度？

7-7　对外径为$D$、内径为$d$的圆环截面（图7-40），以下的计算是否正确？为什么？

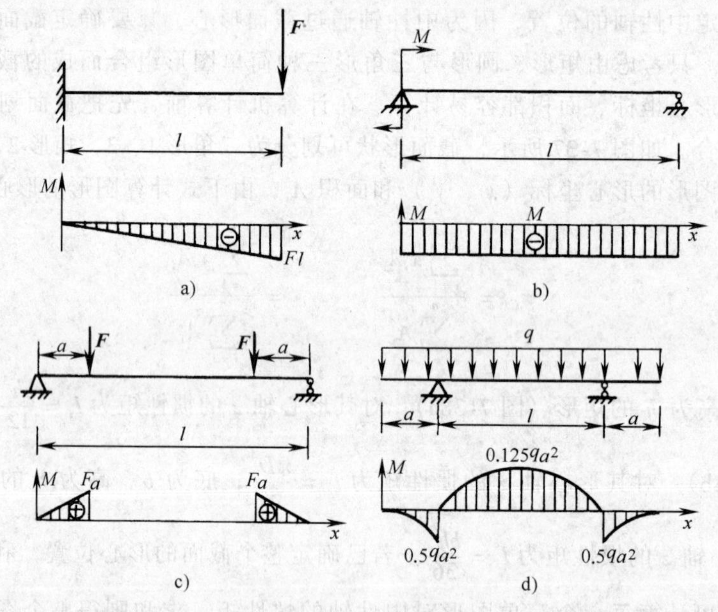


图　7-39

$$I_z = \frac{\pi D^4}{64} - \frac{\pi d^4}{64}$$

$$W_z = \frac{\pi D^3}{32} - \frac{\pi d^3}{32}$$

7-8　怎样确定梁的危险点位置？等截面梁的危险点是否一定在梁弯矩绝对值最大的截面内？

7-9　矩形截面梁如图7-41所示，若$h>b$，截面放置哪一个较为合理？

7-10　计算图7-42所示各梁1、2、3、4截面上的剪力和弯矩。

7-11　建立图7-43所示各梁的剪力方程和弯矩方程，并画剪力图和弯矩图。

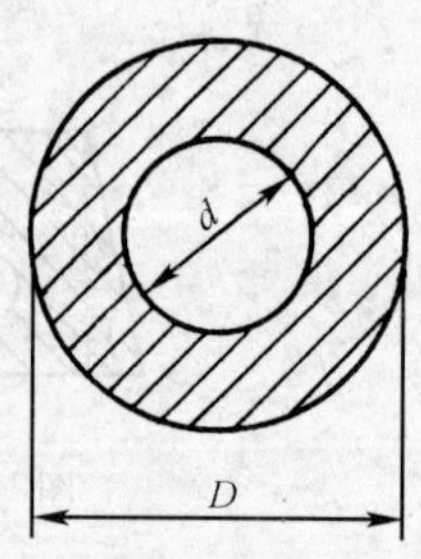


图　7-40

7-12 利用剪力、弯矩与载荷集度的微分关系作图 7-44 所示各梁的剪力图和弯矩图。

7-13 简支梁的尺寸如图 7-45 所示，作用有载荷集度为 20kN/m 的均布载荷，梁截面是宽为 100mm、高为 120mm 的矩形，求：

1）1-1 截面的 $a$、$b$、$c$ 点的正应力；

2）梁的最大正应力。

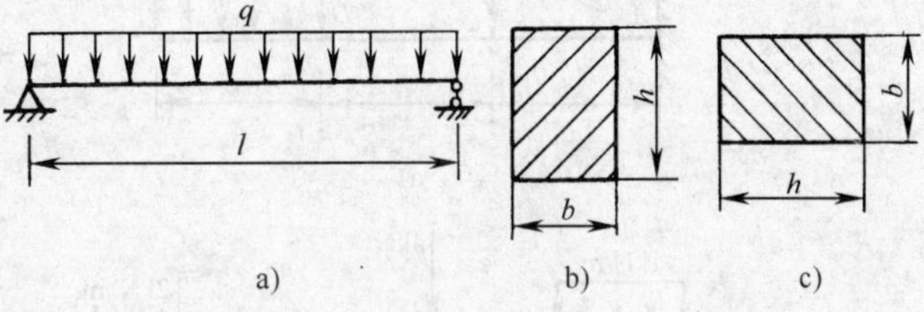


图 7-41

7-14 如图 7-46 所示，外伸梁截面为圆环，外径为 100mm，内径为 60mm，求 $B$ 截面处 $a$、$b$ 点的正应力。

7-15 如图 7-47 所示，吊车梁跨度为 8m，选用 32b 工字钢，单位长度自重为 566N/m，起重量为 32kN，工字钢的许用应力 $[\sigma]=120\text{MPa}$，试校核该梁的强度。

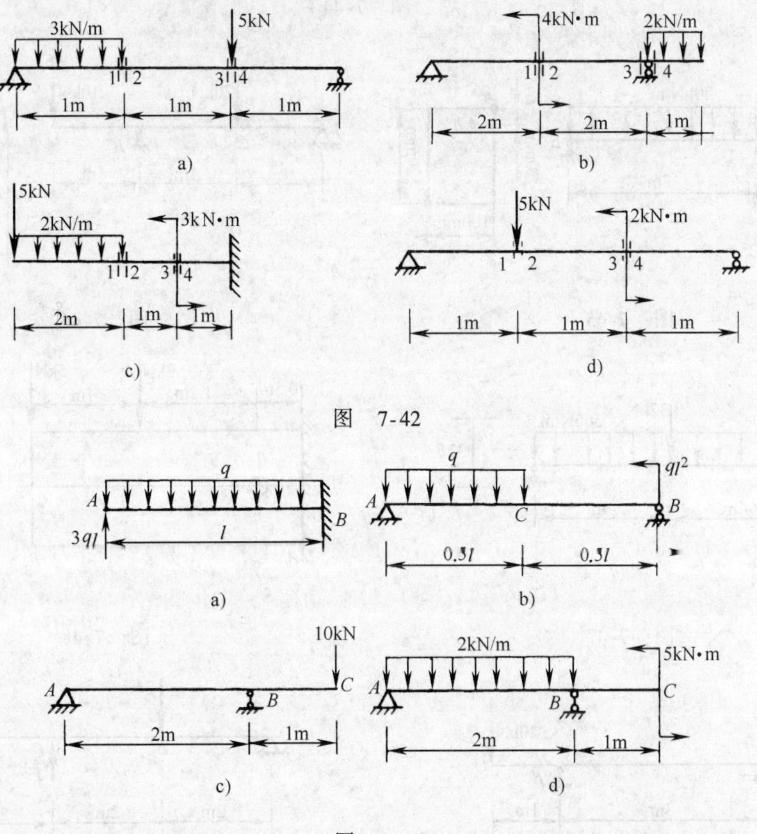


图 7-43

7-16 如图 7-48 所示梁，许用应力 $[\sigma]=100\text{MPa}$。

1）根据弯曲正应力强度条件确定截面的尺寸 $b$；

2）若在截面 $C$ 处钻一直径为 $d=60\text{mm}$ 的圆孔，问是否安全？

7-17 如图 7-49 所示，外伸梁截面 $C$ 处作用有集中力 20kN，梁采用工字钢，材料的许用应力 $[\sigma]=160\text{MPa}$，试选择工字钢的型号。

7-18 如图 7-50 所示，简支梁采用 22a 工字钢，材料许用应力 $[\sigma]=160\text{MPa}$，试按正应力强度条件确定许可载荷 $\boldsymbol{F}$。

7-19 T 形铸铁梁的载荷、截面尺寸如图 7-51 所示，材料的许用拉应力 $[\sigma_+]=40\text{MPa}$，许用压应力 $[\sigma_-]=100\text{MPa}$，截面惯性矩 $I_z=6.0125\times10^7\text{mm}^4$。试校核该梁的正应力强度。

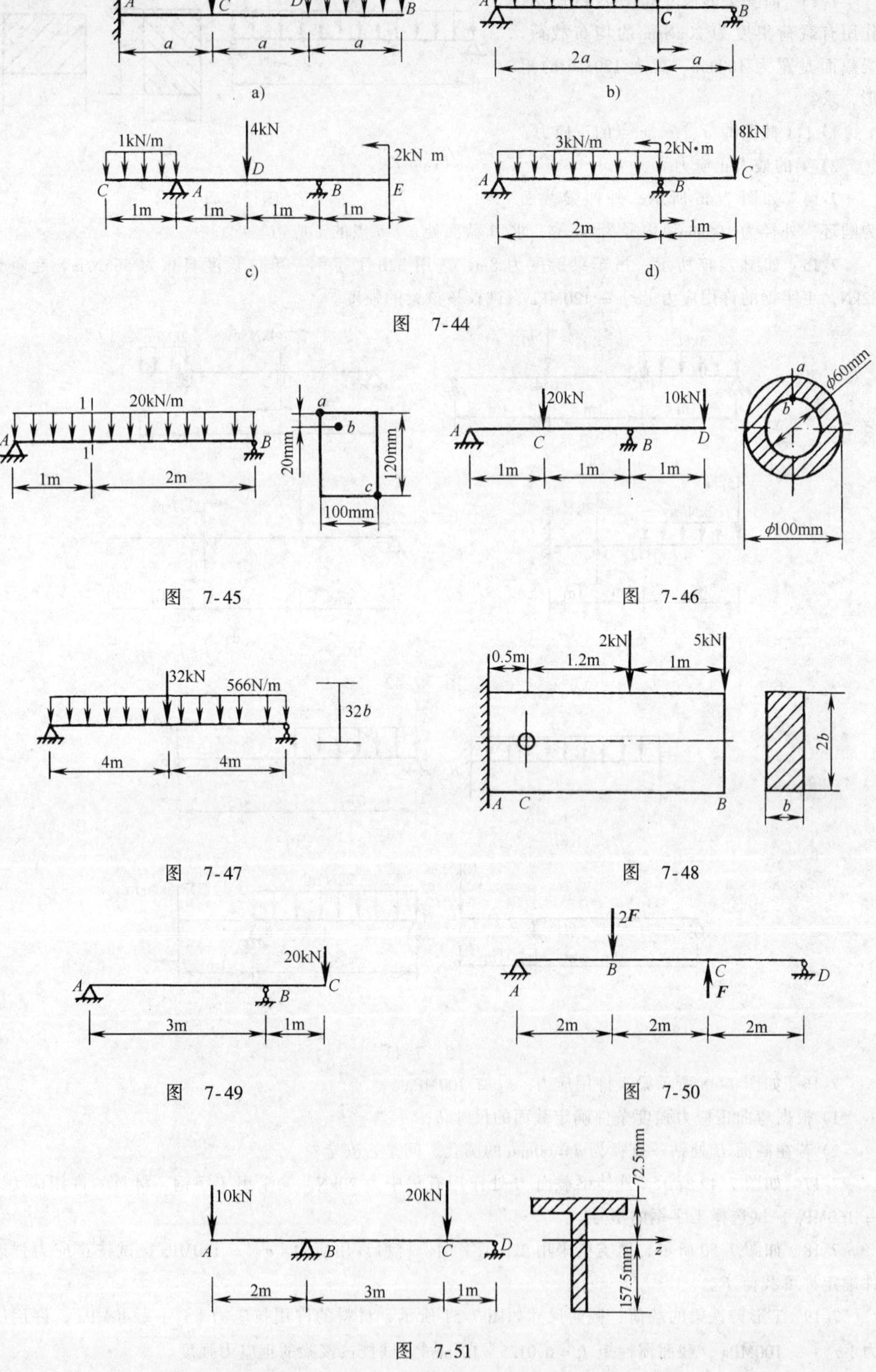


图 7-44

图 7-45

图 7-46

图 7-47

图 7-48

图 7-49

图 7-50

图 7-51

# 第八章　梁的变形

## 第一节　工程中的弯曲变形问题

梁在外载荷作用下将产生变形，梁不但要满足强度条件，还要满足刚度条件，即要求梁在工作时的变形不能超过一定范围，否则就会影响梁的正常工作。例如，火车轮轴变形过大时，将引起很大的振动。传动轴变形过大时，不仅影响齿轮的啮合，还使轴颈和轴承产生不均匀的磨损，降低轴的使用寿命。本章讨论梁的变形，就是为了解决梁的刚度问题。

### 一、挠曲轴线

如图 8-1 所示，悬臂梁在纵向对称面内的外力 $\boldsymbol{F}$ 的作用下将发生平面弯曲，变形后梁的轴线将变为一条光滑的平面曲线，称梁的**挠曲轴线**，也称**弹性曲线、挠曲线**。建立如图 8-1 所示的坐标系，以变形前的轴线为 $x$ 轴，在纵向对称面内与 $x$ 轴相互垂直的轴为 $y$ 轴，则梁的挠曲轴线可用以下方程表示

$$y = f(x)$$

称为梁的挠曲轴线方程。

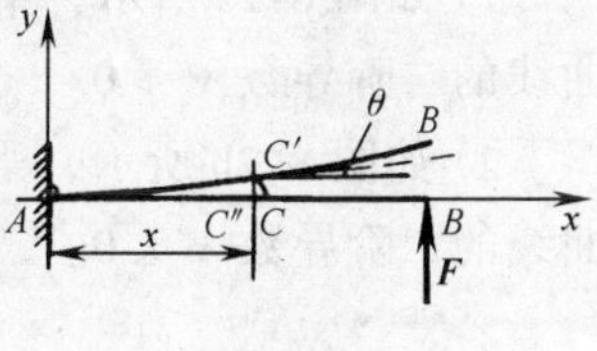

图　8-1

### 二、挠度和转角

如图 8-1 所示，梁上任一截面 $C$，变形后其形心在 $C'$ 处，$C$ 截面的形心产生线位移 $CC'$。$CC'$ 既有水平分量，也有垂直分量，而水平分量很小，故只讨论垂直分量 $C'C''$。截面形心线位移的垂直分量称该截面的**挠度**，用 $y$ 表示，$y_{\max}$ 表示全梁的最大挠度。

$C$ 截面不但产生线位移，还产生了角位移。横截面绕中性轴转动产生了角位移，此角位移称**转角**，用 $\theta$ 表示。过 $C'$ 点作挠曲轴线的切线，则切线的倾角 $\theta$ 等于 $C$ 截面的角位移。小变形时，转角 $\theta$ 很小，则有以下关系

$$\theta \approx \tan\theta = y' = \frac{\mathrm{d}y}{\mathrm{d}x} \tag{8-1}$$

挠度和转角的正负号作如下规定：挠度与 $y$ 轴正方向同向为正，反之为负；截面转角以逆时针方向转动为正，反之为负。

由式（8-1）可知，只要知道梁的挠曲轴线方程 $y=f(x)$，就可求出挠度和转角。

## 第二节　梁变形的基本方程

### 一、挠曲轴线近似微分方程

在推导梁弯曲正应力公式时得到梁任一截面的曲率应满足以下关系

$$\frac{1}{\rho(x)} = \frac{M(x)}{EI} \tag{1}$$

由高等数学可知曲线 $y = f(x)$ 的曲率满足下式

$$\frac{1}{\rho(x)} = \pm \frac{y''}{(1 + y'^2)^{\frac{3}{2}}} \tag{2}$$

将式（2）代入式（1），得

$$\frac{y''}{(1 + y'^2)^{\frac{3}{2}}} = \pm \frac{M(x)}{EI} \tag{3}$$

式（3）称梁的挠曲轴线微分方程。考虑到小变形时，$y'$ 是一阶小量，则 $y'^2$ 是比 1 小得多的二阶小量，忽略不计 $y'^2$，式（3）变为

$$y'' = \pm \frac{M(x)}{EI} \tag{8-2}$$

式（8-2）称梁的**挠曲轴线近似微分方程**。实践表明，由式（8-2）求得的挠度和转角，对于工程应用已足够精确。

方程（8-2）的正负号与弯矩 $M(x)$ 的正负号的规定以及挠度的正方向规定有关，本章规定挠度向上为正。弯矩 $M$ 与曲线的二阶导数 $y''$ 的正负号关系为：

1）如图 8-2a 所示，梁的挠曲轴线是一下凸曲线，梁的下侧纤维受拉，弯矩 $M>0$，曲线的二阶导数 $y''>0$。

2）如图 8-2b 所示，梁的挠曲轴线是一上凸曲线，梁的上侧纤维受拉，弯矩 $M<0$，曲线的二阶导数 $y''<0$。

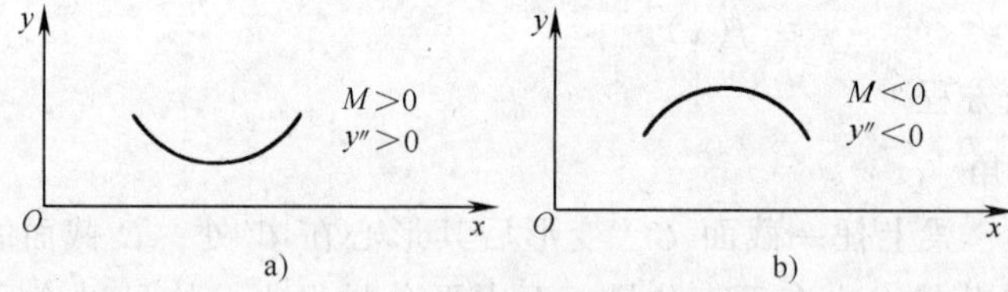


图 8-2

由此可知，这两种情况下弯矩与曲线的二阶导数均同号，式（8-2）应取正号，即

$$y'' = \frac{M(x)}{EI} \tag{8-3}$$

推导式（1）时使用了胡克定律，而导出式（8-2）时考虑了梁的小变形条件，所以梁的挠曲轴线近似微分方程的适用条件是：梁的变形是线弹性的小变形。

**二、积分法求梁的挠度与转角**

对梁的挠曲轴线近似微分方程式（8-3）积分两次，可得梁的转角与挠度

$$\theta = y' = \int \frac{M(x)}{EI} dx + C \tag{8-4}$$

$$y = \iint \frac{M(x)}{EI} dx dx + Cx + D \tag{8-5}$$

式中　$C$、$D$——积分常数。

对弯矩函数 $M(x)$ 有不同解析表达式的梁，需要分段积分。

上述积分常数可以利用边界条件和变形连续条件确定。如图 8-3a 所示的简支梁，铰支座 $A$、$B$ 处的挠度为零，故边界条件为

$$y_A = 0 \qquad y_B = 0$$

如图 8-3b 所示的悬臂梁，固定端 $A$ 处的挠度和转角均为零，则边界条件为

$$\theta_A = 0 \qquad y_A = 0$$

当弯矩方程有不同解析表达式时，各梁段的挠度与转角方程也将不同，但在相邻梁段的交接处，相邻截面应具有相同的挠度与转角，即应满足变形的连续、光滑条件。

由边界条件、变形连续条件可确定积分常数，通过式（8-4）、式（8-5）可计算梁任一截面的转角与挠度，这种方法称为**积分法**。

**例 8-1** 如图 8-4 所示，简支梁跨度为 $l$，受均布载荷 $q$ 作用，梁的抗弯曲刚度 $EI$ 已知，求跨中截面 $C$ 的挠度及截面 $A$ 处的转角。

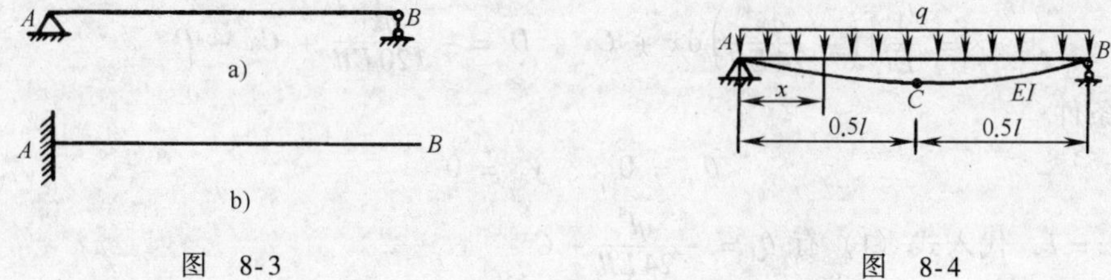


图 8-3

图 8-4

**解** 梁任一截面的弯矩方程为

$$M(x) = \frac{1}{2}qlx - \frac{1}{2}qx^2$$

将上式代入式（8-3）并积分两次，可得转角及挠度

$$\theta = \frac{1}{EI}\left(\frac{1}{4}qlx^2 - \frac{1}{6}qx^3\right) + C \tag{1}$$

$$y = \frac{1}{EI}\left(\frac{1}{12}qlx^3 - \frac{1}{24}qx^4\right) + Cx + D \tag{2}$$

边界条件

$$x = 0 \text{ 时} \quad y = 0; \; x = l \text{ 时} \quad y = 0 \tag{3}$$

将式（3）代入式（2），可求得积分常数

$$C = -\frac{ql^3}{24EI} \qquad D = 0$$

因此，可得转角方程和挠度方程

$$\theta = \frac{1}{EI}\left(\frac{1}{4}qlx^2 - \frac{1}{6}qx^3 - \frac{ql^3}{24}\right) \tag{4}$$

$$y = \frac{1}{EI}\left(\frac{1}{12}qlx^3 - \frac{1}{24}qx^4 - \frac{ql^3}{24}x\right) \tag{5}$$

把 $x=0$ 代入式（4），得截面 $A$ 的转角

$$\theta_A = -\frac{ql^3}{24EI}\text{（顺时针转动）}$$

把 $x=\frac{1}{2}l$ 代入式（5），得跨中截面的挠度

$$y_C = -\frac{5ql^4}{384EI}\ (\downarrow)$$

**例 8-2** 悬臂梁 $AB$ 在三角形分布载荷作用下，跨度为 $l$，抗弯刚度为 $EI$，如图 8-5

所示。试求 $B$ 截面的挠度。

**解** 与 $B$ 截面距离为 $x$ 的任一截面的载荷集度为

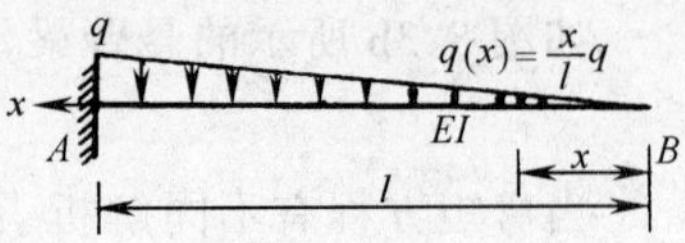

$$q(x)=\frac{x}{l}q$$

图 8-5

$AB$ 梁的弯矩方程为

$$M(x)=-\frac{x^3}{6l}q \quad (0\leqslant x\leqslant l)$$

积分两次得转角和挠度方程

$$\theta=\frac{1}{EI}\int M(x)\mathrm{d}x+C=\frac{1}{EI}\int\left(-\frac{x^3}{6l}q\right)\mathrm{d}x+C=-\frac{qx^4}{24EIl}+C \tag{1}$$

$$y=\frac{1}{EI}\int\left(-\frac{qx^4}{24EIl}\right)\mathrm{d}x+Cx+D=-\frac{qx^5}{120EIl}+Cx+D \tag{2}$$

代入边界条件

$$\theta_A=0 \qquad y_A=0 \tag{3}$$

$A$ 点坐标 $x=l$，代入式（1）有 $\theta_A=-\dfrac{ql^4}{24EIl}+C$

结合式（3）得 $-\dfrac{ql^4}{24EIl}+C=0$

即

$$C=\frac{ql^3}{24EI} \tag{4}$$

当 $x=l$ 时，$y=0$，代入式（2）有

$$-\frac{ql^5}{120EIl}+Cl+D=0$$

结合式（4）得

$$D=-\frac{ql^4}{30EI}$$

求出积分常数 $C$、$D$ 后，可得梁的挠度方程为

$$y=-\frac{qx^5}{120EIl}+\frac{ql^3x}{24EI}-\frac{ql^4}{30EI}$$

令 $x=0$，得 $B$ 截面的挠度

$$y_B=-\frac{ql^4}{30EI}\ (\downarrow)$$

## 第三节　叠加法求梁的弯曲变形

上节讨论的梁的挠曲轴线近似微分方程为

$$y''=\frac{M(x)}{EI}$$

可知小变形时梁弯曲挠度的二阶导数与弯矩成正比，而弯矩是载荷的线性函数，所以梁的挠度与转角是载荷的线性函数，可以使用叠加法计算梁的转角和挠度，即梁在几个载荷同时作用下产生的挠度和转角等于各个载荷单独作用下梁的挠度和转角的叠加和，这就是计算梁弯曲变形的**叠加原理**。

当梁上载荷比较复杂时，采用积分法计算梁弯曲变形将十分繁琐，而使用叠加法则较为可行。

表 8-1 列出了一些简单载荷作用下梁的变形，以便于利用叠加法求梁的弯曲变形时查用。

**表 8-1 梁在简单载荷作用下的变形**（$A$ 为坐标原点，$x$ 轴水平向右）

| 梁的简图 | 挠曲线方程 | 转角和挠度 |
| --- | --- | --- |
| A B F $\theta_B$ $y_B$ $l$ | $y=-\dfrac{Fx^2}{6EI}(3l-x)$ | $\theta_B=-\dfrac{Fl^2}{2EI}$<br>$y_B=-\dfrac{Fl^3}{3EI}$ |
| A B F $a$ $l$ $\theta_B$ $y_B$ | $y=-\dfrac{Fx^2}{6EI}(3a-x)\quad 0\leqslant x\leqslant a$<br>$y=-\dfrac{Fa^2}{6EI}(3x-a)\quad a\leqslant x\leqslant l$ | $\theta_B=-\dfrac{Fa^2}{2EI}$<br>$y_B=-\dfrac{Fa^2}{6EI}(3l-a)$ |
| A B $q$ $\theta_B$ $y_B$ $l$ | $y=-\dfrac{qx^2}{24EI}(x^2-4lx+6l^2)$ | $\theta_B=-\dfrac{ql^3}{6EI}$<br>$y_B=-\dfrac{ql^4}{8EI}$ |
| A B $M$ $\theta_B$ $y_B$ $l$ | $y=-\dfrac{Mx^2}{2EI}$ | $\theta_B=\dfrac{Ml}{EI}$<br>$y_B=-\dfrac{Ml^2}{2EI}$ |
| A B $M$ $a$ $l$ $\theta_B$ $y_B$ | $y=-\dfrac{Mx^2}{2EI}\quad 0\leqslant x\leqslant a$<br>$y=-\dfrac{Ma}{EI}\left(x-\dfrac{a}{2}\right)\quad a\leqslant x\leqslant l$ | $\theta_B=-\dfrac{Ma}{EI}$<br>$y_B=-\dfrac{Ma}{EI}\left(l-\dfrac{a}{2}\right)$ |
| A B C F $y_C$ $0.5l$ $0.5l$ | $y=-\dfrac{Fx}{48EI}(3l^2-4x^2)\quad 0\leqslant x\leqslant\dfrac{l}{2}$ | $\theta_A=-\theta_B=-\dfrac{Fl^2}{16EI}$<br>$y_C=-\dfrac{Fl^3}{48EI}$ |

（续）

| 梁的简图 | 挠曲线方程 | 转角和挠度 |
|---|---|---|
| 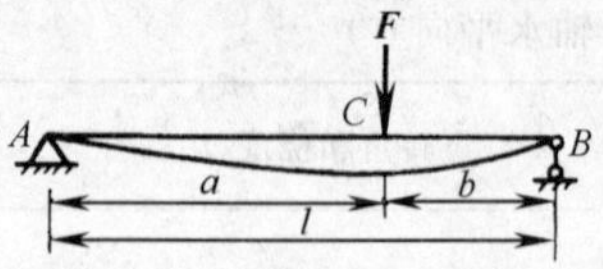 | $y=-\frac{Fbx}{6EIl}(l^2-x^2-b^2)$<br>$0\leqslant x\leqslant a$<br>$y=-\frac{Fb}{6EIl}\left[\frac{l}{b}(x-a)^3+x(l^2-b^2)-x^3\right]$<br>$a\leqslant x\leqslant l$ | $\theta_A=-\frac{Fab(l+b)}{6EIl}$ $\theta_B=\frac{Fab(l+a)}{6EIl}$<br>设 $a>b$ 在 $x=\sqrt{\frac{l^2-b^2}{3}}$ 处<br>$y_{max}=-\frac{Fb(l^2-b^2)^{\frac{3}{2}}}{9\sqrt{3}EIl}$<br>在 $x=l/2$ 处 $y_{0.5l}=-\frac{Fb(3l^2-4b^2)}{48EI}$ |
| 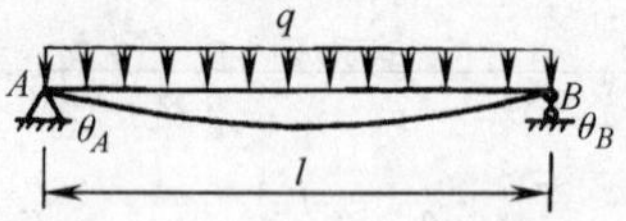 | $y=-\frac{qx}{24EI}(l^3-2lx^2+x^3)$ | $\theta_A=-\theta_B=-\frac{ql^3}{24EI}$<br>$x=\frac{l}{2}$ $y_{max}=-\frac{5ql^4}{384EI}$ |
| 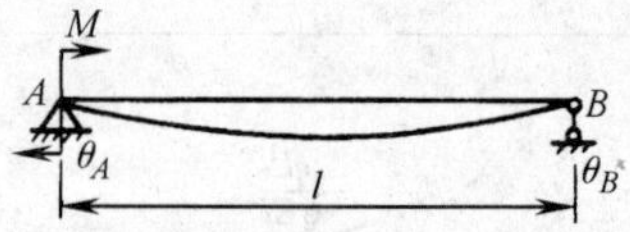 | $y=-\frac{Mx}{6EIl}(l-x)(2l-x)$ | $\theta_A=-\frac{Ml}{3EI}$ $\theta_B=\frac{Ml}{6EI}$<br>$x=\left(1-\frac{1}{\sqrt{3}}\right)l$ $y_{max}=-\frac{Ml^2}{9\sqrt{3}EI}$<br>$x=l/2$ $y_{0.5l}=-\frac{Ml^2}{16EI}$ |
| 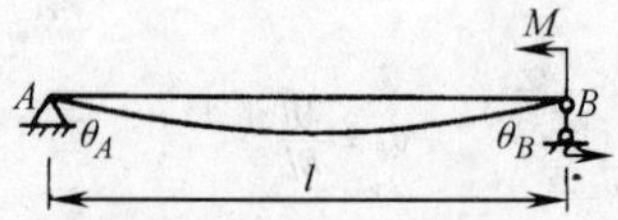 | $y=-\frac{Mx}{6EIl}(l^2-x^2)$ | $\theta_A=-\frac{Ml}{6EI}$ $\theta_B=\frac{Ml}{3EI}$<br>$x=\frac{l}{\sqrt{3}}$ $y_{max}=-\frac{Ml^2}{9\sqrt{3}EI}$<br>$x=l/2$ $y_{0.5l}=-\frac{Ml^2}{16EI}$ |
| 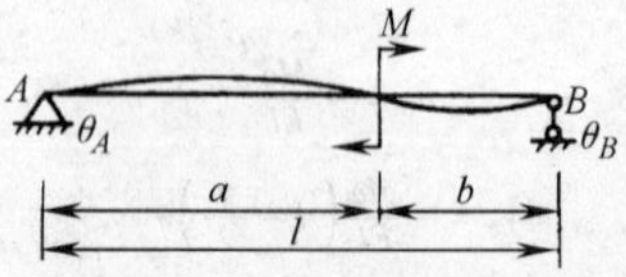 | $y=\frac{Mx}{6EIl}(l^2-x^2-3b^2)$ $0\leqslant x\leqslant a$<br>$y=\frac{M}{6EIl}[-x^3+3l(x-a)^2+(l^2-3b^2)x]$<br>$a\leqslant x\leqslant l$ | $\theta_A=\frac{M}{6EIl}(l^2-3b^2)$<br>$\theta_B=\frac{M}{6EIl}(l^2-3a^2)$ |

**例 8-3** 悬臂梁 $AB$ 上作用有均布载荷 $q$，自由端作用有集中力 $F=ql$，梁的跨度为 $l$，抗弯刚度为 $EI$，如图 8-6a 所示。试求截面 $B$ 的挠度和转角。

**解** 梁上载荷可分解成均布载荷 $q$（图 8-6b）与集中力 $F$（图 8-6c）的叠加，截面 $B$ 的挠度和转角应是以上两种载荷引起的挠度和转角的叠加。查表 8-1，可得这两种情况下截面 $B$ 的挠度和转角

$$y_{Bq} = -\frac{ql^4}{8EI}$$

$$\theta_{Bq} = -\frac{ql^3}{6EI}$$

$$y_{BF} = -\frac{Fl^3}{3EI} = -\frac{ql^4}{3EI}$$

$$\theta_{BF} = -\frac{Fl^2}{2EI} = -\frac{ql^3}{2EI}$$

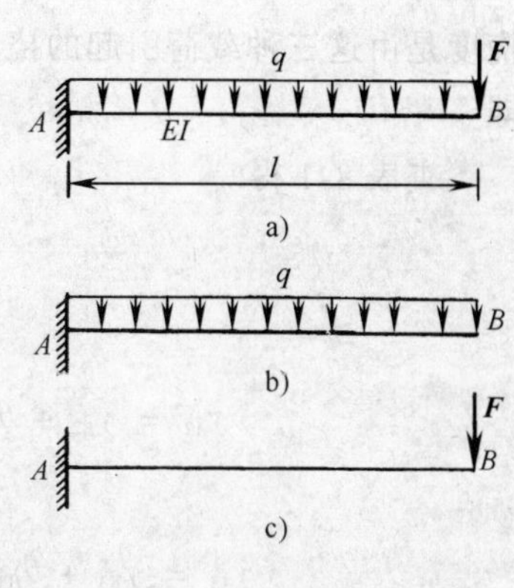


图 8-6

叠加 $y_B = y_{Bq} + y_{BF} = -\frac{ql^4}{8EI} - \frac{ql^4}{3EI} = -\frac{11ql^4}{24EI}$（↓）

$\theta_B = \theta_{Bq} + \theta_{BF} = -\frac{ql^3}{6EI} - \frac{ql^3}{2EI} = -\frac{2ql^3}{3EI}$（顺时针转动）

**例 8-4** 如图 8-7a 所示，外伸梁在外伸段作用有均布载荷 $q$，梁的抗弯刚度为 $EI$。求 $C$ 截面的挠度。

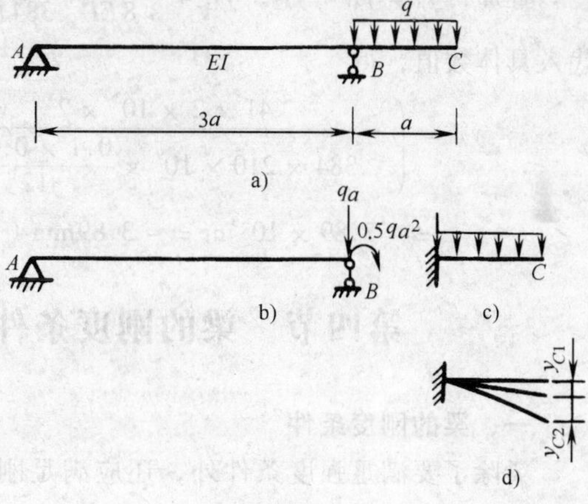


图 8-7

**解** 把外伸段上的均布载荷向 $B$ 截面简化（图 8-7b），得集中力 $qa$，力偶$\frac{1}{2}qa^2$，将使 $B$ 截面产生转角 $\theta_B$，$BC$ 段的实际变形等价于固定端产生转角 $\theta_B$ 的悬臂梁，如图 8-7c 所示。$C$ 截面的挠度由以下两部分构成：悬臂梁由于 $B$ 截面产生转角引起的挠度 $y_{C1}$ 和悬臂梁在均布载荷作用下产生的挠度 $y_{C2}$。

首先，计算 $B$ 截面转角 $\theta_B$，见图 8-7b。查表 8 1 得

$$\theta_B = -\frac{\frac{1}{2}qa^2 \times 3a}{3EI} = -\frac{qa^3}{2EI}$$

$$y_{C1} = a\theta_B = -\frac{qa^4}{2EI}$$

$$y_{C2} = -\frac{qa^4}{8EI}$$

叠加

$$y_C = y_{C1} + y_{C2} = -\frac{qa^4}{2EI} - \frac{qa^4}{8EI} = -\frac{5qa^4}{8EI}（↓）$$

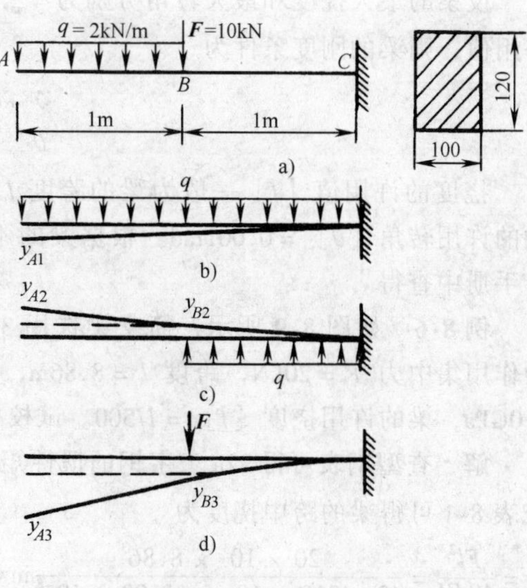


图 8-8

**例 8-5** 悬臂梁跨度为 2m，截面为矩形，宽 $b = 100\text{mm}$，高 $h = 120\text{mm}$，材料的弹性模量 $E = 210\text{GPa}$，梁上载荷如图 8-8 所示，求自由端 $A$ 的挠度。

**解** 梁所受到的载荷可分解成如图 8-8b、c、d 所示三种载荷的叠加，自由端 $A$ 的

挠度是由这三种载荷引起的挠度的叠加

即 $$y_A = y_{A1} + y_{A2} + y_{A3}$$

查表 8-1 得

$$y_{A1} = -\frac{ql^4}{8EI}$$

$$y_{A2} = y_{B2} + \theta_{B2} \times \frac{l}{2} = \frac{q\left(\frac{l}{2}\right)^4}{8EI} + \frac{q\left(\frac{l}{2}\right)^3}{6EI} \times \frac{l}{2} = \frac{7ql^4}{384EI}$$

$$y_{A3} = y_{B3} + \theta_{B3} \times \frac{l}{2} = -\frac{F\left(\frac{l}{2}\right)^3}{3EI} - \frac{F\left(\frac{l}{2}\right)^2}{2EI} \times \frac{l}{2} = -\frac{5Fl^3}{48EI}$$

叠加：$y_A = y_{A1} + y_{A2} + y_{A3} = -\frac{ql^4}{8EI} + \frac{7ql^4}{384EI} - \frac{5Fl^3}{48EI} = -\frac{41ql^4}{384EI} - \frac{5Fl^3}{48EI}$

代入具体数值，得

$$y_A = \left(-\frac{41 \times 2 \times 10^3 \times 2^4}{384 \times 210 \times 10^9 \times \frac{0.1 \times 0.12^3}{12}} - \frac{5 \times 10 \times 10^3 \times 2^3}{48 \times 210 \times 10^9 \times \frac{0.1 \times 0.12^3}{12}}\right)\text{m}$$

$$= -3.89 \times 10^{-3}\text{m} = -3.89\text{mm}\ (\downarrow)$$

## 第四节　梁的刚度条件和提高弯曲刚度的措施

### 一、梁的刚度条件

梁除了要满足强度条件外，还应满足刚度条件，即工作中的梁的挠度和转角不能太大。例如，如果数控车床主轴的变形过大，将影响加工精度；传动轴在支承处的转角过大，将加速轴承的磨损。

设梁的最大挠度和最大转角分别为 $y_{max}$ 和 $\theta_{max}$，而 $[f]$ 和 $[\theta]$ 分别为挠度和转角的许用值，则梁的刚度条件为

$$y_{max} \leqslant [f] \tag{8-6}$$

$$\theta_{max} \leqslant [\theta] \tag{8-7}$$

挠度的许用值 $[f]$ 一般为梁的跨度 $l$ 的 1/200 ~ 1/1000。在安装齿轮或滑动轴承处，轴的许用转角 $[\theta]$ = 0.001rad。根据梁的不同用途，其许用挠度和许用转角可在机械设计手册中查得。

**例 8-6**　如图 8-9 所示，简支梁选用 32a 工字钢，跨中作用集中力 $F$ = 20kN，跨度 $l$ = 8.86m，弹性模量 $E$ = 210GPa，梁的许用挠度 $[f] = l/500$。试校核梁的刚度。

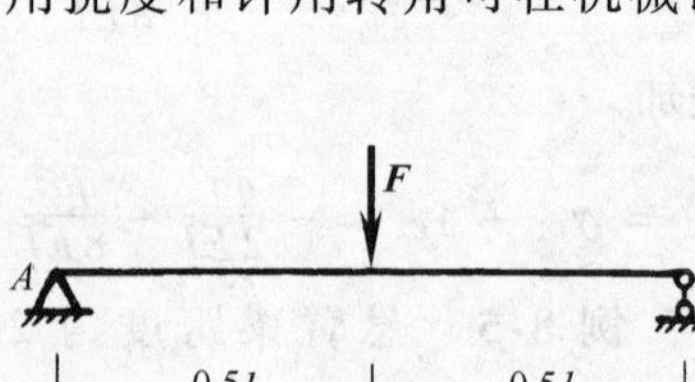

图　8-9

**解**　查型钢表可得 32a 工字钢的惯性矩 $I_z = 11100\text{cm}^4$，查表 8-1 可得梁的跨中挠度为

$$y = \frac{Fl^3}{48EI} = \frac{20 \times 10^3 \times 8.86^3}{48 \times 210 \times 10^9 \times 11100 \times 10^{-8}}\text{m} = 1.24 \times 10^{-2}\text{m}$$

许用挠度 $$[f] = \frac{1}{500}l = \frac{8.86}{500}\text{m} = 1.77 \times 10^{-2}\text{m}$$

因为 $y<[f]$，故该梁满足刚度条件。

**二、提高梁弯曲刚度的措施**

梁的弯曲变形与梁的抗弯刚度 $EI$、梁的跨度 $l$ 以及梁的载荷等因素有关，降低梁的弯曲变形，提高梁的刚度，可以从以下几方面考虑：

1. 提高梁的抗弯刚度 $EI$　梁的挠度与抗弯刚度 $EI$ 成反比，提高梁的抗弯刚度 $EI$，可以降低梁的变形。由于各种钢材的弹性模量较为接近，使用高强度的合金钢代替普通低碳钢并不能明显提高其刚度。要提高梁的抗弯刚度，应在面积不变的情况下增大截面的惯性矩，例如使用工字形、圆环形截面，可提高单位面积的惯性矩。

2. 减小梁的跨度　梁的挠度与梁跨度的数次方成正比，减小梁的跨度将使梁的挠度大为减小。例如图 8-10a 所示，简支梁上作用有均布载荷 $q$，其跨中挠度为 $y=5ql^4/(384EI)$，若在跨中增设一支座（图 8-10b），则最大挠度 $y_{max}$ 仅约为 $y$ 的 1/38。

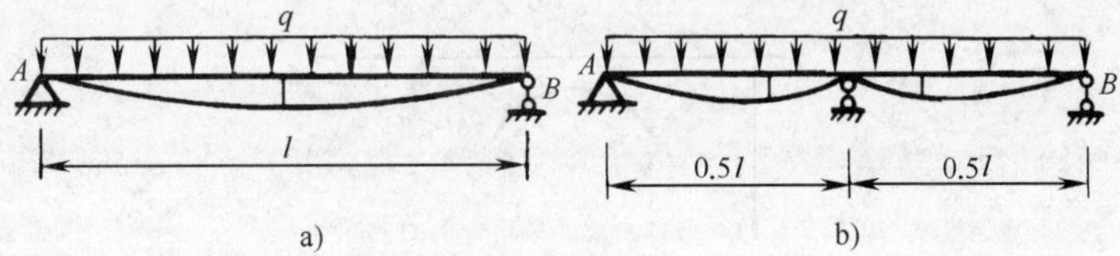


图　8-10

如果把简支梁的支座向内移动 $a$（图 8-11），简支梁变成外伸梁，梁的跨度减小了。因为外伸梁段上的载荷使梁产生向上的挠度，中间梁段的载荷使梁产生向下的挠度，它们之间有一部分相互抵消，因此挠度减小了。

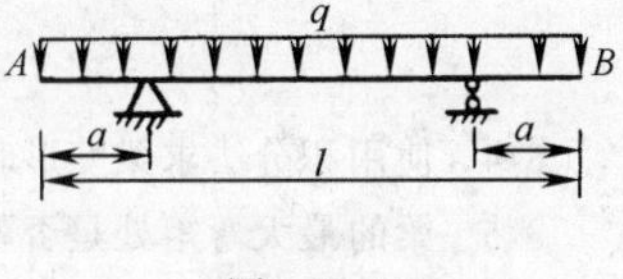


图　8-11

3. 改善梁的载荷作用方式　合理调整载荷的位置及分布方式，可以降低弯矩，从而减小梁的变形。如图 8-12a 所示，作用在跨中的集中力，如果分成一半作用在梁的两侧（图 8-12b），甚至化为均布载荷（图 8-12c），则梁的变形将会减小。

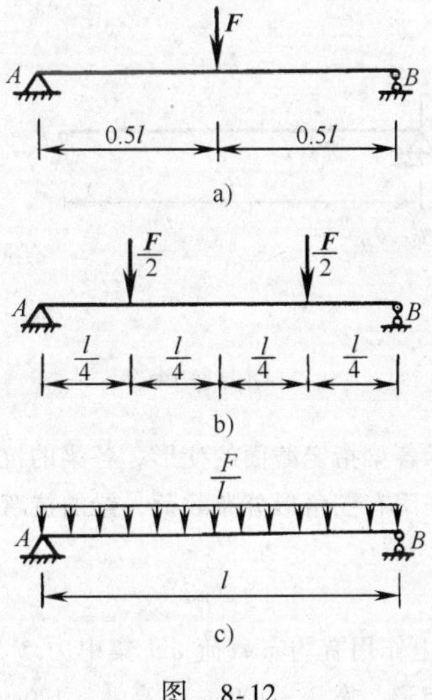


图　8-12

## 习　题

8-1　什么是梁的挠曲轴线？什么是挠度和转角？它们有什么关系？

8-2　什么是挠曲轴线近似微分方程？应用此方程有什么条件？为什么称近似微分方程？

8-3　如果挠度以向下为正，弯矩仍以下侧纤维受拉为正，如图 8-13 所示，则梁的挠曲轴线近似微分方程的正负号如何选取？

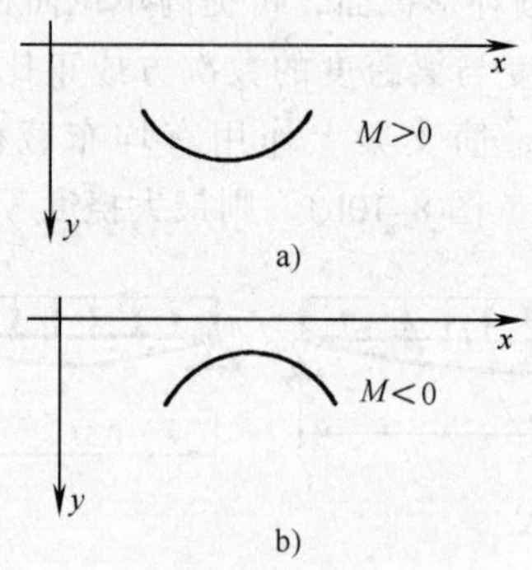


图　8-13

8-4　使用积分法求梁变形时，如何确定积分常数？

8-5　梁的最大弯矩处是否就是最大挠度处？最大挠度处的截面转角是否一定等于零？

8-6　用积分法计算图 8-14 所示各梁指定截面的变形，梁的抗弯刚度 $EI$ 为已知。

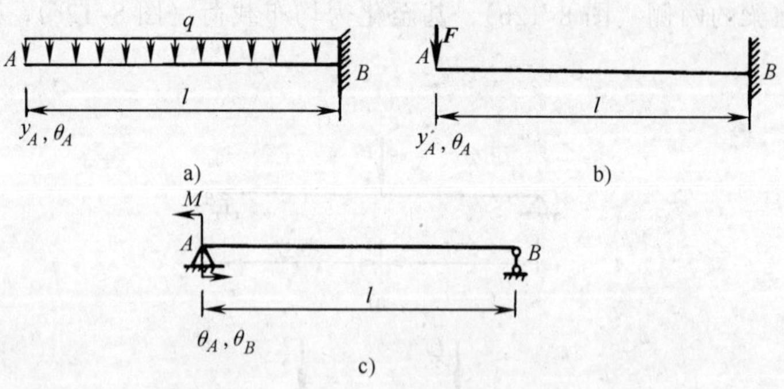


图　8-14

8-7　用叠加法计算图 8-15 所示各梁指定截面的变形，各梁的抗弯刚度 $EI$ 为已知。

8-8　如图 8-16 所示，悬臂梁作用有三角形分布载荷，梁的抗弯刚度为 $EI$，跨度为 $l$，求 $B$ 截面的转角。

8-9　如何提高梁的弯曲刚度？

8-10　如图 8-17 所示，悬臂梁上作用有均布载荷 $q$，集中力 $F$，已知 $q = 40\text{kN/m}$，$F = 10\text{kN}$，材料的弹性模量 $E = 200\text{GPa}$，梁截面为矩形，宽 $b = 100\text{mm}$，高 $h = 120\text{mm}$，梁的跨度 $l = 0.864\text{m}$，梁的许用

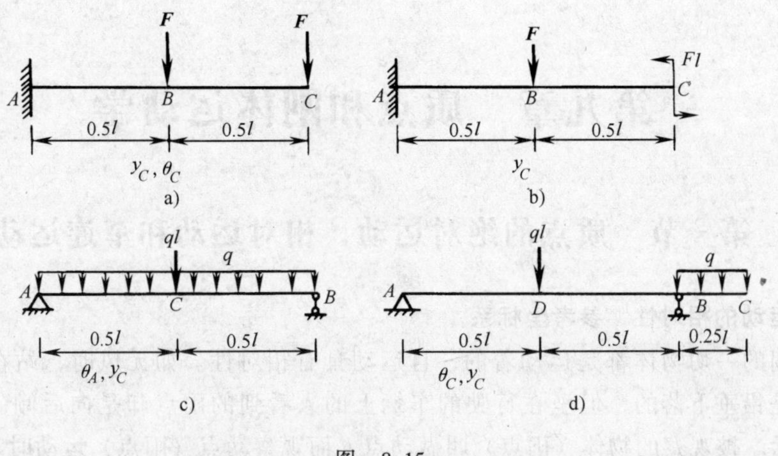


图　8-15

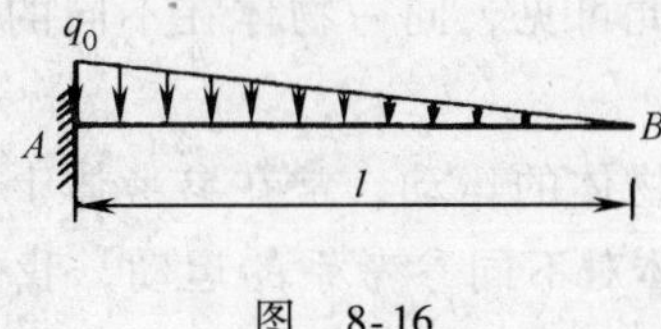


图　8-16

$[f] = l/400$，试校核该梁的刚度。

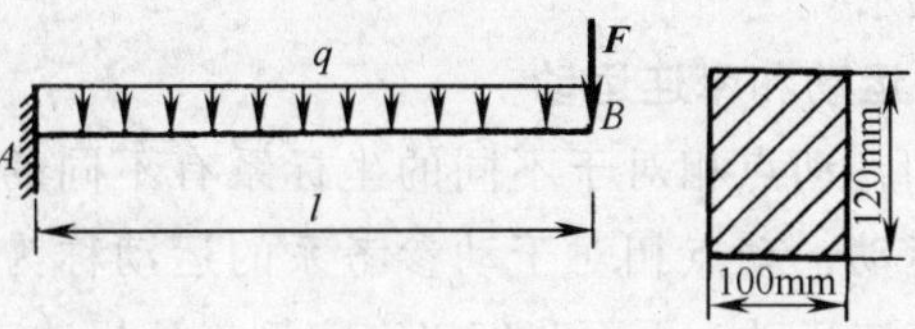


图　8-17

8-11　如图 8-18 所示的吊车梁，集中力 $F = 20\text{kN}$，已知梁的跨度为 8m，弹性模量 $E = 210\text{GPa}$，许用应力 $[\sigma] = 160\text{MPa}$，许用挠度 $[f] = l/500$，若不考虑梁的自重，试选择工字钢的型号。

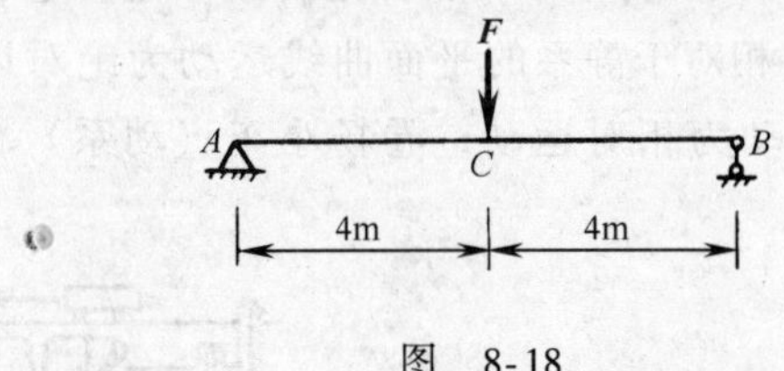


图　8-18

# 第九章　质点和刚体运动学

## 第一节　质点的绝对运动、相对运动和牵连运动

### 一、运动的相对性　参考坐标系

宇宙间的一切物体都是运动着的，且运动具有相对性。如无风时，站在地面上的人看到雨点是铅垂下落的，但坐在行驶的车辆上的人看到的雨点却是向后倾斜下落的，如图 9-1 所示。被观察的物体（雨点）叫做动点，而观察动点（雨点）运动时观察者所处的地面、车辆则叫做**参考体**。由此可见，同一物体在不同的参考体上观察，其运动是不同的，这就是运动的相对性。

为了能用数学的方法描述物体的运动，常在参考体上固定一坐标系，称为**参考坐标系**，简称**参考系**。为了区别物体对不同参考系的运动，我们把固连在地面上的参考系称为**静参考系**，简称**静系**，常用 $Oxy$ 表示。而把相对于地面运动的参考系称为**动参考系**，简称**动系**，常用 $O'x'y'$ 表示。

### 二、绝对运动、相对运动和牵连运动

由运动的相对性可知，动点相对于不同的坐标系有不同的运动。其中动点相对于静参考系的运动称为**绝对运动**；动点相对于动参考系的运动称为**相对运动**；动参考系相对于静参考系的运动称为**牵连运动**。下面我们以一实例来分析这三种运动。

图 9-2 所示是一常见的桥式起重机（亦称天车），当起吊重物时，若桥架在图示位置保持不动，而卷扬小车沿桥架作直线平动，同时将吊钩上的重物铅垂向上提升，则重物 $A$ 在铅垂面内作曲线运动。如果以重物 $A$ 为动点，把动系固连在卷扬小车上，静系固连在桥架（或地面）上，则动点 $A$ 相对于静系的平面曲线运动为绝对运动；动点 $A$ 相对于动系（卷扬小车）的铅垂直线运动为相对运动；卷扬小车（动系）相对于桥架（静系）的水平直线平动为牵连运动。

图　9-1

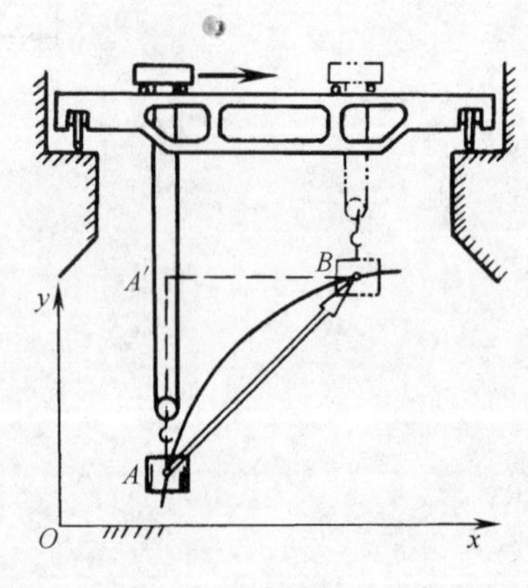


图　9-2

再如图 9-3 所示的凸轮挺杆机构，若以挺杆的端部 $M$ 为动点，凸轮为动系，地面为

静系，则动点 $M$ 沿铅垂方向的直线往复运动为绝对运动；动点 $M$ 沿凸轮轮廓的曲线运动为相对运动；凸轮绕固定轴 $O$ 的定轴转动为牵连运动。

从以上几个例子可以看出，绝对运动是相对运动和牵连运动的合成运动。或者反过来讲，绝对运动可以分解为相对运动和牵连运动。由此可见，运动是可以合成或分解的。必须指出：

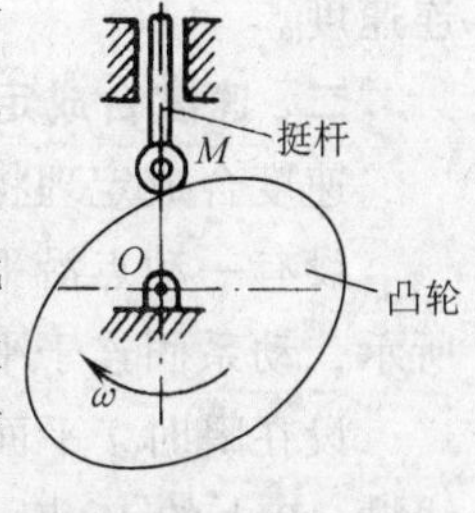

图 9-3

1）绝对运动、相对运动都是指一个点的运动，因而它可能是直线运动或曲线运动；而牵连运动则是指动系的运动，因而是刚体的运动，它可能是平动、定轴转动或平面运动（刚体的运动在本章的后两节中讨论）。

2）分析点的三种运动，关键要明确是在什么地方观察，观察什么对象的运动。例如相对运动，一定是在动参考系上，观察动点的运动。

三种运动的定义、观察点（参考体）、观察对象（研究对象）以及运动性质见表 9-1。

**表 9-1 绝对运动、相对运动及牵连运动的分析**

| 运动名称 | 定　义 | 观察对象 | 观察点 | 运动性质 |
|---|---|---|---|---|
| 绝对运动 | 动点相对于静系的运动 | 动点 | 静系 | 点的运动 |
| 相对运动 | 动点相对于动系的运动 | | 动系 | 点的运动 |
| 牵连运动 | 动系相对于静系的运动 | 动系 | 静系 | 刚体的运动 |

## 第二节 速度合成定理

### 一、动点的绝对速度、相对速度和牵连速度

由运动的相对性知，对于不同的坐标系，动点的速度是不同的。我们常定义如下：动点相对于静系的速度为动点的**绝对速度**，以符号 $\boldsymbol{v}_a$ 表示；动点相对于动系的速度为动点的**相对速度**，以符号 $\boldsymbol{v}_r$ 表示；牵连点相对于静系的速度为动点的**牵连速度**，以符号 $\boldsymbol{v}_e$ 表示；而牵连点则是指动系上在 $t$ 瞬时与动点相重合的点。这个定义包含了以下几层意思：

1）牵连点在动系上，是动系上的点，即刚体上的一点。

2）在该瞬时，动点恰巧停留在这一点的位置上。假设该瞬时动点停止了相对运动，动点就将粘在牵连点上随动系一起运动，这时动点被动系所带动的速度就是它的牵连速度。

由此可知，牵连点是动系上的一点，不同瞬时牵连点的位置不同。如以在 $AB$ 杆上滑动的小环 $M$ 为动点，绕 $A$ 点作定轴转动的 $AB$ 杆为动系，地面为静系，如图 9-4 所示，则在 $t_1$ 瞬时，牵连点为 $AB$ 杆上的 $E_1$ 点，在 $t_2$ 瞬时，牵连点为 $AB$ 杆上的 $E_2$ 点。

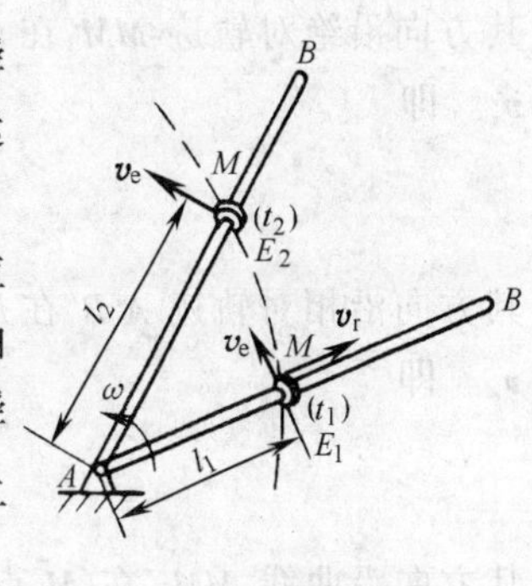

图 9-4

当牵连运动为平动时，由于在同一瞬时动系上所有点的速

度都相同，所以动点的牵连速度等于该瞬时动系平动的速度。但牵连运动是转动时，由于在同一瞬时动系上各点的速度都不相同，因此必须根据该瞬时牵连点的位置来确定牵连速度。

## 二、速度合成定理

速度合成定理将建立动点的绝对速度、相对速度和牵连速度之间的关系。

设有一动点沿平面 $P$ 上一曲线槽 $AB$ 运动，平面 $P$ 又相对于静系 $Oxy$ 运动，如图 9-5 所示，动系固连于平面 $P$ 上，随平面 $P$ 一起运动。

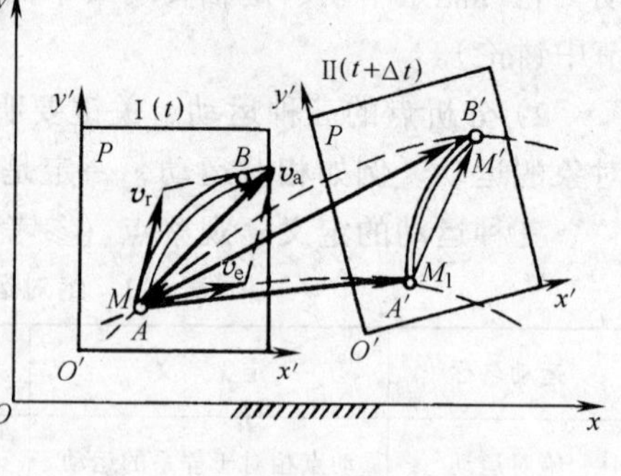

图 9-5

设在瞬时 $t$ 平面 $P$ 在位置Ⅰ，这时动点位于曲线槽 $AB$ 上的 $M$ 点。经时间间隔 $\Delta t$ 后，动系随平面 $P$ 运动到位置Ⅱ，槽 $AB$ 也随之运动到 $A'B'$，动点相对于静系沿曲线 $MM'$ 运动到 $M'$ 点。其中曲线 $MM'$ 为动点的绝对轨迹，相应地 $\boldsymbol{MM'}$ 为动点的绝对位移。这个运动过程可以看成是在时间间隔 $\Delta t$ 内分两步完成的：即先假定动点在平面 $P$ 上不动，当平面 $P$ 由位置Ⅰ运动到位置Ⅱ时，动点也随同平面 $P$ 由位置 $M$ 运动到位置 $M_1$；再假定平面 $P$ 到达位置Ⅱ后暂时不动，而使动点再沿曲线 $A'B'$ 由位置 $M_1$ 运动到 $M'$。实际上，这两个过程是同时进行的，所以把点的运动分解成两部分与点的真实运动是有差别的，但时间间隔越短，这种差别就越小。显然动点沿曲线 $A'B'$（亦即曲线 $AB$）的运动是相对运动，曲线 $M_1M'$ 为其相对轨迹，$\boldsymbol{M_1M'}$ 为其相对位移；平面 $P$ 的运动是牵连运动，曲线 $MM_1$ 是 $t$ 瞬时牵连点 $M$ 的轨迹，其位移 $\boldsymbol{MM_1}$ 为动点的牵连位移。

由图 9-5 中的矢量关系可见　$\boldsymbol{MM'} = \boldsymbol{MM_1} + \boldsymbol{M_1M'}$

将上式两边分别除以 $\Delta t$，并取 $\Delta t \to 0$ 时的极限，得到

$$\lim_{\Delta t \to 0} \frac{\boldsymbol{MM'}}{\Delta t} = \lim_{\Delta t \to 0} \frac{\boldsymbol{MM_1}}{\Delta t} + \lim_{\Delta t \to 0} \frac{\boldsymbol{M_1M'}}{\Delta t}$$

等式左端就是动点在 $t$ 瞬时的绝对速度，记为 $\boldsymbol{v}_a$。即

$$\boldsymbol{v}_a = \lim_{\Delta t \to 0} \frac{\boldsymbol{MM'}}{\Delta t}$$

其方向沿绝对轨迹 $MM'$ 在 $M$ 点的切线方向。等式右端第二项是 $t$ 瞬时的相对速度，记为 $\boldsymbol{v}_r$。即

$$\boldsymbol{v}_r = \lim_{\Delta t \to 0} \frac{\boldsymbol{M_1M'}}{\Delta t}$$

其方向沿相对轨迹 $A'B'$ 在 $M$ 点的切线方向。等式右端第一项是 $t$ 瞬时的牵连速度，记为 $\boldsymbol{v}_e$。即

$$\boldsymbol{v}_e = \lim_{\Delta t \to 0} \frac{\boldsymbol{MM_1}}{\Delta t}$$

其方向沿曲线 $MM_1$ 在 $M$ 点的切线方向。

综上所述知

$$\boldsymbol{v}_{\mathrm{a}} = \boldsymbol{v}_{\mathrm{e}} + \boldsymbol{v}_{\mathrm{r}} \tag{9-1}$$

这个关系式表明：**动点在每一瞬时的绝对速度等于其相对速度和牵连速度的矢量和。**这就是点的**速度合成定理**。也称为速度平行四边形定理。

**例 9-1** 凸轮机构中的凸轮外形为半圆形，挺杆 $MB$ 沿垂直槽滑动，设凸轮以匀速 $\boldsymbol{v}$ 沿水平向右平动，当在图 9-6 所示的位置时（$\theta = 30°$），求挺杆 $MB$ 的速度。

**解** (1) 运动分析 根据题意，取挺杆 $MB$ 上的 $M$ 点为动点，地面为静系，凸轮为动系，则动点的三种运动如下：

绝对运动：$M$ 点沿铅垂方向的直线运动；

相对运动：$M$ 点沿凸轮轮廓的曲线运动；

牵连运动：凸轮的水平直线平动。

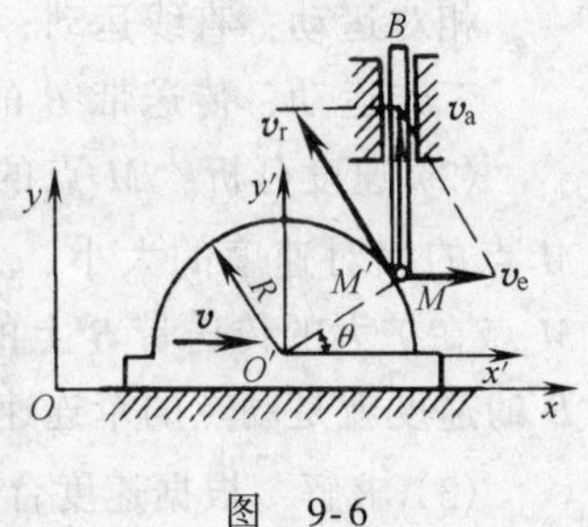

图 9-6

(2) 速度分析 $M$ 点绝对速度 $\boldsymbol{v}_{\mathrm{a}}$ 的方向是已知的（沿铅垂方向），其大小是待求的。$M$ 点的相对速度 $\boldsymbol{v}_{\mathrm{r}}$ 方向也是已知的（沿凸轮轮廓 $M'$ 点处的切线方向），其大小也是待求的。凸轮与动点 $M$ 的重合点 $M'$ 对地面的速度，即凸轮的速度 $\boldsymbol{v}$ 就是动点的牵连速度 $\boldsymbol{v}_{\mathrm{e}}$。

(3) 求解 根据速度合成定理 $\boldsymbol{v}_{\mathrm{a}} = \boldsymbol{v}_{\mathrm{e}} + \boldsymbol{v}_{\mathrm{r}}$，画出速度矢量平行四边形，如图 9-6 所示。由几何关系可得动点 $M$ 的速度为

$$v_M = v_{\mathrm{a}} = v/\tan\theta = \sqrt{3}v$$

因挺杆 $MB$ 作平动，所以挺杆上 $B$ 的速度与 $M$ 的速度相同，即

$$v_B = v_M = v_a = v/\tan\theta = \sqrt{3}v$$

**例 9-2** 船 $A$ 以不变的速度 $\boldsymbol{v}_1$ 朝正东方向航行，船 $B$ 沿朝东偏北 $\alpha$ 角的直线航线行驶，如图 9-7 所示。船 $B$ 总在船 $A$ 的正北向，试求船 $B$ 的速度 $\boldsymbol{v}_2$ 和在船 $A$ 上看到船 $B$ 的相对速度 $\boldsymbol{v}_{\mathrm{r}}$。

**解** (1) 运动分析 根据题意，取船 $B$ 上任意一点，例如重心 $B$ 为动点，地面为静系，船 $A$ 为动系。则动点的三种运动如下：

绝对运动：$B$ 沿其航线的直线运动；

相对运动：$B$ 沿 $Ay'$ 的直线运动；

牵连运动：$A$ 船的直线平动。

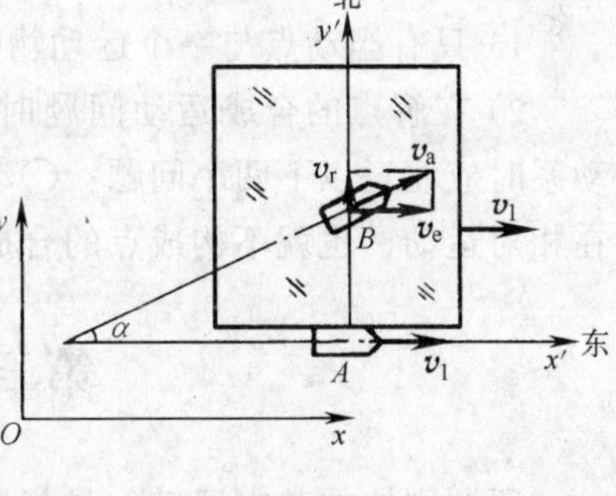

图 9-7

(2) 速度分析 $B$ 点的绝对速度 $\boldsymbol{v}_2$ 的方向是已知的（朝东偏北 $\alpha$ 角的方向），其大小是待求的。$B$ 点的相对速度方向也是已知的（沿 $Ay'$），其大小也是待求的。将船 $A$ 扩大，$B$ 在扩大的船 $A$ 上的重合点对地面的速度，即船 $A$ 的速度就是动点的牵连速度，它等于 $\boldsymbol{v}_1$。

(3) 求解 根据速度合成定理 $\boldsymbol{v}_{\mathrm{a}} = \boldsymbol{v}_{\mathrm{e}} + \boldsymbol{v}_{\mathrm{r}}$，画出速度矢量平行四边形，如图 9-7 所示。由几何关系可得船 $B$ 的速度 $\boldsymbol{v}_2$ 和它相对船 $A$ 的速度 $\boldsymbol{v}_{\mathrm{r}}$，它们的大小分别为

$$v_2 = v_{\mathrm{a}} = \frac{v_{\mathrm{e}}}{\cos\alpha} = \frac{v_1}{\cos\alpha}$$

$$v_{\mathrm{r}} = v_1 \tan\alpha$$

**例 9-3** 矿砂从传送带 $A$ 落到传送带 $B$ 上，如图 9-8 所示，矿砂下落的速度为 $v=4\text{m/s}$，与铅垂方向成 30°，若传送带 $B$ 的速度为 $v_B=3\text{m/s}$，方向水平，试求矿砂相对于传送带 $B$ 的速度。

**解** (1) 运动分析 根据题意，取矿砂 $M$ 为动点，地面为静系，传送带 $B$ 为动系。则动点的三种运动如下：

绝对运动：沿与铅垂线成 30°的方向作直线运动；

相对运动：直线运动；

牵连运动：传送带 $B$ 的直线平动。

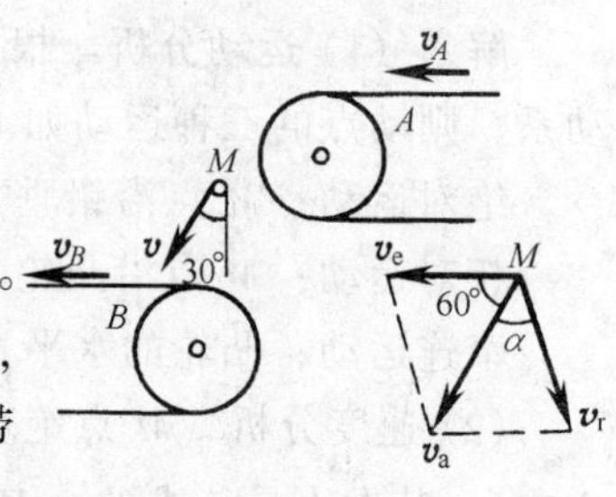

图 9-8

(2) 速度分析 $M$ 点的绝对速度$\boldsymbol{v}_a$ 是已知的，即 $\boldsymbol{v}_a=\boldsymbol{v}$。$M$ 点的相对速度的大小、方向是待求的。将传送带 $B$ 扩大，$M$ 点在扩大的传送带 $B$ 上的重合点对地面的速度，即传送带 $B$ 的速度就是动点的牵连速度，即 $\boldsymbol{v}_e=\boldsymbol{v}_B$。

(3) 求解 根据速度合成定理$\boldsymbol{v}_a=\boldsymbol{v}_e+\boldsymbol{v}_r$，画出速度矢量平行四边形，如图 9-8 所示。由余弦定理得相对速度$\boldsymbol{v}_r$ 值为

$$v_r=\sqrt{v_a^2+v_e^2-2v_av_e\cos60°}=\sqrt{v^2+v_B^2-2vv_B\cos60°}$$
$$=\sqrt{4^2+3^2-2\times4\times3\times0.5}\text{m/s}=3.61\text{m/s}$$

设$\boldsymbol{v}_r$ 与$\boldsymbol{v}_a$ 之间的夹角为 $\alpha$，则由正弦定理有

$$\frac{v_r}{\sin60°}=\frac{v_e}{\sin\alpha}$$

$$\alpha=\arcsin\left(\frac{v_e}{v_r}\sin60°\right)=46°2'$$

综上所述：

1）只有当动点与一个运动物体之间存在相对运动时，才构成点的合成运动问题。

2）在解点的合成运动问题时，动点、动系的选择是解决问题的关键。在选取动点、动系时应注意以下两个问题：①动点、动系不能选在同一个物体上，否则它们之间不存在相对运动，也就不构成点的合成运动问题。②动点、动系的选择要使相对运动明显。

## 第三节 刚体的基本运动

所谓刚体的基本运动，是指刚体的平动和刚体的定轴转动。这两种运动形式是刚体运动中最简单的也是最基本的运动形式。

### 一、刚体的平动

刚体在运动过程中，若其上任一直线始终平行它的初始位置，则这种运动称为刚体的平动。例如，沿直线轨道行驶的汽车车厢的运动（图 9-9a），摆式输送机送料槽的运动（图 9-9b），蒸汽机车平行杆的运动（图 9-9c）等都是刚体平动的实例。下面仅以摆式输送机的送料槽的运动为例来说明：在此送料机构中，$A$、$B$ 两点分别与两根等长的曲柄 $O_1A$ 和 $O_2B$ 用铰链连接，二曲柄分别以固定铰链 $O_1$ 和 $O_2$ 与机座连接，并绕 $O_1$ 和 $O_2$ 转动。当二曲柄由原来的位置转到 $O_1A'$和 $O_2B'$位置时，料槽便由原来较低的位置运动到较高的

位置。由于 $O_1A=O_1A'=O_2B=O_2B'$，同时 $AB=O_1O_2=A'B'$，所以不论运动到什么位置，$O_1A'B'O_2$ 始终为一平行四边形，直线 $A'B'$ 必定与原来位置 $AB$ 平行。换句话说，从任何方向看，料槽在运动过程中都不会倾斜。所以根据上述定义知，料槽的运动为平动。

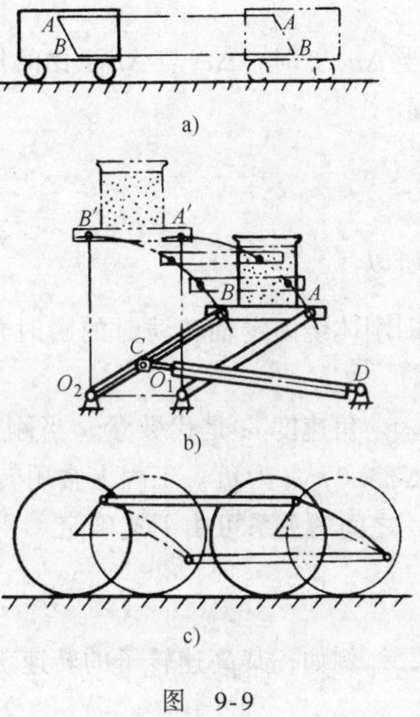

图 9-9

当刚体作平动时，如其上任一点的轨迹为直线，如图 9-9a 所示，则这种运动称为**直线平动**；如刚体上任一点的轨迹为曲线，如图 9-9b、c 所示，则这种运动称为**曲线平动**。

**当刚体作平动时，其上各点的轨迹相同；同一瞬时各点的速度和加速度彼此相等**。这是刚体作平动时的基本特性（证明略）。

根据这一特性可知：在研究刚体平动时，只要得知其上任一点的运动，就能得知其所有点的运动。换句话说，平动刚体上任一点的运动，可以代表刚体上所有点的运动。因而平动刚体的运动学问题，可以归结为点的运动学问题来处理。

## 二、刚体绕固定轴的转动

刚体在运动过程中，若其上（或其扩大部分）有一直线始终保持不动，则这种运动称为刚体绕固定轴的转动，简称为**定轴转动**。这条不动的直线叫作**转轴**。刚体绕固定轴的转动在机械工程中应用十分广泛。例如装有齿轮、带轮、飞轮的各种传动轴以及电机转子、涡轮机转子的转动等都是刚体绕定轴转动的实例。

从以上几个例子可以看出，这种运动的特点是：**刚体上转动轴以外的各点都分别在垂直于转动轴的各平面内作圆周运动**。因定轴转动的刚体上各点的运动是不同的，所以它不象平动刚体那样可以简单地通过研究其中一个点的运动而概括所有点的运动。因此我们应先研究刚体整体的运动特点，如刚体位置的确定、转动的快慢及其变化等。

1. 刚体的转动方程　图 9-10 所示是一绕固定轴 $Oz$ 转动的刚体，为确定其任一瞬时的位置，过 $Oz$ 作一固定平面Ⅰ和另一与刚体固连、随刚体一起运动的动平面Ⅱ。刚体相对于固定平面的位置，可由动平面Ⅱ与固定平面Ⅰ之间的夹角 $\varphi$ 来确定。夹角 $\varphi$ 称为刚体的**转角**，是一个代数量。习惯上规定从转轴的正向看去，逆时针转动时 $\varphi$ 角为正，反之为负，转角的单位为弧度（rad）。当刚体转动时，转角 $\varphi$ 是随时间而改变的单值连续函数，即

$$\varphi = f(t) \tag{9-2}$$

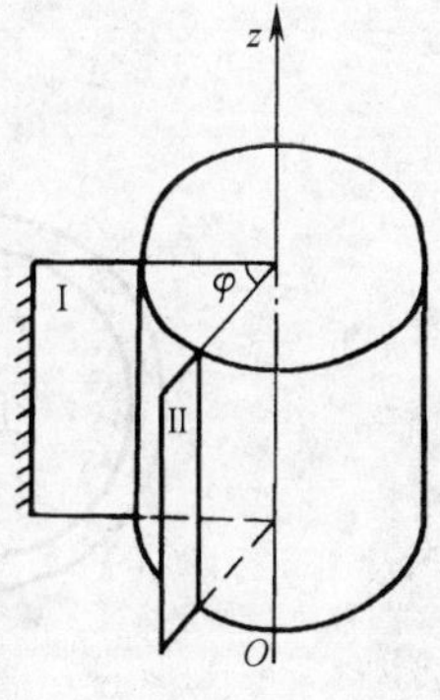

图 9-10

上式称为刚体绕固定轴转动的**转动方程**。它描述了整个刚体转动的规律。

2. 刚体的角速度　角速度是描述刚体转动快慢和转动方向的物理量，常用 $\omega$ 表示。设 $t$ 瞬时，图 9-11 所示的刚体的转角为 $\varphi$，$t+\Delta t$ 瞬时刚体的转角为 $\varphi+\Delta\varphi$，则在 $\Delta t$ 时间内刚体的角位移为

$$(\varphi + \Delta\varphi) - \varphi = \Delta\varphi$$

当$\Delta t \to 0$时，$\Delta\varphi$与$\Delta t$之比的极限称为在$t$瞬时的**瞬时角速度**，简称**角速度**，可用下式表示

$$\omega = \lim_{\Delta t \to 0} \frac{\Delta\varphi}{\Delta t}$$

所以

$$\omega = \frac{d\varphi}{dt} = \dot{\varphi} = f'(t) \tag{9-3}$$

即刚体绕固定轴转动时的瞬时角速度等于转角对时间的一阶导数，单位为弧度/秒（rad/s）。

角速度$\omega$是代数量，当刚体逆时针转动时，$\Delta\varphi > 0$，$\omega$为正；当刚体顺时针转时，$\Delta\varphi < 0$，$\omega$为负。工程上常用转速$n$表示转动的快慢，转速的单位为转/分（r/min）。$n$与$\omega$之间的关系可由下式确定

$$\omega = \frac{2\pi n}{60} \tag{9-4}$$

例如，某高速转子的转速$n = 20000\text{r/min}$，即相当于角速度

$$\omega = \frac{2\pi n}{60} = \frac{2\pi \times 20000}{60}\text{rad/s} = 2090\text{rad/s}$$

3. 刚体的角加速度　角加速度是描述刚体角速度变化规律的物理量。若角速度在转动中保持为常量，这种转动为匀角速转动；通常旋转机械在正常工作时大都是作匀角速度转动或可近似地看成匀角速度转动。角速度在转动中若是变量，则称为变角速转动。机器在启动或停车过程中，角速度由小变大或由大变小就是变角速度转动。若要研究起动或停车时间的长短及其过程特点，就必须知道角速度在每瞬时是怎样改变的，也就是必须知道其角加速度，角加速度常用$\alpha$表示。对图9-12所示的转动的刚体，设在$t$瞬时，刚体的角速度为$\omega$，而在$t+\Delta t$瞬时，刚体的角速度为$\omega+\Delta\omega$，则在$\Delta t$时间内，角速度的改变量为

$$(\omega + \Delta\omega) - \omega = \Delta\omega$$

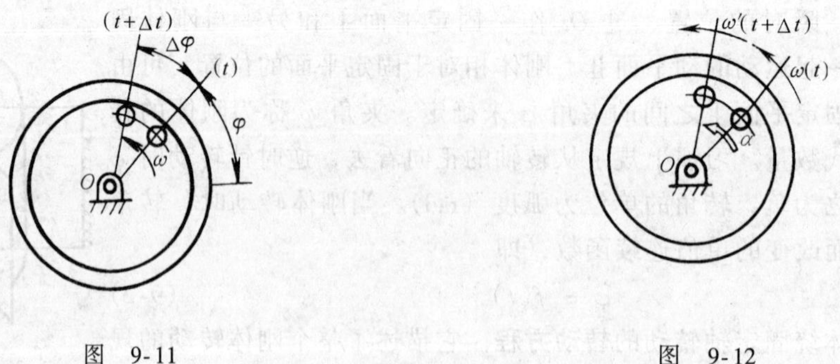


图　9-11　　　　图　9-12

当$\Delta t \to 0$时，$\Delta\omega$与$\Delta t$之比的极限称为在$t$瞬时的**瞬时角加速度**，简称**角加速度**，可由下式表示

$$\alpha = \lim_{\Delta t \to 0} \frac{\Delta\omega}{\Delta t}$$

所以 $$\alpha = \frac{d\omega}{dt} = \frac{d^2\varphi}{dt^2} = \ddot{\varphi} = f''(t) \tag{9-5}$$

即刚体绕固定轴转动时的瞬时角加速度等于角速度对时间的一阶导数，或为转角对时间的二阶导数。角加速度的单位为弧度/秒$^2$（$rad/s^2$）。

角加速度 $\alpha$ 也是个代数量，当 $\alpha$ 为正时，方向与转角 $\varphi$ 的正向一致；当 $\alpha$ 为负时，方向与转角 $\varphi$ 的负向一致。

刚体作定轴转动时，若其角加速度保持不变，则称为**匀变速转动**。

4. 加速转动和减速转动　为了进一步说明刚体转动的状态是加速还是减速，必须同时考虑刚体的角速度和角加速度的正负号。当刚体的角速度和角加速度的转向一致（即 $\alpha$ 与 $\omega$ 同号）时，角速度的绝对值增大，刚体作加速转动；反之当其角速度和角加速度的转向相反（即 $\alpha$ 与 $\omega$ 异号）时，角速度的绝对值减小，刚体作减速转动，如图 9-13 所示。

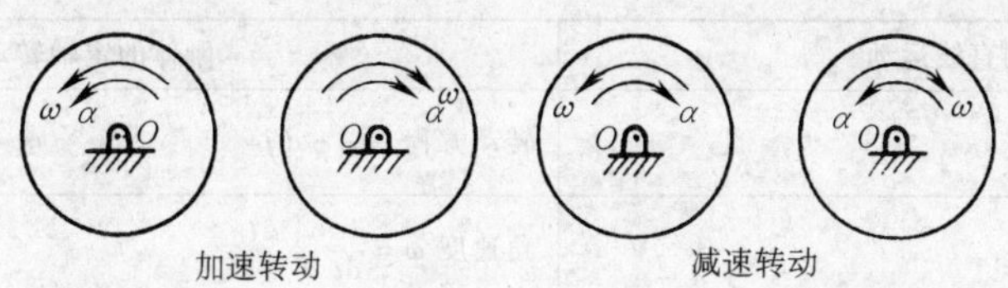


图　9-13

5. 刚体转动的两种特殊情况

(1) 匀速转动　刚体作匀速转动时，其角速度不变，即 $\omega=$ 常量，由式（9-3）可得

$$d\varphi = \omega dt$$

将上式积分 $$\int_{\varphi_0}^{\varphi} d\varphi = \int_0^t \omega dt$$

得 $$\varphi = \varphi_0 + \omega t \tag{9-6}$$

式中　$\varphi_0$——$t=0$ 时的转角。

若 $\varphi_0=0$，则上式成为

$$\varphi = \omega t \tag{9-7}$$

(2) 匀变速转动　刚体作匀变速转动时，其角加速度不变，即 $\alpha=$ 常量。设 $t=0$ 时，初转角为 $\varphi_0$，初角速度为 $\omega_0$，由式（9-5）可得

$$d\omega = \alpha dt$$

将上式积分 $$\int_{\omega_0}^{\omega} d\omega = \int_0^t \alpha dt$$

得 $$\omega = \omega_0 + \alpha t \tag{9-8}$$

将 $\omega = \frac{d\varphi}{dt}$ 代入上式得 $$d\varphi = \omega_0 dt + \alpha t dt$$

再将上式积分
$$\int_{\varphi_0}^{\varphi} \mathrm{d}\varphi = \int_0^t \omega_0 \mathrm{d}t + \int_0^t \alpha t \mathrm{d}t$$

得
$$\varphi = \varphi_0 + \omega_0 t + \frac{1}{2}\alpha t^2 \tag{9-9}$$

若 $\varphi_0 = 0$,则上式成为

$$\varphi = \omega_0 t + \frac{1}{2}\alpha t^2 \tag{9-10}$$

将式（9-8）、式（9-10）联立并消去 $t$，得

$$\omega^2 - \omega_0^2 = 2\alpha\varphi \tag{9-11}$$

由上述公式可以看到，刚体的定轴转动与点的直线运动虽然运动形式不同，但它们相对应的变量之间的关系却是相似的，如表 9-2 所示。

**表 9-2　点的直线运动与刚体定轴转动的比较**

| 点的直线运动 | 刚体的定轴转动 |
|---|---|
| 运动方程 $x = x(t)$ | 转动方程 $\varphi = \varphi(t)$ |
| 速度 $v = \frac{\mathrm{d}x}{\mathrm{d}t}$ | 角速度 $\omega = \frac{\mathrm{d}\varphi}{\mathrm{d}t}$ |
| 加速度 $a = \frac{\mathrm{d}v}{\mathrm{d}t}$ | 角加速度 $\alpha = \frac{\mathrm{d}\omega}{\mathrm{d}t}$ |
| 匀速直线运动 $x = x_0 + v_0 t$ | 匀角速度转动 $\varphi = \varphi_0 + \omega_0 t$ |
| 匀变速运动　（$a$ = 常量）<br>$v = v_0 + at$<br>$x = v_0 t + \frac{1}{2}at^2$<br>$v^2 = v_0^2 + 2ax$ | 匀变速转动　（$\alpha$ = 常量）<br>$\omega = \omega_0 + \alpha t$<br>$\varphi = \omega_0 t + \frac{1}{2}\alpha t^2$<br>$\omega^2 = \omega_0^2 + 2\alpha\varphi$ |

**例 9-4**　卷扬机的鼓轮绕固定轴 $O$ 逆时针转动，如图 9-14 所示。起动时的转动方程为 $\varphi = t^3$rad，其中 $t$ 以 s 计。试计算 $t = 2$s 时鼓轮转过的圈数、角速度、角加速度。

**解**　(1) 求转角及转过的圈数　由于鼓轮的转动方程已知，故可直接应用公式求解。将 $t = 2$s 代入方程即可得转角为

$$\varphi = t^3 = 8\text{rad}$$

所以圈数为

$$N = \frac{8}{2\pi}\text{圈} = 1.27\text{圈}$$

(2) 求角速度、角加速度　由式（9-3）、式（9-5）可得

$$\omega = \frac{\mathrm{d}\varphi}{\mathrm{d}t} = \frac{\mathrm{d}}{\mathrm{d}t}(t^3) = 3t^2$$

$$\alpha = \frac{\mathrm{d}\omega}{\mathrm{d}t} = \frac{\mathrm{d}}{\mathrm{d}t}(3t^2) = 6t$$

由于 $\alpha$ 随时间 $t$ 而变化，故鼓轮作变速转动。将 $t=2\text{s}$ 代入得

$$\omega = 3 \times 2^2 \text{rad/s} = 12\text{rad/s}$$

$$\alpha = 6 \times 2\text{rad/s}^2 = 12\text{rad/s}^2$$

转向如图 9-14 所示。

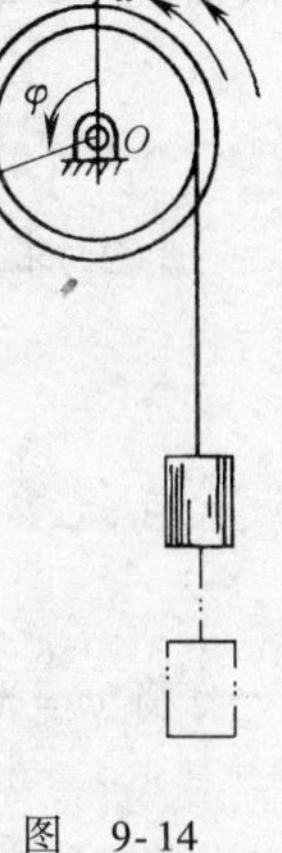


图 9-14

**例 9-5** 一飞轮初始转速为 240r/min，制动时经过 8s 停止转动。如飞轮的转动过程是匀减速转动，试求飞轮在制动过程转过多少圈？制动阶段的角加速度是多少？

**解** (1) 求角加速度 在制动阶段飞轮的初始角速度可根据式 (9-4) 得到

$$\omega_0 = \frac{\pi n}{30} = \frac{\pi \times 240}{30}\text{rad/s} = 8\pi\text{rad/s}$$

制动终了时 $\omega=0$。根据匀变速转动的公式

$$\omega = \omega_0 + \alpha t$$

可得到制动过程的角加速度

$$\alpha = \frac{\omega - \omega_0}{t} = \frac{0 - 8\pi}{8}\text{rad/s}^2 = -\pi\text{rad/s}^2$$

(2) 求制动过程转过的圈数 由下式可得到制动过程的角度

$$\varphi - \varphi_0 = \omega_0 t + \frac{1}{2}\alpha t^2$$

$$= 8\pi \times 8 + \frac{1}{2} \times (-\pi) \times 8^2 \text{rad} = 32\pi\text{rad}$$

折合成圈数为

$$N = \frac{\varphi - \varphi_0}{2\pi} = 16$$

**例 9-6** 摇杆机构如图 9-15 所示，推杆 $AB$ 以匀速 $\boldsymbol{u}$ 向上运动，通过滑块 $A$ 推动摇杆 $OC$ 绕 $O$ 轴转动。设开始运动时 $\varphi=0$，距离 $OD=l$。试求：

1) 摇杆 $OC$ 的转动方程；

2) 当 $\varphi=\pi/4$ 时，摇杆的角速度和角加速度。

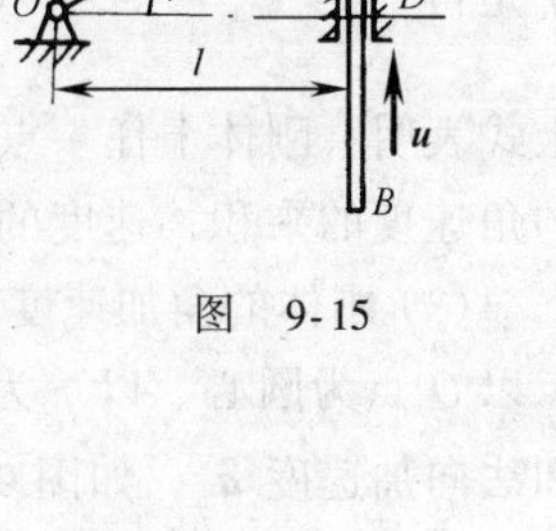

**解** (1) 建立摇杆 $OC$ 的转动方程 如图 9-15 所示，$\varphi$ 为摇杆在任一瞬时 $t$ 的转角，由图中几何关系，可得

$$\tan\varphi = \frac{AD}{l}$$

因推杆 $AB$ 作匀速直线平动，故 $AD=ut$，将其代入上式，得

图 9-15

$$\tan\varphi = \frac{ut}{l} \quad (1)$$

故摇杆 $OC$ 的转动方程为

$$\varphi = \arctan\left(\frac{ut}{l}\right)$$

(2) 求摇杆的角速度和角加速度　对式 (1) 求导可得

$$\omega = \frac{\mathrm{d}\varphi}{\mathrm{d}t} = \frac{u}{l}\cos^2\varphi$$

$$\alpha = \frac{\mathrm{d}\omega}{\mathrm{d}t} = \frac{\mathrm{d}^2\varphi}{\mathrm{d}t^2} = -\frac{2u^2}{l^2}\sin\varphi\cos^3\varphi$$

将 $\varphi = \pi/4$ 代入上面两式，可得摇杆在此瞬时的角速度和角加速度为

$$\omega = \frac{\mathrm{d}\varphi}{\mathrm{d}t} = \frac{u}{l}\cos^2\frac{\pi}{4} = \frac{u}{2l}$$

$$\alpha = -\frac{2u^2}{l^2}\sin\varphi\cos^3\varphi = -\frac{u^2}{2l^2}$$

因 $\omega$ 和 $\alpha$ 异号，故此瞬时摇杆作减速运动。

6. 转动刚体上各点的速度和加速度　前面我们已经把转动刚体作为一个整体研究了它的运动，现在再来建立刚体上各点的运动和整个刚体的运动之间的关系。

(1) 刚体转角与刚体上点的弧坐标之间的关系　如图 9-16 所示，刚体绕 $O$ 点作定轴转动，若其上任一点 $M$ 距转轴 $O$ 的距离为 $r$，则 $r$ 称为 $M$ 点的转动半径。当刚体转动时，刚体上所有的点都绕 $O$ 点作圆周运动，所以 $M$ 点的轨迹是以 $O$ 点为圆心、以 $r$ 为半径的圆。当刚体转过 $\varphi$ 角时，由图 9-16 可以看出：若以 $\varphi = 0$ 时 $M$ 点的初始位置 $M_0$ 为参考点，以转角 $\varphi$ 增加的一边为弧坐标的正向，则 $M$ 点的弧坐标 $s$ 与转角 $\varphi$ 之间的关系为

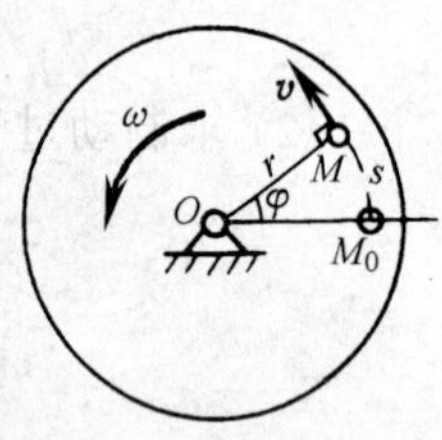

图　9-16

$$s = r\varphi \tag{9-12}$$

上式表明：刚体上任一点的弧坐标等于刚体的转角与该点转动半径的乘积。

(2) 刚体的角速度与刚体上点的速度之间的关系　若刚体上任一点 $M$ 的速度为 $v$，则 $v$ 与该点的弧坐标 $s$ 之间的关系为（证明略）

$$v = \frac{\mathrm{d}s}{\mathrm{d}t} \tag{9-13}$$

其中

$$s = r\varphi$$

于是得

$$v = \frac{\mathrm{d}s}{\mathrm{d}t} = \frac{\mathrm{d}(r\varphi)}{\mathrm{d}t} = r\frac{\mathrm{d}\varphi}{\mathrm{d}t} = r\omega \tag{9-14}$$

上式表明：刚体上任一点在某瞬时的速度，其大小等于该点的转动半径与同一瞬时刚体的角速度的乘积；速度的方向与转动半径垂直，指向与角速度的转向一致。

(3) 刚体的角加速度与刚体上点的加速度之间的关系　当刚体转动时，刚体上的 $M$ 点以 $O$ 点为圆心、以 $r$ 为半径作圆周运动。因此其加速度有两个分量，即切向加速度 $\boldsymbol{a}_\tau$ 和法向加速度 $\boldsymbol{a}_\mathrm{n}$，如图 9-17 所示，其中

$$a_\tau = \frac{\mathrm{d}v}{\mathrm{d}t} = \frac{\mathrm{d}(r\omega)}{\mathrm{d}t} = r\frac{\mathrm{d}\omega}{\mathrm{d}t} = r\alpha \tag{9-15}$$

$$a_n = \frac{v^2}{\rho} = \frac{(r\omega)^2}{r} = r\omega^2 \tag{9-16}$$

式（9-15）、式（9-16）表明：刚体转动时，刚体上任一点在某瞬时的切向加速度的大小，等于该点的转动半径与同一瞬时刚体的角加速度的乘积，方向与转动半径垂直，指向与角加速度的转向一致；法向加速度的大小等于该点的转动半径与同一瞬时刚体角速度平方的乘积，方向沿转动半径指向转动轴。

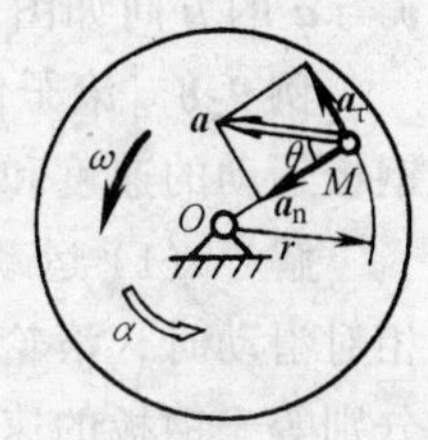


图 9-17

因此，刚体上任意一点 $M$ 的加速度，即全加速度 $a$（图 9-17）为

$$\begin{cases} a = \sqrt{a_\tau^2 + a_n^2} = r\sqrt{\alpha^2 + \omega^4} \\ \tan\theta = \dfrac{|a_\tau|}{a_n} = \dfrac{|\alpha|}{\omega^2} \end{cases} \tag{9-17}$$

由式（9-14）~式（9-17）可以对转动刚体上各点的速度和加速度得出以下两点结论：

1）在任意瞬时，转动刚体内各点的速度、切向加速度、法向加速度和全加速度的大小与各点的转动半径成正比。

2）在任意瞬时，转动刚体内各点的速度方向与各点的转动半径垂直，即夹角为 90°；各点的全加速度方向与各点的转动半径的夹角都相同，且小于 90°。

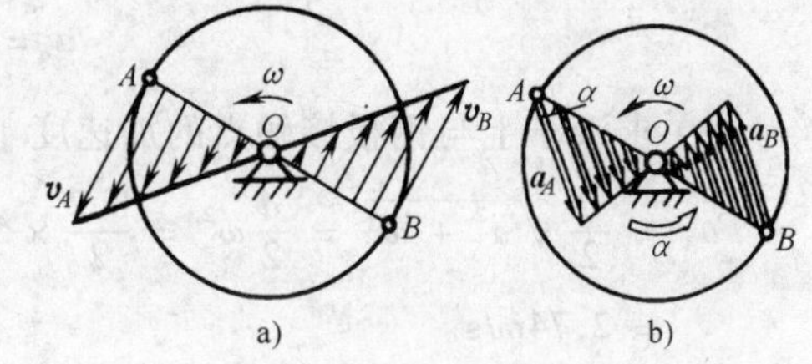


图 9-18

因此转动刚体上通过且垂直转轴的任意一条直线上的各个点，在同一瞬时的速度和加速度是按三角形规律亦即线性规律分布的，如图 9-18 所示。

**例 9-7** 搅拌机如图 9-19a 所示，已知 $O_1A = O_2B = R$，$O_1O_2 = AB$，杆 $O_1A$ 以不变转速 $n$ 转动。试分析构件 $ABM$ 上 $M$ 点的轨迹及其速度和加速度。

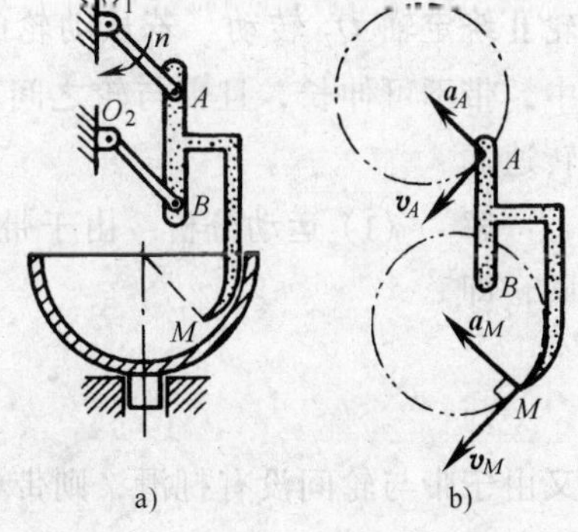


图 9-19

**解** （1）运动分析 根据给定的条件，$O_1ABO_2$ 为一平行四边形，可以看出 $AB$ 在运动中始终与原位置保持平行，所以刚体 $ABM$ 作平动。

（2）求轨迹、速度和加速度 根据平动特征知，$M$ 点的轨迹与 $A$ 点或 $B$ 点相同，为一半径为 $R$ 的圆，如图 9-19b 所示。$M$ 点的速度、加速度与 $A$ 点或 $B$ 点的速度、加速度相同，有

$$v_M = v_A = R\omega = \frac{Rn\pi}{30}$$

$$a_\tau = R\alpha = 0$$

$$a = a_n = R\omega^2 = \frac{Rn^2\pi^2}{900}$$

$\boldsymbol{v}$ 与 $\boldsymbol{a}$ 的方向如图 9-19b 所示。

**例 9-8** 滚子传送带如图 9-20 所示，已知滚轮的直径 $d = 0.2\text{m}$，转速 $n = 50\text{r/min}$。求钢板运动的速度和加速度，并求轮上与钢板接触点的加速度。

**解** (1) 运动分析 当不考虑滚轮和钢板之间的相对滑动时，滚轮上与钢板接触点的速度与切向加速度分别等于钢板的速度和加速度。

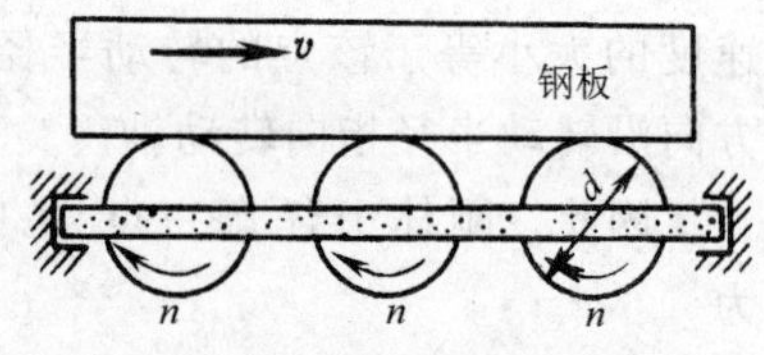


图 9-20

(2) 求钢板的速度及加速度 已知滚子的转速可求滚子的角速度

$$\omega = \frac{2\pi n}{60} = \frac{2\pi \times 50}{60}\text{rad/s} = 5.24\text{rad/s}$$

当滚轮匀速转动时 $\alpha = 0$，于是得钢板的速度及加速度分别为

$$v = \frac{d}{2}\omega = \frac{0.2}{2} \times 5.24\text{m/s} = 0.524\text{m/s}$$

$$a = \frac{d}{2}\alpha = 0$$

(3) 求滚子上与钢板接触点的加速度 由式 (9-17) 得

$$a_A = \frac{d}{2}\sqrt{\alpha^2 + \omega^4} = \frac{d}{2}\omega^2 = \frac{0.2}{2} \times 5.24^2\text{m/s}^2$$

$$= 2.74\text{m/s}^2$$

**例 9-9** 带传动机构如图 9-21 所示，设主动轮Ⅰ的半径为 $r_1$，以 $n_1$ 转速绕定轴 $O_1$ 转动，通过带拖动从动轮Ⅱ绕定轴 $O_2$ 转动。若从动轮的半径为 $r_2$，机器运转中，带不可伸长，且带与轮之间不打滑，求从动轮Ⅱ的转速。

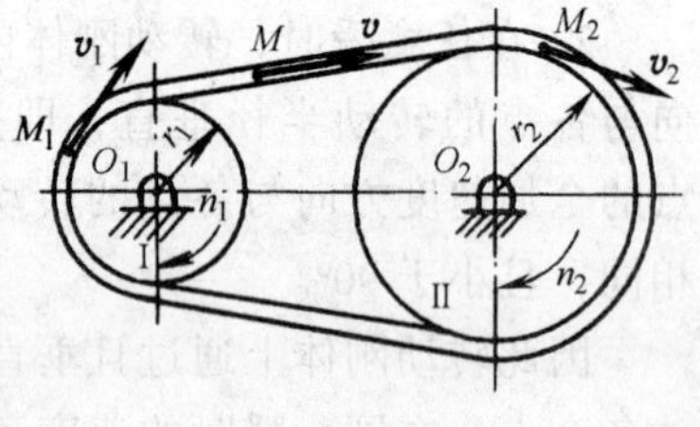


图 9-21

**解** (1) 运动分析 由于带不可伸长，因此在同一瞬时，带上各点的速度大小都相同，即

$$v_1 = v_2 = v \tag{1}$$

又由于带与轮间没有打滑，则带与轮缘接触点的速度大小应相同，则有

$$v_1 = r_1\omega_1 = r_1\frac{2\pi n_1}{60}$$

$$v_2 = r_2\omega_2 = r_2\frac{2\pi n_2}{60} \tag{2}$$

(2) 求从动轮的转速 将式 (2) 代入式 (1) 得

$$r_1\omega_1 = r_2\omega_2 \qquad \omega_2 = \frac{r_1}{r_2}\omega_1 \qquad n_2 = \frac{r_1}{r_2}n_1$$

# 第四节 刚体的平面运动

## 一、刚体的平面运动的概念

刚体的平面运动是一种比平动和定轴转动复杂的运动。例如，擦黑板时，我们若注意板擦在黑板上的运动，就会发现，在通常情况下，板擦上只有垂直于黑板平面的线段，在运动的过程中与原来位置能够保持平行，其它任一线段与原来位置则不一定能够保持平行，而且它上面也不存在一根固定不动的轴线。因此，板擦的运动既不是平动又不是绕固定轴转动，而是作一种比较复杂的运动。板擦运动的特点是：板擦底面始终在黑板平面上，所以板擦上任何一点到黑板面的距离保持不变。在工程实际中，我们也可以看到，有许多构件的运动具有这种特点。例如，车轮沿直线轨道的滚动（图 9-22）、曲柄连杆机构中连杆 $AB$ 的运动（图 9-23）、行星齿轮机构行星轮 $B$ 的运动（图 9-24）等，这些刚体的运动既不是平动，也不是定轴转动，但它们运动时有一个共同的特征，即在运动过程中，刚体内所有的点至某一固定平面的距离保持不变，也就是说刚体内的各个点都在平行于这一固定平面的某一平面内运动。我们把具有这种特征的运动称为刚体的平面运动。

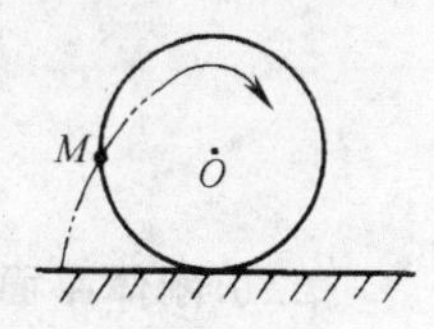

图 9-22

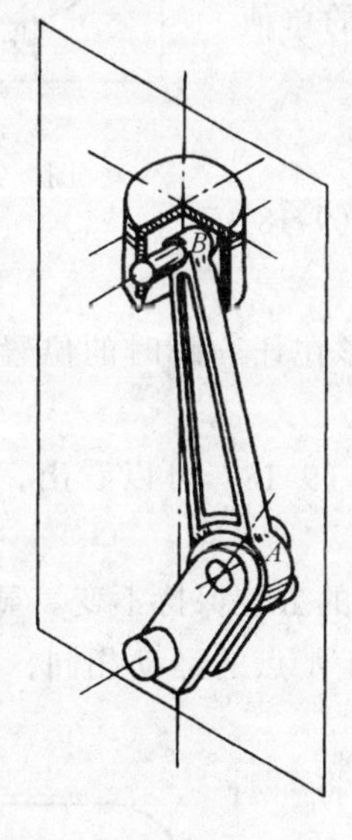

图 9-23

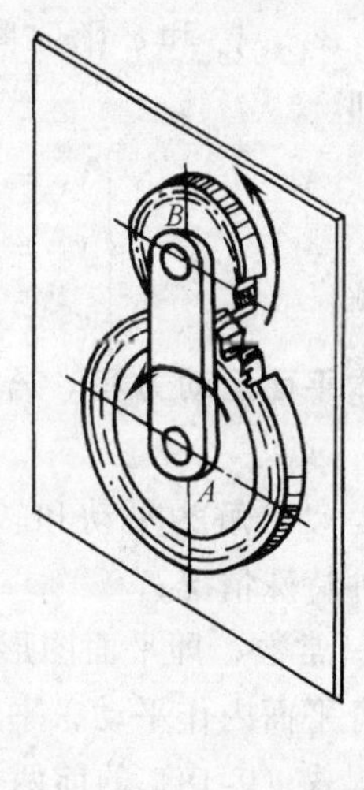

图 9-24

现进一步分析图 9-25a 所示的连杆的运动。过其上任意一点 $C$ 作垂直于固定平面 $O_1x_1y_1$ 的直线 $CC_1$，由于在连杆运动的过程中，直线 $CC_1$ 始终垂直于固定平面（即作平动），因此该直线上各点的运动都是相同的，$C$ 点的运动代表了该直线上所有点的运动，而 $C$ 点必在平行于固定平面的 $Oxy$ 平面中运动。由此可以推论，连杆在此平面内的截面上各点的运动，相应地代表了刚体内所有点的运动。也就是说，刚体的平面运动可以简化为平面图形在自身平面内的运动。因此，对于连杆所作的平面运动的研究，就可以不必考虑它的厚度，而简化为以一个截面代表的平面图形在其本身平面内的运动，如图 9-25b 所示。这种简化方法适用于作平面运动的任何形状的刚体。

研究刚体的平面运动，就是要研究代表刚体的平面图形在自身平面内的运动。

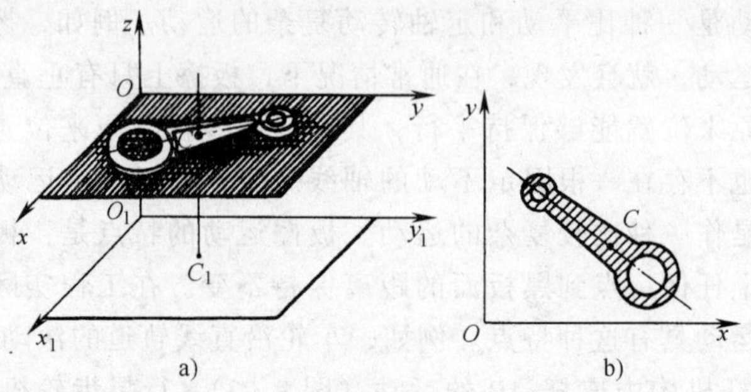


图 9-25

## 二、刚体平面运动方程　平动和转动

1. 刚体平面运动方程　建立刚体的运动方程，首先要确定平面图形的位置。平面图形的位置可用其上任一线段的位置来确定。图 9-26 所示为一平面图形 $S$，其上任一线段 $AB$ 的位置可由 $A$ 的坐标 $x_A$、$y_A$ 和 $AB$ 对于 $x$ 轴的转角 $\varphi$ 来确定。当平面图形 $S$ 运动时，$x_A$、$y_A$ 和 $\varphi$ 随时间 $t$ 变化，它们是时间 $t$ 的单值连续函数，即

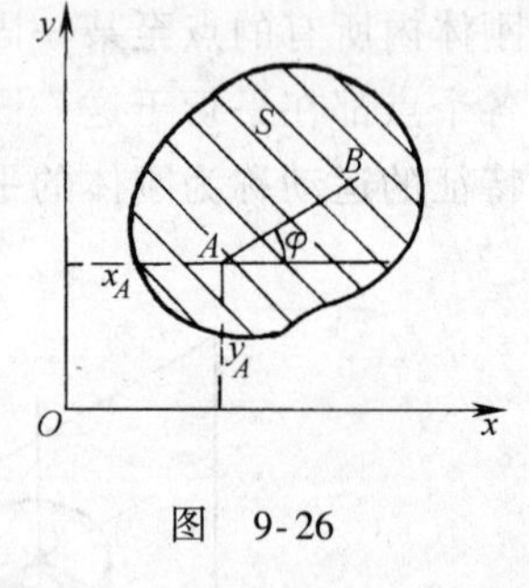


图 9-26

$$\begin{cases} x_A = f_1(t) \\ y_A = f_2(t) \\ \varphi = f_3(t) \end{cases} \tag{9-18}$$

上式称为**刚体平面运动方程**。若运动方程已知，平面图形在任一瞬时的位置就可以确定了。

2. 平面运动分解为平动和转动　从平面运动方程式（9-18）可以看出，平面图形 $S$ 的运动有两种特殊情况：

1）若 $\varphi=$ 常数，即平面图形在运动过程中，线段 $AB$ 的方位保持不变。显然，这时平面图形在自身平面内作平动，平面图形上任一点的运动与 $A$ 点的运动相同，而 $A$ 点的运动由运动方程式（9-18）的前两式给出。

2）若 $x_A$ 和 $y_A$ 同为常数，说明 $A$ 点不动，平面图形将绕过 $A$ 点且垂直于平面图形的固定轴转动，其转动规律由运动方程式（9-18）的最后一式给出。

因此在一般情况下，刚体的平面运动可以看成是平动和定轴转动的合成运动，即平面运动可以分解成平动和转动。为了说明这一点，下面以沿直线轨道滚动的车轮为例来分析。

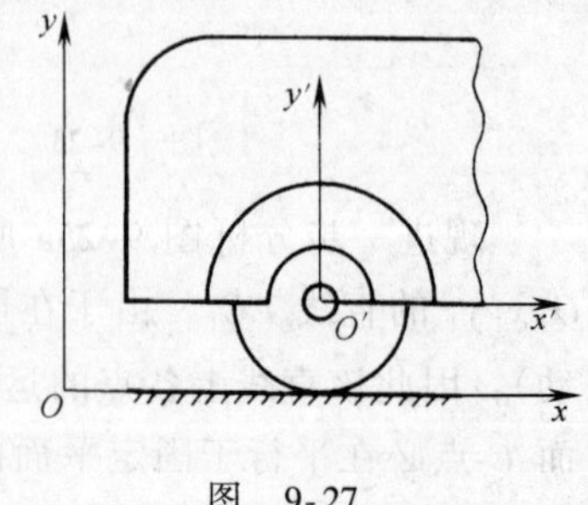


图 9-27

车轮沿直线轨道的滚动是平面运动（图 9-27）。如果在

车厢上观察，则车轮相对于车厢作定轴转动，而车厢相对于地面作平动。这样，车轮的平面运动就可以看成是车轮随同车厢的平动和相对于车厢的转动的合成；反过来说，车轮的平面运动可以分解为随同车厢的平动和相对于车厢的转动。

为了将上述分解的方法推广至所有平面运动的问题，我们从这里抽象出**平动坐标系**的重要概念。显然，若作一动坐标系 $O'x'y'$，想象使它与车厢一起作平动，其原点取在车厢与轮轴的连接点 $O'$ 上，则任一瞬时，车轮相对静系的平面运动（绝对运动）就可以分解为随此动系的平动（牵连运动）和相对于此动系的转动（相对运动）。即使这里没有车厢，只要有一平动坐标系，上述结论仍然成立。故这一方法适用于所有平面运动问题。我们通常称这一平动坐标系的原点 $O'$ 为**基点**。于是平面运动的分析可以这样来描述：即刚体的平面运动可以分解为随同基点的平动（牵连运动）和相对于基点的转动（相对运动）。现在我们再进一步来说明上述分解的具体过程。设在某一时间间隔 $\Delta t$ 内，车轮由位置Ⅰ滚动到位置Ⅱ，某一半径从 $OC$ 位置运动到 $O_1C_1$ 位置（图 9-28a）。若取轮心为基点，则这一运动过程可看成先让半径 $OC$ 随同基点 $O$ 从 $OC$ 位置平动 $\Delta s$ 到 $O_1C_2$ 位置（图 9-28b），然后基点 $O_1$ 不动，再让半径绕 $O_1$ 点从 $O_1C_2$ 位置转动 $\Delta\varphi$ 角到达 $O_1C_1$ 位置（图 9-28c）。当然，实际上平动和转动是同时进行的。

现在用同样的方法再来分析曲柄滑块机构中连杆的运动。设在时间间隔 $\Delta t$ 内，连杆由位置 $AB$ 运动到位置 $A_1B_1$，如图 9-29a 所示。若取 $A$ 点为基点，则连杆的运动可视为随同基点 $A$ 平动到位置 $A_1B_2$（图 9-29b），加上绕 $A_1$ 点转过 $\Delta\varphi$ 角到位置 $A_1B_1$（图 9-29c）。若取 $B$ 点为基点，则连杆由位置 $AB$ 运动到位置 $A_1B_1$ 可视为随同基点 $B$ 平动到位置 $A_2B_1$（图 9-30b），加上绕 $B_1$ 点转过 $\Delta\varphi_1$ 角到位置 $A_1B_1$（图 9-30c）。两种分解方法都不改变连杆原来的运动情况。可见，平面运动分解为平动和转动时，基点的选取是任意的。

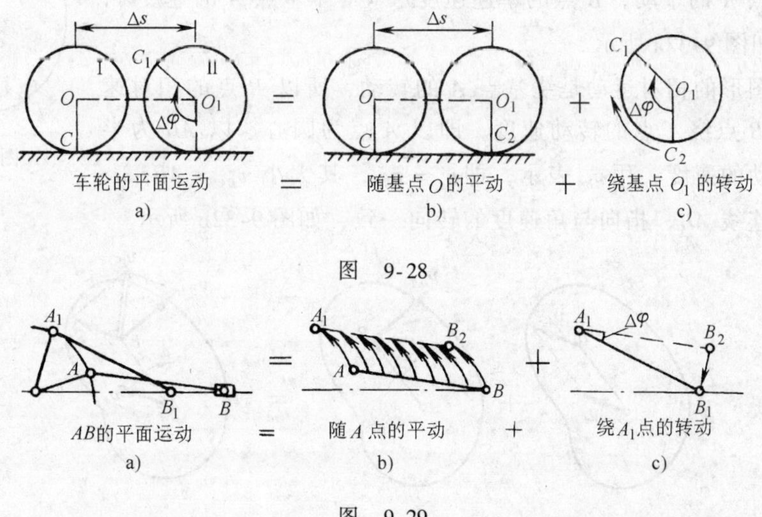


图 9-28

图 9-29

但是，由于平面运动刚体上各点的运动情况是不同的，例如图 9-30 中连杆上 $A$ 点作圆周运动，$B$ 点作直线运动。因此，选取不同的基点，其平动部分的运动规律也就不同，所以平动部分与基点的选取有关。而相对转动部分则与基点的选取无关。这只要比较图 9-29 和图 9-30 的转动部分就可以看出：由于 $A_1B_2 /\!/ AB /\!/ A_2B_1$，故转角 $\Delta\varphi$ 与 $\Delta\varphi_1$ 大小

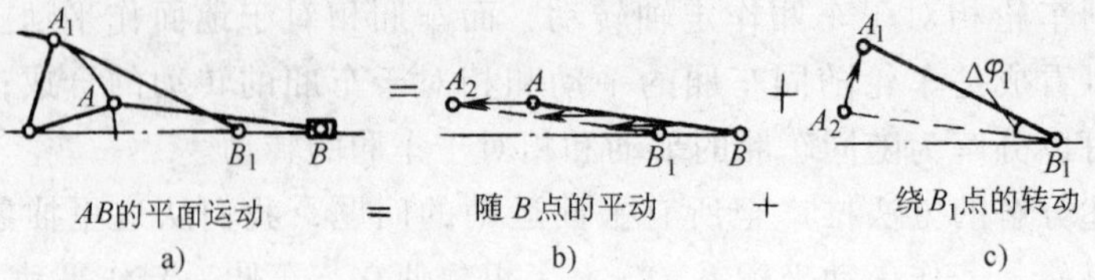

$AB$的平面运动 = 随 $B$ 点的平动 + 绕 $B_1$ 点的转动

a)　　b)　　c)

图 9-30

相等，且转向相同，均为顺时针转动，即 $\Delta\varphi = \Delta\varphi_1$。因而在同一瞬时连杆绕不同基点转动的角速度和角加速度是相同的，也就是说平面运动的转动部分与基点的选取无关。

综上所述：**刚体的平面运动分解为平动和转动时，其平动部分与基点的选取有关，而转动部分与基点的选取无关。**

必须指出：刚体绕基点转动的角速度 $\omega$ 和角加速度 $\alpha$ 是对平动坐标系而言的。由于平动坐标系与静坐标系之间不存在转动，即平动坐标系与静坐标系相应的坐标轴始终保持平行（图 9-27），所以刚体相对平动坐标系的角速度和角加速度与相对静坐标系的角速度和角加速度是相同的。

## 三、平面图形上各点的速度分析

1. 速度合成法　根据合成运动的概念，平面图形的运动可以看成平动和转动的合成运动。于是平面图形上任一点的运动也可视为两种运动的合成，从而运用点的合成运动的方法求出图形上任一点的速度。

设已知平面图形在某瞬时的角速度为 $\omega$，图形上 $A$ 点的速度为 $\boldsymbol{v}_A$，求图形上任一点 $B$ 的速度（图 9-31）。

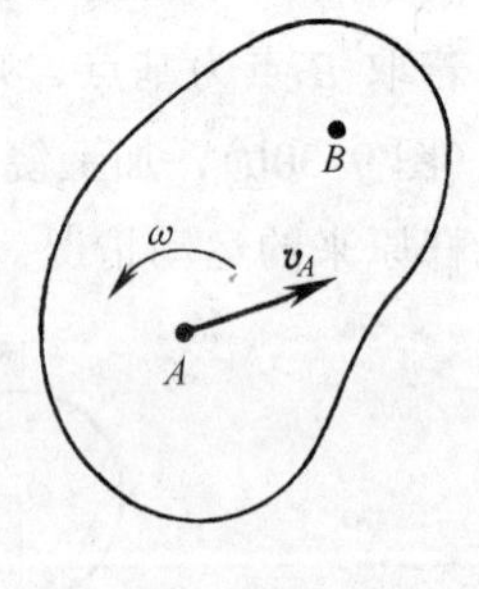


图 9-31

图形上 $A$ 点的运动已知，所以取 $A$ 点为基点，则图形的牵连运动是随同基点 $A$ 的平动，$B$ 点的牵连速度 $\boldsymbol{v}_e$ 就等于基点 $A$ 的速度 $\boldsymbol{v}_A$，即 $\boldsymbol{v}_e = \boldsymbol{v}_A$，如图 9-32a 所示。

又因为图形的相对运动是绕基点 $A$ 的转动，所以 $B$ 点的相对速度 $\boldsymbol{v}_r$ 应等于 $B$ 点绕 $A$ 点的转动速度，即以 $A$ 点为圆心、以 $AB$ 为半径的圆周运动的速度，用 $\boldsymbol{v}_{BA}$ 表示，即 $\boldsymbol{v}_r = \boldsymbol{v}_{BA}$，其大小 $v_{BA} = AB \cdot \omega$，方向垂直于连线 $AB$，指向与角速度的转向一致，如图 9-32b 所示。

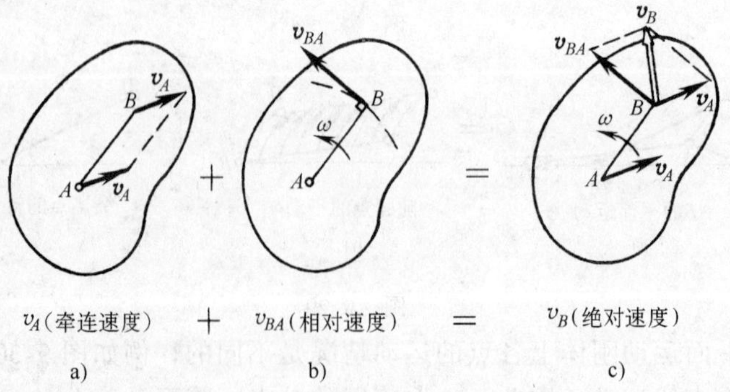


图 9-32

由速度合成定理知，$B$ 点的绝对速度 $\boldsymbol{v}_B$ 等于牵连速度 $\boldsymbol{v}_A$ 与相对速度 $\boldsymbol{v}_{BA}$ 的矢量和，如

图 9-32c 所示，即

$$\boldsymbol{v}_B = \boldsymbol{v}_A + \boldsymbol{v}_{BA} \tag{9-19}$$

上式表明：刚体作平面运动时，在任一瞬时其上任一点的速度等于基点的速度与该点相对于基点作圆周运动的速度的矢量和。

用速度合成定理分析平面运动刚体上任一点速度的方法称为**合成法**，又称**基点法**，它是刚体作平面运动时速度分析的基本方法。

用速度合成法求平面图形上各点的速度，具体可用以下两种方法：

(1) 几何法　根据速度分析按矢量方程作出速度平行四边形，利用几何关系计算出要求的未知量。也可选择适当的比例作图，直接量得要求的未知量。

(2) 解析法　将矢量方程（9-19）投影在平面坐标系的两个坐标轴上，得速度合成的投影方程式，即

$$\begin{cases} v_{Bx} = v_{Ax} + v_{BAx} \\ v_{By} = v_{Ay} + v_{BAy} \end{cases} \tag{9-20}$$

显然，两个方程可求两个未知量。

2. 速度投影法　由图 9-32c 可以看到，$\boldsymbol{v}_{BA}$ 总是垂直于直线 $AB$，也就是说它在 $AB$ 连线上的投影等于零。因此，若把矢量方程式（9-19）向 $AB$ 连线投影，则可得到

$$[\boldsymbol{v}_B]_{AB} = [\boldsymbol{v}_A]_{AB} \tag{9-21}$$

即 $B$ 点的速度 $\boldsymbol{v}_B$ 和 $A$ 点的速度 $\boldsymbol{v}_A$ 在 $AB$ 连线上的投影相等。这是因为：当刚体运动时，由于其上任意两点之间的距离保持不变，因此两点的速度必须满足上述关系，否则就意味着距离 $AB$ 将要伸长或缩短。由此可知：**当刚体作平面运动时，其上任意两点的速度在此两点连线上的投影相等**。这一结论称为**速度投影定理**。利用速度投影定理求平面运动刚体上任一点速度的方法称为速度投影法。若已知刚体上一点的速度的大小和方向，且知另一点的速度方向，则用速度投影定理，在不知两点间距离及刚体角速度的前提下，可方便地求出该点速度的大小。

下面通过实例来说明合成法和速度投影法的应用。

**例 9-10**　如图 9-33 所示，$AB$ 杆的 $A$ 端沿墙面下滑，$B$ 端沿地面向右运动。在图示位置，杆与地面的夹角为 30°，这时 $B$ 点的速度 $v_B = 0.1\text{m/s}$，试求该瞬时端点 $A$ 的速度 $\boldsymbol{v}_A$ 和杆中点 $D$ 的速度 $\boldsymbol{v}_D$。

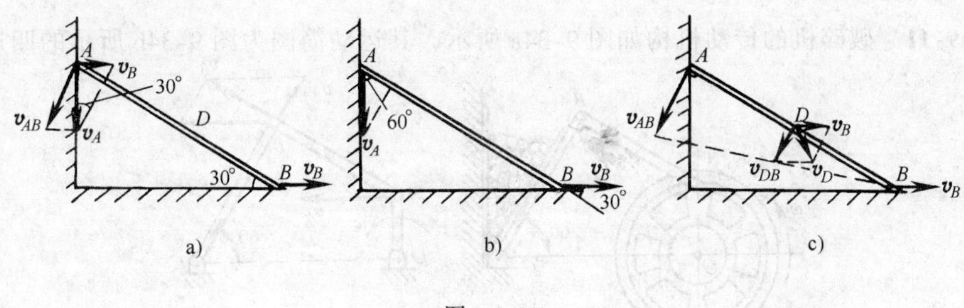


图　9-33

**解**　$AB$ 杆作平面运动。

(1) 先用合成法求 $A$ 点的速度　取速度已知的 $B$ 点为基点，根据速度合成法的公式有

$$\boldsymbol{v}_A = \boldsymbol{v}_B + \boldsymbol{v}_{AB}$$

式中，$\boldsymbol{v}_{AB}$为$A$点绕$B$点相对转动的速度，其方向垂直于$AB$。$A$点沿墙面滑动，其速度$\boldsymbol{v}_A$的方向是已知的。这样就可以按矢量方程作出平行四边形，如图9-33a所示。由图中的几何关系得到

$$v_A = v_B \cot 30° = 0.1 \times \sqrt{3}\text{m/s} = 0.173\text{m/s}$$

$\boldsymbol{v}_A$的指向沿墙面向下。

$$v_{AB} = \frac{v_B}{\sin 30°} = 0.2\text{m/s}$$

(2) 用投影法求$A$点的速度　根据速度投影定理，将$\boldsymbol{v}_A$和$\boldsymbol{v}_B$投影到$AB$方向上，如图9-33b所示，得

$$v_A \cos 60° = v_B \cos 30°$$

因此

$$v_A = \frac{\cos 30°}{\cos 60°} v_B = \sqrt{3} \times 0.1\text{m/s} = 0.173\text{m/s}$$

从解题过程可看出，若已知图形上一点的速度的大小和方向，并知道待求点速度的方向，利用速度投影法求该点速度的大小是很方便的。

(3) 求$D$点的速度$\boldsymbol{v}_D$　因待求点$D$的速度方向是未知的，所以不能用速度投影定理进行求解。现仍用合成法求$\boldsymbol{v}_D$，以$B$点为基点，根据速度合成法的公式有

$$\boldsymbol{v}_D = \boldsymbol{v}_B + \boldsymbol{v}_{DB}$$

式中，相对转动速度$\boldsymbol{v}_{DB}$的方向垂直于$BD$，但大小未知。因$D$点相对转动的速度$\boldsymbol{v}_{DB}$和$A$点相对转动的速度$\boldsymbol{v}_{AB}$的大小分别与$BD$和$AB$的长度成正比。因此$v_{DB} = \frac{1}{2} v_{AB}$，如图9-33c所示。$v_{AB}$已在前面求出，所以

$$v_{DB} = \frac{1}{2} v_{AB} = \frac{1}{2} \times 0.2\text{m/s} = 0.1\text{m/s}$$

然后可以按矢量方程作出平行四边形，如图9-33c所示，因$v_B = 0.1\text{m/s}$，恰好与$\boldsymbol{v}_{DB}$大小相等，$\boldsymbol{v}_B$与$\boldsymbol{v}_{DB}$夹角为120°，所以它们合成的$\boldsymbol{v}_D$的大小与$v_B$相等，即$v_D = 0.1\text{m/s}$，$\boldsymbol{v}_D$与$\boldsymbol{v}_B$的夹角为60°。

**例9-11**　破碎机的传动机构如图9-34a所示，其运动简图为图9-34b所示的四连杆机

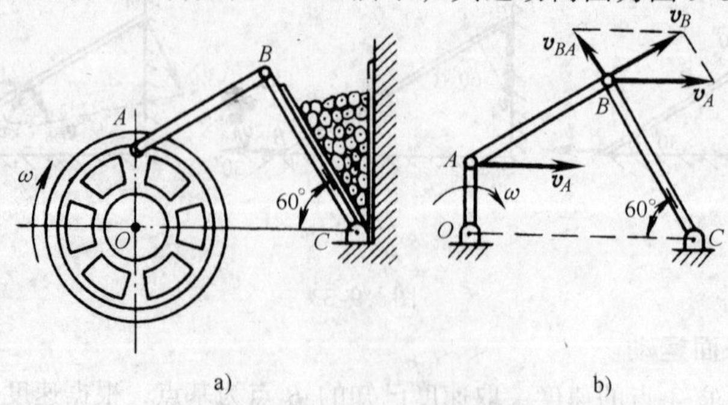


图　9-34

构。已知曲柄 $OA$ 的长度为 $r$，且以角速度 $\omega=4\text{rad/s}$ 顺时针方向转动，连杆 $AB$ 的长度为 $\sqrt{3}r$，摆杆 $BC$ 的长度为 $2r$。当曲轴转到图示铅垂位置时，$AB$ 与 $OA$ 的夹角为 120°，$BC\perp AB$。试求该瞬时摆杆 $BC$ 的角速度 $\omega_{BC}$ 和连杆 $AB$ 的角速度 $\omega_{AB}$。

**解** 此机构中曲柄 $OA$ 和摆杆 $BC$ 作定轴转动，连杆 $AB$ 作平面运动。

(1) 求 $\boldsymbol{v}_B$ 和 $\boldsymbol{v}_{BA}$ 求摆杆 $BC$ 的角速度，需先求出 $B$ 点的速度 $\boldsymbol{v}_B$；求连杆 $AB$ 的角速度，需先求相对转动速度 $\boldsymbol{v}_{BA}$。为此，选连杆 $AB$ 为研究对象，以 $A$ 点为基点，根据速度合成法的公式有

$$\boldsymbol{v}_B = \boldsymbol{v}_A + \boldsymbol{v}_{BA}$$

其中基点 $A$ 的速度大小为

$$v_A = r\omega$$

而 $\boldsymbol{v}_A$、$\boldsymbol{v}_B$、$\boldsymbol{v}_{BA}$ 的方向已知，据此可按矢量方程作出平行四边形，如图 9-34b 所示，由图中几何关系可以算出

$$v_B = v_A\cos30° = r\omega\times\frac{\sqrt{3}}{2} = \frac{\sqrt{3}}{2}r\omega$$

$$v_{BA} = v_A\sin30° = \frac{1}{2}r\omega$$

(2) 求 $\omega_{BC}$ 和 $\omega_{AB}$ 由 $v_B$ 和 $v_{BA}$ 可进一步求出 $AB$ 杆和 $BC$ 杆的角速度

$$\omega_{BC} = \frac{v_B}{BC} = \frac{\frac{\sqrt{3}}{2}r\omega}{2r} = \frac{\sqrt{3}}{4}\omega$$

$$\omega_{AB} = \frac{v_{BA}}{AB} = \frac{\frac{1}{2}r\omega}{\sqrt{3}r} = \frac{\sqrt{3}}{6}\omega$$

将 $\omega$ 的值代入得

$$\omega_{BC} = \frac{\sqrt{3}}{4}\omega = \frac{\sqrt{3}}{4}\times4\text{rad/s} = 1.732\text{rad/s}$$

$$\omega_{AB} = \frac{\sqrt{3}}{6}\omega = \frac{\sqrt{3}}{6}\times4\text{rad/s} = 1.155\text{rad/s}$$

$\omega_{BC}$ 的转向为顺时针方向，$\omega_{AB}$ 的转向为逆时针方向。

**例 9-12** 半径为 $R$ 的滚轮沿直线在地面上作无滑动的滚动（即纯滚动），如图 9-35a 所示。已知轮心 $O$ 的速度为 $\boldsymbol{v}_O$，求图示瞬时轮缘上 $A$、$B$、$D$ 点的速度。

**解** 滚轮作平面运动。

(1) 求轮子的角速度 $\omega$ 因求轮缘上 $A$、$B$、$D$ 点的速度，需先求出轮子的角速度 $\omega$。为此，选轮子为研究对象，以轮心 $O$ 点为基点，根据速度合成法的公式有

$$\boldsymbol{v}_C = \boldsymbol{v}_O + \boldsymbol{v}_{CO}$$

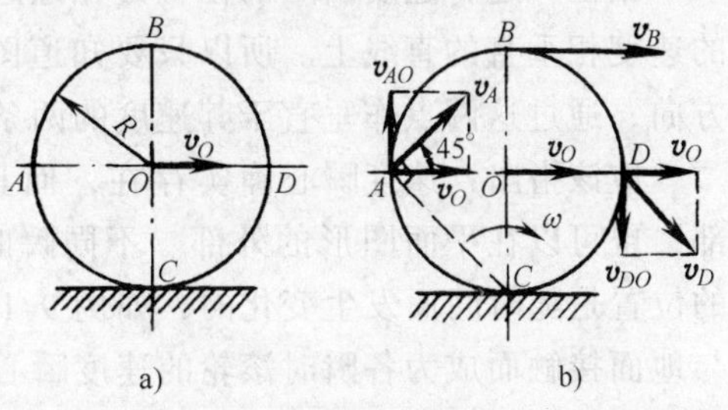

图 9-35

其中基点 $O$ 的速度已知。因为轮子在地面上无滑动，轮子上的 $C$ 点与其与地面的接触点

应具有相同的速度，又因地面总是不动的，即其速度为零，所以，轮子上的接触点 $C$ 的速度 $v_C$ 也一定为零。

因 $v_C=0$，由矢量方程知 $\boldsymbol{v}_O=-\boldsymbol{v}_{CO}$，又 $v_{CO}=CO\cdot\omega$，所以在数值上

$$v_{CO} = CO\cdot\omega = v_O$$

$$\omega = \frac{v_O}{CO}$$

(2) 求 $A$、$B$、$D$ 点的速度　由于 $v_{AO}=R\cdot\omega=v_O$，根据

$$\boldsymbol{v}_A = \boldsymbol{v}_O + \boldsymbol{v}_{AO}$$

可以求得 $A$ 点的速度大小

$$v_A^2 = v_O^2 + v_{AO}^2$$

$$v_A = \sqrt{2}v_O$$

$\boldsymbol{v}_A$ 的方向与水平线成 45°，也就是与 $AC$ 线垂直。

同理，可求得

$$v_D = \sqrt{2}v_O, v_D \perp DC$$

由于 $v_{BO}=R\cdot\omega=v_O$，根据

$$\boldsymbol{v}_B = \boldsymbol{v}_O + \boldsymbol{v}_{BO}$$

所以求得 $B$ 点的速度大小 $v_B=2v_O$，$\boldsymbol{v}_B$ 的方向与 $BC$ 垂直，如图 9-35b 所示。

3. 速度瞬心法　从前面的分析可知，平面运动分解时其平动部分与基点的选择有关。同一瞬时，如选取不同的基点，牵连速度就不同。假如在平面图形上（或平面图形的延伸部分）能找到某瞬时速度为零的一个点（如上例中，滚轮上与地面接触点 $C$ 的速度等于零），并取它为基点，则刚体上任一点 $M$ 的速度就等于该点绕基点 $C$ 相对转动的速度（图 9-36），即 $v_M=v_{MC}=MC\cdot\omega$，这样就可避免矢量合成的麻烦。我们把刚体上某瞬时速度为零的那个点称为平面图形在该瞬时的**瞬时速度中心**，简称**速度瞬心**。

由此可见，以瞬心为基点，平面运动的问题就可以看成平面图形绕速度瞬心的转动问题。例 9-12 中滚轮上各点的速度分布如图 9-36 所示。所以，平面图形内各点速度的大小与该点至瞬心的距离成正比，方向与该点同速度瞬心的连线垂直。图形上各点速度的分布情况与图形在该瞬时以角速度 $\omega$ 绕速度瞬心 $C$ 转动时一样。这种情形称为瞬时转动。

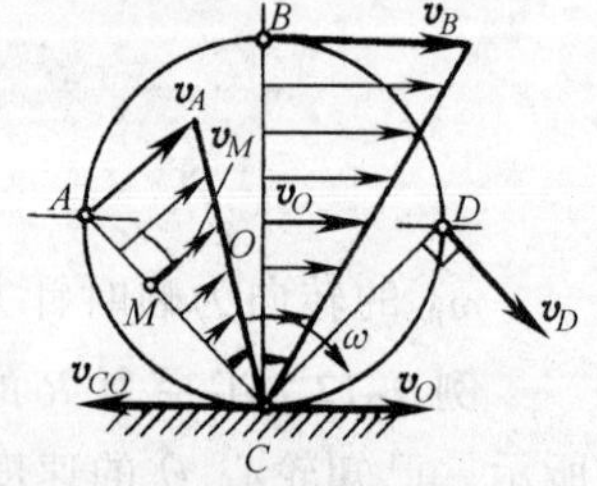

图　9-36

据上所述，速度瞬心的位置必在通过图形上一点并与该点的速度相垂直的直线上。所以只要知道图形上任意两点的速度方向，通过这两点作垂直于其速度的两条直线，则这两条直线的交点就是速度瞬心。

应该指出：速度瞬心确实存在，而且是惟一的（证明略）。它可以在平面图形的内部，也可以在平面图形的外部。不同瞬时，速度瞬心的位置不同，也就是说，速度瞬心的位置是随时间而发生变化的，如例 9-12 中的滚轮，在不同瞬时，轮缘上的点逐个相继与地面接触而成为各瞬时滚轮的速度瞬心。瞬心的速度等于零，但加速度不等于零。

已知图形的角速度和瞬心的位置，利用公式 $v_M=v_{MC}=MC\cdot\omega$ 求出图形上任一点速度的方法称为**瞬时速度中心法**，简称**瞬心法**。

应用瞬心法求平面图形上任一点的速度，必须首先知道速度瞬心的位置。下面介绍几种确定瞬心位置的方法。

1）若已知某瞬时平面图形上任意两点的速度方向，且这两点的速度方向不平行，如图 9-37 所示，根据平面图形内各点速度应垂直于该点和瞬心的连线，可过 $A$、$B$ 两点分别作 $\boldsymbol{v}_A$、$\boldsymbol{v}_B$ 的垂线，其两垂线的交点就是图形的瞬心。图形的角速度为

$$\omega = \frac{v_A}{AC} = \frac{v_B}{BC}$$

$\omega$ 的转向与速度的指向一致。

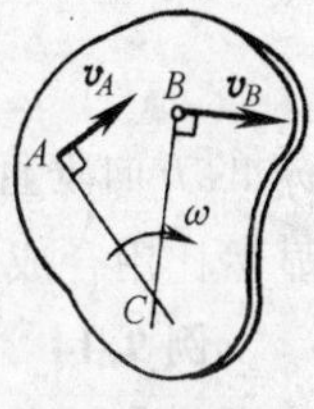

图 9-37

2）若已知某瞬时平面图形上 $A$、$B$ 两点速度 $\boldsymbol{v}_A$、$\boldsymbol{v}_B$ 的大小，且这两点的速度方向同时垂直 $AB$ 连线，如图 9-38 所示，从图中可见，瞬心必在 $AB$ 连线与速度矢量 $\boldsymbol{v}_A$ 和 $\boldsymbol{v}_B$ 端点连线的交点上。该瞬时的角速度为

$$\omega = \frac{v_A}{AC} = \frac{v_B}{BC} = \frac{v_A - v_B}{AB}$$

当 $A$、$B$ 两点速度方向相同，如图 9-39 所示，速度的垂线互相平行，此时 $AC$ 和 $BC$ 变成无穷大，显然速度瞬心在无穷远处，从上式可知图形的角速度 $\omega$ 等于零。此瞬时图形上各点的速度都相同，图形作**瞬时平动**。刚体作瞬时平动时，各点的速度相等，但各点的加速度不等。

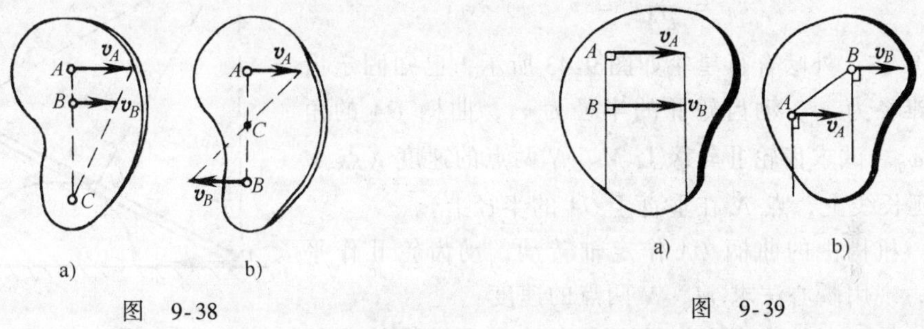


图 9-38　　图 9-39

3）已知图形沿某一固定平面作无滑动滚动，如齿轮在固定齿条上滚动或滚轮在地面上作纯滚动时，则图形与固定面的接触点 $C$ 就是速度瞬心，如图 9-40 所示。

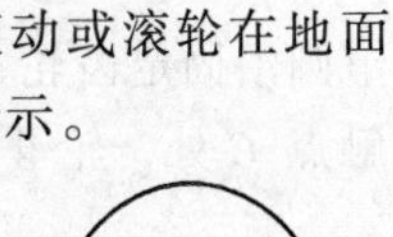

在机构运动分析中，常应用速度瞬心法求图形上各点的速度，现举例说明。

**例 9-13**　用瞬心法求例 9-10 中 $A$ 点的速度 $\boldsymbol{v}_A$ 和 $D$ 点的速度 $\boldsymbol{v}_D$。

**解**　$AB$ 杆作平面运动。

(1) 确定 $AB$ 杆在图示瞬时速度瞬心的位置和角速度　因 $A$ 点和 $B$ 点的速度方向已知，如图 9-41 所示，杆的瞬心在 $\boldsymbol{v}_A$ 和 $\boldsymbol{v}_B$ 的垂线 $AC$ 和 $BC$ 的交点 $C$（这里的速度瞬心 $C$ 落在 $AB$ 杆实体的外面，我们应作如下理解，即将 $AB$ 杆扩大为一个包含 $C$ 点的任意大的平面图形 $S$，瞬心就在此图形上）。

图 9-40

杆的角速度为

$$\omega = \frac{v_B}{BC}$$

其方向为逆时针方向。

(2) 求 $A$ 点的速度 $\boldsymbol{v}_A$ 和 $D$ 点的速度 $\boldsymbol{v}_D$　以 $C$ 点为瞬心，则 $A$ 点的速度和 $D$ 点的速度分别为

$$v_A = AC \cdot \omega = AC \cdot \frac{v_B}{BC} = \sqrt{3}v_B = 0.173\text{m/s}$$

$$v_D = DC \cdot \omega = DC \cdot \frac{v_B}{BC} = v_B = 0.1\text{m/s}$$

$\boldsymbol{v}_D$ 的方向垂直于转动半径 $CD$，如图 9-41 所示。在这个例子中，用瞬心法求 $D$ 点的速度显然比用合成法简单。

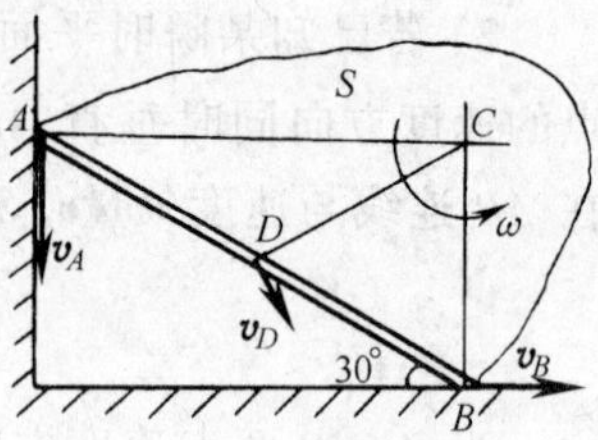

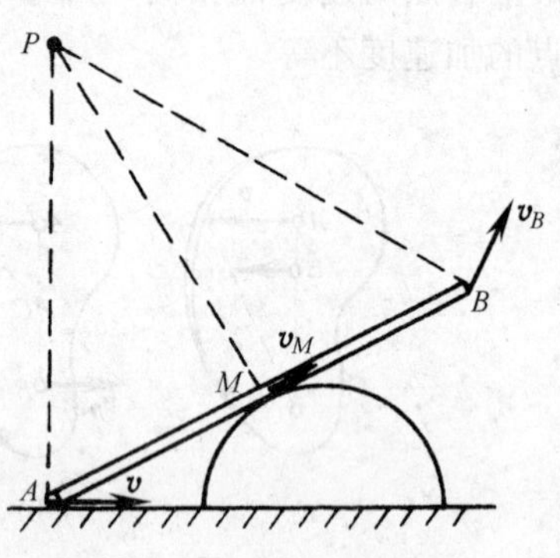


图 9-41

**例 9-14**　$AB$ 杆靠在半圆柱上，如图 9-42 所示，$A$ 端以速度 $v$ 沿地面向右滑动，当杆的中点 $M$ 与半圆柱相接触时，求杆的端点 $B$ 的速度的大小。

**解**　(1) 求 $AB$ 杆的角速度　$AB$ 杆上 $A$ 点和 $M$ 点的速度方向如图 9-42 所示，$AB$ 杆的瞬心为 $P$ 点，从而可得 $B$ 点的速度方向（图 9-42），由瞬心法可求出

$$\omega_{AB} = \frac{v}{PA} = \frac{v_M}{PM} = \frac{v_B}{PB}$$

(2) 求 $\boldsymbol{v}_B$ 的大小　由上式得

$$v_B = \frac{PB}{PA}v = v$$

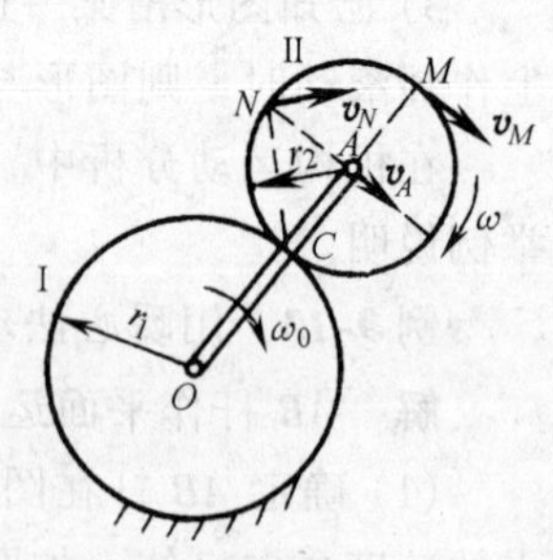


图 9-42

**例 9-15**　外啮合行星轮如图 9-43 所示，已知固定齿轮Ⅰ的半径为 $r_1$，动齿轮Ⅱ的半径为 $r_2$，曲柄 $OA$ 的角速度为 $\omega_0$。试求齿轮Ⅱ轮缘上 $M$、$N$ 两点的速度（点 $M$ 在 $OA$ 延长线上，点 $N$ 在垂直于 $OA$ 的半径上）。

**解**　机构中的曲柄 $OA$ 作定轴转动，动齿轮Ⅱ作平面运动，现用瞬心法求 $M$、$N$ 两点的速度。

(1) 求 $A$ 点的速度和齿轮Ⅱ的角速度　动齿轮Ⅱ的节圆沿固定齿轮Ⅰ的节圆作纯滚动，轮Ⅱ的瞬心在二节圆的接触点 $C$ 处，轮Ⅱ上 $A$ 点速度可通过杆 $OA$ 的转动求得。

$$v_A = OA \cdot \omega_0 = (r_1 + r_2)\omega_0$$

其方向如图 9-43 所示。

图 9-43

齿轮Ⅱ的角速度 $\omega$ 为

$$\omega = \frac{v_A}{AC} = \frac{r_1 + r_2}{r_2}\omega_0$$

由 $\boldsymbol{v}_A$ 的方向和 $C$ 点的位置可判定 $\omega$ 是顺时针方向转动。

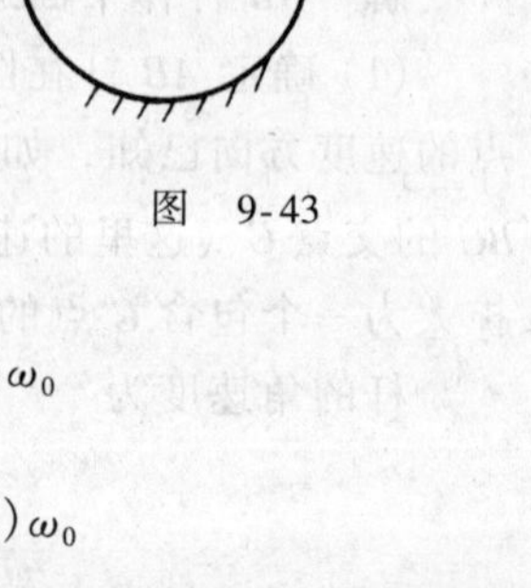

(2) 求齿轮Ⅱ轮缘上 $M$、$N$ 两点的速度

$$v_M = MC \cdot \omega = 2r_2 \times \frac{r_1 + r_2}{r_2}\omega_0 = 2(r_1 + r_2)\omega_0$$

$$v_N = NC \cdot \omega = \sqrt{2}r_2 \times \frac{r_1 + r_2}{r_2}\omega_0 = \sqrt{2}(r_1 + r_2)\omega_0$$

$\boldsymbol{v}_M$ 和$\boldsymbol{v}_N$ 的方向如图 9-43 所示。

**例 9-16** 在图 9-44 所示的机构中，曲柄 $OA$ 长为 $r$，以角速度 $\omega_0$ 逆时针方向转动。短杆 $DE$ 的两端分别与连杆 $AB$ 的中点和摆杆 $EF$ 的端点铰接，$EF$ 长 $4r$。试求在图示位置的瞬时，摆杆 $EF$ 的角速度 $\omega_{EF}$。

**解** 机构由四个构件组成，其中曲柄 $OA$ 和摆杆 $EF$ 作定轴转动，连杆 $AB$ 和短杆 $DE$ 作平面运动。

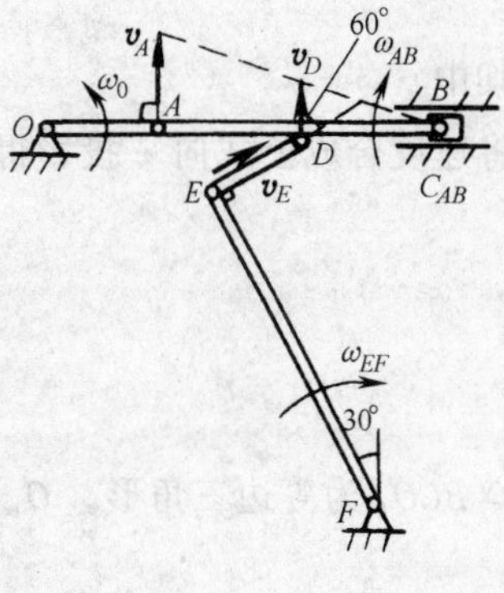

图 9-44

(1) 求 $A$、$D$ 两点的速度和 $AB$ 杆的角速度

$A$ 点的速度为

$$v_A = r\omega_0$$

方向如图 9-44 所示。

$B$ 点在水平轨道内作直线运动，其速度只可能沿水平方向。由 $A$ 点和 $B$ 点速度的方向，可确定该瞬时连杆 $AB$ 的瞬心 $C_{AB}$ 恰好在 $B$ 处。所以 $AB$ 杆的角速度和 $D$ 点的速度为

$$\omega_{AB} = \frac{v_A}{AC_{AB}} = \frac{v_A}{AB}$$

$$v_D = DC_{AB} \cdot \omega_{AB} = \frac{1}{2}AB \cdot \omega_{AB} = \frac{1}{2}v_A = \frac{1}{2}r\omega_0$$

$\omega_{AB}$的转向和 $v_D$ 的方向如图 9-44 所示。

(2) 求 $E$ 点的速度 以 $DE$ 杆为研究对象，因 $E$ 点速度$\boldsymbol{v}_E$ 的方向已知（垂直 $EF$），$D$ 点速度$\boldsymbol{v}_D$ 的大小和方向已在前面求出，所以利用速度投影定理有

$$v_D\cos60° = v_E$$

解得

$$v_E = \frac{1}{4}r\omega_0$$

(3) 求 $EF$ 杆的角速度

$$\omega_{EF} = \frac{v_E}{EF} = \frac{\frac{1}{4}r\omega_0}{4r} = \frac{1}{16}\omega_0$$

**例 9-17** 轮 $O$ 在水平面内作纯滚动，轮缘有一固定销钉 $B$，此销钉在摇杆 $O_1A$ 的槽内滑动，并带动摇杆绕 $O_1$ 轴转动。已知轮的半径 $R = 0.5\text{m}$，在图 9-45 所示的位置时，$AO_1$ 是轮的切线，轮心的速度 $v_O = 0.2\text{m/s}$，摇杆与水平面的夹角为 60°。试求在图示瞬时，摇杆的角速度 $\omega_{O_1A}$。

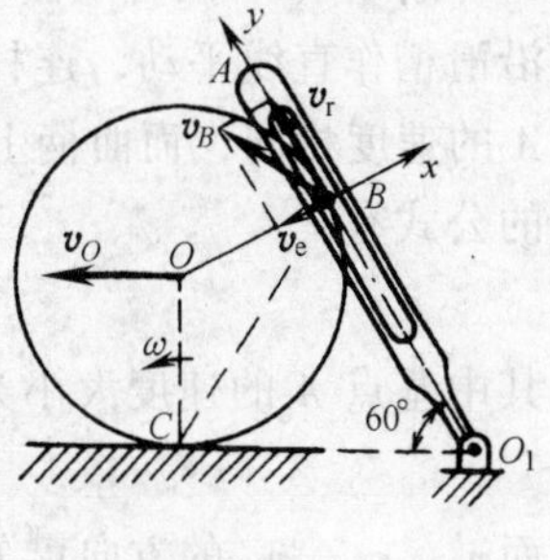

图 9-45

**解** 机构由两个构件组成，其中摇杆 $O_1A$ 作定轴转动，轮子作平面运动。

(1) 求轮子的角速度 $\omega$ 和 $B$ 的速度 因轮 $O$ 在水平面内作纯滚动，所以轮子与地面的接触点 $C$ 为速度瞬心，其角速度为

$$\omega = \frac{v_O}{R}$$

由此可求得 $B$ 的速度为

$$v_B = BC \cdot \omega = 2R\cos30° \cdot \omega = \sqrt{3}R\frac{v_O}{R} = \sqrt{3}v_O$$

(2) 求摇杆的角速度 $\omega_{O_1A}$　由于 $B$ 点为滑动连接，轮与摇杆相互接触的两点的速度不等，所以应用点的合成运动的方法分析，若以 $B$ 点为动点，摇杆为动系，则

$$\boldsymbol{v}_a = \boldsymbol{v}_e + \boldsymbol{v}_r$$

其中

$$\boldsymbol{v}_B = \boldsymbol{v}_a$$

将速度合成公式向 $x$ 投影得

$$\boldsymbol{v}_{ax} = \boldsymbol{v}_{ex} + \boldsymbol{v}_{rx}$$

$$-v_B\cos60° = -v_e + 0$$

$$v_e = \frac{1}{2}v_B = \frac{\sqrt{3}}{2}v_O$$

$\triangle BCO_1$ 为等边三角形，$O_1B = BC$，所以摇杆的角速度 $\omega_{O_1A}$ 为

$$\omega_{O_1A} = \frac{v_e}{O_1B} = \frac{\frac{\sqrt{3}}{2}v_O}{2R\cos30°} = \frac{v_O}{2R} = 0.2\text{rad/s}$$

**例 9-18**　曲柄连杆机构如图 9-46a 所示，曲柄 $OA = r = 0.3\text{m}$，以匀角速度 $\omega = 2\text{rad/s}$ 绕 $O$ 轴转动，连杆长 $AB = l = 0.4\text{m}$。试求当$\angle OAB = 90°$时，滑块 $B$ 的速度。

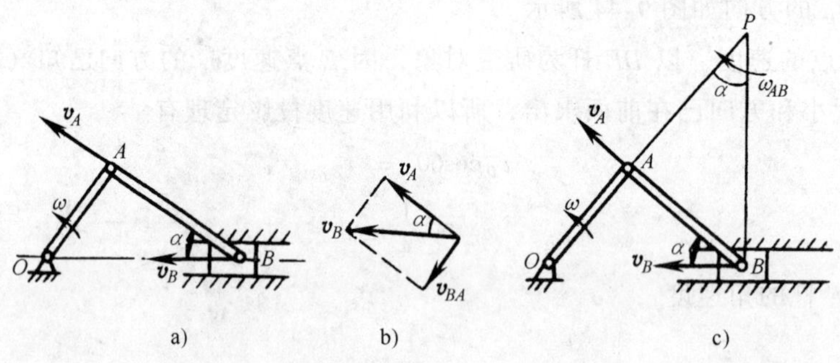


图　9-46

**解**　(1) 用合成法求滑块 $B$ 的速度　在此机构中，曲柄 $OA$ 绕定轴 $O$ 转动，滑块 $B$ 沿滑槽作直线平动，连杆 $AB$ 作平面运动。取连杆为研究对象。由于连杆与曲柄在铰接点 $A$ 的速度相同，而曲柄上 $A$ 点的速度已知，故选连杆上的 $A$ 点为基点，根据速度合成法的公式有

$$\boldsymbol{v}_B = \boldsymbol{v}_A + \boldsymbol{v}_{BA}$$

其中基点 $A$ 的速度大小为

$$v_A = r\omega$$

而$\boldsymbol{v}_A$、$\boldsymbol{v}_B$、$\boldsymbol{v}_{BA}$的方向已知，据此可按矢量方程作出平行四边形，如图 9-46b 所示，由图中几何关系可以算出

$$v_B = \frac{v_A}{\cos\alpha} = \frac{r \cdot \omega}{\frac{AB}{OB}} = \frac{0.3 \times 2}{\frac{0.4}{0.5}}\text{m/s} = 0.75\text{m/s}$$

(2) 用投影法求滑块 $B$ 的速度　仍取连杆为研究对象，因 $A$ 点速度的大小和方向已

知，又知 $B$ 点的速度方向如图 9-46a 所示，所以可以由速度投影定理方便地求出滑块 $B$ 的速度。

由公式
$$[\boldsymbol{v}_B]_{AB} = [\boldsymbol{v}_A]_{AB}$$
可得
$$v_B\cos\alpha = v_A\cos0^\circ = v_A$$
所以
$$v_B = \frac{v_A}{\cos\alpha} = \frac{r\cdot\omega}{\dfrac{AB}{OB}} = \frac{0.3\times2}{\dfrac{0.4}{0.5}}\text{m/s} = 0.75\text{m/s}$$

(3) 用瞬心法求滑块 $B$ 的速度　再取连杆为研究对象，因 $A$ 点速度的大小和方向已知，又知 $B$ 点的速度方向如图 9-46c 所示，故过此两点分别作 $\boldsymbol{v}_A$、$\boldsymbol{v}_B$ 的垂线，其交点 $P$ 即为连杆在图示位置的瞬心，如图 9-46c 所示。由瞬心法有
$$v_A = PA\cdot\omega_{AB}$$
$$v_B = PB\cdot\omega_{AB}$$

由图中几何关系知
$$\tan\alpha = \frac{OA}{AB} = \frac{0.3}{0.4} = 0.75$$
$$PA = \frac{AB}{\tan\alpha} = \frac{0.4}{0.75}\text{m} = 0.533\text{m}$$
$$PB = \sqrt{AB^2 + PA^2} = \sqrt{0.4^2 + 0.533^2}\,\text{m} = 0.667\text{m}$$

故
$$\omega_{AB} = \frac{v_A}{PA} = \frac{r\omega}{PA} = \frac{0.3\times2}{0.533}\text{rad/s} = 1.13\text{rad/s}$$
$$v_B = PB\cdot\omega_{AB} = 0.667\times1.13\text{m/s} = 0.75\text{m/s}$$

综上所述，由三种方法可以看出：刚体作平面运动时，已知其上任意两点速度的方位，和其中一点速度的大小，用速度投影定理求解最为方便。

## 习　题

9-1　试用合成运动的概念分析图 9-47 中所指定动点 $M$ 的运动。先确定动参考系，并说明绝对运

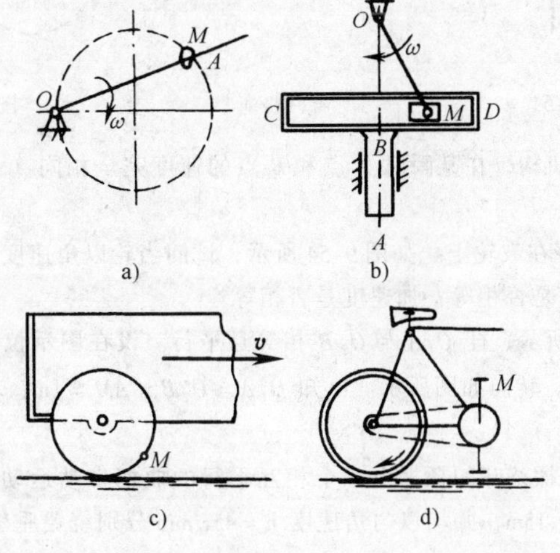


图　9-47

动、相对运动和牵连运动。

9-2　自动冲螺帽机的切料机构如图 9-48 所示，切刀 $A$ 的推杆在一端 $C$ 和沿凸轮斜槽滑动的滑块铰接。凸轮 $B$ 沿水平方向作往复运动，使推杆沿直线轨道作往复运动，从而实现切刀的切料动作。设凸轮的平动速度为 $v$，凸轮斜槽与水平方向的倾角为 $\varphi$，试求切刀 $A$ 的速度。

9-3　裁纸机构如图 9-49 所示。纸由传送带以 $v_1 = 0.05\text{m/s}$ 输送，裁纸刀固定在刀架 $K$ 上，刀架沿固定杆 $AB$ 平动，其速度 $v_2 = 0.13\text{m/s}$，欲使裁出纸板为矩形，试问杆 $AB$ 的安装角度 $\theta$ 应为多大？

9-4　汽车沿平直道路行驶，速度 $u = 20\text{m/s}$，雨点铅垂落下，在车窗上留下的雨痕与铅垂线成 45°角，如图 9-50 所示，求雨点下落的速度 $v$。

9-5　刚体作定轴转动时，转动轴是否一定通过物体本身？若一汽车由西开来，经过十字路口转弯向北开去，如图 9-51 所示，在转弯时由 $A$ 至 $B$ 这一段路程中，车厢的运动是平动还是转动？

9-6　如图 9-52 所示，用绳子提一物块使其上 $P$ 点沿一圆周路径运动，$A$ 点沿相同半径的另一圆周路径运动，物块的整体的运动是平动还是转动？

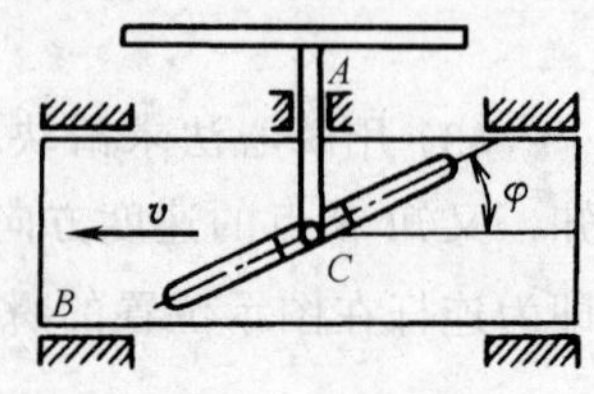


图　9-48

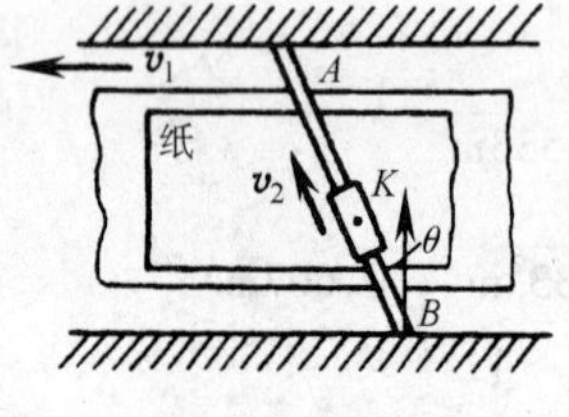


图　9-49

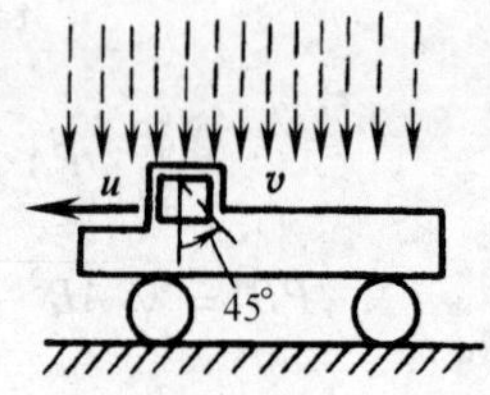


图　9-50

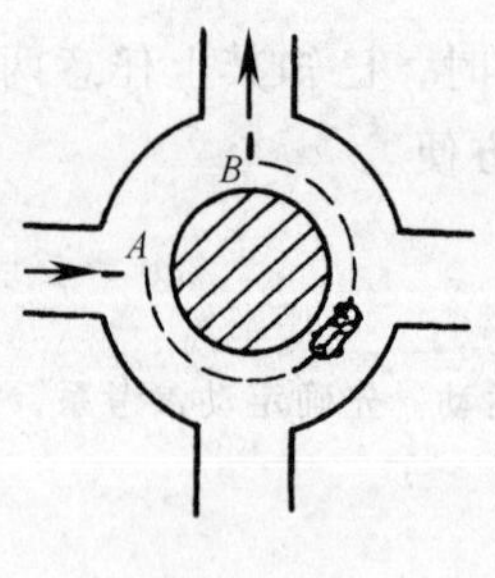


图　9-51

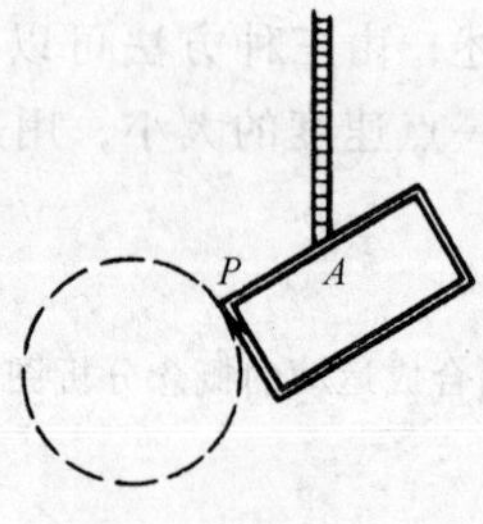


图　9-52

9-7　如图 9-53 所示的机构，在某瞬时 $A$ 点和 $B$ 点的速度完全相同（大小相等，方向相同），试问 $AB$ 板的运动是不是平动？

9-8　悬挂重物的绳子绕在鼓轮上，如图 9-54 所示，试问当轮以角速度为 $\omega$、角加速度为 $\alpha$ 转动时，图中绳上 $A$ 点和 $B$ 点的速度是否相等？加速度是否相等？

9-9　振动筛如图 9-55 所示，杆 $O_1A$ 与 $O_2B$ 相等且平行。设在图示位置时，杆 $O_1A$ 的角速度 $\omega = 1\text{rad/s}$，角加速度 $\alpha = 2\text{rad/s}^2$，转向如图所示。已知 $O_1A = O_2B = AM = 1\text{m}$，求此时 $M$ 点的速度和加速度的大小。

9-10　如图 9-56 所示，揉茶叶的揉桶由三个相互平行的曲柄带动运动，$ABC$ 和 $A'B'C'$ 为等边三角形。已知各曲柄长均为 $r = 0.15\text{m}$，并均以匀角速度 $n = 45\text{r/min}$ 分别绕铅垂轴 $A$、$B$、$C$ 转动。求揉桶中心 $O$ 点的轨迹、速度和加速度。

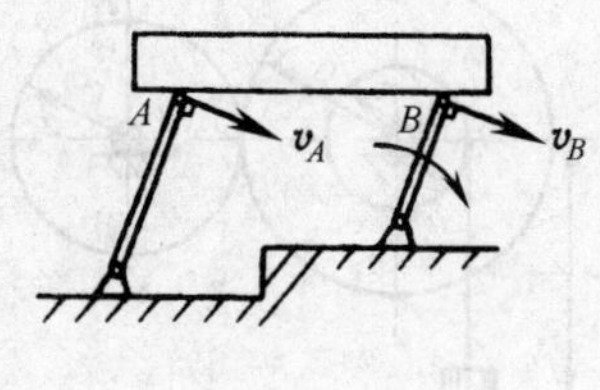

图 9-53

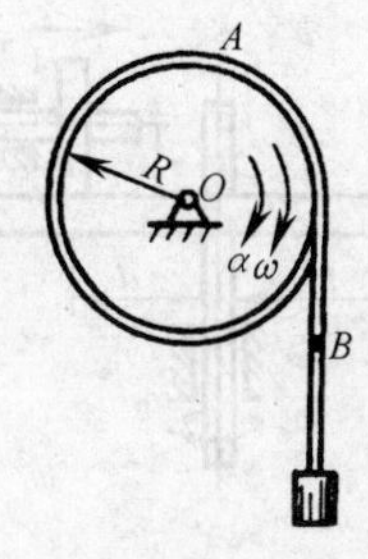

图 9-54

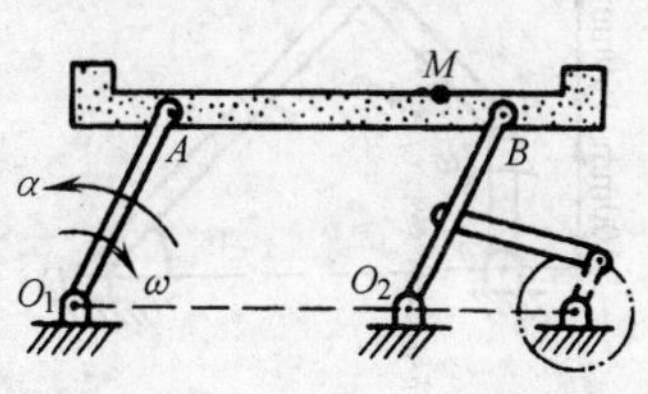

图 9-55

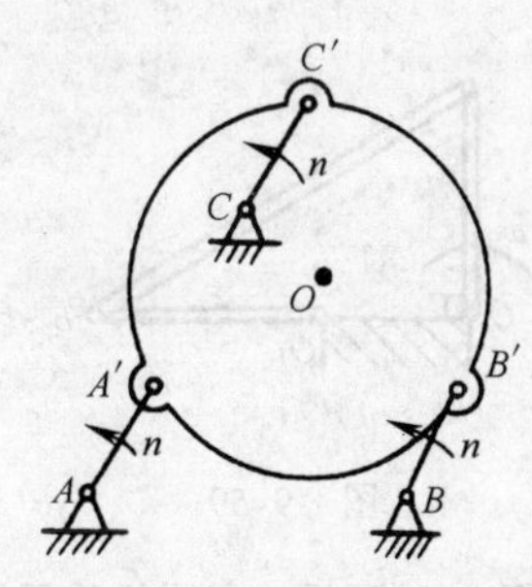

图 9-56

9-11 已知物体的转动方程为

(1) $\varphi = 3t^2 - t^3$

(2) $\varphi = 4t - t^2$

转角 $\varphi$ 的单位为 rad，时间 $t$ 的单位为 s。试求 $t = 1$s、2s 时物体的角速度和角加速度。

9-12 压气机原转速 $n_0 = 13500$r/min，在 50s 内转速降到 $n = 900$r/min。若运动过程为匀减速转动，试求其角加速度。

9-13 如图 9-57 所示，摩擦传动的主动轴Ⅰ以 600r/min 转动，两轮的接触点按箭头所指方向移动，$t$ 以 s 计，距离 $d$ 按规律 $d = (0.1 - 0.005t)$ m 而变化。已知两轮的半径分别是 $r = 0.05$m 和 $R = 0.15$m。求：

1) 以距离的函数表示的轮Ⅱ的角加速度；

2) 当 $d = r$ 时，轮Ⅱ边缘上一点 $B$ 的全加速度。

9-14 升降机构中，齿轮Ⅰ的半径 $r_1 = 0.6$m，齿轮Ⅱ的半径为 $r_2 = 0.5$m，如图 9-58 所示。在半径为 $r_3 = 0.3$m 的鼓轮轴上用绳悬挂一重物，其运动规律为 $s = 3t^2$。试求齿轮Ⅱ的角速度、角加速度以及轮缘上 $B$ 点的速度和加速度。

9-15 如图 9-59 所示，四连杆机构 $OABO_1$ 中，$OA = O_1B = \frac{1}{2}AB$，曲柄 $OA$ 的角速度 $\omega = 3$rad/s。当 $OA$ 转到与 $OO_1$ 垂直时，$O_1B$ 正好在 $OO_1$ 的延长线上，求该瞬时 $AB$ 的角速度 $\omega_{AB}$ 和曲柄 $O_1B$ 的角速度 $\omega_1$。

9-16 四连杆机构 $ABCD$ 的尺寸和位置如图 9-60 所示，如 $AB$ 杆以匀角速度 $\omega = 1$rad/s 绕 $A$ 转动，求 $C$ 点的速度。

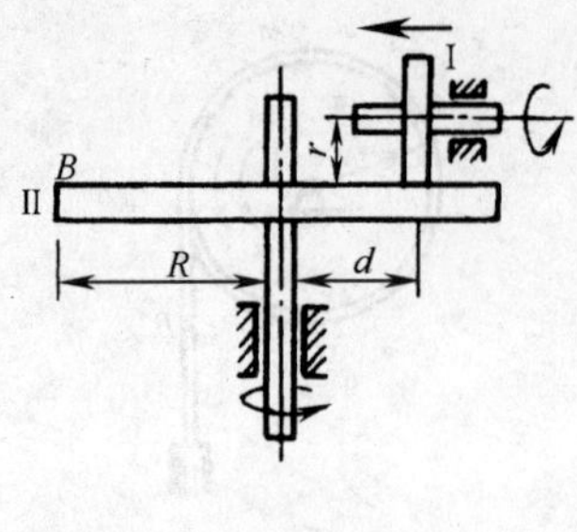


图 9-57

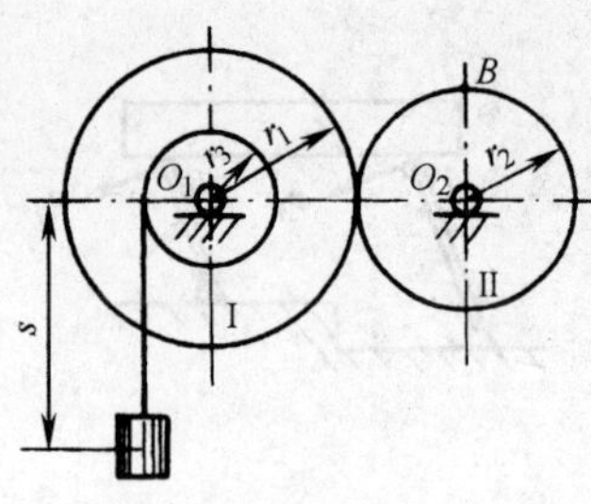


图 9-58

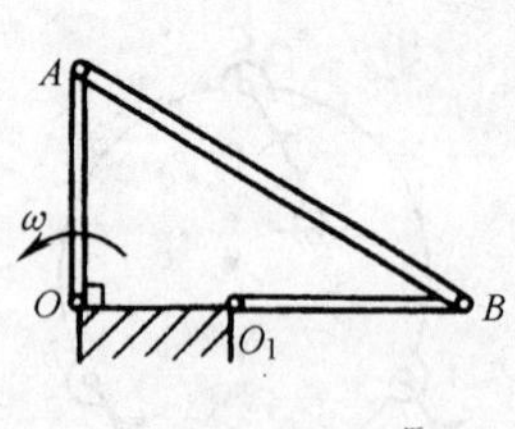


图 9-59

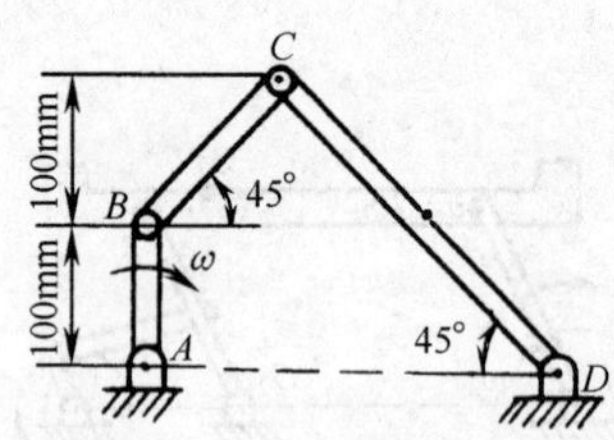


图 9-60

9-17 如图 9-61 所示，印刷机的墨滚 $B$ 由曲柄 $OA$ 和连杆 $AB$ 带动，只滚不滑。已知 $OA=0.35\mathrm{m}$，$AB=0.50\mathrm{m}$，滚子半径 $R=0.10\mathrm{m}$。如曲柄 $OA$ 以角速度 $\omega=6\mathrm{rad/s}$ 绕 $O$ 转动，求当 $OA$ 在右边水平位置时墨滚 $B$ 的角速度大小和转向。

9-18 如图 9-62 所示机构中，曲柄 $OA$ 以等角速度 $\omega_0$ 绕 $O$ 轴转动，且 $OA=O_1B=\mathrm{r}$，在图示位置时 $\angle AOO_1=90°$，$\angle BAO=\angle BO_1O=45°$。求该瞬时 $B$ 点的速度 $\boldsymbol{v}_B$ 和 $AB$ 杆的角速度 $\omega_{AB}$。

9-19 如图 9-63 所示，圆轮在地面上作纯滚动，且与 $AB$ 铰接，已知圆轮的半径 $r=1\mathrm{m}$，杆长 $l=3\mathrm{m}$，$AO=0.5\mathrm{m}$，$v_O=2\mathrm{m/s}$。求在图示位置时 $B$ 点速度。

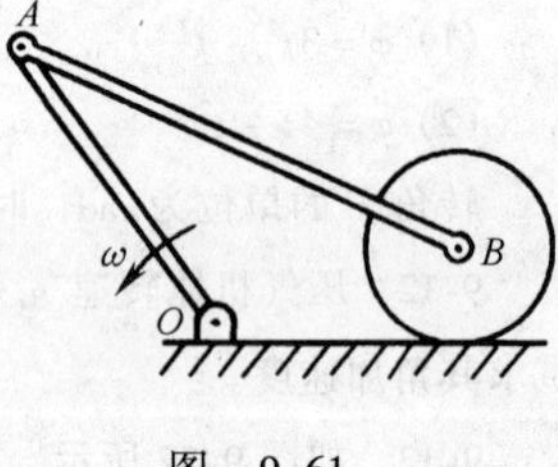


图 9-61

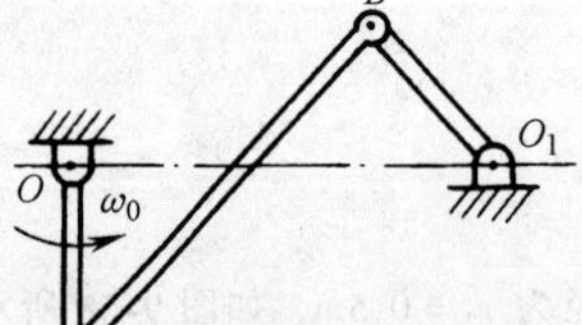

图 9-62

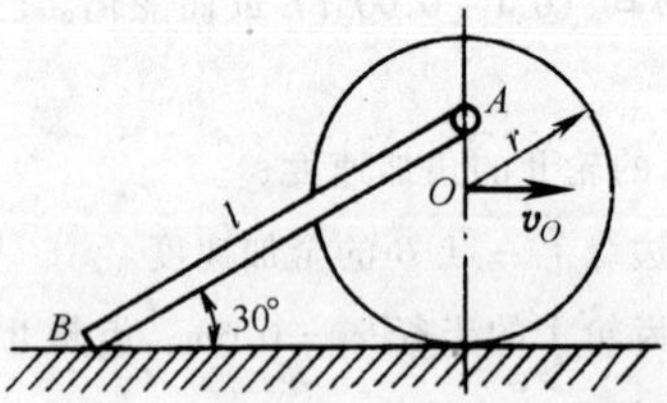

图 9-63

# 第十章　质点系动力学基础

## 第一节　动 量 定 理

质点的质量为 $m$,速度为 $\boldsymbol{v}$,质量与速度的乘积 $m\boldsymbol{v}$ 称为质点的动量。设有一质点系,有 $n$ 个质点,第 $i$ 个质点 $M_i$ 的质量为 $m_i$,速度为 $\boldsymbol{v}_i$,对每一个质点的动量求和,得质点系的动量为

$$\boldsymbol{p} = \sum_{i=1}^{n} m_i \boldsymbol{v}_i \tag{10-1}$$

动量是一矢量,单位为 kg·m/s,可把动量向直角坐标轴投影

$$\begin{cases} p_x = \sum\limits_{i=1}^{n} m_i v_{ix} = \sum\limits_{i=1}^{n} m_i \dot{x}_i \\ p_y = \sum\limits_{i=1}^{n} m_i v_{iy} = \sum\limits_{i=1}^{n} m_i \dot{y}_i \\ p_z = \sum\limits_{i=1}^{n} m_i v_{iz} = \sum\limits_{i=1}^{n} m_i \dot{z}_i \end{cases} \tag{10-2}$$

设 $\boldsymbol{F}_i^{(e)}$ 为质点 $M_i$ 所受到的外力,而 $\boldsymbol{F}_i^{(i)}$ 为该质点所受到的内力,根据牛顿第二定律得

$$m_i \boldsymbol{a}_i = \boldsymbol{F}_i^{(e)} + \boldsymbol{F}_i^{(i)}$$

即

$$m_i \frac{\mathrm{d}\boldsymbol{v}_i}{\mathrm{d}t} = \boldsymbol{F}_i^{(e)} + \boldsymbol{F}_i^{(i)}$$

如果质点的质量 $M_i$ 不变,则有

$$\frac{\mathrm{d}(m_i \boldsymbol{v}_i)}{\mathrm{d}t} = \boldsymbol{F}_i^{(e)} + \boldsymbol{F}_i^{(i)}$$

上式对质点系中任一点都成立,$n$ 个质点有 $n$ 个这样的方程,把这 $n$ 个方程两端相加,得

$$\frac{\mathrm{d}}{\mathrm{d}t}\left(\sum_{i=1}^{n} m_i \boldsymbol{v}_i\right) = \sum_{i=1}^{n} \boldsymbol{F}_i^{(e)} + \sum_{i=1}^{n} \boldsymbol{F}_i^{(i)}$$

由于质点系的内力总是成对地出现的,内力的矢量和 $\sum\limits_{i=1}^{n} \boldsymbol{F}_i^{(i)}$ 等于零。$\sum\limits_{i=1}^{n} \boldsymbol{F}_i^{(e)}$ 是质点系上外力的矢量和,即外力系的主矢,记作 $\boldsymbol{F}_{\mathrm{R}}^{(e)}$,则

$$\frac{\mathrm{d}\boldsymbol{p}}{\mathrm{d}t} = \boldsymbol{F}_{\mathrm{R}}^{(e)} \tag{10-3}$$

这就是质点系动量定理的微分形式,它表明:质点系的动量对时间的导数等于作用在质点系上外力的矢量和。

将式(10-3)两端乘以 $\mathrm{d}t$,得

$$\mathrm{d}\boldsymbol{p} = \boldsymbol{F}_{\mathrm{R}}^{(\mathrm{e})}\mathrm{d}t$$

设时刻 $t_1$ 质点系的动量为 $\boldsymbol{p}_1$，$t_2$ 时刻质点系的动量为 $\boldsymbol{p}_2$，将上式从 $t_1$ 到 $t_2$ 积分，得

$$\boldsymbol{p}_2 - \boldsymbol{p}_1 = \int_{t_1}^{t_2}\boldsymbol{F}_{\mathrm{R}}^{(\mathrm{e})}\mathrm{d}t \tag{10-4}$$

记$\int_{t_1}^{t_2}\boldsymbol{F}_{\mathrm{R}}^{(\mathrm{e})}\mathrm{d}t = \boldsymbol{I}$，称为外力主矢在 $t_1$ 到 $t_2$ 时间间隔内的冲量。式(10-4)为质点系动量定理的积分形式，它表明质点系在某时间间隔内的动量的改变量，等于作用在质点系上的外力主矢在该时间间隔内的冲量。

当外力主矢为零时，由式(10-4)可推出质点系的动量是一常矢量，即

$$\boldsymbol{p} = \boldsymbol{p}_0$$

这表明**当作用在质点系上的外力的矢量和为零时，质点系的动量保持不变**，这就是**质点系的动量守恒定理**。

动量定理在直角坐标轴的投影为

$$\begin{cases}\dfrac{\mathrm{d}p_x}{\mathrm{d}t} = \sum\limits_{i=1}^{n}F_{ix}^{(\mathrm{e})}\\[2ex]\dfrac{\mathrm{d}p_y}{\mathrm{d}t} = \sum\limits_{i=1}^{n}F_{iy}^{(\mathrm{e})}\\[2ex]\dfrac{\mathrm{d}p_z}{\mathrm{d}t} = \sum\limits_{i=1}^{n}F_{iz}^{(\mathrm{e})}\end{cases} \tag{10-5}$$

如果外力的矢量和不为零，但在某个坐标轴上的投影为零，则质点系的动量并不守恒，但在该轴上的投影守恒。例如，外力在 $x$ 轴的投影为零，即$\sum\limits_{i=1}^{n}F_{ix}^{(\mathrm{e})} = 0$，则 $p_x$ 为常量，这是质点系动量守恒的一种特殊情况。

设质点系所有质点的质量和为 $M$，即$\sum\limits_{i=1}^{n}m_i = M$。质点系的质心 $C$ 速度为$\boldsymbol{v}_C$，则

$$\sum_{i=1}^{n}m_i\boldsymbol{v}_i = M\boldsymbol{v}_C$$

即质点系的动量等于质点系的总质量与质心速度的乘积，根据式(10-3)，得

$$\frac{\mathrm{d}(M\boldsymbol{v}_C)}{\mathrm{d}t} = \boldsymbol{F}_{\mathrm{R}}^{(\mathrm{e})}$$

注意到

$$\frac{\mathrm{d}(M\boldsymbol{v}_C)}{\mathrm{d}t} = M\frac{\mathrm{d}\boldsymbol{v}_C}{\mathrm{d}t} = M\boldsymbol{a}_C$$

式中　$\boldsymbol{a}_C$—— 质心加速度。

因此得

$$M\boldsymbol{a}_C = \boldsymbol{F}_{\mathrm{R}}^{(\mathrm{e})} \tag{10-6}$$

上式称质心运动定理，它表明质点系的总质量与质心加速度的乘积等于作用在质点系上外力的矢量和。质点系的运动相当于一个质点的运动，这个质点的质量等于质点系的总质量，并且作用有质点系的所有外力，其加速度等于质心加速度。

质心运动定理也可投影到直角坐标轴上

$$\begin{cases} M\ddot{x}_C = \sum_{i=1}^{n} F_{ix}^{(e)} \\ M\ddot{y}_C = \sum_{i=1}^{n} F_{iy}^{(e)} \\ M\ddot{z}_C = \sum_{i=1}^{n} F_{iz}^{(e)} \end{cases} \tag{10-7}$$

如果作用在质点系上的外力的矢量和为零时，即 $\boldsymbol{F}_{\mathrm{R}}^{(e)} = 0$，则 $\boldsymbol{a}_C = 0$，$\boldsymbol{v}_C =$ 常矢量，这说明质心静止或作匀速直线运动。如果作用在质点系上的外力不为零，但在某轴上的投影为零，例如在 $x$ 轴上的投影为零，$\sum_{i=1}^{n} F_{ix}^{(e)} = 0$，那么 $\ddot{x}_C = 0$，$v_{Cx} =$ 常量，即质心速度在 $x$ 轴上的投影保持不变。以上两种情况都称作质心运动守恒定理。

以上讨论可以看到，内力既不影响质点系的动量，也不影响质心的运动。

**例 10-1** 如图 10-1 所示，物体 $A$ 放置在物体 $B$ 的斜面上，物体 $B$ 放置在光滑的地面上，不计摩擦，$A$、$B$ 物体的质量分别为 $m_A$、$m_B$，初始静止，在重力作用下，物体 $A$ 将沿斜面向下滑。试求当物体 $A$ 相对斜面滑过距离 $l$ 时物体 $B$ 向左滑动的距离 $s$。

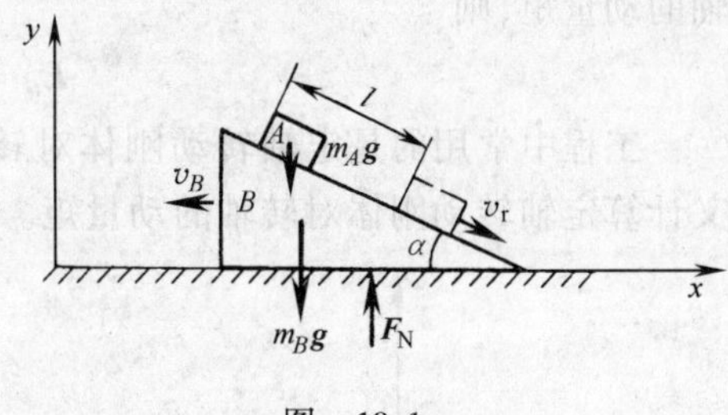


图 10-1

**解** 考虑 $A$、$B$ 两物体构成的系统，受到的外力有物体 $A$、$B$ 的重力，地面对物体 $B$ 的约束力 $\boldsymbol{F}_N$，所有外力都沿 $y$ 轴方向，在 $x$ 轴上受外力为零，根据动量定理，系统在 $x$ 轴方向上动量守恒。初始时物体静止，动量 $p_{0x} = 0$，所以任一时刻 $p_x = 0$。设物体 $A$ 相对斜面的速度为 $\boldsymbol{v}_r$，物体 $B$ 向左运动的速度为 $\boldsymbol{v}_B$，则物体 $A$ 的绝对速度为

$$\boldsymbol{v}_A = \boldsymbol{v}_r + \boldsymbol{v}_B$$

在 $x$ 轴上的投影

$$v_{Ax} = v_r\cos\alpha - v_B$$

系统的动量在 $x$ 轴上的投影

$$p_x = m_A v_{Ax} - m_B v_B = m_A(v_r\cos\alpha - v_B) - m_B v_B$$

根据上述讨论，$p_x = 0$，所以

$$m_A(v_r\cos\alpha - v_B) - m_B v_B = 0$$

即

$$v_B = \frac{m_A}{m_A + m_B}\cos\alpha \cdot v_r$$

设物体 $A$ 相对斜面滑动距离 $l$ 所需时间为 $t_1$，将上式从时刻 0 到时刻 $t_1$ 对时间 $t$ 积分，可得

$$\int_0^{t_1} v_B \mathrm{d}t = \frac{m_A}{m_A + m_B}\cos\alpha \int_0^{t_1} v_r \mathrm{d}t$$

即

$$s = \frac{m_A}{m_A + m_B}\cos\alpha \cdot l$$

## 第二节　动量矩定理

上一节的动量定理阐述了质点系的动量变化与外力之间的关系,它描述了质点系机械运动的一个侧面,而不是全貌。例如,均质圆盘绕其质心转动,其动量总是零,动量定理不能说明这种运动的规律,而动量矩定理可描述质点系的转动运动规律。

**一、动量矩定理**

如图 10-2 所示,质点质量为 $m$、速度为 $\boldsymbol{v}$,定点 $O$ 到质点的矢径为 $\boldsymbol{r}$,则 $\boldsymbol{r}\times m\boldsymbol{v}$ 定义为质点对定点 $O$ 的动量矩。如果质点系有 $n$ 个质点,第 $i$ 个质点的质量为 $m_i$,速度为 $\boldsymbol{v}_i$,则各个质点对 $O$ 点的动量矩的矢量和称质点系对定点 $O$ 的动量矩,记作 $\boldsymbol{L}_O$,则有

$$\boldsymbol{L}_O = \sum_{i=1}^{n}\boldsymbol{r}_i \times m_i\boldsymbol{v}_i \tag{10-8}$$

质点系对定点 $O$ 的动量矩在三个坐标轴的投影为 $L_x$、$L_y$、$L_z$,分别称作质点系对 $x$、$y$、$z$ 轴的动量矩,则

$$\boldsymbol{L}_O = L_x\boldsymbol{i} + L_y\boldsymbol{j} + L_z\boldsymbol{k}$$

工程中常用的是定轴转动刚体对转轴的动量矩。下面根据质点系对轴的动量矩的定义计算定轴转动刚体对转轴的动量矩。

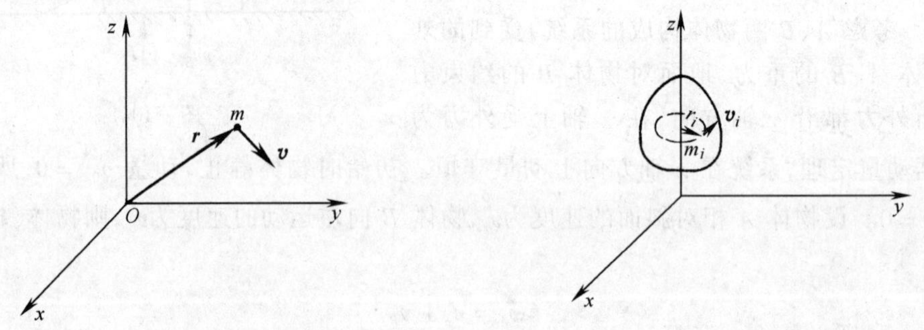


图　10-2　　　　图　10-3

如图 10-3 所示,刚体绕 $z$ 轴转动,其角速度为 $\omega$,任一质点的速度 $v_i = r_i\omega_i$,则刚体对 $z$ 轴的动量矩为

$$L_z = \sum_{i=1}^{n}(r_i \times m_iv_i) = \sum_{i=1}^{n}(r_i^2m_i\omega) = \left(\sum_{i=1}^{n}m_ir_i^2\right)\omega$$

记 $J_z = \sum\limits_{i=1}^{n}m_ir_i^2$,称为刚体对 $z$ 轴的转动惯量。常见简单形状的均质物体对通过质心转轴的转动惯量可由表 10-1 或有关机械设计手册中查得。

因此,定轴转动刚体对转轴 $z$ 的动量矩为

$$L_z = J_z\omega \tag{10-9}$$

质点对定点 $O$ 的动量矩 $r\times mv$ 与质点所受外力对 $O$ 点的力矩有以下关系

$$\frac{\mathrm{d}}{\mathrm{d}t}(\boldsymbol{r}\times m\boldsymbol{v}) = \boldsymbol{r}\times\boldsymbol{F}$$

**表 10-1 均质简单形体的转动惯量（$m$ 表示形体的质量）**

| 形　　体 | 转动惯量 |
|---|---|
| 圆板 | $J_x = J_y = \frac{1}{4}mr^2$<br>$J_z = \frac{1}{2}mr^2$ |
| 椭圆板 | $J_x = \frac{1}{4}mb^2$<br>$J_y = \frac{1}{4}ma^2$<br>$J_z = \frac{1}{4}m(a^2 + b^2)$ |
| 细圆环 | $J_x = J_y = \frac{1}{2}mr^2$<br>$J_z = mr^2$ |
| 均质细杆 | $J_x = J_z = \frac{1}{12}ml^2$<br>$J_y = 0$ |
| 球 | $J_x = J_y = J_z = \frac{2}{5}mr^2$ |
| 圆柱 | $J_x = J_z = \frac{1}{12}m(3r^2 + l^2)$<br>$J_y = \frac{1}{2}mr^2$ |

若质点系有 $n$ 个质点,设第 $i$ 个质点受到的外力为 $\boldsymbol{F}_i^{(e)}$,内力为 $\boldsymbol{F}_i^{(i)}$,则

$$\frac{\mathrm{d}}{\mathrm{d}t}(\boldsymbol{r}_i \times m_i \boldsymbol{v}_i) = \boldsymbol{r}_i \times \boldsymbol{F}_i^{(e)} + \boldsymbol{r}_i \times \boldsymbol{F}_i^{(i)}$$

整个质点系有 $n$ 个这样的矢量方程,将这 $n$ 个方程求和,有

$$\sum_{i=1}^{n} \frac{\mathrm{d}}{\mathrm{d}t}(\boldsymbol{r}_i \times m\boldsymbol{v}_i) = \sum_{i=1}^{n} \boldsymbol{r}_i \times \boldsymbol{F}_i^{(e)} + \sum_{i=1}^{n} \boldsymbol{r}_i \times \boldsymbol{F}_i^{(i)}$$

$\boldsymbol{F}_i^{(i)}$ 是内力,必成对出现,因此,内力的主矩 $\sum_{i=1}^{n} \boldsymbol{r}_i \times \boldsymbol{F}_i^{(i)}$ 为零,将上式左端求和与求导互换,于是上式可写为

$$\frac{\mathrm{d}}{\mathrm{d}t} \sum_{i=1}^{n} (\boldsymbol{r}_i \times m_i \boldsymbol{v}_i) = \sum_{i=1}^{n} \boldsymbol{r}_i \times \boldsymbol{F}_i^{(e)}$$

即

$$\frac{\mathrm{d}\boldsymbol{L}_O}{\mathrm{d}t} = \sum_{i=1}^{n} \boldsymbol{M}_O(\boldsymbol{F}_i^{(e)}) \tag{10-10}$$

这就是质点系的动量矩定理,即质点系对固定点 $O$ 的动量矩对时间的导数等于作用于质点系上的外力对 $O$ 点之矩的矢量和。将上式在直角坐标轴上投影,得到

$$\begin{cases} \dfrac{\mathrm{d}L_x}{\mathrm{d}t} = \sum\limits_{i=1}^{n} M_x(\boldsymbol{F}_i^{(e)}) \\ \dfrac{\mathrm{d}L_y}{\mathrm{d}t} = \sum\limits_{i=1}^{n} M_y(\boldsymbol{F}_i^{(e)}) \\ \dfrac{\mathrm{d}L_z}{\mathrm{d}t} = \sum\limits_{i=1}^{n} M_z(\boldsymbol{F}_i^{(e)}) \end{cases} \tag{10-11}$$

即质点系对某轴的动量矩对时间的导数等于作用于质点系上的外力对该轴之矩的代数和。

当作用在质点系的外力对某固定点之矩的矢量和为零,质点系对该点的动量矩保持不变,即质点系对固定点的动量矩守恒

$$\boldsymbol{L}_O = 常矢量$$

若作用于质点系的外力对某轴(如 $z$ 轴)之矩的代数和为零,质点系对该轴的动量矩保持不变,即质点系对 $z$ 轴的动量矩守恒

$$L_z = 常量$$

**例 10-2** 如图 10-4 所示,$A$、$B$ 物体的质量 $m_A = 12\mathrm{kg}$、$m_B = 8\mathrm{kg}$,匀质圆盘质量 $M = 20\mathrm{kg}$,半径 $r = 0.15\mathrm{m}$,绳索与滑轮无相对滑动。求 $A$ 物体的加速度。

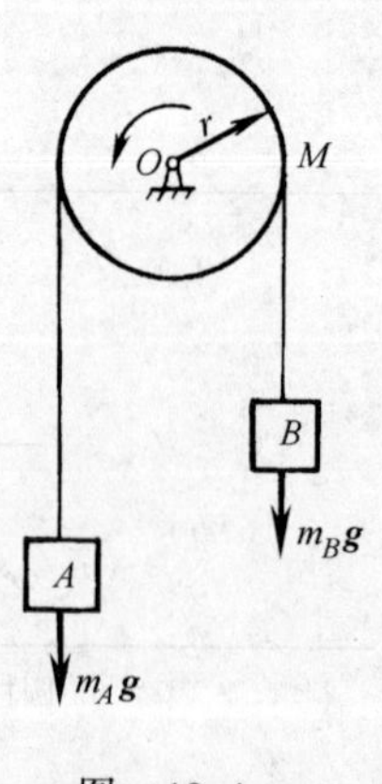

图 10-4

**解** 由于 $m_A > m_B$,物体 $A$ 下降,物体 $B$ 上升。考虑物体 $A$、$B$、圆盘及绳索组成的系统,对过 $O$ 点垂直于圆盘平面的转轴应用动量矩定理。设 $\boldsymbol{v}$ 为物体 $A$、$B$ 的瞬时速度,$\omega$ 为圆盘的角速度,有以下关系

$$v = r\omega$$

计算系统对 $O$ 轴的动量矩

$$L_O = m_A vr + m_B vr + J_O\omega = m_A vr + m_B vr + \frac{1}{2}Mr^2\omega = m_A vr + m_B vr + \frac{1}{2}Mrv$$

系统外力对 $O$ 轴的力矩为

$$M_O = m_A gr - m_B gr$$

根据动量矩定理

$$\frac{\mathrm{d}L_O}{\mathrm{d}t} = M_O$$

$$m_A ra + m_B ra + \frac{1}{2}Mra = (m_A - m_B)gr$$

得 $$a = \frac{(m_A - m_B)g}{m_A + m_B + \frac{1}{2}M} = \frac{(12-8)\times 9.8}{12+8+\frac{1}{2}\times 20}\mathrm{m/s^2} = 1.31\mathrm{m/s^2}$$

## 二、刚体绕定轴转动的微分方程

将质点系动量矩定理应用于刚体绕定轴转动的情况，可得刚体绕定轴转动的微分方程。设刚体绕 $z$ 轴转动，受到外力 $\boldsymbol{F}_1, \boldsymbol{F}_2, \cdots, \boldsymbol{F}_n$ 的作用，根据动量矩定理，可知

$$\frac{\mathrm{d}L_z}{\mathrm{d}t} = \sum_{i=1}^{n} M_z(\boldsymbol{F}_i^{(e)}) = M_z^{(e)}$$

刚体对 $z$ 轴的动量矩 $L_z = J_z\omega$，计算上式左端

$$\frac{\mathrm{d}L_z}{\mathrm{d}t} = \frac{\mathrm{d}(J_z\omega)}{\mathrm{d}t} = J_z\frac{\mathrm{d}\omega}{\mathrm{d}t} = J_z\alpha$$

其中 $\alpha$ 为刚体绕 $z$ 轴转动的角加速度，上式可写成

$$J_z\alpha = M_z^{(e)} \tag{10-12}$$

这就是**刚体绕定轴转动的运动微分方程。它表明绕定轴转动的刚体对转轴的转动惯量与其角加速度的乘积，等于作用在刚体上的所有外力对转轴的力矩的代数和。**

**例 10-3** 如图 10-5a 所示，均质圆盘质量 $m = 50\mathrm{kg}$，半径 $r = 0.25\mathrm{m}$，转速 $n = 1500\mathrm{r/min}$，绕 $O$ 轴转动。闸块与圆盘间的动摩擦因数 $f' = 0.8$。开始加制动闸，使闸块对轮缘产生正压力 $F_R = 500\mathrm{N}$，求开始制动到圆盘停止转动所需的时间。

**解** 圆盘的受力如图 10-5b 所示，只有摩擦力对 $O$ 轴的力矩不为零，根据刚体绕定轴转动运动微分方程，可得

$$J_O\alpha = -Fr$$

$$J_O = \frac{1}{2}mr^2$$

$$F = f'F_R$$

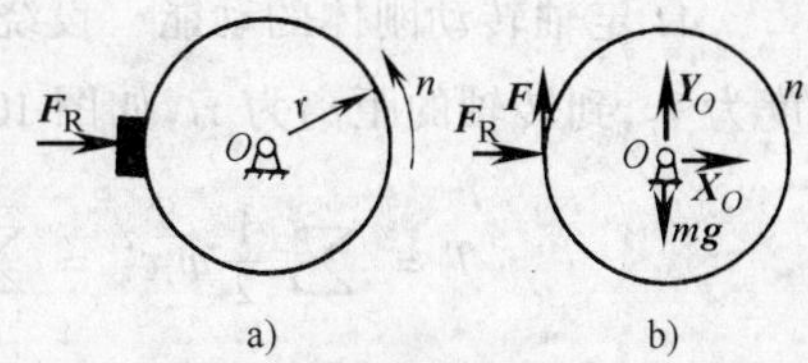

图 10-5

式中 $F$——摩擦力。

故 $$\frac{1}{2}mr^2\frac{\mathrm{d}\omega}{\mathrm{d}t} = -f'F_R r$$

$$\frac{\mathrm{d}\omega}{\mathrm{d}t} = -\frac{2f'F_R}{mr}$$

开始制动时圆盘的角速度 $\omega_O = \frac{2\pi n}{60} = \frac{2\pi\times 1500}{60}\mathrm{rad/s} = 157.1\mathrm{rad/s}$，设从圆盘开始制动到停止转动所需的时间为 $t$，对上式积分可得

$$\int_{\omega_0}^{0} \mathrm{d}\omega = \int_0^t -\frac{2f'F_R}{mr}\mathrm{d}t$$

$$0-\omega_0 = -\frac{2f'F_R}{mr}t$$

所以
$$t = \frac{mr\omega_0}{2f'F_R} = \frac{50\times 0.25\times 157.1}{2\times 0.8\times 500}\mathrm{s} = 2.45\mathrm{s}$$

## 第三节　动能定理

动能是物体机械能的一种形式，本节所讨论的动能定理描述物体动能的改变与力作功的关系。

### 一、动能的计算

1. 质点的动能　质点的质量为 $m$，速度为 $v$，质点的动能为

$$T = \frac{1}{2}mv^2 \tag{10-13}$$

动能是标量，且恒为正。动能的单位为焦耳（$J$），与功的单位相同。

2. 质点系的动能　有 $n$ 个质点的质点系的动能为各质点的动能之和，因此质点系的动能为

$$T = \sum_{i=1}^{n}\frac{1}{2}m_i v_i^2 \tag{10-14}$$

3. 平动刚体的动能　平动刚体各质点的速度相同，均等于质心速度，其动能为

$$T = \sum_{i=1}^{n}\frac{1}{2}m_i v_i^2 = \frac{1}{2}\left(\sum_{i=1}^{n}m_i\right)v_C^2 = \frac{1}{2}mv_C^2 \tag{10-15}$$

$$m = \sum_{i=1}^{n}m_i$$

式中　$m$——刚体的质量；

$v_C$——质心速度。

由此可知，平动刚体的动能等于刚体的质量集中于质心时质点的动能。

4. 定轴转动刚体的动能　设绕定轴转动的刚体的角速度为 $\omega$，任一质点质量为 $m_i$，速度为 $v_i$，到转轴的距离为 $r_i$，如图 10-6 所示。刚体的动能为

$$T = \sum_{i=1}^{n}\frac{1}{2}m_i v_i^2 = \sum_{i=1}^{n}\frac{1}{2}m_i(r_i\omega)^2 = \frac{1}{2}\left(\sum_{i=1}^{n}m_i r_i^2\right)\omega^2 = \frac{1}{2}J\omega^2 \tag{10-16}$$

式中　$J$——刚体对转轴的转动惯量。

5. 平面运动刚体的动能　作平面运动的刚体的运动可分解为随质心的平动及绕质心的转动。设刚体的质量为 $m$，质心速度为 $v_C$，绕质心转动的角速度为 $\omega$，则刚体的动能为

$$T = \frac{1}{2}mv_C^2 + \frac{1}{2}J_C\omega^2 \tag{10-17}$$

式中　$J_C$——刚体对通过质心的转轴的转动惯量。

图　10-6

## 二、动能定理

1. 质点动能定理　质点质量为 $m$，速度为 $\boldsymbol{v}$，作用力为 $\boldsymbol{F}$，如图 10-7 所示，根据牛顿第二定律有

$$m\frac{\mathrm{d}\boldsymbol{v}}{\mathrm{d}t}=\boldsymbol{F}$$

将上式两端点乘力作用点的微小位移 $\mathrm{d}\boldsymbol{r}$

$$m\frac{\mathrm{d}\boldsymbol{v}}{\mathrm{d}t}\cdot\mathrm{d}\boldsymbol{r}=\boldsymbol{F}\cdot\mathrm{d}\boldsymbol{r}$$

$$m\mathrm{d}\boldsymbol{v}\cdot\frac{\mathrm{d}\boldsymbol{r}}{\mathrm{d}t}=\delta W$$

即

$$m\mathrm{d}\boldsymbol{v}\cdot\boldsymbol{v}=\delta W$$

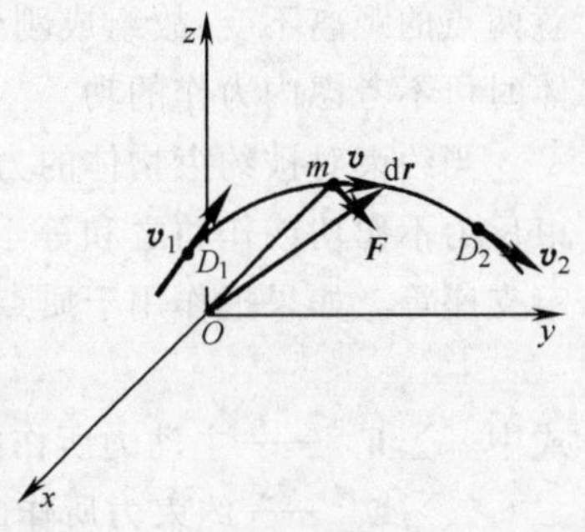

图　10-7

质量为常量时，上式可写成

$$\mathrm{d}\left(\frac{1}{2}mv^2\right)=\delta W \tag{10-18}$$

上式表明：**质点动能的微分等于作用在质点上的力的元功。这就是质点动能定理的微分形式。**

对上式在质点经过的路程 $D_1D_2$ 上积分

$$\int_{D_1}^{D_2}\mathrm{d}\left(\frac{1}{2}mv^2\right)=\int_{D_1}^{D_2}\delta W$$

即

$$\frac{1}{2}mv_2^2-\frac{1}{2}mv_1^2=W_{12} \tag{10-19}$$

上式表明：**质点的动能在某一路程的改变量，等于作用于质点上的力在该路程上所作的功。**这就是质点动能定理的积分形式。

2. 质点系动能定理　有 $n$ 个质点的质点系，设第 $i$ 个质点的质量为 $m_i$，第Ⅰ、Ⅱ位置的速度分别为 $v_{i1}$、$v_{i2}$，在Ⅰ、Ⅱ路程上外力作功为 $W_i^{(e)}$，内力作功为 $W_i^{(i)}$，根据式(10-19)得

$$\frac{1}{2}m_iv_{i2}^2-\frac{1}{2}m_iv_{i1}^2=W_i^{(e)}+W_i^{(i)}$$

质点系内任一点均满足上式，写出 $n$ 个这样的方程，左右两端相加可得

$$\sum_{i=1}^{n}\frac{1}{2}m_iv_{i2}^2-\sum_{i=1}^{n}\frac{1}{2}m_iv_{i1}^2=\sum_{i=1}^{n}W_i^{(e)}+\sum_{i=1}^{n}W_i^{(i)}$$

或

$$T_2-T_1=\sum_{i=1}^{n}W_i^{(e)}+\sum_{i=1}^{n}W_i^{(i)} \tag{10-20}$$

式中　$T_1$、$T_2$——质点系在Ⅰ、Ⅱ位置时的总动能；

$\sum_{i=1}^{n}W_i^{(e)}$、$\sum_{i=1}^{n}W_i^{(i)}$——在路程Ⅰ、Ⅱ中外力、内力所作的功。

式(10-20)就是**质点系的动能定理**，它表明**质点系的动能在有限路程中的改变量等于作用在质点系上全部内力和外力在此路程中所作功的代数和。**

在质点系的动量定理和动量矩定理中，内力的冲量及力矩和为零，所以不考虑内力的影响。而内力所作的功却不一定为零，以下讨论质点系内力的作功。

如果质点系内各质点之间的距离可变,作用于两个质点之间的内力虽成对出现且等值、反向、共线,但内力作功的和并不等于零。例如,炸弹爆炸、内燃机气缸活塞工作等都是内力作功。如果质点系内各点之间的距离不变,则内力作功的代数和为零。例如刚体,任意两点的距离不变,故组成刚体的质点之间产生的内力不作功。因此,动能定理应用于刚体时可不考虑内力作的功。

当约束对被约束物体的力作用点不移动或作用点只沿垂直于约束力的方向运动,则约束反力不作功或作功之和等于零,这种约束称为理想约束。例如光滑面约束、铰支座及固定支座等。如果把作用于质点系上的力分为主动力和约束力,则力作功为

$$\sum W = \sum W^{主} + \sum W^{约}$$

式中 $\sum W^{主}$——主动力所作的功;

$\sum W^{约}$——约束力所作的功。

理想约束的约束反力不作功,即$\sum W^{约}=0$。如果质点系中所有的约束都是理想约束,则动能定理可写成以下形式

$$T_2 - T_1 = \sum W^{主} \tag{10-21}$$

即具有理想约束的质点系的动能,其改变量等于作用在质点系上所有的主动力所作功之和。

以上讨论的动量定理、动量矩定理和动能定理称为动力学普遍定理,动力学普遍定理从不同侧面揭示了质点系整体运动特征的变化与其受力之间的关系,描述了质点系动力学的普遍规律。

**例 10-4** 汽车的质量为 $m$,以速度 $v$ 向前行驶,汽车紧急制动,设制动后轮子只滑动不滚动,轮子与路面的摩擦因数为 $f$,如图 10-8 所示,求汽车从制动到停止所经过的距离 $d$。

**解** 汽车制动后的作用力有重力 $mg$、路面对前后轮的支承力 $F_{N1}$ 和 $F_{N2}$、车轮与路面的摩擦力为 $F$,在制动过程中只有摩擦力作功。

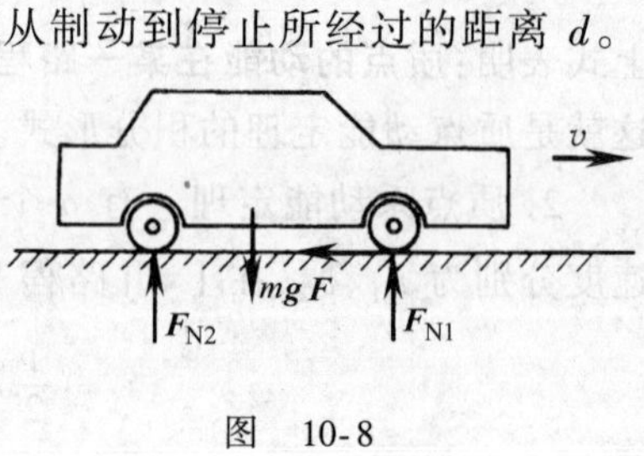

图 10-8

汽车制动前的动能 $T_1 = \frac{1}{2}mv^2$

制动后的动能 $T_2 = 0$

摩擦力作功 $W_{12} = -Fd = -fmgd$

根据动能定理得 $T_2 - T_1 = W_{12}$

即

$$0 - \frac{1}{2}mv^2 = -fmgd$$

$$d = \frac{v^2}{2fg}$$

**例 10-5** 如图 10-9 所示,力矩 $M$ 作用在均质鼓轮上,使鼓轮转动,通过绕在鼓轮上的绳子提升斜面上的重物。已知鼓轮的质量为 $m_1$,半径为 $r$,斜面的倾角为 $\alpha$,重物质量 $m_2$ 与斜面间的摩擦因数为 $f$,初始时重物速度为零。求重物完成滑动距离 $s$ 瞬时的速度。

**解** 考虑鼓轮、重物所组成的系统,初始时刻系统的动能 $T_1=0$。重物滑动距离 $s$ 时鼓轮的转角 $\varphi=\frac{s}{r}$,设此时重物的速度为 $v$,则鼓轮的角速度为 $\omega=\frac{v}{r}$。系统的动能等于重物

与鼓轮的动能之和。

$$T_2=\frac{1}{2}m_2v^2+\frac{1}{2}J\omega^2=\frac{1}{2}m_2v^2+\frac{1}{2}\times\frac{1}{2}m_1r^2\omega^2=\frac{1}{2}m_2v^2+\frac{1}{4}m_1v^2$$

此过程中力矩 $M$、重物重力 $m_2g$、摩擦力三者均作功,有

$$\sum W_{12}=M\varphi-m_2g\sin\alpha\cdot s-fm_2g\cos\alpha\cdot s$$

根据动能定理,得

$$T_2-T_1=\sum W_{12}$$

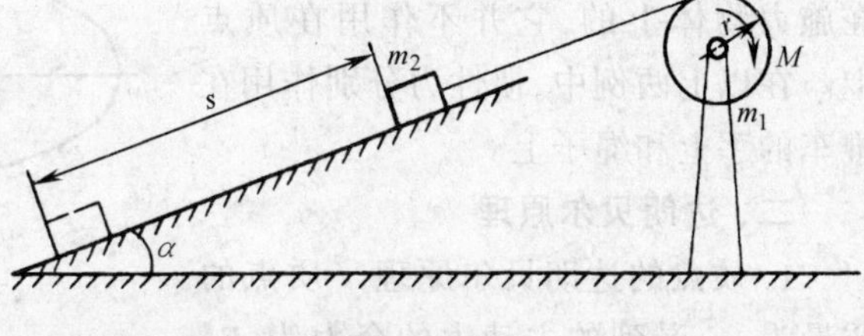


图 10-9

得

$$\frac{1}{2}m_2v^2+\frac{1}{4}m_1v^2=M\frac{s}{r}-m_2gs\sin\alpha-fm_2gs\cos\alpha$$

$$v=\sqrt{\frac{4\left(\frac{Ms}{r}-m_2gs\sin\alpha-fm_2gs\cos\alpha\right)}{2m_2+m_1}}=2\sqrt{\frac{\frac{Ms}{r}-m_2gs(\sin\alpha+f\cos\alpha)}{2m_2+m_1}}$$

## 第四节　动　静　法

动静法以达朗贝尔原理为基础,假想在质点或质点系上作用有惯性力,利用静力学平衡方程,来建立质点或质点系上的受力与运动之间的关系,把艰深的动力学问题在形式上转化为静力学问题。动静法在工程技术中有广泛的应用,特别适用于求解动约束反力和动载荷等问题。

### 一、惯性力

若质量为 $m$ 的质点具有加速度 $\boldsymbol{a}$,质点受到作用力 $\boldsymbol{F}=m\boldsymbol{a}$,而施力物体受到质点的反作用力

$$\boldsymbol{F}'=-\boldsymbol{F}=-m\boldsymbol{a}$$

如图 10-10a 所示,人推质量为 $m$ 的小车以加速度 $\boldsymbol{a}$ 运动,小车受到的力为 $\boldsymbol{F}=m\boldsymbol{a}$,根据牛顿第三定律,人受到小车的反作用力 $\boldsymbol{F}'$(图 10-10b)。

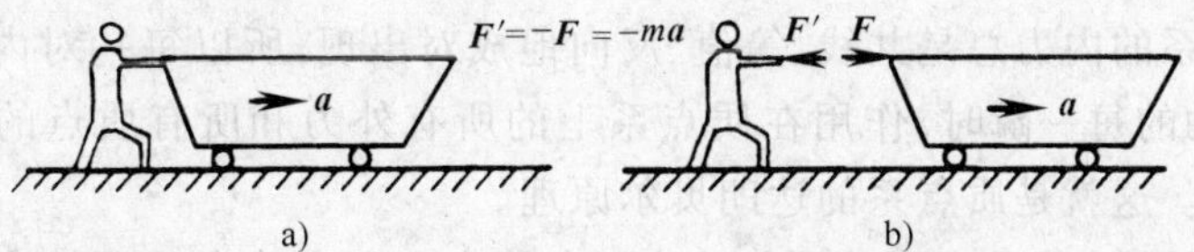


图　10-10

质量为 $m$ 的小球在光滑水平面内作匀速圆周运动(图 10-11a),小球的速度大小为 $v$,则小球具有向心加速度 $\boldsymbol{a}_n$,其大小为$\frac{v^2}{r}$,小球受到绳子的向心拉力 $\boldsymbol{F}=m\boldsymbol{a}_n$,而绳子则受到小球的离心方向的反作用力

$$\boldsymbol{F}'=-\boldsymbol{F}=-m\boldsymbol{a}_n$$

质点的运动状态改变时,由于质点的惯性,质点将给予施力体一个反作用力,这个反作用力称**惯性力**,记作 $\boldsymbol{F}_I$,则

$$\boldsymbol{F}_{\mathrm{I}} = -m\boldsymbol{a}$$

即质点的惯性力的大小等于质点的质量与加速度的乘积,方向与质点的加速度相反。

应该注意到质点的惯性力是作用在施力物体上的,它并不作用在质点上。在以上两例中,惯性力分别作用在推车的手上和绳子上。

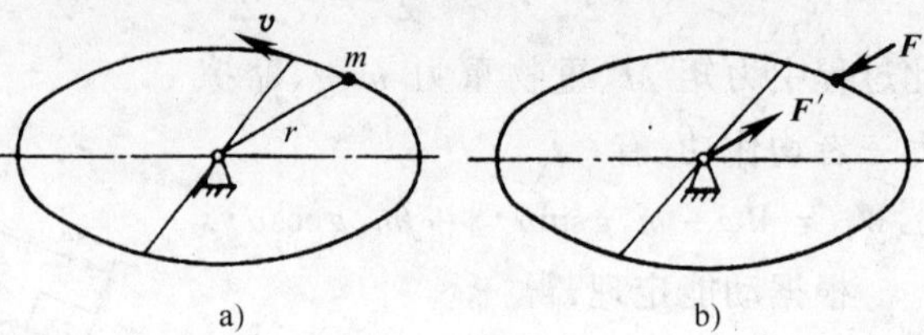

图 10-11

## 二、达朗贝尔原理

1. 质点的达朗贝尔原理　质点的质量为 $m$,受到的主动力的合力为 $\boldsymbol{F}$,约束力的合力为 $\boldsymbol{F}_{\mathrm{N}}$,具有加速度 $\boldsymbol{a}$(图 10-12),根据牛顿第二定律,有

$$\boldsymbol{F} + \boldsymbol{F}_{\mathrm{N}} = m\boldsymbol{a} \tag{10-22}$$

将上式右端移项,可得

$$\boldsymbol{F} + \boldsymbol{F}_{\mathrm{N}} - m\boldsymbol{a} = 0$$

定义惯性力 $\boldsymbol{F}_{\mathrm{I}} = -m\boldsymbol{a}$,上式成为

$$\boldsymbol{F} + \boldsymbol{F}_{\mathrm{N}} + \boldsymbol{F}_{\mathrm{I}} = 0 \tag{10-23}$$

式(10-23)表示 $\boldsymbol{F}$、$\boldsymbol{F}_{\mathrm{N}}$、$\boldsymbol{F}_{\mathrm{I}}$ 构成一平衡力系。这就是**质点的达朗贝尔原理,即在质点运动的任一瞬时,作用于质点的主动力、约束力和质点的惯性力构成一组平衡力系**。值得注意的是惯性力并不作用在质点上,式(10-23)只表明作用于质点上的主动力、约束力及作用于施力体上的惯性力所满足的矢量关系。

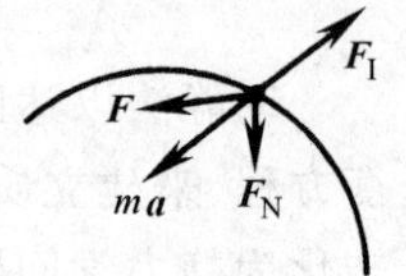

图 10-12

2. 质点系的达朗贝尔原理　对于有 $n$ 个质点的质点系,第 $i$ 个质点的质量为 $m_i$,作用在该质点上的外力的合力为 $\boldsymbol{F}_i^{(e)}$,内力的合力为 $\boldsymbol{F}_i^{(i)}$,惯性力 $\boldsymbol{F}_{\mathrm{I}(i)} = -m_i\boldsymbol{a}_i$。按照质点的达朗贝尔原理,$\boldsymbol{F}_i^{(e)}$、$\boldsymbol{F}_i^{(i)}$ 及 $\boldsymbol{F}_{\mathrm{I}(i)}$ 形式上构成一组平衡力系,满足平衡条件

$$\boldsymbol{F}_i^{(e)} + \boldsymbol{F}_i^{(i)} + \boldsymbol{F}_{\mathrm{I}(i)} = 0$$

质点系中每一个质点都具有这样一个形式上平衡的力系,质点系有 $n$ 个这样的平衡力系。注意到质点系的内力总是共线、等值、反向地成对出现,所以每一对内力相互抵消。因此,在质点系运动的每一瞬时,作用在质点系上的所有外力和所有质点的惯性力在形式上组成一平衡力系。这就是质点系的达朗贝尔原理。

按照质点系的达朗贝尔原理,质点系的所有外力和所有质点的惯性力所组成的力系的主矢量以及对任一点 $O$ 的主矩应分别为零,即

$$\sum_{i=1}^{n}\boldsymbol{F}_i^{(e)} + \sum_{i=1}^{n}\boldsymbol{F}_{\mathrm{I}(i)} = 0$$

$$\sum_{i=1}^{n}M_O(\boldsymbol{F}_i^{(e)}) + \sum_{i=1}^{n}M_O(\boldsymbol{F}_{\mathrm{I}(i)}) = 0 \tag{10-24}$$

当力是平面一般力系时,上式可得三个平衡方程,如果力系是空间一般力系时,上式可得六个平衡方程。

根据达朗贝尔原理,可以建立一种求解质点和质点系动力学问题的普遍方法,这种方

法是:在质点或质点系运动的任一瞬时,质点或质点系上作用有实际的主动力和约束力,假想加上惯性力,则构成一平衡力系,可以按静力学平衡方程求解质点或质点系的动力学问题,这样就把动力学问题从形式上转化为静力学问题。这种求解动力学问题的方法称**动静法**。

**三、刚体惯性力系的简化**

刚体是一种特殊的质点系,在工程中常遇到刚体运动。因为惯性力与加速度有关,当刚体的运动形式不同时,其加速度的分布不同,因而惯性力也随着刚体的运动方式而异。以下讨论刚体作平动、定轴转动和平面运动时的惯性力。

1. 刚体作平动　刚体各点的加速度相同,惯性力组成一平行力系,向刚体质心 $C$ 简化,主矩为零,主矢量为

$$\boldsymbol{F}_{\mathrm{R}}^{\mathrm{I}} = -\sum_{i=1}^{n} m_i \boldsymbol{a}_i = -\sum_{i=1}^{n} m_i \boldsymbol{a}_C = -\left(\sum_{i=1}^{n} m_i\right)\boldsymbol{a}_C$$

即

$$\boldsymbol{F}_{\mathrm{R}}^{\mathrm{I}} = -m\boldsymbol{a}_C \tag{10-25}$$

$$m = \sum_{i=1}^{n} m_i$$

式中　$m$——刚体的质量。

因此,平动刚体的惯性力向质心简化,得一合力,大小等于刚体的质量与质心加速度的积,其方向与质心加速度相反(图 10-13)。

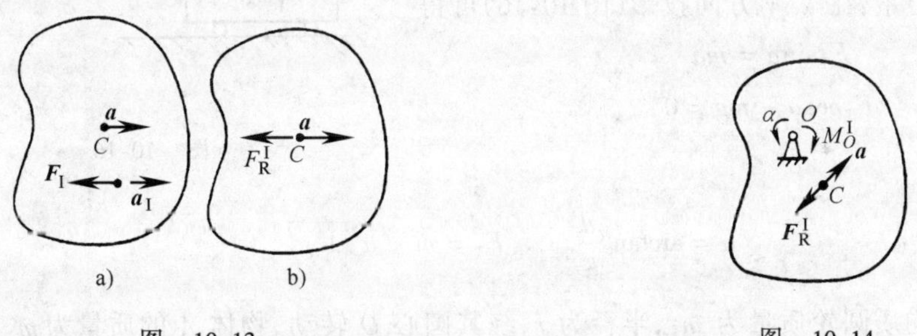


图　10-13　　　　　　图　10-14

2. 刚体作定轴转动　只讨论具有与转轴垂直的质量对称面的定轴转动刚体。如图 10-14 所示,刚体的惯性力可以简化成质量对称面内的平面力系,惯性力系向转轴 $O$ 简化,主矢为

$$\boldsymbol{F}_{\mathrm{R}}^{\mathrm{I}} = -\sum m_i \boldsymbol{a}_i = -m\boldsymbol{a}_C$$

主矩沿转动轴线方向,与 $\alpha$ 反向,即

$$M_O^{\mathrm{I}} = -J_O \alpha$$

式中　$J_O$——刚体对 $O$ 轴的转动惯量。

可以有以下结论:定轴转动刚体的惯性力系向转轴简化可得一个力和一个力偶。力的大小等于刚体的质量与质心加速度的积,方向与质心加速度相反,称惯性力系的主矢。力偶矩等于刚体对转轴的转动惯量与角加速度的积,转向与角加速度相反,称惯性力系的主矩。

当转轴通过质心时,$\boldsymbol{a}_C = 0$,$\boldsymbol{F}_{\mathrm{R}}^{\mathrm{I}} = 0$,惯性力系可简化为一力偶;当刚体作匀速转动时,$\alpha$

$=0$，$M^{\mathrm{I}}_O=0$，惯性力系可简化为一力，此力通过 $O$ 轴；当转轴通过质心，且刚体作匀速转动时，$\boldsymbol{F}^{\mathrm{I}}_{\mathrm{R}}=0$，$M^{\mathrm{I}}_O=0$，此时惯性力系为平衡力系。

3. 刚体作平面运动　只讨论刚体具有质量对称面，且刚体的运动平行于此平面的情况。取质心为惯性力系的简化中心，因为刚体的平面运动可以分解为随质心的平动和绕质心的转动，惯性力系向质心简化得一力与一力偶，此力为

$$\boldsymbol{F}^{\mathrm{I}}_{\mathrm{R}}=-m\boldsymbol{a}_C$$

其力偶为

$$M^{\mathrm{I}}_O=-J_C\alpha$$

式中　$J_C$——刚体对通过质心且与质量对称面垂直的轴的转动惯量。

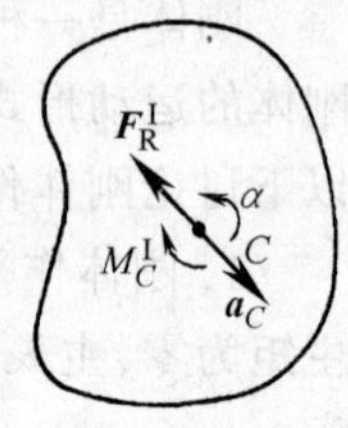

图　10-15

因此有以下结论：作平面运动的刚体，其惯性力系向质心简化，得一个力和一个力偶，此力的大小等于刚体的质量与质心加速度的积，方向与质心加速度的方向相反，作用线过质心，称平面运动刚体惯性力系的主矢。此力偶的矩等于刚体对质心轴的转动惯量与角加速度的积，转向与角加速度相反，称平面运动刚体的惯性力系的主矩，如图 10-15 所示。

**例 10-6**　如图 10-16a 所示，小车内用细绳悬挂质量为 $m$ 的物体，当小车以加速度 $\boldsymbol{a}$ 运动时，求挂重物的细绳与铅垂线的夹角 $\alpha$ 以及细绳的拉力 $\boldsymbol{F}_{\mathrm{T}}$。

**解**　重物 $A$ 以加速度 $\boldsymbol{a}$ 随小车运动，其上的作用力有重力 $m\boldsymbol{g}$，细绳的拉力 $\boldsymbol{F}_{\mathrm{T}}$，重物 $A$ 的惯性力大小为 $ma$，方向与 $\boldsymbol{a}$ 相反。按达朗贝尔原理，以上三个力组成平衡力系，在 $x$、$y$ 方向投影(图 10-16)可得

$$F_{\mathrm{T}}\sin\alpha=ma$$

$$F_{\mathrm{T}}\cos\alpha-mg=0$$

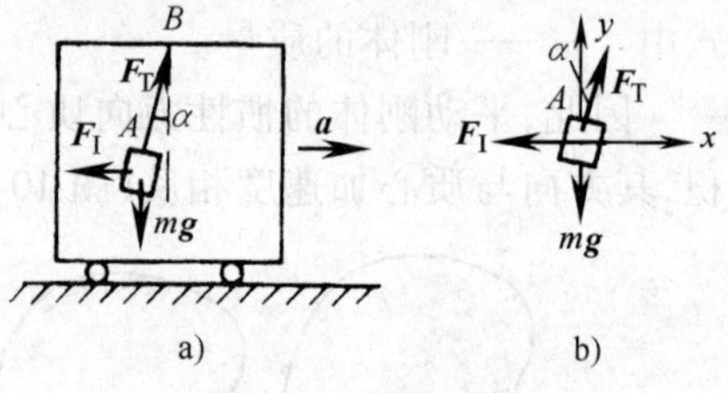

图　10-16

解上式得

$$\alpha=\arctan\frac{a}{g}\qquad F_{\mathrm{T}}=m\sqrt{a^2+g^2}$$

**例 10-7**　均质圆轮质量为 $m_1$，半径为 $r$，绕其圆心 $O$ 转动，物体 $A$ 的质量为 $m_2$，由细绳与圆轮相连(图 10-17)。当圆轮作用有一力偶矩为 $M$ 的力偶时，求物体 $A$ 的上升加速度及轴 $O$ 的反力。

**解**　取圆轮、细绳及物体 $A$ 三者组成的系统为隔离体，作用在隔离体上的外力有圆轮、物体 $A$ 的重力，作用在圆轮上的力偶，轴 $O$ 处的反力 $\boldsymbol{X}_O$、$\boldsymbol{Y}_O$。物体 $A$ 作平动，其惯性力 $\boldsymbol{F}^{\mathrm{I}}_A$ 数值上等于 $m_2a$，方向与 $\boldsymbol{a}$ 相反。圆轮 $O$ 作定轴转动，且转轴过质心，其惯性力系的主矢为零，主矩大小为

$$M^{\mathrm{I}}_O=J_O\alpha=\frac{1}{2}m_1r^2\omega$$

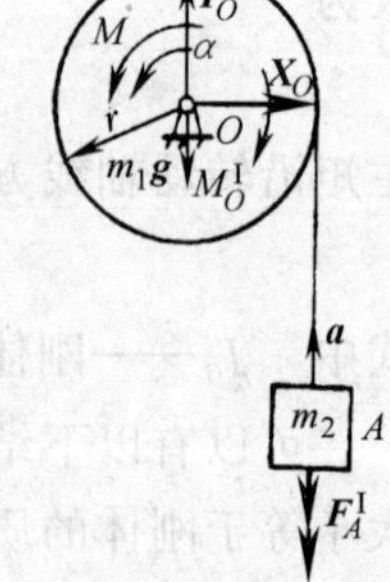

图　10-17

系统的外力及惯性力构成一平面力系，根据达朗贝尔原理，得

$$\sum_{i=1}^{n}X_i=0\qquad X_O=0$$

$$\sum_{i=1}^{n} Y_i = 0 \qquad Y_O - F_A^{\mathrm{I}} - m_2 g - m_1 g = 0$$

$$Y_O - m_2 a - m_2 g - m_1 g = 0 \tag{1}$$

$$\sum_{i=1}^{n} M_O(\boldsymbol{F}_i) = 0 \qquad M - M_O^{\mathrm{I}} - m_2 gr - F_A^{\mathrm{I}} r = 0$$

$$M - \frac{1}{2} m_1 r^2 \alpha - m_2 gr - m_2 ar = 0 \tag{2}$$

代 $\alpha = a/r$ 入式(2)可解得

$$a = \frac{2(M - m_2 gr)}{(m_1 + 2m_2) r}$$

由式(1)可得

$$Y_O = (m_1 + m_2) g + \frac{2(M - m_2 gr)}{(m_1 + 2m_2) r} m_2$$

上式第一项$(m_1 + m_2) g$是系统静止时的约束反力,称**静反力**;第二项$2(M - m_2 gr) m_2 / [(m_1 + 2m_2) r]$是由于系统运动而引起的约束反力,称**动反力**。当作用在圆轮上的力偶 $M$ 很大时,动反力也很大。在工程实际中要注意降低动反力。

## 习　题

10-1　质点系的内力是否影响质点系的动量改变和质心运动?是否影响质点系的动量矩改变?是否影响质点系的动能改变?

10-2　人站在初始静止的小车上,小车可沿水平直线轨道运动,不计摩擦,人由一端慢慢走向另一端和快跑到另一端,车后退的距离是否相等?为什么?

10-3　动量和动量矩有何异同?

10-4　质点系的质量为 $m$,质心速度为 $v_c$,各质点质量为 $m_i$,速度为 $v_i$,使用以下公式计算质点系对 $z$ 轴的动量矩是否正确?为什么?

$$\sum_{i=1}^{n} M_z(m_i v_i) = M_z(m v_c)$$

10-5　在什么条件下质点系的动量矩守恒?

10-6　如图 10-18 所示,均质圆盘质量为 $m$,半径为 $r$,角速度为 $\omega$,计算其动能。

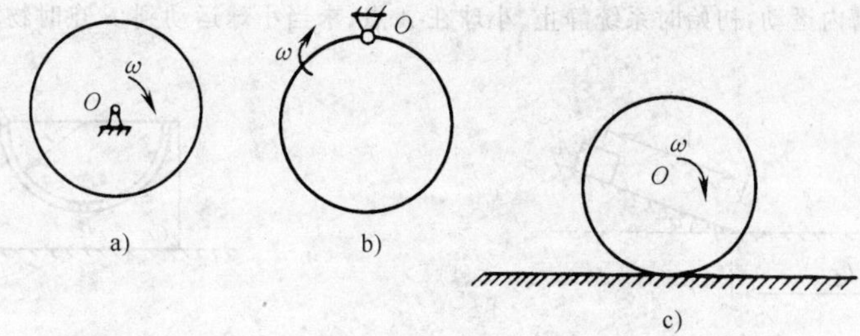


图　10-18

10-7　质点的惯性力是否作用在质点上?什么叫达朗贝尔原理?

10-8　跳伞运动员质量为 70kg,从停留在空中的直升飞机跳出(初速度为零),落下 100m 后降落伞打开，开伞前的空气阻力不计，开伞后的空气阻力为常数，经 5s 后跳伞者的速度减为 4m/s，求空气阻力的大小。

10-9 如图 10-19 所示，质量为 3kg，倾角为 30°的斜面 $C$ 可在光滑水平轨道上运动，物块 $A$ 的质量 $m_A=6\text{kg}$，轮 $O$ 的质量不计。当 $A$ 在斜面无初速地下滑过 0.4m 时，斜面在水平轨道上滑过的距离为 0.2m，求物体 $B$ 的质量。

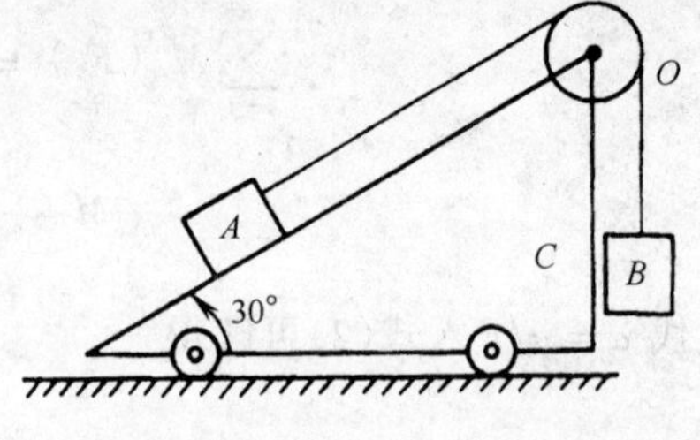


图 10-19

10-10 重物 $A$ 和 $B$ 的质量分别为 $m_A=10\text{kg}$，$m_B=15\text{kg}$，通过质量不计的绳索缠绕在半径为 $r_1$ 和 $r_2$ 的塔轮上，其中 $r_1=0.12\text{m}$，$r_2=0.18\text{m}$，塔轮的质量不计，如图 10-20 所示。系统在重力作用下运动，求塔轮的角加速度。

10-11 如图 10-21 所示，质量为 100kg，半径为 1m 的均质圆轮以转速 $n=135\text{r/min}$ 绕轴 $O$ 转动，设有一常力 $\boldsymbol{F}$ 作用于闸杆端点，由于摩擦使圆轮停止转动。已知 $F=300\text{N}$，闸杆与圆轮间的摩擦系数 $f=0.25$，求使圆轮停止所需的时间。

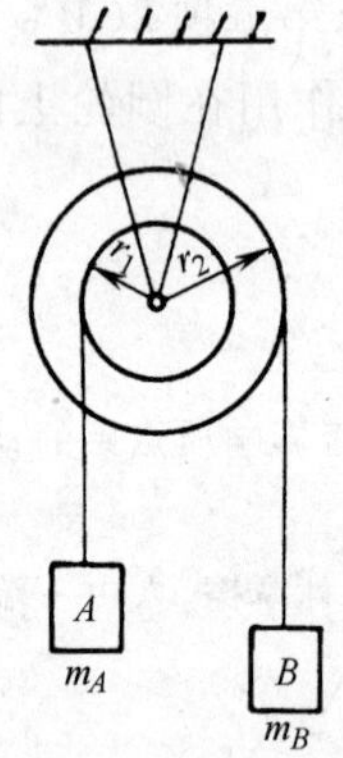


图 10-20

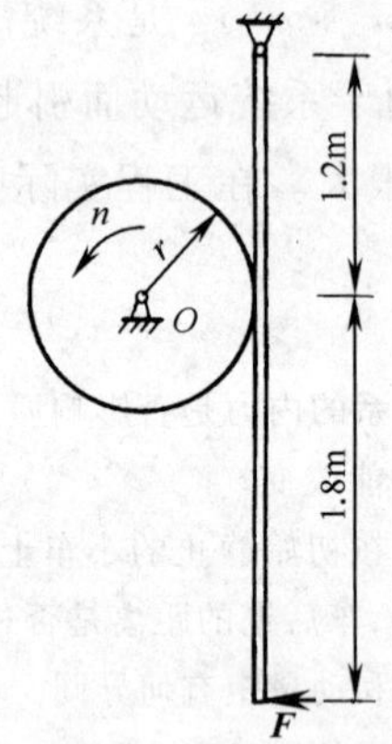


图 10-21

10-12 如图 10-22 所示，物块自倾角为 $\alpha$ 斜面上 $A$ 点无初速下滑，滑行 $L_1$ 至水平面，在水平面滑行 $L_2$ 至 $B$ 点停止。设斜面和水平面与物块的滑动摩擦系数相同，已知 $\alpha=25°$，$L_1=0.15\text{m}$，$L_2=0.18\text{m}$，求物块与斜面的动摩擦系数。

10-13 物块 $C$ 的质量为 3m，上有一半径为 $r$ 的半圆槽，放在光滑水平面上，如图 10-23 所示。质量为 $m$ 的光滑小球可在槽内运动，初始时系统静止，小球在 $A$ 点，求当小球运动到 $B$ 点时物块 $C$ 的速度。

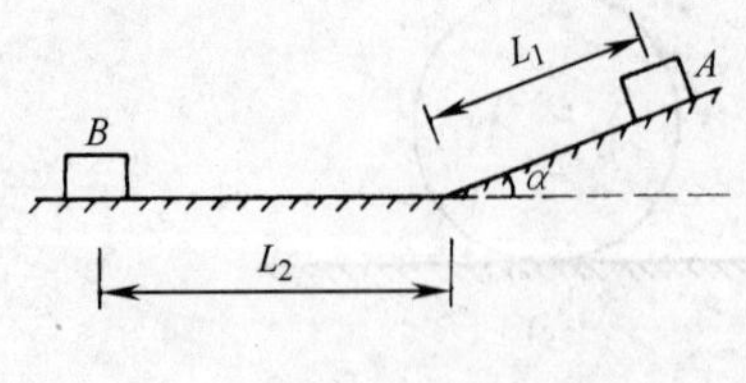


图 10-22

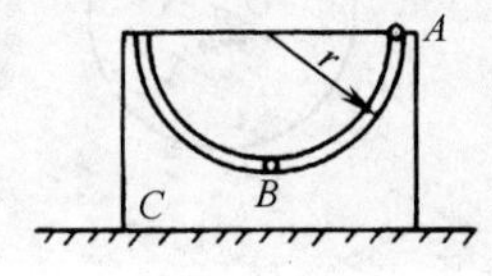


图 10-23

10-14 物块的质量为 $m$，在半径为 $r$ 的光滑半圆柱顶点 $A$ 以初速度 $v_0$ 滑下，当物块到达如图 10-24 所示位置时，求物块的速度和对圆柱的压力，并求当角 $\theta$ 为何值时物块离开圆柱面。

10-15 如图 10-25 所示，小球质量为 $m$，用长为 $L$ 的细绳系于 $O$ 点，以匀角速度 $\omega$ 绕铅垂线作圆周运动，绳与铅垂线成 $\alpha$ 角，求绳的拉力。

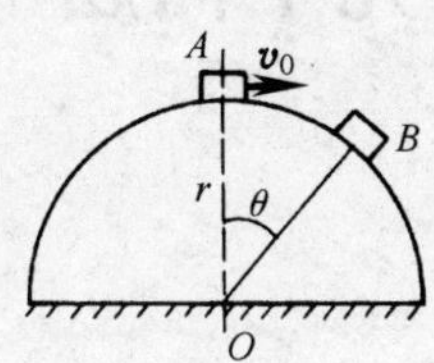


图 10-24

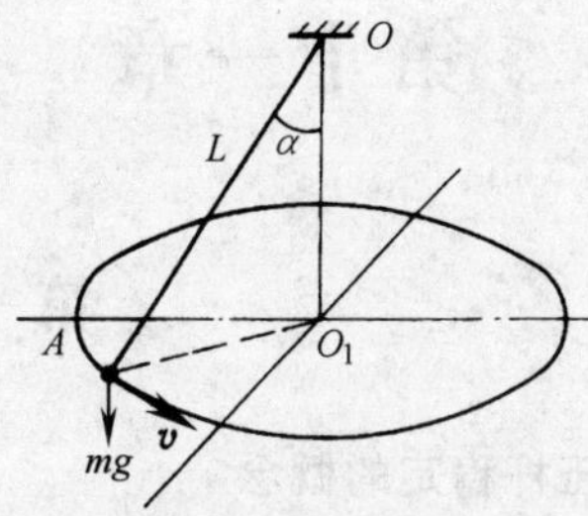


图 10-25

# 第十一章　变形体力学的几个问题

## 第一节　压杆稳定

### 一、压杆稳定的概念

当受拉杆件的应力达到屈服点或强度极限时，将引起塑性变形或断裂。长度比较小的受压短柱也同样由于强度不足而失效，如低碳钢短柱被压扁，铸铁短柱被压碎。我们以前在讨论压杆的强度计算时，总认为杆是在直线形状下保持平衡，而杆失去正常工作能力都是由于强度不足而引起的。事实上，这样的分析讨论，只是对粗短的压杆才有意义。对于细长杆件，受压开始时轴线为直线，接着被压弯，发生大的弯曲变形，最后折断。在日常生活中用细长的竹片、钢锯条、自行车辐条钢丝等都可以实验。类似地，工程结构中也有许多受压的细长杆，例如发动机配气机构中的挺杆，在推动摇臂打开气阀时，受到压力作用（图 11-1）。图 11-2 所示的内燃机的连杆也是受压杆件。其它的，例如桁架结构中的抗压杆、千斤顶的丝杠、建筑物中的柱子、撑杆跳运动员用的杆等。

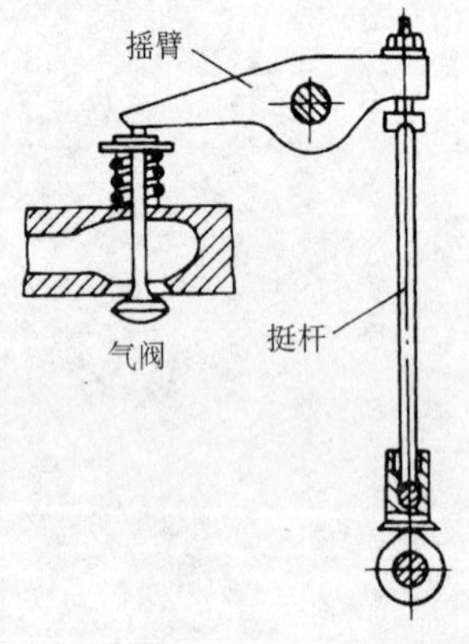


图　11-1

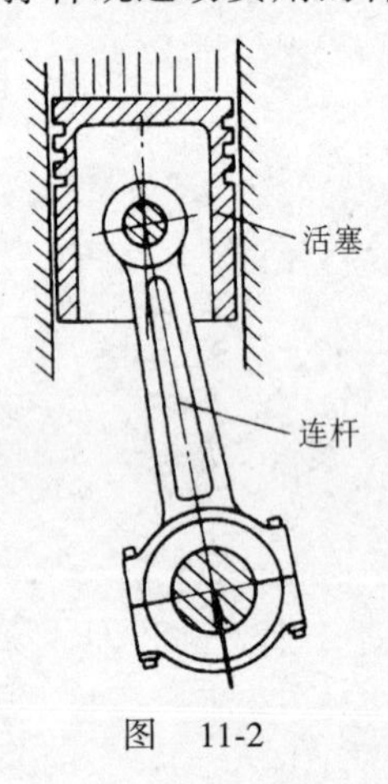


图　11-2

工程实际中不仅细长压杆可能发生失稳现象，其它一些受压力的薄壁构件，如果外力过大，也会发生失稳现象。如图 11-3a 所示，横截面为狭长矩形的薄壁构件，在抗弯能力最大的平面内受过大的横向力作用时，会因失稳而同时发生扭转；图 11-3b 所示的薄壁圆筒在受到过大的轴向压力作用时，会因失稳而在筒壁上出现折皱现象。在工程实际中，要保证构件或结构物正常工作，除了要满足**强度**、**刚度**条件外，还必须满足**稳定性**的要求。

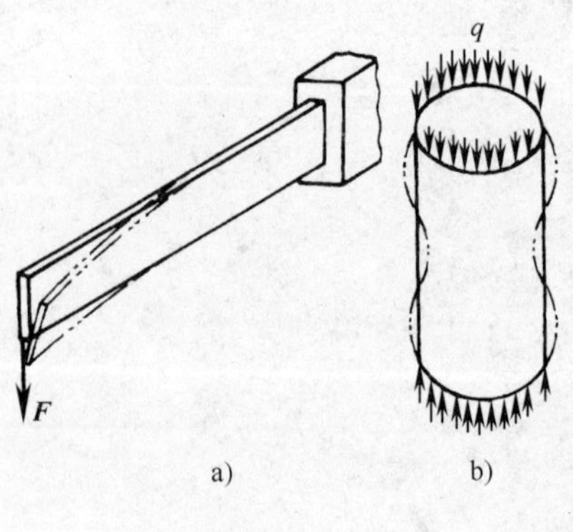


图　11-3

本节先讨论直杆受压的稳定性问题，**平衡状态**

**的稳定性，即抗干扰性**。

我们以小球为例说明稳定平衡、不稳定平衡和随遇平衡。如图 11-4a 所示，小球在凹面内的 $A$ 点处于平衡状态。外加扰动使小球偏离平衡位置，当外加扰动撤去后，小球总会回到 $A$ 点，保持其原有的平衡状态。在这种情况下，小球在 $A$ 点的平衡状态是**稳定平衡**状态。

如图 11-4b 所示，小球在凸面上的 $A$ 点处于平衡状态。一旦外加扰动使小球偏离平衡位置，则小球将滚下，不能回到其原有的平衡状态。在这种情况下，小球在 $A$ 点的平衡状态是**不稳定平衡**状态。

图 11-4c 所示的小球在平面上的 $A$ 点处于平衡状态。外加扰动使小球偏离平衡位置，当外加扰动撤去后，小球将在新的位置 $B$ 再次处于平衡。在这种情况下，小球在 $A$ 点的平衡状态是**随遇平衡**状态。

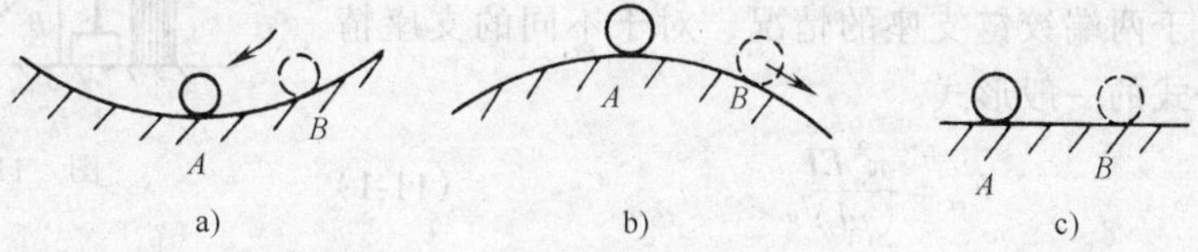


图 11-4

对于弹性压杆的稳定性问题以图 11-5a 所示的压杆为例。假定实际中存在一个微小的横向干扰力使压杆变成微微的弯曲状态，对于不同大小的轴向压力 $F$，也对应有压杆的稳定平衡、不稳定平衡和随遇平衡。

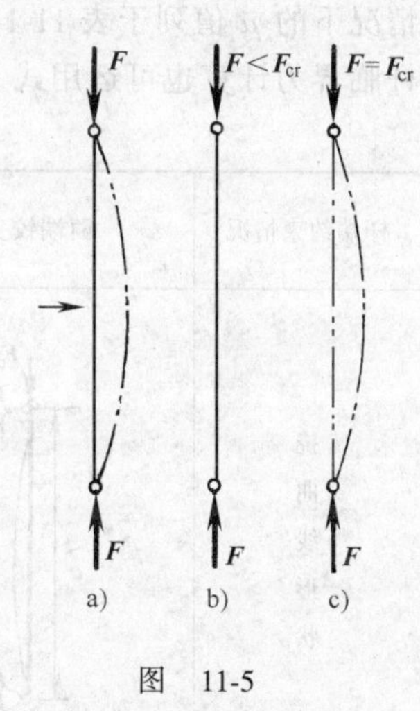


图 11-5

1）如图 11-5b 所示，当压力 $F$ 小于某一确定值 $F_{cr}$，一旦横向干扰力消失，杆件将在平衡位置附近来回摆动，最终恢复到原来的直线平衡位置。这说明压杆原来的平衡状态是稳定的。

2）如图 11-5c 所示，当压力 $F$ 等于某一确定值 $F_{cr}$，一旦横向干扰力消失，杆件将在被干扰成的微弯状态下，达到新的平衡，既不恢复原来状态也不继续弯曲。也就是说当 $F=F_{cr}$时，压杆既可处于直线形式平衡，又可处于微弯形式平衡。这种状态称为随遇平衡，是压杆稳定的临界状态。

3）当压力 $F$ 大于某一确定值 $F_{cr}$，这时平衡状态的性质发生了质的变化。一旦存在微小的横向干扰力，压杆就会在微弯的基础上继续弯曲，再也不能恢复到原来的平衡状态。这说明压杆原来的平衡状态是不稳定的。

临界状态是压杆从稳定平衡向不稳定平衡转化的极限状态。压杆处于临界状态时的轴向压力称为临界力或临界载荷，一般用 $F_{cr}$表示，它是判断压杆是否失稳的一个指标。

## 二、确定临界力的欧拉公式

我们用实验的方法来建立临界力的计算公式。实验装置如图 11-6 所示，将矩形截面压杆的两端放在支座 $A$、$B$ 中，然后进行加载。在左右方向压弯时，杆的两端相当于铰链支座。压杆中点的挠度用千分表测定。实验分三部分：

1）取数根材料相同、截面的形状和尺寸相同但长度不同的细长压杆实验，结果表明：临界力 $F_{cr}$ 与试件长度 $l$ 的平方成反比，即 $F_{cr}\propto 1/l^2$。

2）取数根几何尺寸完全相同但材料不同的细长压杆实验，结果表明：临界力 $F_{cr}$ 与试件的弹性模量 $E$ 成正比，即 $F_{cr}\propto E$。

3）取数根材料相同、长度相等但截面尺寸不同的细长压杆实验，结果表明：临界力 $F_{cr}$ 与试件的轴惯性矩 $I$ 成正比，即 $F_{cr}\propto I$。

综上所述可得欧拉公式：

$$F_{cr}=\frac{\pi^2 EI}{l^2}$$

上式适用于两端铰链支座的情况，对于不同的支座情况，有欧拉公式的一般形式：

$$F_{cr}=\frac{\pi^2 EI}{(\mu l)^2} \tag{11-1}$$

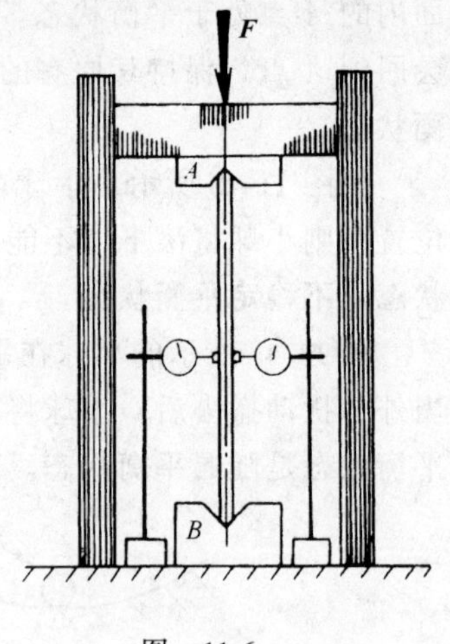

图　11-6

式中，$\mu$ 为**长度系数**，也称**支座系数**，它代表支承方式对临界载荷 $F_{cr}$ 的影响。各种支座情况下的 $\mu$ 值列于表 11-1 中。$\mu l$ 称为**相当长度**或**计算长度**。除圆截面外，其它截面的压杆临界力计算也可运用式（11-1）计算。

**表 11-1　压杆的长度系数**

| 杆端约束情况 | 两端铰支 | 一端固定<br>一端自由 | 一端固定<br>一端铰支 | 两端固定 |
|---|---|---|---|---|
| 挠曲线形状 | $F_{cr}$ L | $F_{cr}$ L | $F_{cr}$ L | $F_{cr}$ L |
| 长度系数 $\mu$ | 1.0 | 2.0 | 0.7 | 0.5 |

**例 11-1**　试根据欧拉公式说明压杆截面形状选择的原则。

**解**　由欧拉公式 $F_{cr}=\frac{\pi^2 EI}{(\mu l)^2}$ 可知，在其它条件不变的情况下，选择较大的轴惯性矩 $I$，可以提高压杆的稳定性。对于轴类零件，只要结构和工艺允许，可以采用圆环形截面，如图 11-7a 所示。至于矩形截面，设想把中性轴附近的材料移到边缘处，即图 11-7b 所示的工字型截面，采用槽型钢也是同样的想法，工程实际用的比较多的方法还有图 11-7c 所示的型钢组合截面的压杆。

**例 11-2**　用 20a 工字钢作为两端铰支的压杆，杆长 4m，试求临界力。

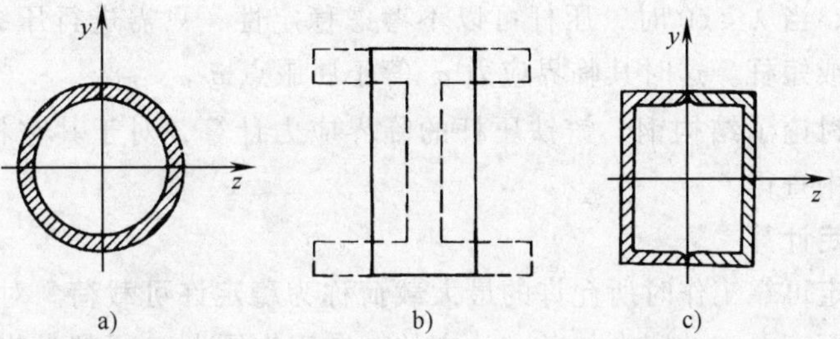


图 11-7

**解** 杆长 $l=4\text{m}$，取钢的弹性模量 $E=2\times10^{11}\text{Pa}$。由附表 4 查得 20a 工字钢截面惯性矩 $I_x=2370\text{cm}^4$，$I_y=158\text{cm}^4$。

将 $I_y=158\times10^{-8}\text{m}^4$ 代入公式（11-1）得到

$$F_{cr}=\frac{\pi^2 EI_y}{(\mu l)^2}=\frac{3.14^2\times2\times10^{11}\times158\times10^{-8}}{(1\times4)^2}\text{N}=194.7\text{kN}$$

需要注意的是，如果压杆截面的各轴惯性矩不相等，则在计算临界力时，应用最小的惯性矩来计算。

**三、欧拉公式的适用范围　临界应力的经验公式**

实验证明：短杆没有失稳现象；中等长度的压杆失稳时的临界力，并不与欧拉公式中计算的临界力相符合；细长的压杆，它失稳时的临界力可以用欧拉公式来计算。

为了量化欧拉公式的适用范围，先引入临界应力概念。定义临界力 $F_{cr}$ 除以杆横截面面积 $A$，称为**临界应力**，以 $\sigma_{cr}$ 表示，则由公式（11-1）有

$$\sigma_{cr}=\frac{F_{cr}}{A}=\frac{\pi^2 EI}{(\mu l)^2 A}$$

截面惯性矩 $I$ 等于截面面积 $A$ 与惯性半径 $i$ 的平方之积。引入压杆柔度 $\lambda=\frac{\mu l}{i}$，则上式变为

$$\sigma_{cr}=\frac{\pi^2 E}{\lambda^2} \tag{11-2}$$

由于实验时杆内的压应力不超过比例极限 $\sigma_p$，因此只有当 $\sigma_{cr}\leqslant\sigma_p$ 时，欧拉公式才适用，即

$$\sigma_{cr}=\frac{\pi^2 E}{\lambda^2}\leqslant\sigma_p$$

结构钢的 $\sigma_p=2\times10^8\text{Pa}$，$E=2\times10^{11}\text{Pa}$，则由上式可算得欧拉公式的适用范围为 $\lambda\geqslant100$。同理，对于铸铁，欧拉公式的适用范围为 $\lambda\geqslant80$。这种杆称为**大柔度杆**或**细长杆**。

工程实践证明，对于结构钢，当 $60\leqslant\lambda<100$ 时，压杆还可能产生失稳现象。这时欧拉公式已不能适用，对于这类压杆，通常采用建立在实验基础上的经验公式来计算其临界应力 $\sigma_{cr}$：

$$\sigma_{cr}=a-b\lambda \tag{11-3}$$

式中　$a$、$b$——与材料有关的常数。对于结构钢，$a=304\text{MPa}$，$b=1.12\text{MPa}$；对于铸铁，$a=331.9\text{MPa}$，$b=1.453\text{MPa}$。这种杆称为**中柔度杆**或**中长杆**。

对于结构钢，当 $\lambda < 60$ 时，压杆可以不考虑稳定性，只需进行压缩强度计算。这种杆称为**小柔度杆**或**短杆**。这时其临界应力 $\sigma_{cr}$ 等于屈服点 $\sigma_s$。

以上简要地讨论了结构钢、铸铁压杆的临界应力计算，对于其它材料的数据，可以从机械设计手册中查得。

**四、压杆稳定计算**

保证压杆稳定可靠工作时所允许的最大载荷称为**稳定许可载荷**。对于实际受压杆件，应使其在稳定方面有一定的安全储备，让它的轴向工作压力 $F$ 不超过临界力的 $n_{st}$分之一，即稳定条件为

$$F \leqslant \frac{F_{cr}}{n_{st}}$$

或

$$\frac{F_{cr}}{F} \geqslant n_{st} \tag{11-4}$$

式中，$n_{st}$ 称为**稳定安全系数**。例如金属结构中的压杆 $n_{st} = 1.8 \sim 3.0$，机床的丝杠 $n_{st} = 2.5 \sim 4.0$，低速发动机挺杆 $n_{st} = 4 \sim 6$，高速发动机挺杆 $n_{st} = 2 \sim 5$。

**例 11-3** 螺旋千斤顶如图 11-8 所示，其螺杆由 Q235 钢制成。内径 $d_1 = 32\text{mm}$，外径 $d = 40\text{mm}$，最大升距 $h = 300\text{mm}$，当起重量为 $F = 50\text{kN}$ 时，试校核螺杆的稳定性。取稳定安全系数 $n_{st} = 4.0$。

**解** (1) 计算柔度 $\lambda$ 惯性半径 $i = \sqrt{\dfrac{I}{A}} = \sqrt{\dfrac{\pi d_1^4/64}{\pi d_1^2/4}} = \dfrac{d_1}{4} = \dfrac{0.032}{4}\text{m} = 0.008\text{m}$。

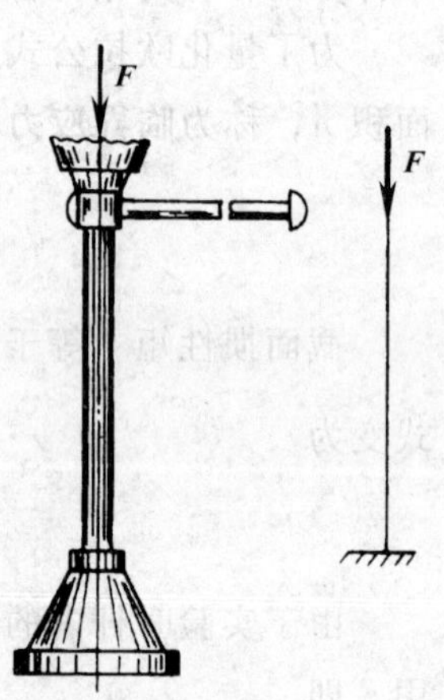

图 11-8

为了偏于安全起见，将螺杆看成一端固定，另一端自由，查表 11-1 得 $\mu = 2$。于是柔度 $\lambda$ 为

$$\lambda = \frac{\mu h}{i} = \frac{2 \times 0.3}{0.008} = 75$$

(2) 计算临界力 $F_{cr}$ 因为 $60 < \lambda < 100$，所以属于中长杆，应用公式（11-3）计算临界应力 $\sigma_{cr}$。

$$\sigma_{cr} = a - b\lambda = (304 - 1.12 \times 75)\ \text{MPa} = 220\text{MPa}$$

临界力 $F_{cr} = \sigma_{cr}\dfrac{\pi d_1^2}{4} = 220 \times 10^6 \times \dfrac{3.14 \times 0.032^2}{4}\text{N} = 176.8\text{kN}$

(3) 校核稳定性 由公式（11-4）可得

$$n = \frac{F_{cr}}{F} = \frac{176.8 \times 10^3}{50 \times 10^3} = 3.54 < n_{st}$$

所以螺杆的稳定性不足。

**五、提高压杆抗失稳的措施**

提高压杆抗失稳能力应从决定压杆临界应力的各个因素着手，即杆长 $l$、长度系数 $\mu$、截面惯性矩 $I$ 和弹性模量 $E$。

1. 尽可能减小压杆长度 为提高临界力，应减小压杆长度。图 11-9 所示为一空气压

缩机的结构示意图，十字头通过活塞杆带动活塞往复运动以压缩空气。如果活塞与活塞杆只在 $A$ 处作轴向固定，活塞杆的受压长度就是 $l$；而采用图示结构，活塞给活塞杆的压力通过 $B$ 处传递，受压长度减为 $l_1$，从而提高了活塞杆抗失稳的能力。

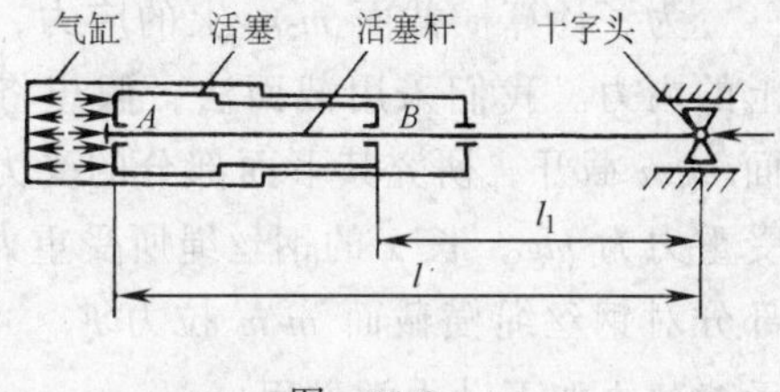

图 11-9

2. 改善压杆的约束条件　由表 11-1 可知，杆端约束的类型决定着长度系数 $\mu$ 的数值，约束的刚性越强，其相应的 $\mu$ 值就越小。而临界力 $F_{cr}$ 与长度系数 $\mu$ 的平方成反比，因而可以用增加约束刚度的办法来提高压杆稳定性。例如增大丝杠支承物的长度，使不完全固定的支承变为接近于固定的支承。

3. 合理选择截面　为提高截面惯性矩 $I$，如不增加截面面积，应尽可能把材料放在离截面形心较远处。如图 11-10a 所示，由四根角钢组成的起重臂，其四根角钢放置在截面的四角（图 11-10b），而不是集中地放置在截面形心的附近（图 11-10c）。

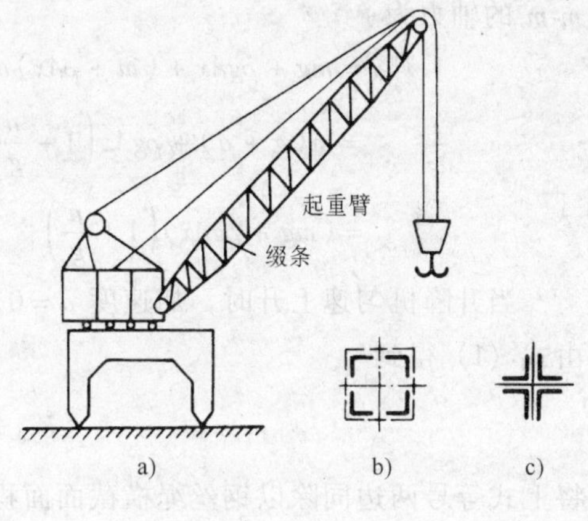

图 11-10

4. 合理选择材料　对于细长杆，材料对临界力的影响只同弹性模量 $E$ 有关，而合金钢、优质钢和普通碳钢的 $E$ 值很接近，约为 210GPa，所以选用优质材料并不能提高细长杆的临界力；对于非细长杆，临界力与材料的强度指标有关，合金钢、优质钢比普通碳钢抗失稳能力大。

## 第二节　动载荷和交变应力

### 一、动载荷

本书在第四～八章讨论杆件变形时，所加载荷的特点是由零缓慢地增加到某一数值，以后保持不变，即是**静载荷**。由静载荷产生的应力，称为**静应力**。但在工程实际中，还会遇到构件在动载荷作用下的问题。所谓**动载荷**主要是指随时间而变化的载荷，特别是冲击载荷。静载荷和动载荷对于构件的作用是不同的。比如说，冲击载荷的特点是作用时间短、变化快、强度大。因此，动载荷特别是冲击载荷对杆件的影响必须专门讨论。

机械中有许多动载荷问题，例如，大量的机械零件长期在周期性变化的载荷作用下工作；起重机钢丝绳向上加速吊起重物，钢丝绳就受到动载荷的作用，如果加速度过大将导致绳索被拉断；锻压汽锤的锤杆、紧急制动的转轴在非常短暂的时间内速度发生急剧变化；因离心力造成的高速旋转部件应力大幅提高等。

实验结果表明，只要应力不超过比例极限，胡克定律仍适用于动载荷下应力、应变的计算，弹性模量也与静载下的数值相同。

下面用图 11-11a 所示矿井升降机为例，说明构件作等加速直线运动时动应力的计算方法。设吊笼的重量为 $mg$，上升加速度为 $\boldsymbol{a}$，钢丝绳的横截面面积为 $A$，其单位体积的质量为 $\rho$。要求计算钢丝绳在距离吊笼顶为 $x$ 的横截面 $m\text{-}m$ 上的应力。

为了计算横截面 $m\text{-}m$ 上的应力，首先求该截面上的内力。我们采用截面法，假想将钢丝绳沿横截面 $m\text{-}m$ 截开，研究其下面部分的受力情况。吊笼所受重力为 $mg$，长 $x$ 的钢丝绳所受重力为 $\rho gAx$，截去部分对钢丝绳横截面 $m\text{-}m$ 拉力 $F_{Nd}$，如图 11-11b 所示。建立如下动力学方程

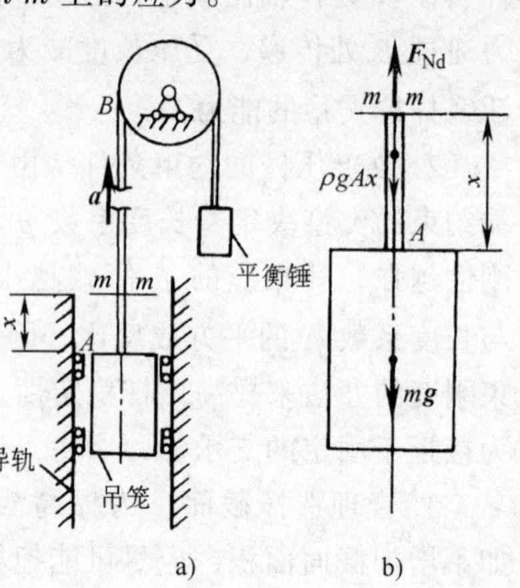

$$F_{Nd} - mg - \rho gAx = (m + \rho Ax)a$$

图 11-11

式中，$\rho Ax$ 为长 $x$ 的钢丝绳的质量。由此得到横截面 $m\text{-}m$ 的轴力为

$$\begin{aligned} F_{Nd} &= mg + \rho gAx + (m + \rho Ax)a \\ &= m(g + a) + \rho gAx\left(1 + \frac{a}{g}\right) \\ &= (mg + \rho gAx)\left(1 + \frac{a}{g}\right) \end{aligned} \tag{1}$$

当升降机匀速上升时，加速度 $a = 0$，钢丝绳的拉力 $F_{Nj} = mg + \rho gAx$，即与重力平衡。由式（1）得到

$$F_{Nd} = F_{Nj}\left(1 + \frac{a}{g}\right) \tag{2}$$

将上式等号两边同除以钢丝绳横截面面积 $A$，得到动应力

$$\sigma_d = \sigma_j\left(1 + \frac{a}{g}\right) \tag{3}$$

引入记号 $K_d = 1 + \dfrac{a}{g}$，则（2）、(3）两式可分别写作

$$F_{Nd} = K_d F_{Nj} \quad \sigma_d = K_d \sigma_j \tag{4}$$

$K_d$ 称为**动荷系数**，它表示构件在动载荷作用下其内力和应力为静载荷 $mg + \rho gAx$ 作用下的内力和应力的倍数。

由式（1）可知，$x$ 越大 $F_{Nd}$ 越大，所以危险截面在钢丝绳的最上端，该截面上的动应力为

$$\sigma_{dmax} = K_d \sigma_{jmax} \tag{5}$$

其中

$$\sigma_{jmax} = \frac{F_{Njmax}}{A} = \frac{mg}{A} + \rho g x_{max}$$

$$x_{max} = AB$$

当对钢丝绳进行强度计算时，可以根据式（5）列出强度条件

$$\sigma_{dmax} = K_d \sigma_{jmax} \leqslant [\sigma] \tag{6}$$

式中　$[\sigma]$ ——材料在静载荷下的许用应力。

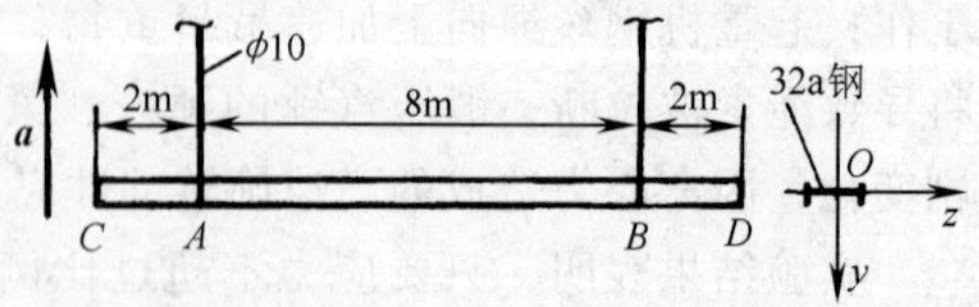


图　11-12

**例 11-4**　如图 11-12 所示，用两根直径

为 10mm 的相同钢丝绳以加速度 $a = 6\text{m/s}^2$ 起吊 32a 工字钢。在提升过程中，工字钢保持水平，若不计钢丝绳自重，试求钢丝绳横截面上的应力。

**解** 由附录型钢规格表 4 查得 32a 工字钢单位长度的质量为 52.717kg/m，被起吊的工字钢重量为 $mg = 52.717 \times 9.8 \times 12\text{N} = 6200\text{N}$，静止在空中或匀速起吊时每根钢丝绳的拉力

$$F_{Nj} = \frac{1}{2} mg$$

拉应力 $$\sigma_j = \frac{F_{Nj}}{\frac{\pi d^2}{4}} = \frac{\frac{1}{2} \times 6200}{\frac{3.14 \times (10 \times 10^{-3})^2}{4}} \text{N/m}^2 = 39.5 \times 10^6 \text{N/m}^2 = 39.5\text{MPa}$$

动荷系数 $$K_d = 1 + \frac{a}{g} = 1 + \frac{6}{9.8} = 1.61$$

$$\sigma_d = K_d \sigma_j = 1.61 \times 39.5\text{MPa} = 63.6\text{MPa}$$

## 二、交变应力概念

在工程实际中，有许多构件在工作时受到随时间而交替变化的应力，这种应力称为**交变应力**。产生交变应力的原因，一种是由于载荷的大小、方向或位置等随时间作交替的变化，例如连杆、桥梁、吊车大梁等；另一种是虽然载荷不随时间而变化，但构件本身在旋转，如图 11-13a 所示火车车厢下的车轴。

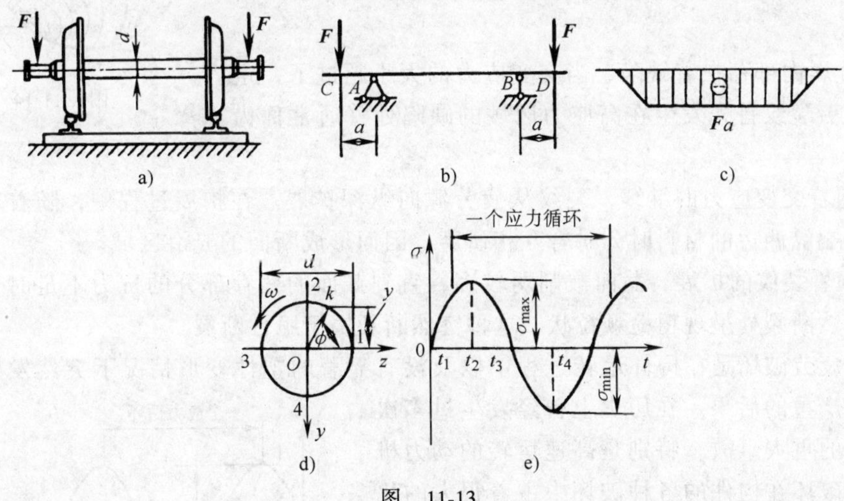


图 11-13

下面以图 11-13a 所示车轴为例来分析应力随时间变化的过程。轴承受车厢传来的载荷作用，将车轴简化为一梁（图 11-13b），图 11-13c 为弯矩图，两车轮 $A$、$B$ 之间的一段处于纯弯曲状态，该段任一横截面上任一点 $k$ 处（图 11-13d）的弯曲正应力为 $\sigma = \frac{My}{I_z}$。设车轴以等角速度 $\omega$ 转动，则

$$y = \frac{d}{2}\sin\phi = \frac{d}{2}\sin\omega t$$

由此得到 $k$ 点正应力计算公式

$$\sigma = \frac{My}{I_z} = \frac{M}{I_z}\frac{d}{2}\sin\omega t$$

将上式中 $\sigma$ 与 $t$ 的关系用图 11-13e 表示，图中 $t_1$、$t_2$、$t_3$、$t_4$ 分别表示 $k$ 点在图 11-13d 中所示位置 1、2、3、4 对应的时刻。

由图 11-13e 可见，车轴每旋转一圈，$k$ 点的应力经历如下变化过程：$0 \to \sigma_{max} \to 0 \to \sigma_{min} \to 0$，我们称之为应力循环一次。由于车轴不停地旋转，$k$ 点的应力反复经受上述应力循环。横截面上除轴心外其它各点的应力，也经历类似的循环变化。

金属在交变应力作用下发生的破坏称为**疲劳破坏**。金属的疲劳破坏和静力破坏有本质的不同。

1. 疲劳破坏的特点　疲劳破坏的特点主要有三点：

1）长期在交变应力下工作的构件，虽然其最大工作应力远小于其静载荷下的强度极限应力，也会出现突然的断裂事故。例如 45 钢承受图 11-13e 所示的弯曲交变应力，当 $\sigma_{max} = -\sigma_{min} \approx 260\text{MPa}$ 时，大约经历 $10^7$ 次循环即可发生断裂，而 45 钢在静载荷下的强度极限为 600MPa。

2）金属疲劳破坏时，其断面如图 11-14 所示，即明显地呈现两个不同的区域：光滑区和粗糙区。

3）即使是塑性很好的材料，也常常在没有明显的塑性变形情况下发生脆性断裂。

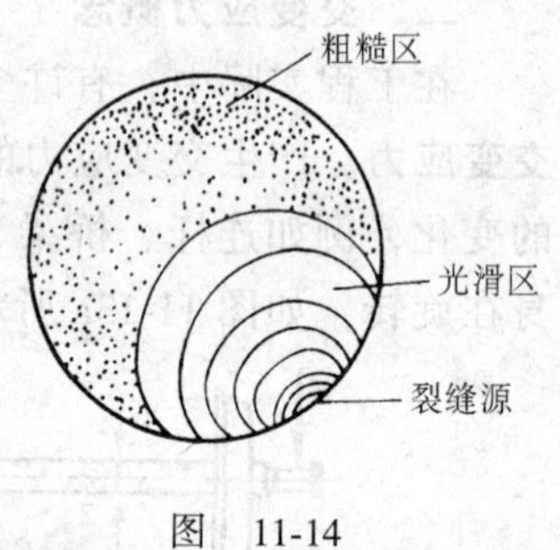

图　11-14

2. 疲劳破坏的过程　疲劳破坏的过程可以分为三个阶段：

1）金属内部存在着缺陷，当交变应力的大小超过了一定限度，疲劳裂纹首先发生在高应力区域的缺陷处（通常称为**疲劳源**）。

2）随着交变应力的继续，裂纹从疲劳源向纵深扩展。在扩展过程中，随着应力的交替变化，裂纹两边的材料时分时合互相研磨，因而形成断面的光滑区域。

3）随着裂纹的扩展，截面被削弱较多，直到截面的残存部分的抗力不足时，就突然断裂，突然断裂处呈现粗糙颗粒状。这种突然断裂属于**脆性断裂**。

由于疲劳破坏是在构件运转过程中以及没有显著的塑性变形情况下突然发生的，故往往造成严重的后果。在历史上曾经发生过多次疲劳破坏的重大事故，特别是高速运转的动力机械，疲劳破坏在构件的各种破坏中占着很大的比例。这一现象的出现促使人们研究疲劳破坏的机理，并用来指导工程实际。

## 三、交变应力的变化规律和种类

讨论一般情况下的交变应力，如图 11-15 所示，这时最大应力 $\sigma_{max}$ 与最小应力 $\sigma_{min}$ 数值不相等，我们把 $\sigma_{min}$ 与 $\sigma_{max}$ 的比值称为**循环特征**或**应力比**，即

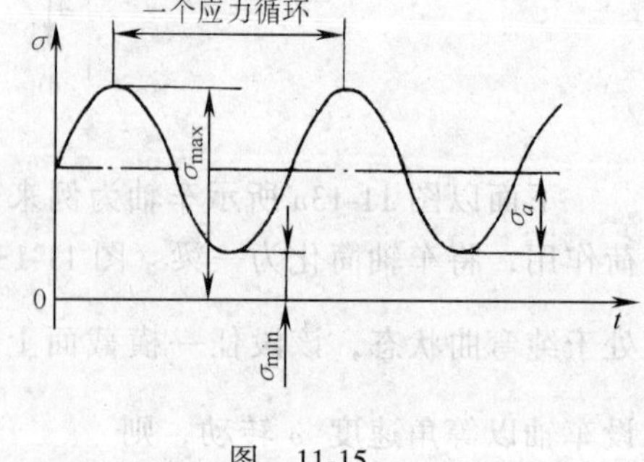

图　11-15

$$r = \frac{\sigma_{min}}{\sigma_{max}} \tag{11-5}$$

最大应力 $\sigma_{max}$ 与最小应力 $\sigma_{min}$ 的代数平均值称为**平均应力** $\sigma_m$，最大应力 $\sigma_{max}$ 与最小应力 $\sigma_{min}$ 的代数差的一半称为**应力幅度** $\sigma_a$，即

$$\sigma_m = \frac{\sigma_{max} + \sigma_{min}}{2} = \frac{\sigma_{max}}{2}\ (1+r) \tag{11-6}$$

$$\sigma_a = \frac{\sigma_{max} - \sigma_{min}}{2} = \frac{\sigma_{max}}{2}\ (1-r) \tag{11-7}$$

在工程实际中，可以将交变应力归纳成如下三种类型：

1）**对称循环应力**　如图 11-16 所示，对称循环应力中 $\sigma_{max} = -\sigma_{min}$，故 $r = \frac{\sigma_{min}}{\sigma_{max}} = -1$。

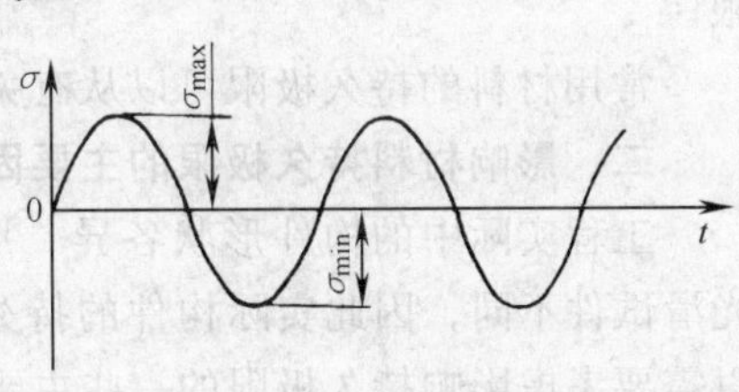

图　11-16

2）**脉动循环应力**　如图 11-17 所示，脉动循环应力中 $\sigma_{min} = 0$，故 $r = \frac{\sigma_{min}}{\sigma_{max}} = 0$。

3）**不变应力**　如图 11-18 所示，这种应力也就是静载荷下的应力，这时 $\sigma_{max} = \sigma_{min}$，故 $r = \frac{\sigma_{min}}{\sigma_{max}} = 1$。

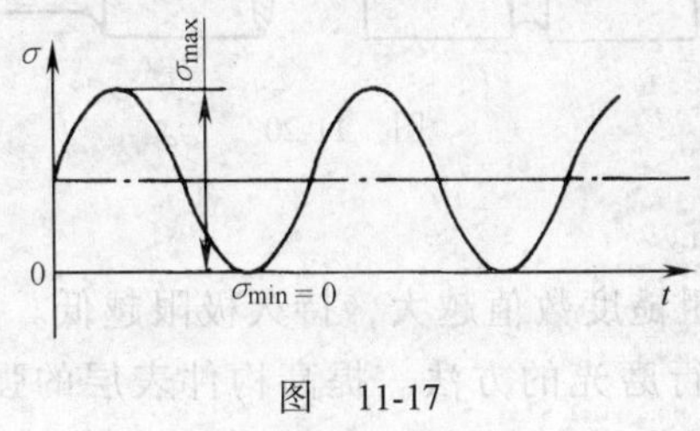

图　11-17

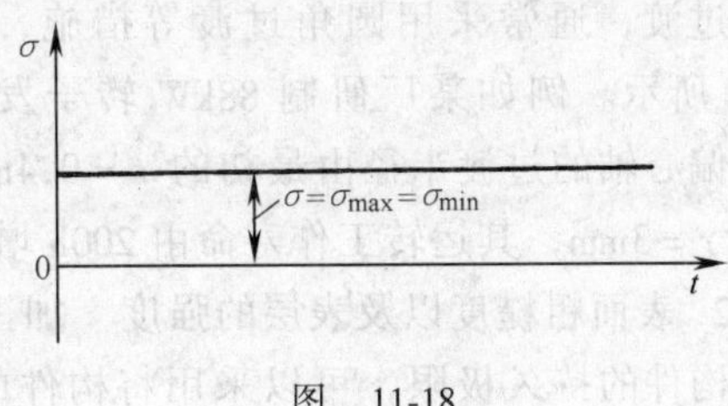

图　11-18

## 第三节　材料持久极限及影响因素

### 一、材料持久极限

通过实验证明，在交变载荷作用下，构件内应力的最大值（绝对值）如果不超过某一极限，则此构件可以经历无数次循环而不破坏，我们把这个应力的极限值称为**持久极限**。同一材料在不同的基本变形形式和循环特性下，它的持久极限是不同的。我们用 $(\sigma_r)_1$、$\sigma_r$ 和 $\tau_r$ 分别表示循环特性 $r$ 时材料在拉伸-压缩、弯曲和扭转交变应力下的持久极限。同一材料在同一种基本变形形式下的持久极限以对称循环下的持久极限为最低。所以通常以对称循环交变应力下的持久极限作为材料在交变应力下的主要强度指标。对于低碳钢，在对称循环交变应力下，其拉伸-压缩、弯曲和扭转时的持久极限与其静载荷下拉伸强度极限分别有下列关系

$$(\sigma_{-1})_1 \approx 0.3\sigma_b \quad \sigma_{-1} \approx 0.4\sigma_b \quad \tau_{-1} \approx 0.25\sigma_b$$

由上面可以看出，对称循环交变应力下的持久极限比同一材料的强度极限 $\sigma_b$ 要低得多。

取数根标准钢料试件分别加以不同大小的对称循环载荷，在疲劳试验机上进行弯曲试验，记录下最大应力 $\sigma_{max}$ 和断裂时的循环次数 $N$，得到图 11-19 所示的**疲劳曲线**。从图

中可以看出，应力 $\sigma_{max}$ 越小，循环次数 $N$ 就越大。当 $\sigma_{max}$ 降到一定数值后，其对应的 $N$ 大约为 $10^7$ 次时，图线逐渐变为水平，这时其纵坐标值就是材料在对称循环交变应力下的持久极限 $\sigma_{-1}$。

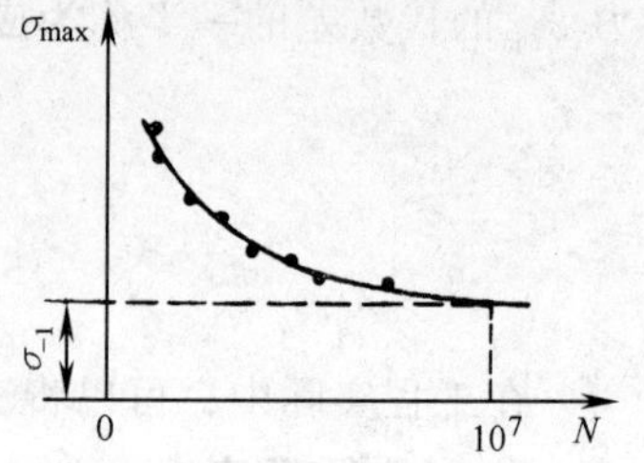

对于象含铝或镁的有色金属，它们的疲劳曲线不明显地趋于水平，对于这类材料，通常选定一个有限次数 $N_0 = 10^8$，称为**循环基数**，并将其所对应的最大应力作为持久极限。

图 11-19

常用材料的持久极限可以从有关手册中查得。

**二、影响材料持久极限的主要因素**

工程实际中的构件形状各异、尺寸变化，并有孔、槽、螺纹等，与实验室用的标准光滑试件不同，因此实际构件的持久极限与刚才介绍的标准试件的持久极限也不同，所以需要考虑影响持久极限的一些主要因素。

1. 应力集中　应力集中将使持久极限降低，因此在设计制造承受交变应力的构件时，要尽量设法减低或避免应力集中。在轴类零件中根据结构的可能尽量使半径过渡缓和，避免急剧过渡，通常采用圆角过渡等措施，如图 11-20 所示。例如某厂研制 88kW 转子发动机时，偏心轴的过渡半径由最初的 $r = 0.4\text{mm}$ 增加到 $r = 3\text{mm}$，其运转工作寿命由 200h 增大到 600h。

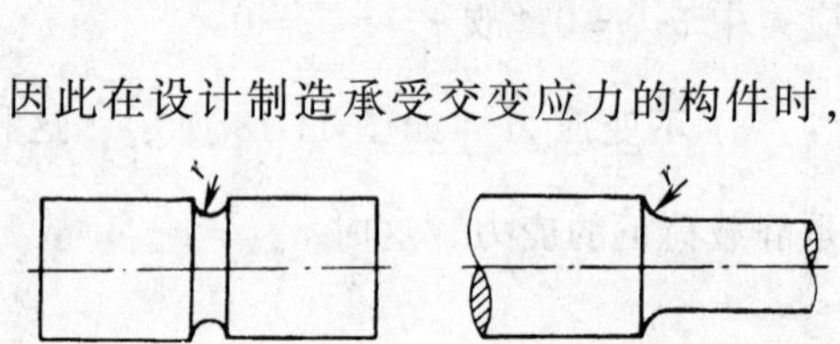

图　11-20

2. 表面粗糙度以及表层的强度　加工后表面粗糙度数值越大，持久极限越低。为了提高构件的持久极限，可以采用将构件的表面进行磨光的方法。提高构件表层的强度，可以提高构件抵抗疲劳的能力。例如对构件中最大应力所在的表面进行热处理或化学处理（高频感应加热淬火、渗氮、渗碳和液体碳氮共渗等），或对表面层用滚压、喷丸等冷加工方法，都可以提高构件的持久极限。

3. 尺寸大小　标准试件一般是直径为 7 ~ 10mm 的小试件，随着试件横截面尺寸的增大，持久极限反而降低。大试件的持久极限比小试件的持久极限要低。

## 第四节　复杂应力状态

**一、应力状态的概念**

1. 一点处的应力状态　直杆轴向拉伸时，在杆件的同一截面上各点处的应力是相同的，但是应力随所取截面与轴心线夹角的不同而改变；对于圆截面杆扭转或梁的弯曲，在杆件的同一截面上，不同位置的点具有不同的应力。

我们在第四章 ~ 第八章中曾分别讨论了拉伸-压缩、剪切、扭转和弯曲变形形式下构件截面上的应力，并建立了相应的强度条件。例如拉压杆的强度条件为

$$\frac{F_{Nmax}}{A} \leqslant [\sigma]$$

但是还有一些有关强度方面的问题，例如工字钢截面梁在横力弯曲时，其截面上翼缘与腹板交界的各点处，同时有较大的正应力和切应力，对于这样的强度问题，以前没

有讨论过。要解决这样的一些问题，就需要全面了解一点处所有截面上在该点处的应力情况。下面通过研究拉杆斜截面上的应力，介绍一点处的应力状态这一重要概念。

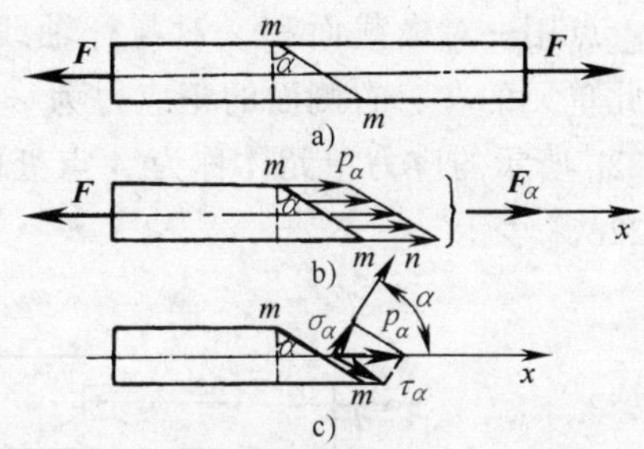


图 11-21

设拉杆的任一斜截面 $m$-$m$ 与其横截面相交成 $\alpha$ 角，如图 11-21a 所示。采用截面法研究此斜截面上的应力，假想沿此面将杆截开，并研究左边部分（图 11-21b）的平衡。由平衡方程 $\sum_{i=1}^{n} X_i = 0$ 可以得到斜截面上的内力为

$$F_\alpha = F$$

设想杆由许多纵向纤维组成，杆拉伸时伸长变形是均匀的，由此推断斜截面上的内力必然是均匀分布的，即各点处的应力也是相等的，于是得到

$$p_\alpha = \frac{F_\alpha}{A_\alpha} = \frac{F}{A_\alpha} \tag{1}$$

式中　$p_\alpha$——斜截面上任一点处的总应力，其方向沿 $x$ 轴正向，如图 11-21b 所示。

$A_\alpha$——斜截面面积。

由几何分析得，斜截面面积 $A_\alpha$ 与横截面面积 $A$ 的关系是 $A_\alpha = \dfrac{A}{\cos\alpha}$，将此代入式（1）得到

$$p_\alpha = \frac{F_\alpha}{A/\cos\alpha} = \sigma_0 \cos\alpha \tag{2}$$

$$\sigma_0 = \frac{F}{A}$$

式中　$\sigma_0$——杆横截面上的正应力。

为研究方便，将 $p_\alpha$ 分解为沿斜截面 $m$-$m$ 的法线分量和切线分量，法线分量称为斜截面上的**正应力** $\sigma_\alpha$，切线分量称为斜截面上的**切应力** $\tau_\alpha$，如图 11-21c 所示。分解后得

$$\sigma_\alpha = p_\alpha \cos\alpha \qquad \tau_\alpha = p_\alpha \sin\alpha \tag{3}$$

将式（2）代入式（3），整理得到

$$\sigma_\alpha = \sigma_0 \cos^2\alpha \tag{11-8}$$

$$\tau_\alpha = \frac{\sigma_0}{2}\sin 2\alpha \tag{11-9}$$

从式（11-8）、式（11-9）可以看到，由于夹角 $\alpha$ 不断变化，出现对应的各个截面，应力也随之变化。我们将构件受力后，通过其内任意一点的各个截面上在该点处的应力情况，称为该点处的应力状态。

2．一点处的应力状态的表示方法　上面在讨论直杆拉伸斜截面上的应力时，由于横截面上的正应力是均匀分布的，故直接采用了截面法。在第六章第三节讨论圆轴扭转时，因为圆轴横截面上的应力不是均匀分布的，我们就采用取单元体的研究方法。下面介绍用应力单元体表示一点处的应力状态。

为了研究受力构件内某点处的应力状态，可以围绕该点截取一个单元体来代表该点。

这个单元体的边长为无穷小量，故单元体各个表面上的应力分布可以看成是均匀的，单元体任一对平行平面上的应力可视为相等的。如图 11-22a 所示，轴向拉伸的直杆，围绕 $A$ 点用一对横截面和二对与杆轴线平行的纵向截面切出一个单元体，如图 11-22b 所示。此单元的左、右侧面的正应力为 $\sigma = F/A$，其上、下侧面和前、后侧面均无应力。图 11-22b 所示的应力单元体称为 $A$ 点处的原始单元体。为了画法简便，此单元体可以用图 11-22c 来表示。

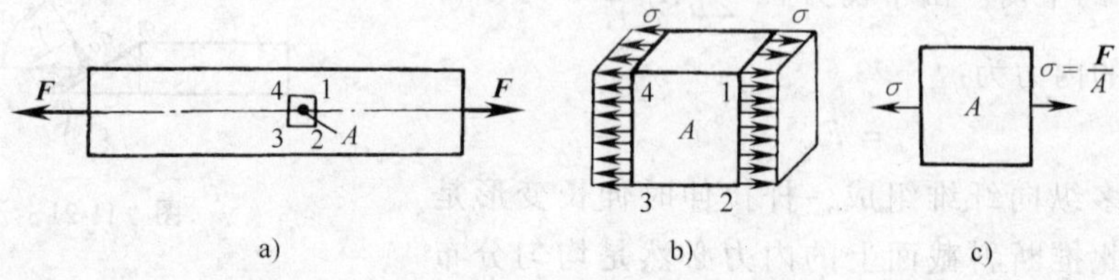


图 11-22

当圆杆在扭转时，如图 11-23a 所示，对于其表面上的 $B$ 点，可以围绕该点以杆的横截面和径向、周向纵截面截取代表它的单元体（图 11-23b）进行研究。横截面上在 $B$ 点处的切应力

$$\tau_B = \tau_{\max} = \frac{M_T}{W_p} = \frac{T}{W_p}$$

式中　$M_T$——横截面上的扭矩；

$W_p$——抗扭截面系数；

$T$——扭矩。

杆在周向截面上没有应力。又由切应力互等定理可知，杆在径向截面上 $B$ 点处应该有与 $\tau_B$ 相等的切应力。于是此单元体各侧面上的应力如图 11-23b、c 所示。对于图 11-24a 所示横力弯曲下的矩形截面梁，得到 $m$-$m$ 截面正应力$\sigma_x = M(x)y/I_z$ 和切应力 $\tau_{xy} = Q(x)S/(bI_z)$(公式推导略)，如图 11-24b 所示。由切应力互等定理可知 $\tau_y = -\tau_x$，得到应力单元体（图 11-24c)。

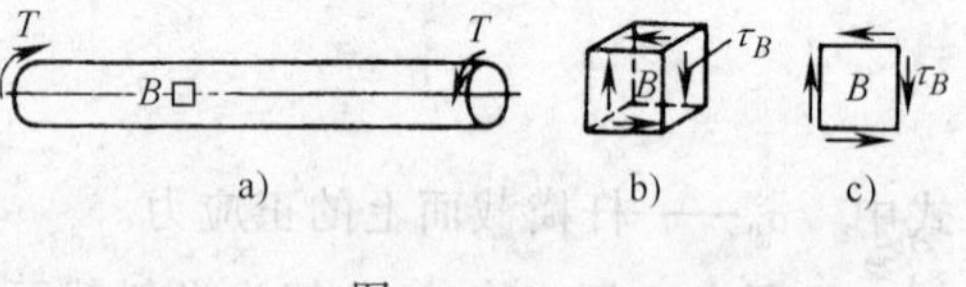


图 11-23

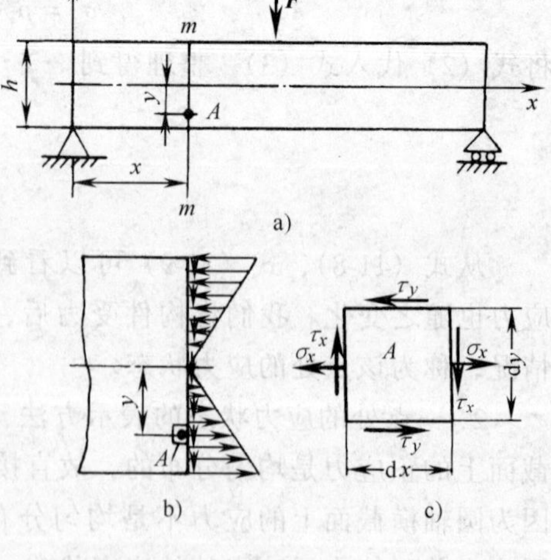


图 11-24

3. 主平面、主应力、应力状态的分类

在一般情况下，表示一点处应力状态的应力单元体在其各个表面上同时存在有正应力和切应力。但是可以证明：在该点处以不同方式截取的各个单元体中，必有一个特殊的单元体，在这个单元体的侧面上只有正应力而没有切应力。这样的单元体称为该点处的**主应力单元体或主单元体**。图 11-22c 所示的单元体就是主应力单元体。主单元体的侧面称为**主平**

**面**。主平面上的正应力称为该点处的**主应力**。

一般情况下，过一点处所取的主单元体的六个侧面上有三对主应力，我们用 $\sigma_1$、$\sigma_2$、$\sigma_3$ 表示，这三者的顺序按代数值大小排列，即 $\sigma_1 \geqslant \sigma_2 \geqslant \sigma_3$。

一点处的应力状态按照该点处的主应力有几个不为零而分为三类：

1) 只有一个主应力不等于零的称为**单向应力状态**。例如，拉压杆内任意一点即为单向应力状态。

2) 两个主应力不等于零的称为**二向应力状态**。以后会看到，图 11-24 所示的横力弯曲 $A$ 点属于二向应力状态。

3) 三个主应力都不等于零的称为**三向应力状态**。图 11-25a 所示地铁钢轨，在车轮压力作用下，钢轨受压部分的材料有向四外扩张的趋势，而周围的材料阻止其向外扩张，故受到周围材料的压力。在钢轨受压区域内可取出图 11-25b 所示的单元体，这个单元体上有三个主应力 $\sigma_1$、$\sigma_2$、$\sigma_3$。这样钢轨与车轮的接触点处的应力状态为三向应力状态。

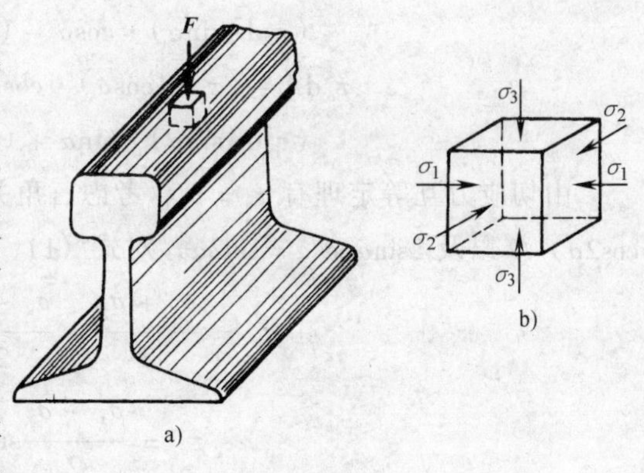


图 11-25

通常将单向和二向应力状态统称为**平面应力状态**，二向和三向应力状态统称为**复杂应力状态**。

## 二、平面应力状态下单元体截面上的应力

图 11-26a 所示为最一般情况下的平面应力状态下的应力单元体，我们用图 11-26b 表示。已知正应力 $\sigma_x$、$\sigma_y$，切应力 $\tau_x$、$\tau_y$，求垂直于纸面的任意斜截面 $de$（图 11-26b）上的正应力和切应力。首先规定如下：

正应力 $\sigma$：仍以拉应力为正，压应力为负。

切应力 $\tau$：当表示切应力的矢有绕单元体内任一点作顺时针转动趋势时为正，反之为负。

斜截面外法线与 $x$ 轴所成角度 $\alpha$：从 $x$ 轴按逆时针转向转到外法线 $n$ 时为正，反之为负。

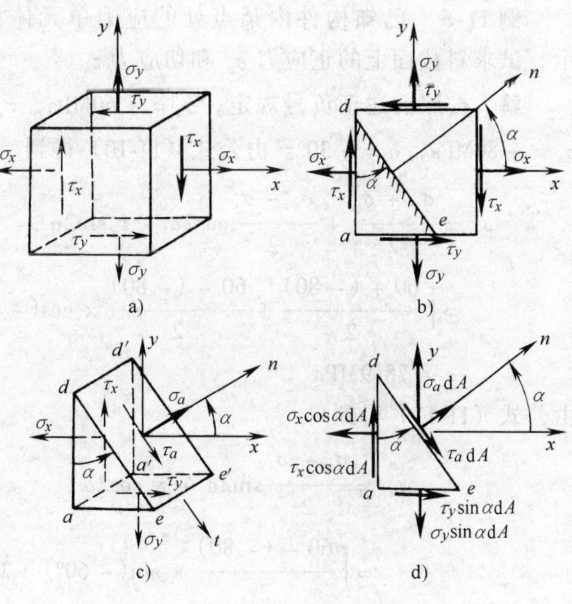


图 11-26

根据上述规定，图 11-26b 所示的 $\tau_y$ 为负，其余各应力和 $\alpha$ 角均为正。

采用截面法，用 $de$ 截面将单元体截开，保留下半部 $ade$。如图 11-26c 所示，棱柱体 $ade$

的 $ad$ 面上有已知的应力 $\sigma_x$、$\tau_x$，在 $ae$ 面上有已知应力 $\sigma_y$、$\tau_y$，在 $de$ 面上假设有未知的正应力 $\sigma_\alpha$ 和切应力 $\tau_\alpha$。

设 $de$ 斜截面面积为 $\mathrm{d}A$，则 $ae$ 面的面积为 $\mathrm{d}A\sin\alpha$，$ad$ 面的面积为 $\mathrm{d}A\cdot\cos\alpha$。取 $t$ 和 $n$ 为参考轴，建立棱柱体 $ade$ 的受力平衡方程，则对于参考轴 $n$ 和 $t$ 分别列写如下方程

$$\sigma_\alpha \mathrm{d}A + (\tau_x \mathrm{d}A\cos\alpha)\cdot\sin\alpha - (\sigma_x \mathrm{d}A\cos\alpha)\cdot\cos\alpha + (\tau_y \mathrm{d}A\sin\alpha)\cdot\cos\alpha - (\sigma_y \mathrm{d}A\sin\alpha)\cdot\sin\alpha = 0 \quad (1)$$

$$\tau_\alpha \mathrm{d}A - (\tau_x \mathrm{d}A\cos\alpha)\cdot\cos\alpha - (\sigma_x \mathrm{d}A\cos\alpha)\cdot\sin\alpha + (\tau_y \mathrm{d}A\sin\alpha)\cdot\sin\alpha + (\sigma_y \mathrm{d}A\sin\alpha)\cdot\cos\alpha = 0 \quad (2)$$

由切应力互等定理有 $\tau_x = \tau_y$，考虑三角关系式 $\sin^2\alpha = (1-\cos2\alpha)/2$、$\cos^2\alpha = (1+\cos2\alpha)/2$ 以及 $2\sin\alpha\cos\alpha = \sin2\alpha$，对式（1）、（2）进行整理得到

$$\sigma_\alpha = \frac{\sigma_x + \sigma_y}{2} + \frac{\sigma_x - \sigma_y}{2}\cos2\alpha - \tau_x \sin2\alpha \quad (11\text{-}10)$$

$$\tau_\alpha = \frac{\sigma_x - \sigma_y}{2}\sin2\alpha + \tau_x\cos2\alpha \quad (11\text{-}11)$$

利用公式（11-10）、公式（11-11）可以求得 $de$ 斜截面上的正应力 $\sigma_\alpha$ 和切应力 $\tau_\alpha$。可以看出，斜截面上的应力是角度 $\alpha$ 的函数，正应力 $\sigma_\alpha$ 和切应力 $\tau_\alpha$ 随截面的方位改变而变化。若已知单元体上互相垂直面上的应力 $\sigma_x$、$\tau_x$、$\sigma_y$、$\tau_y$，则该点处的应力状态即可由公式（11-10）、公式（11-11）完全确定。

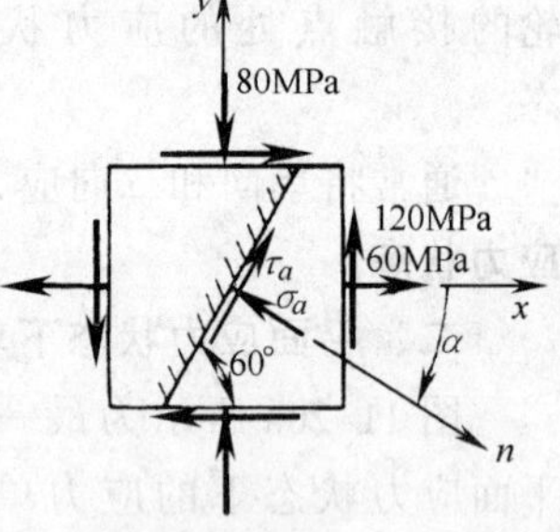


图 11-27

**例 11-5** 已知构件内某点处的应力单元体如图 11-27 所示，试求斜截面上的正应力 $\sigma_\alpha$ 和切应力 $\tau_\alpha$。

**解** 按照前述正负号规定，$\sigma_x = +60\mathrm{MPa}$，$\tau_x = -120\mathrm{MPa}$，$\sigma_y = -80\mathrm{MPa}$，$\alpha = -30°$。由公式（11-10）得到

$$\sigma_\alpha = \frac{\sigma_x + \sigma_y}{2} + \frac{\sigma_x - \sigma_y}{2}\cos2\alpha - \tau_x\sin2\alpha$$

$$= \left[\frac{60 + (-80)}{2} + \frac{60 - (-80)}{2} \times \cos(-60°) - (-120) \times \sin(-60°)\right]\mathrm{MPa}$$

$$= -78.9\mathrm{MPa}$$

由公式（11-11）得到

$$\tau_\alpha = \frac{\sigma_x - \sigma_y}{2}\sin2\alpha + \tau_x\cos2\alpha$$

$$= \left[\frac{60 - (-80)}{2} \times \sin(-60°) + (-120) \times \cos(-60°)\right]\mathrm{MPa}$$

$$= -120.6\mathrm{MPa}$$

按照前述正负号规定，将斜截面上的正应力 $\sigma_\alpha$ 和切应力 $\tau_\alpha$ 的方向表示在单元体上，如图 11-27 所示。

### 三、平面应力状态下的主应力和极限切应力

**1. 平面应力状态下的主应力和主平面** 将公式（11-10）对 $\alpha$ 求一次导数有

$$\frac{\mathrm{d}\sigma_\alpha}{\mathrm{d}\alpha}=\frac{\sigma_x-\sigma_y}{2}(-2\sin2\alpha)-\tau_x(2\cos2\alpha)$$

令

$$\left.\frac{\mathrm{d}\sigma_\alpha}{\mathrm{d}\alpha}\right|_{\alpha=\alpha_0}=0$$

即

$$\frac{\sigma_x-\sigma_y}{2}\sin2\alpha_0+\tau_x\cos2\alpha_0=0 \tag{3}$$

取 $\alpha=\alpha_0$，公式（11-11）的右边正好与式（3）等号的左边相等。这说明极值正应力所在的平面$\left(\left.\frac{\mathrm{d}\sigma_\alpha}{\mathrm{d}\alpha}\right|_{\alpha=\alpha_0}=0\right)$，恰好是切应力 $\tau_\alpha$ 等于零的面，即主平面。由此可知，**极值正应力就是主应力**。由式（3）可得

$$\tan2\alpha_0=-\frac{2\tau_x}{\sigma_x-\sigma_y} \tag{11-12}$$

因为正切函数的周期为 180°，即 $\tan2\alpha_0=\tan(180°+2\alpha_0)$，所以满足公式（11-12）的斜截面有角为 $\alpha_0$ 和 $\alpha_0+90°$两个，其中一个是最大正应力所在的平面，另一个是最小正应力所在的平面。$\alpha_0$ 和 $\alpha_0+90°$确定了两个相互垂直的主 平面，如图 11-28 所示。再考虑到各应力均为零的平面也是主平面，这样平面应力状态下的三个主平面是互相垂直的。

由公式（11-12）求出 $\cos2\alpha_0$ 和 $\sin2\alpha_0$，代入公式（11-10）得到最大主应力和最小主应力

$$\left.\begin{matrix}\sigma_{\max}\\ \sigma_{\min}\end{matrix}\right\}=\frac{\sigma_x+\sigma_y}{2}\pm\sqrt{\left(\frac{\sigma_x-\sigma_y}{2}\right)^2+\tau_x^2} \tag{11-13}$$

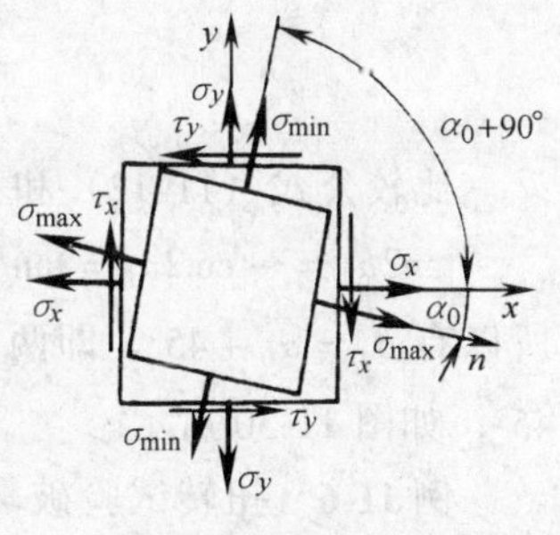

图 11-28

确定最大正应力 $\sigma_{\max}$ 和最小正应力 $\sigma_{\min}$ 所在平面方法如下：

1）如果 $\sigma_x$ 表示两个正应力中代数值较大的一个，即 $\sigma_x>\sigma_y$，则公式（11-12）确定的两个角度 $\alpha_0$ 和 $\alpha_0+90°$中，绝对值较小的一个确定 $\sigma_{\max}$ 所在的平面。

2）如果 $\sigma_x$ 表示两个正应力中代数值较小的一个，即 $\sigma_x<\sigma_y$，则公式（11-12）确定的两个角度 $\alpha_0$ 和 $\alpha_0+90°$中，绝对值较小的一个确定 $\sigma_{\min}$ 所在的平面。

3）当 $\sigma_x=\sigma_y$ 时，如果 $\tau_x$ 有使单元体顺时针转动趋势，则 $\sigma_{\max}$ 指向为从 $\sigma_x$ 所在的 $x$ 轴正向沿顺时针转过 45°，如图 11-29a 所示；如果 $\tau_x$ 有使单元体逆时针转动趋势，则 $\sigma_{\max}$ 指向为从 $\sigma_x$ 所在的 $x$ 轴正向沿逆时针转过 45°，如图 11-29b 所示。

**2. 平面应力状态下的极限切应力及所在平面** 按照与上述完全类似的方法，可以求得最大和最小切应力以及它们所在的平面。将公式（11-11）对角度 $\alpha$ 求导数，有

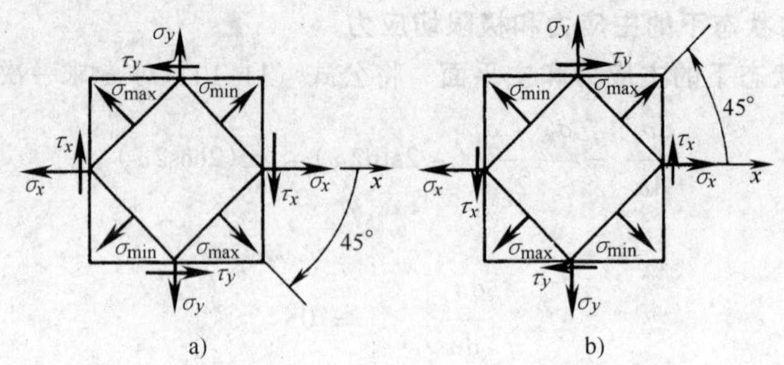


图 11-29

$$\frac{d\tau_{\alpha}}{d\alpha} = (\sigma_x - \sigma_y)\cos2\alpha - 2\tau_x\sin2\alpha$$

令
$$\left.\frac{d\tau_{\alpha}}{d\alpha}\right|_{\alpha=\alpha_1} = 0$$

得到
$$(\sigma_x - \sigma_y)\cos2\alpha_1 - 2\tau_x\sin2\alpha_1 = 0$$

由此得到

$$\tan2\alpha_1 = \frac{\sigma_x - \sigma_y}{2\tau_x} \tag{11-14}$$

满足公式（11-14）的 $\alpha_1$ 值同样有两个：$\alpha_1$ 和 $\alpha_1 + 90°$，从而可以确定两个互相垂直的平面，分别作用着最大和最小切应力。

由公式（11-14）求出 $\cos2\alpha_1$ 和 $\sin2\alpha_1$，代入公式（11-11）得到最大切应力和最小切应力

$$\left.\begin{matrix}\tau_{max}\\ \tau_{min}\end{matrix}\right\} = \pm\sqrt{\left(\frac{\sigma_x - \sigma_y}{2}\right)^2 + \tau_x^2} \tag{11-15}$$

比较公式（11-12）和公式（11-14）可得

$\tan2\alpha_1 = -\cot2\alpha_0 = \tan（2\alpha_0 + 90°）$

所以有 $\alpha_1 = \alpha_0 + 45°$，即两个极限切应力所在平面与主平面各成45°，如图 11-30 所示。

**例 11-6** 扭转试验破坏现象如下：低碳钢试件从表面开始沿横截面破坏，如图 11-31a 所示；铸铁试件从表面开始沿与轴线成45°倾角的螺旋曲面破坏，如图 11-31b 所示。试分析并解释它们的破坏原因。

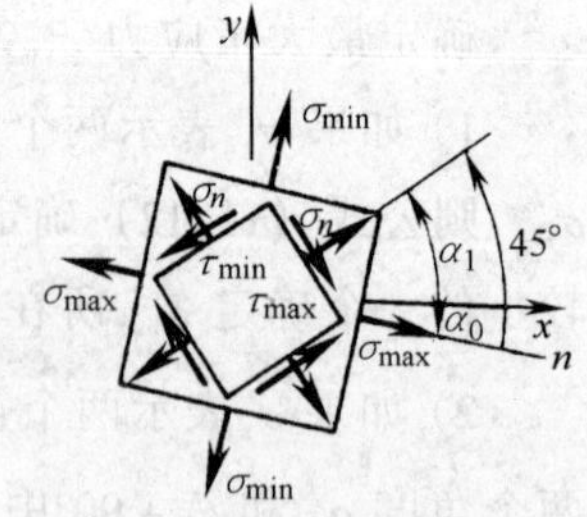


图 11-30

**解** 试件横截面最外端切应力最大，所以低碳钢和铸铁两种试件均从表面开始破坏。

为了解释断口的不同，首先确定最大正应力和最大切应力所发生的平面。我们从扭转试件表面任一点 $A$ 处截取应力单元体（图 11-31c、d），这时 $\sigma_x = \sigma_y = 0$，由公式（11-10）、公式（11-11）得到

$$\sigma_{\alpha} = -\tau\sin2\alpha \tag{1}$$

$$\tau_\alpha = \tau\cos2\alpha \tag{2}$$

由式（1）可见，当 $\alpha = -45°$时，正应力出现最大值，$\sigma_{max} = \tau$；由式（2）可见，当 $\alpha = 0°$时，切应力出现最大值，$\tau_{max} = \tau$。最大正应力 $\sigma_{max}$ 和最大切应力 $\tau_{max}$ 的表示见图 11-31e 所示。

由于一点处的应力状态与试件材料无关，故图 11-31e 所示的最大应力对低碳钢和铸铁试件分析都适用。低碳钢试件沿横截面（$\alpha = 0°$）破坏，对应切应力出现最大值，$\tau_{max} = \tau$，可见低碳钢试件扭转破坏是被剪断的。由于最大切应力 $\tau_{max} = \tau = \sigma_{max}$，所以又说明了低碳钢的抗剪能力低于其抗拉能力。铸铁试件沿与轴线成 45°的螺旋曲面破坏，这正好是 $\alpha = -45°$时，正应力出现最大值 $\sigma_{max} = \tau$ 所在的平面。由于最大正应力 $\sigma_{max} = \tau$，所以说明了铸铁的抗拉能力低于其抗剪能力，可见扭转试验中铸铁试件是被拉断的。

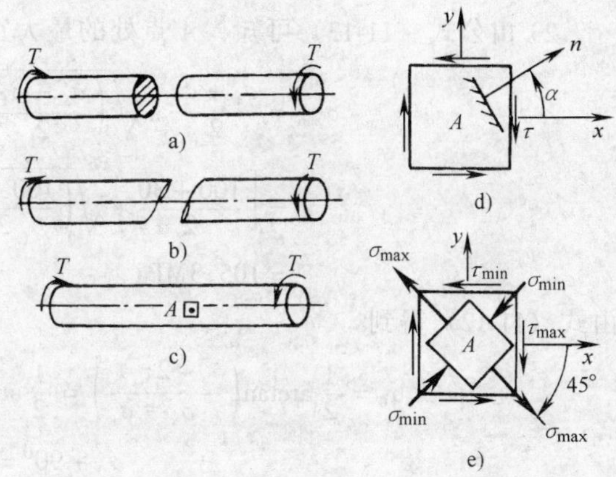


图 11-31

**例 11-7** 如图 11-32a 所示的单元体，$\sigma_x = 100\text{MPa}$，$\tau_x = -20\text{MPa}$，$\sigma_y = 30\text{MPa}$，试求：

1）$\alpha = 40°$的斜截面上的正应力 $\sigma_\alpha$ 和切应力 $\tau_\alpha$；

2）确定 $A$ 点处的最大正应力 $\sigma_{max}$、最大切应力 $\tau_{max}$ 和它们所在的位置。

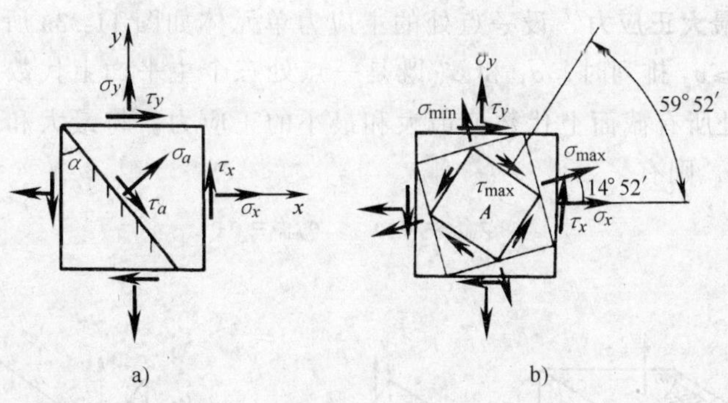


图 11-32

**解** 1）由公式（11-10）、公式（11-11）得到 $\alpha = 40°$的斜截面上的应力

$$\begin{aligned}\sigma_\alpha &= \frac{\sigma_x + \sigma_y}{2} + \frac{\sigma_x - \sigma_y}{2}\cos2\alpha - \tau_x\sin2\alpha \\ &= \left(\frac{100+30}{2} + \frac{100-30}{2}\cos80° - (-20) \times \sin80°\right)\text{MPa} \\ &= 90.8\text{MPa}\end{aligned}$$

$$\tau_\alpha = \frac{\sigma_x - \sigma_y}{2}\sin 2\alpha + \tau_x \cos 2\alpha$$
$$= \left(\frac{100-30}{2}\sin 80° + (-20) \times \cos 80°\right)\text{MPa}$$
$$= 31.0\text{MPa}$$

2）由公式（11-13）可知，$A$ 点处的最大正应力

$$\sigma_{\max} = \frac{\sigma_x + \sigma_y}{2} + \sqrt{\left(\frac{\sigma_x - \sigma_y}{2}\right)^2 + \tau_x^2}$$
$$= \left[\frac{100+30}{2} + \sqrt{\left(\frac{100-30}{2}\right)^2 + (-20)^2}\right]\text{MPa}$$
$$= 105.3\text{MPa}$$

由式（11-12）得到

$$\alpha_0 = \frac{1}{2}\arctan\left(-\frac{2\tau_x}{\sigma_x - \sigma_y}\right) = \frac{1}{2}\arctan\left(-\frac{2\times(-20)}{100-30}\right) = 14°52'$$
$$\alpha_0 + 90° = 104°52'$$

因为 $\sigma_x > \sigma_y$，故最大正应力 $\sigma_{\max}$ 所在截面的方位角为 $\alpha_0$ 和 $\alpha_0 + 90°$ 中绝对值较小的一个，即为 14°52′。

由公式（11-15）可知，$A$ 点处的最大切应力

$$\tau_{\max} = \sqrt{\left(\frac{\sigma_x - \sigma_y}{2}\right)^2 + \tau_x^2} = \sqrt{\left(\frac{100-30}{2}\right)^2 + (-20)^2}\,\text{MPa} = 40.3\text{MPa}$$

最大切应力 $\tau_{\max}$ 所在截面的方位角 $\alpha_1 = \alpha_0 + 45° = 59°52'$。如图 11-32b 所示。

**四、复杂应力状态下一点处的最大应力**

**1. 一点处的最大正应力** 设一点处的主应力单元体如图 11-33a 所示，研究证明，当主应力按 $\sigma_1 \geqslant \sigma_2 \geqslant \sigma_3$ 排列时，$\sigma_1$ 和 $\sigma_3$ 既是一点处三个主平面上代数值最大和最小的主应力，也是该点处所有截面上代数值最大和最小的正应力。将最大和最小的正应力分别用 $\sigma_{\max}$ 和 $\sigma_{\min}$ 表示，则有

$$\sigma_{\max} = \sigma_1 \qquad \sigma_{\min} = \sigma_3 \tag{11-16}$$

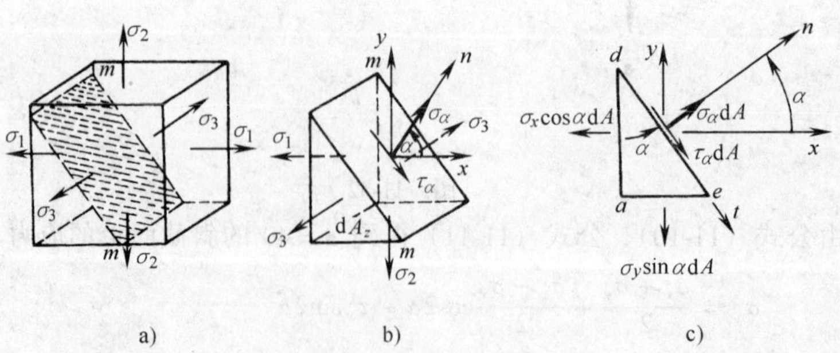


图 11-33

**2. 一点处的最大切应力** 分析平行于一个主应力 $\sigma_3$ 的任一斜截面 $m$-$m$ 上的应力，如图 11-33a 所示，用截面法研究其左边部分的平衡，建立图 11-33b 所示坐标系。由于前后两个面上与 $\sigma_3$ 相应的作用力 $\sigma_3 \mathrm{d}A_z$ 自成平衡，所以平行于 $\sigma_3$ 的任意斜截面 $m$-$m$ 上的应力 $\sigma_\alpha$、$\tau_\alpha$ 与 $\sigma_3$ 无关，我们可以按图 11-33c 所示，运用公式（11-10）、（11-11）计算 $\sigma_\alpha$、$\tau_\alpha$。

对于图 11-33c 情形，$\sigma_x=\sigma_1$，$\sigma_y=\sigma_2$，$\tau_x=0$，代入公式（11-11）得到切应力表达式

$$\tau_\alpha=\frac{\sigma_1-\sigma_2}{2}\sin 2\alpha$$

上式当 $\alpha=45°$时，切应力为最大，等于$\dfrac{\sigma_1-\sigma_2}{2}$。我们将平行于主应力 $\sigma_3$ 的所有斜截面上的正号极值切应力记为 $\tau_{12}$，则 $\tau_{12}=\dfrac{\sigma_1-\sigma_2}{2}$。同样可以得到分别平行于 $\sigma_1$ 和 $\sigma_2$ 的两组截面上的正号极值切应力分别为 $\tau_{23}=\dfrac{\sigma_2-\sigma_3}{2}$和 $\tau_{31}=\left|\dfrac{\sigma_3-\sigma_1}{2}\right|=\dfrac{\sigma_1-\sigma_3}{2}$。

由于主应力 $\sigma_1\geqslant\sigma_2\geqslant\sigma_3$，所以在 $\tau_{12}$、$\tau_{23}$、$\tau_{31}$ 三个极值切应力中，$\tau_{31}$ 为最大。进一步研究表明，$\tau_{31}$ 还是该点处所有截面上的最大切应力。将此最大切应力用 $\tau_{\max}$ 表示，则有

$$\tau_{\max}\frac{\sigma_1-\sigma_3}{2} \tag{11-17}$$

## 五、广义胡克定律

设从受力物体内一点取出一主单元体，其上的主应力分别为 $\sigma_1$、$\sigma_2$ 和 $\sigma_3$，如图 11-34a 所示，沿三个主应力方向的三个线应变称为**主应变**，分别用 $\varepsilon_1$、$\varepsilon_2$ 和 $\varepsilon_3$ 表示。

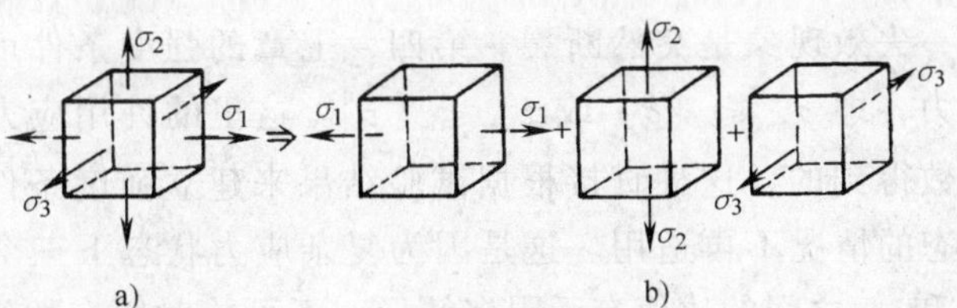


图 11-34

对于各向同性材料，在最大正应力不超过材料的比例极限条件下，可以应用胡克定律及叠加法来求主应变。为此将图 11-34a 所示的三向应力状态看作是三个单向应力状态的组合（图 11-34b），先讨论沿主应力 $\sigma_1$ 的主应变 $\varepsilon_1$。对于 $\sigma_1$ 单独作用，利用单向应力状态胡克定律可求得 $\sigma_1$ 方向与 $\sigma_1$ 相应的纵向线应变为 $\sigma_1/E$；对于 $\sigma_2$ 单独作用，将引起 $\sigma_2$ 方向变形，其变形量为 $\sigma_2/E$，令横向变形系数为 $\mu$，则 $\sigma_2$ 方向变形将引起 $\sigma_1$ 方向相应的线应变为 $-\mu\dfrac{\sigma_2}{E}$；同样道理，$\sigma_3$ 单独作用将引起 $\sigma_1$ 方向相应的线应变 $-\mu\dfrac{\sigma_3}{E}$。将这三项叠加，得

$$\varepsilon_1 = \frac{\sigma_1}{E} - \mu\frac{\sigma_2}{E} - \mu\frac{\sigma_3}{E}$$

同样可以得到

$$\varepsilon_2 = \frac{\sigma_2}{E} - \mu\frac{\sigma_3}{E} - \mu\frac{\sigma_1}{E}$$

$$\varepsilon_3 = \frac{\sigma_3}{E} - \mu\frac{\sigma_1}{E} - \mu\frac{\sigma_2}{E}$$

整理得到以主应力表示的广义胡克定律

$$\begin{cases} \varepsilon_1 = \dfrac{1}{E}\left[\sigma_1 - \mu\left(\sigma_2 + \sigma_3\right)\right] \\ \varepsilon_2 = \dfrac{1}{E}\left[\sigma_2 - \mu\left(\sigma_3 + \sigma_1\right)\right] \\ \varepsilon_3 = \dfrac{1}{E}\left[\sigma_3 - \mu\left(\sigma_1 + \sigma_2\right)\right] \end{cases} \tag{11-18}$$

上式建立了复杂应力状态下一点处的主应力与主应变之间的关系。

## 第五节　强度理论简介

### 一、强度理论概述

各种材料因强度不足而引起的失效现象是不同的。根据第四章的讨论，我们知道，像普通碳钢这样的塑性材料，是以发生屈服现象、出现塑性变形为失效的标志；而像铸铁这样的脆性材料，失效现象是突然断裂。第四～七章的强度条件可以概括为最大工作应力不超过许用应力，即 $\sigma_{max} \leqslant [\sigma]$ 或 $\tau_{max} \leqslant [\tau]$。这里的许用应力是从试验测得的极限应力除以安全系数得到的，这种直接根据试验结果来建立强度条件的方法，对于危险点处于复杂应力状态的情况不再适用。这是因为复杂应力状态下三个主应力的组合是各种各样的，$\sigma_1$、$\sigma_2$ 和 $\sigma_3$ 之间的比值有无限多情形，不可能对所有的组合都一一试验确定其相应的极限应力。

事实上，尽管失效现象比较复杂，但可以归纳为以下二点：

1）材料在外力作用下的破坏形式不外乎有几种类型；

2）同一类型材料的破坏是由某一个共同因素引起的。

人们在长期的实践中，综合材料的失效现象和资料，对强度失效提出各种假说。这些假说认为，材料按断裂或屈服失效，是应力、应变或变形能等其中某一因素引起的。按照这些假说，无论是简单还是复杂应力状态，引起失效的因素是相同的，造成失效的原因与应力状态无关。这些假说称为**强度理论**。依靠强度理论，就可以利用简单应力状态下的试验（例如拉伸试验）结果，来推断材料在复杂应力状态下的强度，建立复杂应力状态的强度条件。

强度理论是推测材料强度失效原因的一些假说，它的正确与否以及适用范围，必须在工程实践中加以检验。经常是适用于某类材料的强度理论，并不适用于另一类材料。下面介绍的四种强度理论，都是在常温静载荷下，适用于均匀、连续、各向同性材料的强度理论。

**二、四种强度理论**

1. 最大拉应力理论（第一强度理论）　这一理论认为引起材料脆性断裂破坏的因素是最大拉应力，它是人们根据早期使用的脆性材料（象天然石、砖和铸铁等）易于拉断而提出的。该理论认为无论什么应力状态下，只要构件内一点处的最大拉应力 $\sigma_1$ 达到单向应力状态下的极限应力 $\sigma_b$，材料就要发生脆性断裂。于是危险点处于复杂应力状态的构件发生脆性断裂破坏的条件为

$$\sigma_1 = \sigma_b \tag{11-19}$$

将极限应力 $\sigma_b$ 除以安全系数得到许用应力 $[\sigma]$，于是危险点处于复杂应力状态的构件，按第一强度理论建立的强度条件为

$$\sigma_1 \leqslant [\sigma] \tag{11-20}$$

铸铁等脆性材料在单向拉伸下，断裂发生于拉应力最大的横截面。脆性材料的扭转也是沿拉应力最大的斜面发生断裂。这些用第一强度理论都能很好地加以解释。但是对于一点处在任何截面上都没有拉应力的情况，第一强度理论就不再适用了，另外该理论没有考虑其它两个应力的影响，显然不够合理。

2. 最大伸长线应变理论（第二强度理论）　这一理论认为最大伸长线应变是引起断裂的主要因素。即无论什么应力状态，只要最大伸长线应变 $\varepsilon_1$ 达到单向应力状态下的极限值 $\varepsilon_u$，材料就要发生脆性断裂破坏。假设单向拉伸直到断裂仍可用胡克定律计算应变，则拉断时伸长线应变的极限值 $\varepsilon_u = \sigma_b / E$。于是危险点处于复杂应力状态的构件，发生脆性断裂破坏的条件为

$$\varepsilon_1 = \frac{\sigma_b}{E} \tag{1}$$

由广义胡克定律得 $\varepsilon_1 = \frac{1}{E}[\sigma_1 - \mu(\sigma_2 + \sigma_3)]$，代入式（1）得到断裂破坏条件

$$\sigma_1 - \mu(\sigma_2 + \sigma_3) = \sigma_b \tag{2}$$

将极限应力 $\sigma_b$ 除以安全系数得到许用应力 $[\sigma]$，于是危险点处于复杂应力状态的构件，按第二强度理论建立的强度条件为

$$\sigma_1 - \mu(\sigma_2 + \sigma_3) \leqslant [\sigma] \tag{11-21}$$

最大伸长线应变理论能够很好地解释石料、混凝土等材料的压缩试验结果，对于一般脆性材料这一理论也是适用的。铸铁在拉-压二向应力且压应力比较大的情况下，试验结果也与这一理论接近。但对于铸铁二向受拉伸（$\sigma_1 > \sigma_2 > 0$），试验结果并不像式（2）表明的那样，比单向拉伸安全。另外按照最大伸长线应变理论，二向受压与单向受压强度不同，但混凝土、花岗石和砂岩的试验表明，二向和单向受压强度没有明显差别。

最大拉应力理论和最大伸长线应变理论都是以脆性断裂作为破坏标志的，这对于砖、石、铸铁等脆性材料是十分适用的。但对于工程中大量使用的低碳钢这一类塑性材料，

就必须用以屈服（包含显著的塑性变形）作为破坏标志的另一类强度理论。

3. 最大切应力理论（第三强度理论）　这一理论认为最大切应力是引起屈服的主要因素。即无论什么应力状态，只要最大切应力 $\tau_{max}$ 达到单向应力状态下的极限切应力 $\tau_0$，材料就要发生屈服破坏。于是危险点处于复杂应力状态的构件发生塑性屈服破坏的条件为

$$\tau_{max} = \tau_0 \tag{3}$$

根据轴向拉伸斜截面上的应力公式（11-9）可知极限切应力 $\tau_0 = \sigma_s/2$（这时横截面上的正应力为 $\sigma_s$），由公式（11-17）得 $\tau_{max} = \tau_{13} = (\sigma_1 - \sigma_3)/2$，将这些结果代入式（3），则破坏条件改写为

$$\sigma_1 - \sigma_3 = \sigma_s$$

考虑安全系数后得到强度条件为

$$\sigma_1 - \sigma_3 \leqslant [\sigma] \tag{11-22}$$

式中　$[\sigma]$——由材料在轴向拉伸时的屈服极限 $\sigma_s$ 确定的许用应力。

最大切应力理论能很好地解释塑性材料的屈服现象。例如低碳钢试件拉伸时出现的轴线成45°方向的滑移线，是材料内部沿这一方向滑移的痕迹。沿这一方向的斜面上切应力也恰为最大。另外最大切应力理论的计算也比较简便，所以应用相当广泛。但公式(11-22) 中未计入 $\sigma_2$ 的影响，这一点不够合理。

4. 形状改变比能理论（第四强度理论）　这一理论认为形状改变比能是引起材料屈服破坏的主要因素。即无论什么应力状态，只要构件内一点处的形状改变比能达到单向应力状态下的极限值，材料就要发生屈服破坏。

在这里我们略去详细的推导过程，直接给出按照这一理论建立起来的最后结果。即危险点处于复杂应力状态的构件发生塑性屈服破坏的条件为

$$\sqrt{\frac{1}{2}[(\sigma_1 - \sigma_2)^2 + (\sigma_2 - \sigma_3)^2 + (\sigma_3 - \sigma_1)^2]} = \sigma_s$$

引入安全系数后，得到第四强度理论的强度条件为

$$\sqrt{\frac{1}{2}[(\sigma_1 - \sigma_2)^2 + (\sigma_2 - \sigma_3)^2 + (\sigma_3 - \sigma_1)^2]} \leqslant [\sigma] \tag{11-23}$$

形状改变比能理论是从反映受力和变形的综合影响的应变能出发来研究材料的强度的，因此比较全面和完善。试验证明，根据这一理论建立的强度条件，对钢、铝、铜等金属塑性材料，比第三强度理论更符合实际，主要原因是它考虑了主应力 $\sigma_2$ 对材料破坏的影响。

### 三、强度理论的应用

强度理论的建立，为人们利用轴向拉伸的试验结果去建立复杂应力状态下的强度条件提供了理论基础。但是，由于材料的破坏是一个非常复杂的问题，而上述四个强度理论都是在一定的历史阶段、一定的条件下，根据各自的观点建立起来的，所以都有一定的局限性，**即每个强度理论只适合于某些材料**。

在常温和静载荷条件下的脆性材料，破坏形式一般为断裂，所以通常采用第一或第二强度理论。第三和第四强度理论都可以用来建立塑性材料的屈服破坏条件，其中第三

强度理论虽然不如第四强度理论更适合于塑性材料，但其误差不大，所以对于塑性材料也经常采用。

如果把四种强度理论的强度条件写成统一的形式

$$\sigma_r \leqslant [\sigma] \tag{11-24}$$

这里 $\sigma_r$ 代表（11-20）~（11-23）各式的左端项，即

$$\sigma_{r1} = \sigma_1 \quad \text{（第一强度理论）} \tag{11-25}$$

$$\sigma_{r2} = \sigma_1 - \mu(\sigma_2 + \sigma_3) \quad \text{（第二强度理论）} \tag{11-26}$$

$$\sigma_{r3} = \sigma_1 - \sigma_3 \quad \text{（第三强度理论）} \tag{11-27}$$

$$\sigma_{r4} = \sqrt{\sigma_1^2 + \sigma_2^2 + \sigma_3^2 - \sigma_1\sigma_2 - \sigma_2\sigma_3 - \sigma_3\sigma_1} \quad \text{（第四强度理论）} \tag{11-28}$$

$[\sigma]$ 代表单向拉伸时材料的许用应力，式（11-24）意味着将一复杂应力状态转换为一强度相当的单向应力状态，故 $\sigma_r$ 称为复杂应力状态下的**相当应力**。需要强调的是，$\sigma_r$ 只是按不同强度理论得出的主应力的综合值，并不是真实存在的应力。

图 11-35 所示的二向应力状态在机械设计中常常遇到，例如圆轴扭转和弯曲的联合、圆轴扭转和拉伸的联合以及梁的弯曲等。这时相当应力的公式还可以进一步简化。为此，首先将 $\sigma_x = \sigma$，$\sigma_y = 0$，$\tau_x = \tau$ 代入公式（11-13），得到

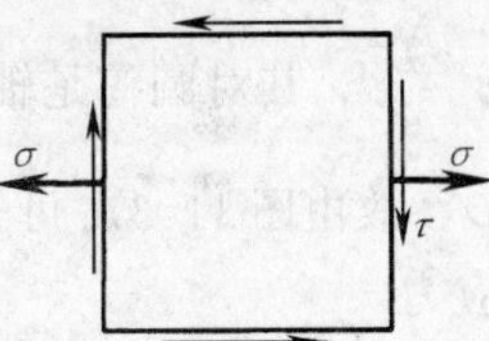

图 11-35

$$\left.\begin{matrix}\sigma_{max}\\ \sigma_{min}\end{matrix}\right\} = \frac{\sigma}{2} \pm \sqrt{\left(\frac{\sigma}{2}\right)^2 + \tau^2}$$

将主应力按其代数值顺序排列，可得此应力状态下的三个主应力为

$$\sigma_1 = \frac{\sigma}{2} + \sqrt{\left(\frac{\sigma}{2}\right)^2 + \tau^2} \quad \sigma_2 = 0 \quad \sigma_3 = \frac{\sigma}{2} - \sqrt{\left(\frac{\sigma}{2}\right)^2 + \tau^2} \tag{1}$$

采用最大切应力理论，将式（1）代入式（11-27），整理得到在此应力状态下的相当应力

$$\sigma_{r3} = \sqrt{\sigma^2 + 4\tau^2} \tag{11-29}$$

同理采用形状改变比能理论，将式（1）代入式（11-28），整理得到在此应力状态下的相当应力

$$\sigma_{r4} = \sqrt{\sigma^2 + 3\tau^2} \tag{11-30}$$

**例 11-8** 如图 11-36 所示，设钢的许用拉应力 $[\sigma] = 160\text{MPa}$，试按最大切应力理论和形状改变比能理论确定其许用切应力 $[\tau]$。

**解** 根据题给条件，要求钢在纯剪切状态下满足最大切应力理论强度条件和形状改变比能理论强度条件。这时 $\sigma_x = \sigma_y = 0$，$\tau_x = \tau$。由公式（11-13）得

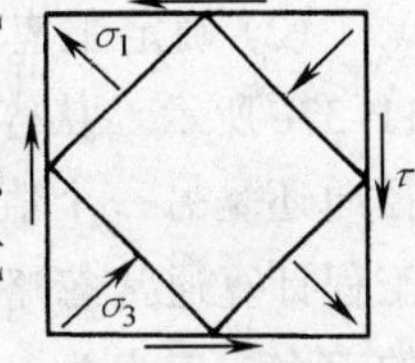

图 11-36

$$\left.\begin{matrix}\sigma_{max}\\ \sigma_{min}\end{matrix}\right\} = \frac{\sigma_x + \sigma_y}{2} \pm \sqrt{\left(\frac{\sigma_x - \sigma_y}{2}\right)^2 + \tau_x^2} = \pm\tau$$

这样 $\sigma_1 = \tau$，$\sigma_2 = 0$，$\sigma_3 = -\tau$。把 $\sigma_1 - \sigma_3 = 2\tau$ 代入最大切应力理论强度条件即公式（11-22），有 $2\tau \leqslant [\sigma]$，所以 $[\tau] = 80\text{MPa}$。

把 $\sigma_1$、$\sigma_2$、$\sigma_3$ 代入形状改变比能理论强度条件即公式（11-23），有 $\sqrt{3}\tau \leqslant [\sigma]$，所以 $[\tau] = 92.38\text{MPa}$。

**例 11-9** 某圆筒式封闭薄壁容器如图 11-37 所示，已知最大内压力的压强 $p=3\text{MPa}$，容器内径 $D=1\text{m}$，壁厚 $t=0.01\text{m}$，材料许用正应力 $[\sigma]=160\text{MPa}$。试按形状改变比能理论校核其强度。

**解** 首先对壁板进行应力分析，确定主应力，然后用形状改变比能理论进行强度校核。

(1) 应力分析 由于容器本身的形状和它所受的内压力都对称于轴线，故容器壁只发生沿轴向的伸长和对轴线对称的径向扩张。因此在容器的横截面和径向纵截面上只有拉应力而无切应力。

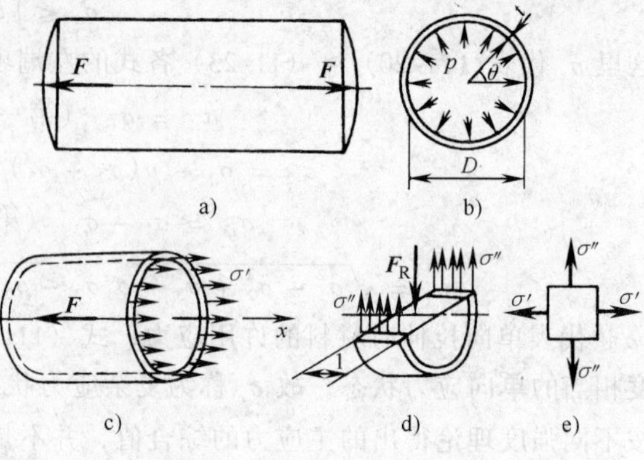


图 11-37

先分析计算横截面上的拉应力 $\sigma'$：

作用在容器底部上的总压力 $F=p\dfrac{\pi D^2}{4}$，其对圆筒是轴向拉力。由于 $t \ll D$，故由图 11-37c 可知薄壁圆筒受拉截面面积 $A=t(\pi D)$，由此可得圆筒横截面上的正应力

$$\sigma'=\frac{F}{A}=\frac{F}{t(\pi D)}=\frac{p\pi D^2/4}{t\pi D}=\frac{pD}{4t}=\frac{3\times10^6\times1}{4\times0.01}\text{Pa}=75\text{MPa}$$

再分析计算容器径向纵截面上的拉应力 $\sigma''$：

假想用通过直径的纵截面把容器连同其产生内压力的介质截开，并沿轴线方向截取单位长度，取图 11-37d 所示分离体。在此分离体上受铅垂方向向下的内压力 $\boldsymbol{F}_{\mathrm{R}}$，其值为 $1\times D\times p$。

由于 $t$ 很小，可以认为在纵截面上的拉应力 $\sigma''$ 均匀分布，纵截面上与拉应力相应的内力为 $2\times(t\times1\times\sigma'')$，此力将与 $\boldsymbol{F}_{\mathrm{R}}$ 平衡。

即

$$2\times(t\times1\times\sigma'')-1\times D\times p=0$$

从而得到

$$\sigma''=\frac{pD}{2t}=\frac{3\times10^6\times1}{2\times0.01}\text{Pa}=150\text{MPa}$$

(2) 确定主应力 以上得到 $\sigma'$ 和 $\sigma''$ 分别是沿容器的轴向和周向的两个主应力，如图 11-37e 所示。从容器的受力情况可知，在内壁上还受到内压力的直接作用，故沿容器的径向还是另一个值为 $p$ 的主应力存在。但是当 $t\ll D$ 时，$p$ 值比 $\sigma'$ 和 $\sigma''$ 小得多，故作为工程计算通常忽略不计，即认为这个主应力为零。于是从容器壁内取出的主应力单元体的三个主应力为

$$\sigma_1=\sigma''=150\text{MPa}\quad \sigma_2=\sigma'=75\text{MPa}\quad \sigma_3\approx0$$

(3) 按照形状改变比能理论校核强度 由公式 (11-28) 得到

$$\sigma_{r4}=\sqrt{\sigma_1^2+\sigma_2^2+\sigma_3^2-\sigma_1\sigma_2-\sigma_2\sigma_3-\sigma_3\sigma_1}$$

$$=\sqrt{\sigma_1^2+\sigma_2^2-\sigma_1\sigma_2}=\sqrt{150^2+75^2-150\times75}\text{MPa}=130\text{MPa}$$

由于 $\sigma_{r4}\leqslant[\sigma]$，所以此容器满足强度条件。

## 第六节 组合变形

### 一、组合变形的概念

前面讨论了构件发生基本变形时的强度、刚度计算。但在工程实际中，有许多构件在载荷作用下，同时产生两种或两种以上的基本变形，这种变形称为**组合变形**。例如钻机在 $\boldsymbol{F}$ 和 $M$ 的作用下，产生压缩与扭转的组合变形，如图 11-38 所示；钩头螺栓在偏心力 $\boldsymbol{F}$ 的作用下，产生拉伸与弯曲的组合变形，如图 11-39 所示；车刀在切削力 $\boldsymbol{F}$ 的作用下，产生压缩与弯曲的组合变形，如图 11-40 所示；带轮轴在带拉力 $\boldsymbol{F}_{T1}$、$\boldsymbol{F}_{T2}$ 的作用下，产生弯曲与扭转的组合变形，如图 11-41 所示。

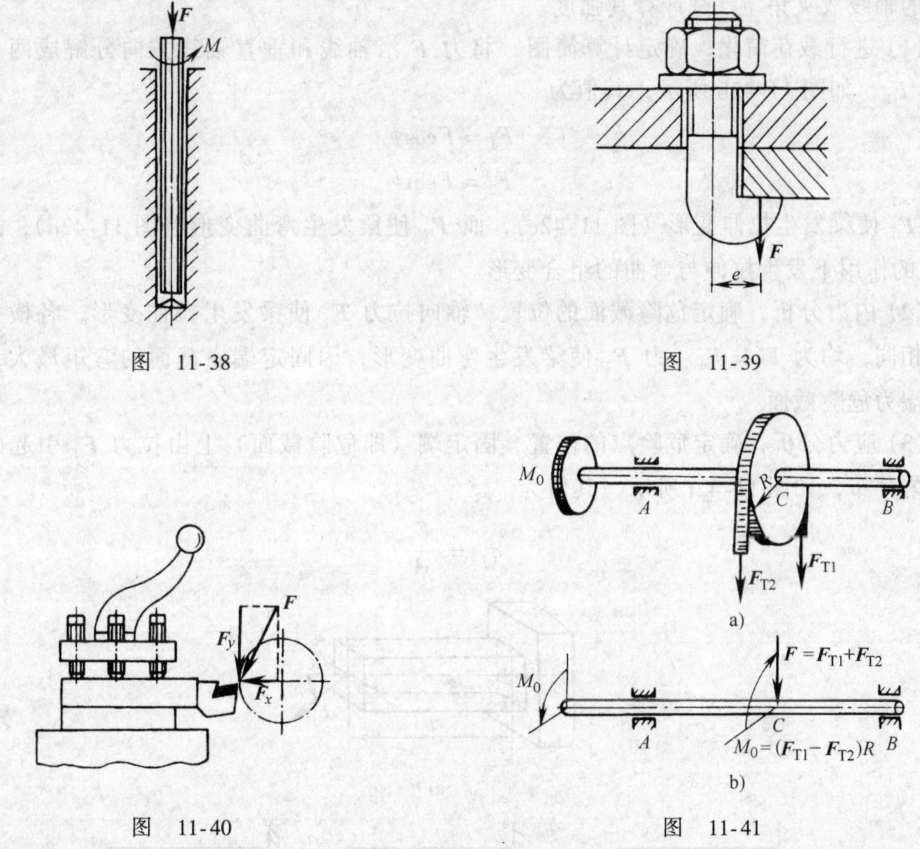


图 11-38　　图 11-39

图 11-40　　图 11-41

若构件的材料符合胡克定律，则在变形很小的情况下，可认为组合变形中的每一种基本变形都是各自独立的，即各基本变形引起的应力互不影响。故在研究组合变形问题时，可运用叠加原理。

构件在发生组合变形时的强度计算可依照如下步骤进行：

**(1) 载荷简化**　首先把构件上的载荷进行分解或简化，使分解或简化后的每一种载荷只产生一种基本变形。

**(2) 内力分析——确定危险截面的位置**　画出每一种载荷引起的内力图，根据内力图判断危险截面的位置。

**(3) 应力分析——确定危险点的位置** 根据危险截面的应力分布规律，判断危险点的位置。

**(4) 强度计算** 根据危险点的应力状态和构件的材料特性，选择合适的强度理论进行强度计算。

本章主要讨论工程中常见的拉弯（压弯）和弯扭两种组合变形的强度计算。

## 二、拉伸（压缩）与弯曲的组合变形

当作用在构件对称面内的外力不与轴线垂直而成某一角度时（图 11-40），或外力的作用线与轴线平行但不重合时（图 11-39），都将产生组合变形。现以矩形截面悬臂梁为例，来说明拉弯（或压弯）组合变形的强度计算方法。

如图 11-42a 所示，在悬臂梁的自由端作用一力 $\boldsymbol{F}$，力 $\boldsymbol{F}$ 位于梁的纵向对称面内，且与梁的轴线成夹角 $\phi$，试计算其强度。

(1) 进行载荷简化，确定计算简图 将力 $\boldsymbol{F}$ 沿轴线和垂直轴线方向分解成两个分力 $\boldsymbol{F}_1$ 和 $\boldsymbol{F}_2$，如图 11-42b 所示，其值为

$$F_1 = F\cos\phi$$

$$F_2 = F\sin\phi$$

显然 $\boldsymbol{F}_1$ 使梁发生拉伸变形（图 11-42c），而 $\boldsymbol{F}_2$ 使梁发生弯曲变形（图 11-42d），故梁在力 $\boldsymbol{F}$ 的作用下发生拉伸与弯曲的组合变形。

(2) 内力分析，确定危险截面的位置 轴向拉力 $\boldsymbol{F}_1$ 使梁发生拉伸变形，各横截面的轴力相同，均为 $F_N = F_1$。力 $\boldsymbol{F}_2$ 使梁发生弯曲变形，因固定端横截面的弯矩最大，所以固定端为危险截面。

(3) 应力分析，确定危险点的位置 固定端（即危险截面）上由拉力 $\boldsymbol{F}_1$ 引起的正应力均匀分布，如图 11-42f 所示，其值为

$$\sigma_1 = \frac{F_1}{A}$$

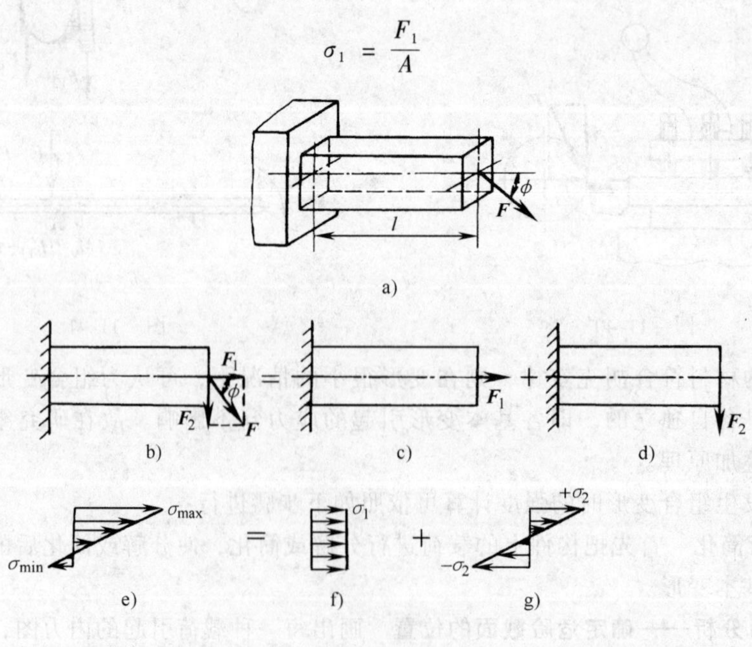


图 11-42

在危险截面上下边缘处，弯曲正应力的绝对值最大，其应力分布规律如图 11-42g 所示，最大的应力值为

$$\sigma_2 = \frac{M_{max}}{W_z} = \frac{F_2 l}{W_z}$$

根据叠加原理，可将固定端横截面上的拉伸正应力和弯曲正应力进行叠加。当拉伸正应力小于最大弯曲正应力时，其应力分布规律如图 11-42e 所示。固定端上下边缘的正应力分别为

$$\sigma_{max} = \frac{F_1}{A} + \frac{M_{max}}{W_z}$$

$$\sigma_{min} = \frac{F_1}{A} - \frac{M_{max}}{W_z}$$

由上式可知，固定端上边缘各点是危险点。

(4) 强度计算　因危险点的应力是单向应力状态，所以其强度条件为

$$\sigma_{max} = \frac{F_1}{A} + \frac{M_{max}}{W_z} \leqslant [\sigma] \tag{11-31}$$

若 $\boldsymbol{F}_1$ 为压力，则危险截面上下边缘处的正应力分别为

$$\sigma_{max} = -\frac{F_1}{A} + \frac{M_{max}}{W_z}$$

$$\sigma_{min} = -\frac{F_1}{A} - \frac{M_{max}}{W_z}$$

此时，危险截面的下边缘上的各点是危险点，为压应力。它的强度条件为

$$|\sigma|_{max} = |\sigma_{min}| = \left| -\frac{F_1}{A} - \frac{M_{max}}{W_z} \right| \leqslant [\sigma] \tag{11-32}$$

对于许用拉压应力不同的材料，应分别加以校核。

**例 11-10**　如图 11-43a 所示的钩头螺栓，若已知螺纹内径 $d = 10\text{mm}$，偏心距 $e = 12\text{mm}$，载荷 $F = 1\text{kN}$，许用应力 $[\sigma] = 140\text{MPa}$。试校核螺栓杆的强度。

**解**　(1) 载荷简化

钩头螺栓所示载荷是偏心载荷，将载荷平移到轴线上，得一力和一力偶。此力将引起拉伸变形，而力偶则引起弯曲变形，所以钩头螺栓在力 $\boldsymbol{F}$ 的作用下将发生拉弯组合变形。

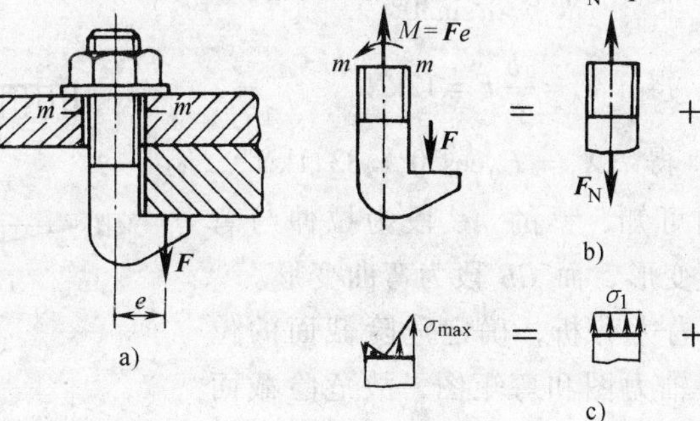

图　11-43

(2) 内力分析，确定危险截面的位置　用截面法求螺杆上任一截面 $m$-$m$ 的内力，取下半部分为研究对象，其受力如图 11-43b 所示。$m$-$m$ 截面上的轴力 $F_N$ 和弯矩 $M$ 分别为

$$F_N = F = 1\text{kN}$$

$$M = 1 \times 10^3 \times 12 \times 10^{-3}\,\text{N}\cdot\text{m} = 12\text{N}\cdot\text{m}$$

因各横截面的轴力 $F_N$ 和弯矩 $M$ 是相同的，所以各横截面的危险程度是相同的，故可认为 $m$-$m$ 截面为危险截面。

(3) 应力分析，确定危险点的位置　根据危险截面 $m$-$m$ 上的应力分布规律（图 11-43c），可知危险点在 $m$-$m$ 截面靠钩头的一侧。其最大应力值为

$$\sigma_{\max} = \frac{F}{A} + \frac{M_{\max}}{W_z} = \frac{F}{A} + \frac{Fe}{W_z}$$

(4) 强度计算　因危险点的应力为单向应力状态，所以其强度条件为

$$\begin{aligned}\sigma_{\max} &= \frac{F}{A} + \frac{M_{\max}}{W_z} = \frac{F}{A} + \frac{Fe}{W_z}\\ &= \frac{1000}{\frac{\pi}{4}\times(0.01)^2} + \frac{1000\times0.012}{\frac{\pi}{32}\times(0.01)^3}\text{Pa}\\ &= 135\text{MPa} < [\sigma] = 140\text{MPa}\end{aligned}$$

故此钩头螺栓的强度是足够的，可以安全工作。

**例 11-11**　图 11-44a 所示为一起重支架。已知 $a = 3\text{m}$，$b = 1\text{m}$，$F = 36\text{kN}$，$AB$ 梁材料的许用应力 $[\sigma] = 140\text{MPa}$。试确定 $AB$ 梁槽钢的型号。

**解**　(1) 外力分析　作 $AB$ 梁的受力图，如图 11-44b 所示。平衡方程

$$\sum_{i=1}^{n} M_A(\boldsymbol{F}_i) = 0$$

$$F_Q \sin30^\circ a - F(a+b) = 0 \quad (1)$$

$$\sum_{i=1}^{n} M_C(\boldsymbol{F}_i) = 0 \quad Y_A a - Fb = 0 \quad (2)$$

$$\sum_{i=1}^{n} X_i = 0 \quad F_Q\cos30^\circ - X_A = 0 \quad (3)$$

由式 (1) 得　$F_Q = \dfrac{F(a+b)}{a\sin30^\circ} = 96\text{kN}$

由式 (2) 得　$Y_A = \dfrac{b}{a}F = 12\text{kN}$

由式 (3) 得　$X_A = F_Q\cos30^\circ = 83.1\text{kN}$

由受力图可知，梁的 $AC$ 段为拉伸与弯曲的组合变形，而 $CB$ 段为弯曲变形。

(2) 内力分析，确定危险截面的位置　作出轴力图和弯矩图，故危险截面是 $C_-$ 截面，即 $C$ 截面左侧。危险截面上的轴力 $F_N$ 和弯矩 $M$ 分别为

$$F_N = 83.1\text{kN} \quad M = -36\text{kN}\cdot\text{m}$$

(3) 应力分析，确定危险点的位置

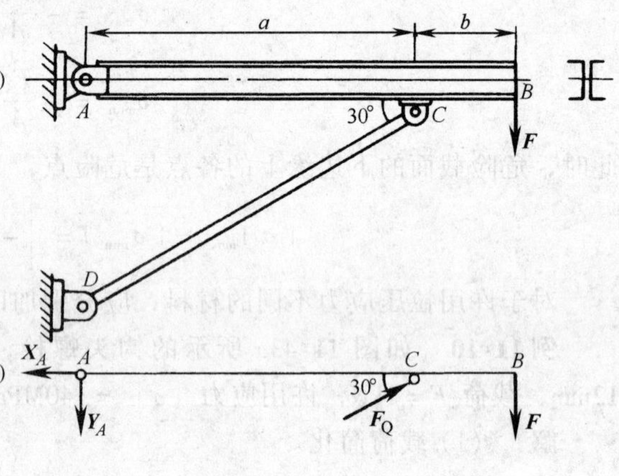


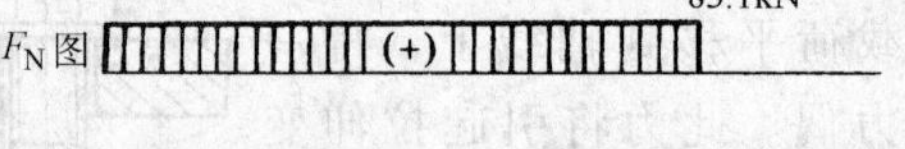


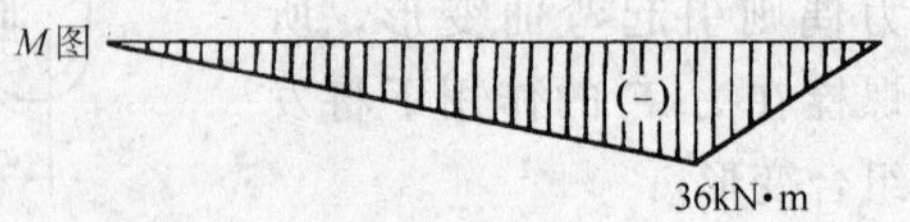


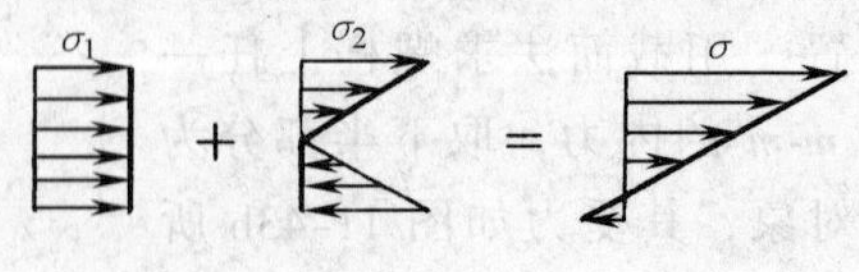


图　11-44

根据危险截面上的应力分布规律（图 11-44d），可知，危险点在危险截面的上侧边缘。

其最大应力值为

$$\sigma_{max} = \frac{F_N}{A} + \frac{M_{max}}{W_z}$$

(4) 强度计算　因危险点的应力为单向应力状态，所以其强度条件为

$$\begin{aligned}\sigma_{max} &= \frac{F_N}{A} + \frac{M_{max}}{W_z} \\ &= \left(\frac{83.1 \times 10^3}{A} + \frac{36 \times 10^3}{W_z}\right)\text{Pa} \quad (4) \\ &\leqslant [\sigma] = 140\text{MPa}\end{aligned}$$

因式 (4) 中有两个未知量 $A$ 和 $W_z$，故要用试凑法求解。用这种方法求解时，可先不考虑轴力 $\boldsymbol{F}_N$ 的影响，仅按弯曲强度条件初步选择槽钢的型号，然后再按式 (4) 进行校核。由

$$\sigma_{max} = \frac{M_{max}}{W_z} \leqslant [\sigma]$$

得

$$W_z \geqslant \frac{36 \times 10^3}{140 \times 10^6}\text{m}^3 = 2.57 \times 10^{-4}\text{m}^3 = 257\text{cm}^3$$

查型钢表，选二根 18a 槽钢，其抗弯截面系数 $W_z = 141 \times 2\text{cm}^3 = 2.82 \times 10^{-4}\text{m}^3$，截面面积 $A = 25.699 \times 2\text{cm}^2 = 5.1398 \times 10^{-3}\text{m}^2$。将其数值代入式 (4) 得

$$\begin{aligned}\sigma_{max} &= \left(\frac{83.1 \times 10^3}{5.1398 \times 10^{-3}} + \frac{36 \times 10^3}{2.82 \times 10^{-4}}\right)\text{Pa} \\ &= 143.8\text{MPa} > [\sigma] = 140\text{MPa}\end{aligned}$$

虽然最大应力大于许用应力，但其值不超过许用应力的 5%，在工程上是允许的。若最大应力超过许用应力的 5%，则应重新选择抗弯截面系数较大的槽钢，并代入式 (4) 进行强度计算。

### 三、弯曲与扭转的组合变形

机械设备中的传动轴，多数情况下既承受弯矩又承受扭矩，因此弯曲变形和扭转变形同时存在，即产生弯曲与扭转的组合变形。图 11-45a 所示装有齿轮的传动轴，在齿轮的节圆上作用一圆周力 $\boldsymbol{F}$，图 11-45b 和 11-45c 为齿轮的受力图，可见齿轮作用于轴上的是一个通过轴线并与轴线垂直的力 $\boldsymbol{F}$，和一个作用面垂直于轴线的力偶 $M_C = FR$。

由图 11-45d 和 11-45e 可知，力 $\boldsymbol{F}$ 使轴产生弯曲变形，力偶 $M_C$ 使轴产生扭转变形，轴的这种变形称为弯扭组合变形。

单独考虑力 $\boldsymbol{F}$ 和力偶 $M_C$ 的作用，画出弯矩图（图 11-45f）和扭矩图（图 11-45g），截面 $C^+$ 为危险截面，其上弯矩和扭矩值分别为

$$M = \frac{Fab}{l}$$

$$T = M_C = FR$$

危险截面上的弯曲正应力和扭转切应力分布情况见图 11-46a。由于 $D$、$E$ 两点是危险截面边缘上的点，弯曲正应力和扭转切应力绝对值最大，故为危险点，其正应力和切

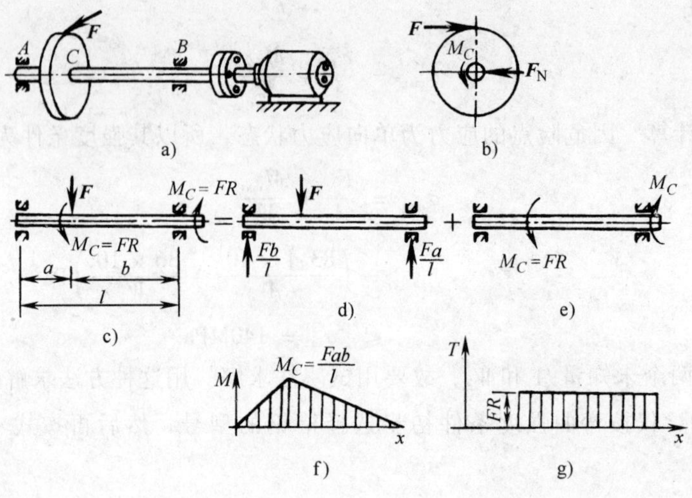


图 11-45

应力分别为

$$\sigma = \frac{M}{W_z} \tag{1}$$

$$\tau = \frac{T}{W_{\mathrm{p}}} \tag{2}$$

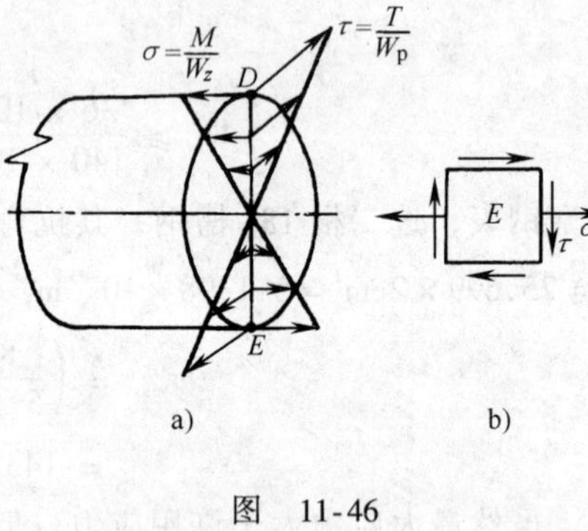

危险点是二向应力状态，如图 11-46b 所示。轴类零件一般都采用塑性材料——钢材，所以应选用第三或第四强度理论建立强度条件。为此可将 $\sigma_x = \sigma$，$\sigma_y = 0$，$\tau_x = \tau$ 代入公式（11-29）、（11-30），即

图 11-46

$$\sigma_{r3} = \sqrt{\sigma^2 + 4\tau^2} \leqslant [\sigma] \tag{3}$$

$$\sigma_{r4} = \sqrt{\sigma^2 + 3\tau^2} \leqslant [\sigma] \tag{4}$$

因为是圆截面轴，故

$$W_z = \frac{\pi d^3}{32} \quad W_{\mathrm{p}} = \frac{\pi d^3}{16} = 2W_z$$

将此结果代入式（1）、（2）后，再分别代入式（3）、（4）得

$$\sigma_{r3} = \frac{\sqrt{M^2 + T^2}}{W_z} \leqslant [\sigma]$$

$$\sigma_{r4} = \frac{\sqrt{M^2 + 0.75T^2}}{W_z} \leqslant [\sigma]$$

即按照第三强度理论得到强度条件为

$$\frac{32F}{\pi d^3}\sqrt{\left(\frac{ab}{l}\right)^2 + R^2} \leqslant [\sigma]$$

即按照第四强度理论得到强度条件为

$$\frac{32F}{\pi d^3}\sqrt{\left(\frac{ab}{l}\right)^2 + 0.75R^2} \leqslant [\sigma]$$

**例 11-12** 卷扬机结构尺寸如图 11-47a 所示，$l=0.8\text{m}$，$R=0.18\text{m}$，$AB$ 轴径 $d=0.03\text{m}$。已知电动机的功率 $P=2.2\text{kW}$，轴 $AB$ 的转速 $n=150\text{r/min}$，轴材料的许用应力 $[\sigma]=90\text{MPa}$，试校核 $AB$ 轴的强度。

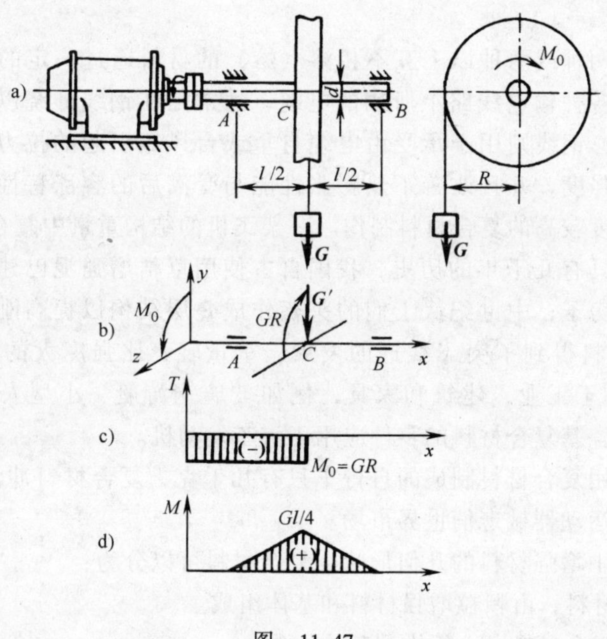


图 11-47

**解** (1) 外力分析 已知功率 $P$ 和转速 $n$，运用式 (6-1) 计算电动机输入的力偶矩

$$M_0=9550\frac{P}{n}=9550\times\frac{2.2}{150}\text{N}\cdot\text{m}=140\text{N}\cdot\text{m}$$

于是卷扬机的最大起重量为

$$G=\frac{M_0}{R}=\frac{140}{0.18}\text{N}=778\text{N}$$

将重力 $\boldsymbol{G}$ 向轴线简化，得一平移力 $\boldsymbol{G}'$ 和一力偶矩为 $GR$ 的力偶。轴的计算简图如图 11-47b 所示。

(2) 内力分析，确定危险截面的位置 作出轴的扭矩图和弯矩图，如图 11-47c、d 所示，由内力图可以看出 $C_-$ 截面为危险截面，其上的内力为

$$T=-M_0=-140\text{N}\cdot\text{m}$$

$$M=\frac{1}{4}Gl=\frac{1}{4}\times778\times0.8\text{N}\cdot\text{m}=156\text{N}\cdot\text{m}$$

(3) 强度计算 按第三强度理论校核，由

$$\sigma_{r3}=\frac{\sqrt{M^2+T^2}}{W_z}=\frac{1}{\frac{\pi}{32}\times0.03^3}\sqrt{156^2+(-140)^2}\text{Pa}$$

$$=79.1\text{MPa}<[\sigma]=90\text{MPa}$$

所以该轴满足强度要求。

# 第七节　复合材料的增强效应

## 一、引言

**复合材料**是指两种或两种以上互不相溶（熔）的材料通过一定的方式组合成一种新型的材料。例如，各种输电线路上所用的电缆，通常是在钢线外绕以铜线，铜线电阻小主要用于输送电流，钢线则用于承受由电缆自重或台风等引起的拉力。胶合板通过木材叠层提高了刚度和强度，并且改善了热膨胀性能与受潮后的容涨特性。玻璃纤维缠绕的压力容器则是由强度较高的复合材料制作。一架飞机的结构重量中复合材料约占60%。

复合材料已经具有几千年的历史，我国自古使用草秸增强泥巴建造茅屋；古犹太人用稻草增强泥坯盖房子；中世纪武士们的头盔作成叠层结构以提高刚度和强度。近几十年来先进的复合材料得到了突飞猛进的发展，重量轻、比强度大的玻璃纤维增强塑料(俗称玻璃钢）应用于工业、建筑和家具，例如玻璃钢游艇、小型人行玻璃钢桥、冷却塔、储水箱等；陶瓷基复合材料的零件应用于汽车发动机。

日常生活中，用复合材料制成的自行车只有几千克，复合材料冲浪板、高尔夫球棒、钓鱼杆、网球拍等运动器械走俏世界市场。

根据复合材料中增强材料的几何形状，复合材料可以分为：

(1) 颗粒复合材料，由颗粒增强材料和基体组成。

(2) 纤维增强复合材料，由纤维和基体组成。

(3) 叠层复合材料，由多种片状材料叠合组成。

近年来，纤维增强复合材料在工程中应用迅速增长，它以韧性好的金属或塑料为基体将纤维材料镶嵌在其中，二者牢固地粘结成整体。纤维材料可以是玻璃、碳、硼、石棉或其他高强度脆性材料。

由于纤维材料的嵌入，使材料的性能有了极其明显的改善。例如，聚苯乙烯塑料加入玻璃纤维后，抗拉强度可从600MPa提高到1000MPa，弹性模量从3000MPa提高到8000MPa，-40℃下的冲击强度可提高10倍。碳纤维环氧树脂基体复合材料，其弹性模量比基体材料提高了约60倍，强度提高了30倍。

与金属等各向同性材料不同，纤维增强复合材料具有极其明显的各向异性，主要表现在平行于纤维方向的增强性能极其明显，而在垂直于纤维方向则不显著。表11-2中所列出几种单向铺层纤维增强复合材料与铝合金、钢的弹性模量和密度，可以看出强度明显的不同。其中 $E_c$ 和 $E_c'$ 分别为平行和垂直于纤维方向的弹性模量。

**表11-2　复合材料、金属材料的密度与弹性模量**

| 材料 | $E_c$/GPa | $E_c'$/GPa | 密度/（$kg/m^3$） |
|---|---|---|---|
| 碳纤/环氧树脂 | 180 | 10 | 1600 |
| 芳伦纤维/环氧树脂 | 76 | 5.5 | 1460 |
| 玻璃纤维/环氧树脂 | 39 | 8.4 | 1800 |
| 铝合金 | 70 | | 2770 |
| 钢 | 210 | | 7800 |

连续纤维在基体中呈同向平行排列的复合材料，称为**单向连续纤维增强复合材料**，简称**单向复合材料**。图 11-48 为铺层示意图，图 11-49 为铺层横截面示意图。如果零件或构件在各个方向上的性能要求都很高，只采用一个方向纤维增强复合材料不能满足时，必须采用一种叠层结构，其中每一层的纤维都按照一定的方向铺设，如图 11-50 所示，称为**叠层复合材料**。本书只介绍单向复合材料。

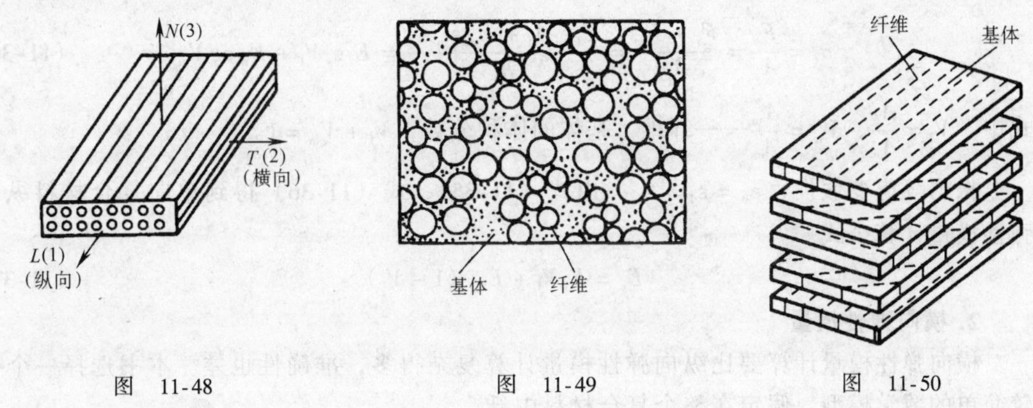


图 11-48　　图 11-49　　图 11-50

## 二、单向复合材料

复合材料的弹性模量不仅与基体和纤维材料的弹性模量有关，而且与两种材料的体积比有关。为了研究方便，作出如下基本假设：

(1) 各组分材料都是均匀连续的。纤维平行等距地排列，其性质与直径也是均匀的。纤维与基体结合良好。当复合材料受力时，在与纤维相同的方向上各组分的应变相等。

(2) 各相在复合状态下，其性能与未复合前相同。基体和纤维是各向同性的。单向复合材料加载前无应力。

### 1. 纵向弹性模量

在计算单向复合材料纵向弹性模量时，将复合材料看成两种弹性体并联，并且简化成有一定规则形状和分布的模型。图 11-51 为单向复合材料的简化力学模型。假设复合材料受到拉伸力 $F_c$，其中纤维承受 $F_f$，基体承受 $F_m$，有

$$F_c = F_f + F_m \tag{11-33}$$

纤维、基体承受拉力计算公式为

$$F_f = \sigma_f A_f = E_f \varepsilon_f A_f$$

$$F_m = \sigma_m A_m = E_m \varepsilon_m A_m \tag{11-34}$$

式中　$\sigma_f$、$\sigma_m$——纤维、基体纵向应力；

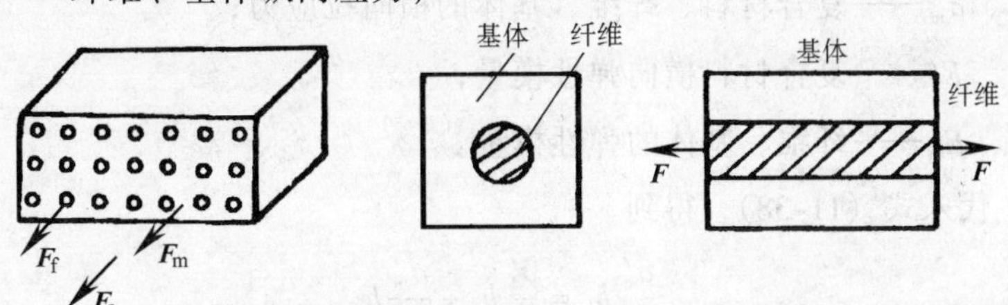


图　11-51

$A_f$、$A_m$——纤维、基体横截面积；

$E_f$、$E_m$——纤维、基体弹性模量；

$\varepsilon_f$、$\varepsilon_m$——纤维、基体线应变。

设单向复合材料纵向弹性模量 $E_c$，纵向线应变 $\varepsilon_c$，复合材料所受的平均拉伸应力为

$$\sigma_c = E_c \varepsilon_c \tag{11-35}$$

$$\sigma_c = \frac{F_c}{A_c} = \frac{F_f + F_m}{A_c} = \frac{E_f \varepsilon_f A_f + E_m \varepsilon_m A_m}{A_c} = E_f \varepsilon_f V_f + E_m \varepsilon_m V_m \tag{11-36}$$

式中　$V_f = \frac{A_f}{A_c}$、$V_m = \frac{A_m}{A_c}$——纤维、基体的体积分数，$V_f + V_m = 1$。

根据等应变假设，$\varepsilon_c = \varepsilon_f = \varepsilon_m$，由式（11-35）、式（11-36）得到单向复合材料纵向弹性模量计算公式

$$E_c = E_f V_f + E_m (1 - V_f) \tag{11-37}$$

**2. 横向弹性模量**

横向弹性模量计算要比纵向弹性模量计算复杂得多，准确性也差。本书选择一个比较简单的数学模型，假定在整个复合材料中纤维的性质和直径是均匀的，且纤维是连续和彼此平行的，如图 11-52 所示复合材料在横向受力（即载荷方向垂直于纤维），应力为 $\sigma'_c$。由纤维和基体构成的等厚度铺层，在载荷作用下，复合材料沿横向伸长量

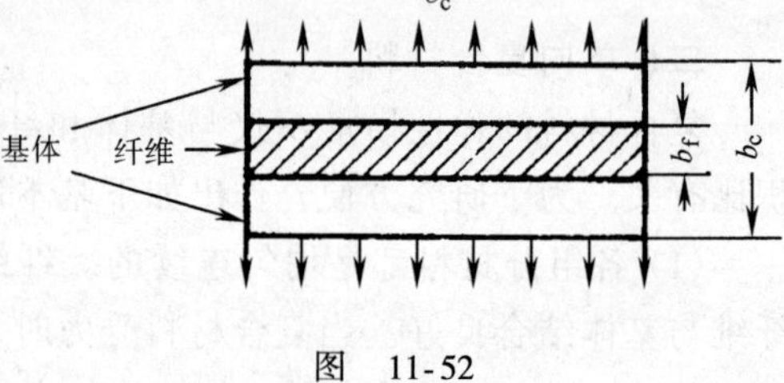

图　11-52

$$\delta'_c = \delta'_f + \delta'_m \tag{11-38}$$

其中

$$\begin{cases} \delta'_c = \varepsilon'_c b_c = \dfrac{\sigma'_c}{E'_c} b_c \\ \delta'_f = \varepsilon'_f b_f = \dfrac{\sigma'_f}{E_f} b_f \\ \delta'_m = \varepsilon'_m b_m = \dfrac{\sigma'_m}{E_m} b_m \end{cases} \tag{11-39}$$

式中　$\delta'_c$、$\delta'_f$、$\delta'_m$——复合材料、纤维、基体的伸长量；

$\varepsilon'_c$、$\varepsilon'_f$、$\varepsilon'_m$——复合材料、纤维、基体的线应变；

$b_c$、$b_f$、$b_m$——复合材料、纤维、基体的横向累积宽度；

$\sigma'_c$、$\sigma'_f$、$\sigma'_m$——复合材料、纤维、基体的横向拉应力；

$E'_c$——复合材料横向弹性模量；

$E_f$、$E_m$——纤维、基体的弹性模量。

将式（11-39）代入式（11-38），得到

$$\frac{\sigma'_c}{E'_c} b_c = \frac{\sigma'_f}{E_f} b_f + \frac{\sigma'_m}{E_m} b_m \tag{11-40}$$

将等应力 $\sigma'_c = \sigma'_f = \sigma'_m$ 条件代入式（11-40），整理得到

$$\frac{1}{E'_c}=\frac{1}{E_f}\frac{b_f}{b_c}+\frac{1}{E_m}\frac{b_m}{b_c} \tag{11-41}$$

对于等厚度铺层，纤维的体积分数 $V_f=\frac{A_f}{A_c}=\frac{b_f}{b_c}$、基体的体积分数 $V_m=\frac{A_m}{A_c}=\frac{b_m}{b_c}=1-V_f$。代入式（11-41），得到复合材料横向弹性模量 $E'_c$ 计算式

$$\frac{1}{E'_c}=\frac{1}{E_f}V_f+\frac{1}{E_m}(1-V_f)$$

或

$$E'_c=\frac{E_f E_m}{V_f E_m+(1-V_f)E_f} \tag{11-42}$$

**例 11-13** 复合材料由 1kg 的玻璃纤维单方向嵌入 9kg 的环氧树脂基体内复合而成。已知玻璃纤维的弹性模量为 $E_f=72\text{GPa}$，密度为 $2500\text{kg/m}^3$，环氧树脂的弹性模量为 $E_m=5\text{GPa}$，密度为 $1200\text{kg/m}^3$。试求这种复合材料的纵向和横向弹性模量。

**解**：10kg 复合材料中，玻璃纤维增强材料所占体积为 $\frac{1\text{kg}}{2500\text{kg/m}^3}=0.0004\text{m}^3$，环氧树脂基体材料所占体积为 $\frac{9\text{kg}}{1200\text{kg/m}^3}=0.0075\text{m}^3$，总体积为 $0.0079\text{m}^3$。于是，玻璃纤维与复合材料总体积之比（即纤维的体积分数）为

$$V_f=\frac{0.0004\text{m}^3}{0.0079\text{m}^3}=0.0506$$

根据式（11-37），纵向弹性模量为

$$E_c=E_f V_f+E_m(1-V_f)=[72\times0.0506+5\times(1-0.0506)]\text{GPa}=8.39\text{GPa}$$

根据式（11-42），横向弹性模量为

$$E'_c=\frac{E_f E_m}{V_f E_m+(1-V_f)E_f}=\frac{72\times5}{0.0506\times5+(1-0.0506)\times72}\text{GPa}=5.25\text{GPa}$$

进一步计算可知，复合材料纵向、横向弹性模量分别比基体材料弹性模量增加 67.8% 和 4.94%，纵向增加量明显高于横向。另一方面，由于玻璃纤维所占体积分数为 5.06%，所以与基体相比，复合材料弹性模量增加不十分显著。

### 三、纤维增强效应

对于单向复合材料，当外力作用方向与纤维方向平行时，由于纤维的存在，其所能承受的应力值，将会超过基体的极限应力值，这种现象称为**纤维增强效应**。增强的效果不仅与纤维和基体的极限应力有关，而且还与纤维在整个复合材料中所占的体积比有关。

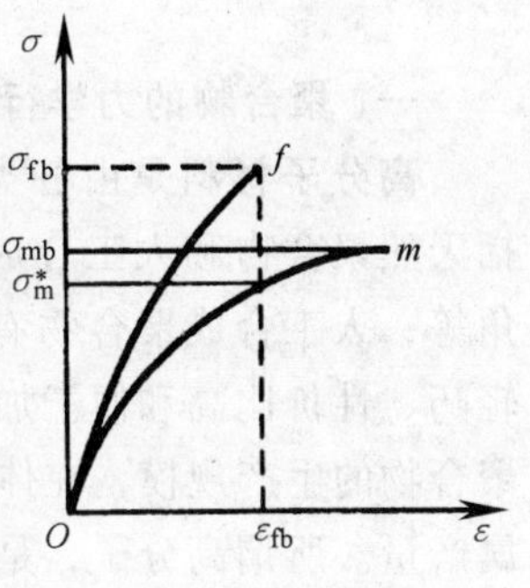


图 11-53

图 11-53 中，$f$ 表示纤维的应力-应变曲线，$m$ 表示基体的应力-应变曲线。随着载荷加大、变形增加，纤维所受应力大于基体应力。当达到纤维抗拉强度极限 $\sigma_{fb}$ 时，纤维断裂，此时基体在绝大多数情况下不能支持整个复合材料所受的载荷，复合材料随之破坏。

由式（11-36）可知，复合材料的平均应力（也称名义应力）$\sigma_c = E_f\varepsilon_f V_f + E_m\varepsilon_m V_m$，由胡克定律得到

$$\sigma_c = \sigma_f V_f + \sigma_m (1 - V_f) \tag{11-43}$$

式中　$\sigma_f$、$\sigma_m$——纤维、基体纵向应力。

图 11-53 中，纤维横截面上的应力达到强度极限 $\sigma_{fb}$时，相应的极限应变值为 $\varepsilon_{fb}$，基体沿纤维方向的应变值与其相等，基体横截面上的应力为 $\sigma_m^*$。应用式（11-43）得到复合材料的强度极限

$$\sigma_{cb} = \sigma_{fb} V_f + \sigma_m^* (1 - V_f) \tag{11-44}$$

上面公式的应用范围是 $\sigma_{cb} \geqslant \sigma_{mb}$，$\sigma_{mb}$为基体强度极限。

**例 11-14**　某复合材料以环氧树脂为基体，高模量碳纤维为增强纤维。已知碳纤维的强度极限为 $\sigma_{fb} = 2100\text{MPa}$，增强纤维的体积比 $V_f = 50\%$，极限应变值 $\varepsilon_{fb} = 0.5\%$，环氧树脂对应于此应变值的应力 $\sigma_m^* = 26.5\text{MPa}$。环氧树脂的极限应变值为 2%，强度极限为 $\sigma_{mb} = 80\text{MPa}$。试求这种复合材料的强度极限值。

**解**：环氧树脂的极限应变值为 2%，大于高模量碳纤维的 $\varepsilon_{fb}$（$=0.5\%$）。但当达到碳纤维抗拉极限应变值时，纤维断裂，设此时环氧树脂基体不能支持整个复合材料所受的载荷，复合材料随之破坏。运用式（11-44）得到

$$\sigma_{cb} = \sigma_{fb} V_f + \sigma_m^* (1 - V_f) = [2100 \times 50\% + 26.5 \times (1 - 50\%)] \text{MPa} = 1063\text{MPa}$$

即复合材料的强度极限值为 1063MPa，远大于环氧树脂基体强度极限 $\sigma_{mb}$，满足式（11-44）的应用条件，本题假设正确。

综上所述，作为结构材料使用的纤维增强复合材料，是以高性能的玻璃纤维、碳纤维、硼纤维、有机纤维、陶瓷纤维、晶须等为增强材料，以树脂、金属、陶瓷为基体的复合材料。实际上复合材料的增强效应是一个比较复杂的问题，影响因素有两种材料的粘合力、聚合力、弹性模量、泊松比、强度以及热膨胀系数等。本书仅介绍了纤维增强复合材料沿着纵向受载的情形。对于其他形式的增强材料，例如颗粒状增强材料的增强效应分析，可以参考介绍复合材料力学性能的教科书。

## 第八节　聚合物、陶瓷材料的力学性能

### 一、聚合物的力学行为

**高分子材料**是由各类单体分子通过聚合反应而形成的，又称**聚合物**或**高聚物**。它包括天然聚合物和人工合成聚合物两大类。天然聚合物有木材、橡胶、黄麻、丝、毛发和角等；人工合成聚合物有工程塑料、合成纤维、合成橡胶、粘接剂等。由于聚合物具有轻巧、性价比高和便于加工等优点，在工业和日常生活中已经得到广泛应用，人工合成聚合物的生产规模，在体积上早已超过金属产量的总和，预计将来在重量上也会超过金属产量。所谓高分子，是指它们的相对分子质量大于 10000，由各原子呈共价键结合的长键状大分子组成，聚合过程的细节控制着所形成的聚合物类型。

钢铁等金属材料，在常温下其应力-应变关系均与时间无关。但对于混凝土、塑料等粘弹性材料，当应力保持不变时，应变随时间的增加而增加，这种现象称为**蠕变**；当应

变保持不变时，应力随时间的增加而减小，这种现象称为**松弛**。与金属材料相比，聚合物的主要力学性能特点为密度小、弹性变形量大、弹性模量小和粘弹性明显。聚合物的主要机械、力学性能表现为：

(1) 聚合物为密度最小的工程材料，其密度一般为1000～2000kg/m$^3$，仅为钢铁材料的1/8～1/4，不到工程陶瓷密度的一半。重量轻、强重比大是聚合物的突出优点。

(2) 聚合物的弹性变形量可达到100%～1000%，而一般金属材料只有0.1%～1.0%。

(3) 聚合物刚度差，弹性模量约为0.4～4.0GPa，而一般金属材料为50～300GPa。

(4) 聚合物粘弹性明显，受载后其应变落后于应力，常温下即会产生明显的蠕变变形和应力松弛。

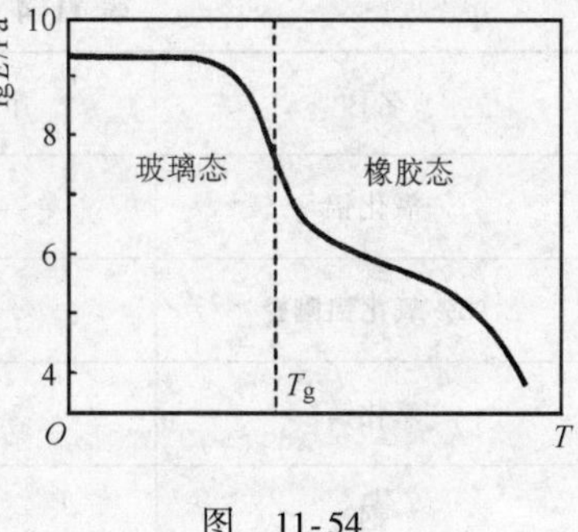


图 11-54

聚合物在外力作用下强烈地受温度和载荷作用时间的影响，因此其力学性能变化幅度较大。图11-54为非晶态聚合物的弹性模量 $E$ 随温度 $T$ 变化的典型曲线。对于非晶态聚合物，存在玻璃化的转变温度 $T_g$，以 $T_g$ 为界，聚合物被分成玻璃态和橡胶态。玻璃态的力学性能接近脆性玻璃，弹性模量取值约为GPa量级；橡胶态期间具有很高的非线性弹性变形能力，弹性模量取值约为MPa最级。

表11-3列出了几种聚合物及其他材料的抗拉强度值。

**表11-3 聚合物及其他材料的抗拉强度**

| 名称 | 抗拉强度/MPa | 名称 | 抗拉强度/MPa |
|---|---|---|---|
| 低压聚乙烯（PE） | 20 | 聚氯乙烯（PVC） | 50 |
| 尼龙—610 | 60 | 尼龙—66 | 83 |
| 聚碳酸酯 PC | 67 | 聚苯醚 PPO | 85 |
| 聚砜 PSU | 85 | 芳香尼龙 | 120 |
| 混凝土 | <5 | 优质碳素结构钢 45 | 598 |
| 玻璃纤维 | 2000～4000 | 合金结构钢 40Cr | 981 |

## 二、陶瓷材料的力学性能

陶瓷与金属材料、高分子材料并列为当代三大固体材料。传统的陶瓷制品以天然粘土为原料，通过混料、成形、烧结而成，其性能特点是强度低而脆。新型工程陶瓷采用高纯、超细的人工合成材料，精确控制其化学组成，经过特殊工艺加工而得到的结构精细、力学性能和热学性质优良的陶瓷材料。常用的工程陶瓷材料有氮化硅、碳化硅、氧化铝和氧化锆增韧陶瓷。工程陶瓷材料的力学性能特点是耐高温、硬度高、弹性模量大、耐磨损、抗腐蚀、抗蠕变能力强。在发动机上使用高性能工程陶瓷材料，除耐磨、耐腐蚀外，还由于材料耐高温，无需冷却系统，可使热效率提高20%，发动机重量减轻20%，耗油量降低30%以上。目前在机械、冶金、化工、纺织等

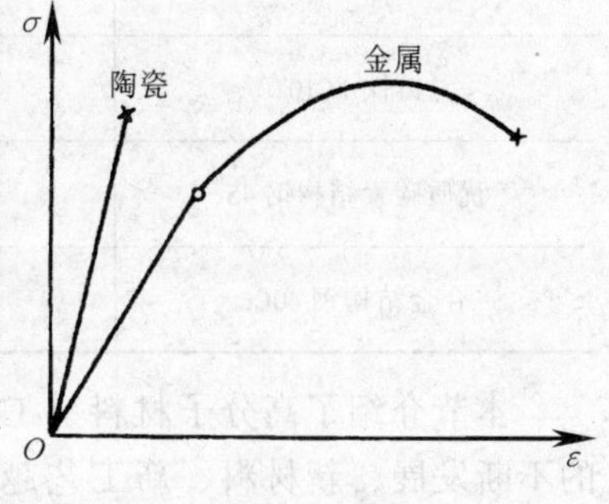


图 11-55

行业中，用工程陶瓷材料制作的耐高温、耐磨损、抗腐蚀的零部件越来越多。

绝大多数陶瓷材料在常温下拉伸或弯曲，均不产生塑性变形，呈现脆性断裂的特征，如图 11-55 所示。与金属材料相比，陶瓷材料弹性变形特点为：

（1）与金属材料相比弹性模量大（见表 11-4），陶瓷材料的弹性模量不仅与结合键有关，还与其组成相的种类、分布比例及气孔率有关。因此，陶瓷的成型与烧结工艺对弹性模量影响重大。

**表 11-4 常温下陶瓷材料与金属材料的弹性模量**

| 名称 | 弹性模量/GPa | 名称 | 弹性模量/GPa |
|---|---|---|---|
| 氧化铝 | 380 | 石英玻璃 | 73 |
| 95% 氧化铝陶瓷 | 300 | 尖晶石 | 240 |
| 氧化镁 | 210 | 氧化锆 | 190 |
| 钢 | 210 | 铜 | 110 |
| 铝 | 70 | | |

（2）陶瓷材料的压缩弹性模量高于拉伸弹性模量，抗压强度值比抗拉强度值大得多，表 11-5 列出了几种材料的拉压强度。

**表 11-5 材料的抗拉强度和抗压强度**

| 材料 | 抗拉强度/MPa | 抗压强度/MPa |
|---|---|---|
| 化工陶瓷 | 30 ~ 40 | 250 ~ 400 |
| 透明石英玻璃 | 50 | 200 |
| 烧结尖晶石 | 134 | 1900 |
| 99% 烧结氧化铝 | 265 | 2990 |
| 烧结 $B_4C$ | 300 | 3000 |
| 铸铁 FC10 | 100 ~ 150 | 400 ~ 600 |
| 优质碳素结构钢 45 | 598 | |
| 合金结构钢 40Cr | 981 | |

本节介绍了高分子材料、工业陶瓷的一些最基本机械力学性能，随着先进制造技术的不断发展，新材料、新工艺越来越多地运用于生产实际，了解掌握复合材料、高分子材料、工业陶瓷的特性，对于机械专业学生来说是必不可少的。

## 习　题

11-1　怎样判别结构钢制成的压杆是属于细长杆、中长杆还是短杆？它们的正常工作条件是怎样的？

11-2　试根据欧拉公式来说明选择压杆材料的原则。

11-3　如图 11-56 所示，三根细长杆，其材料相同、直径相等，试问哪一种情况的临界力最大？哪种最小？

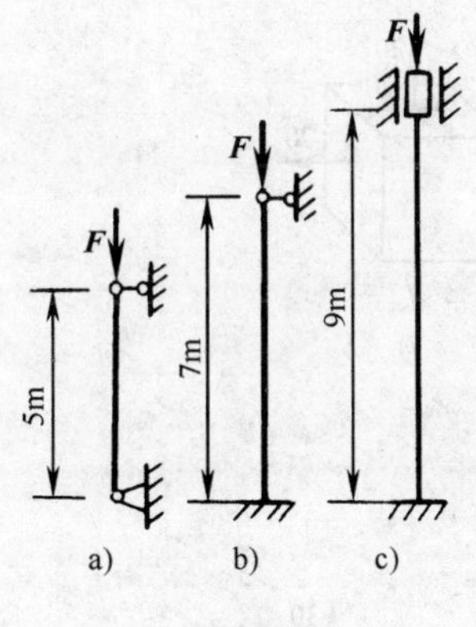


图　11-56

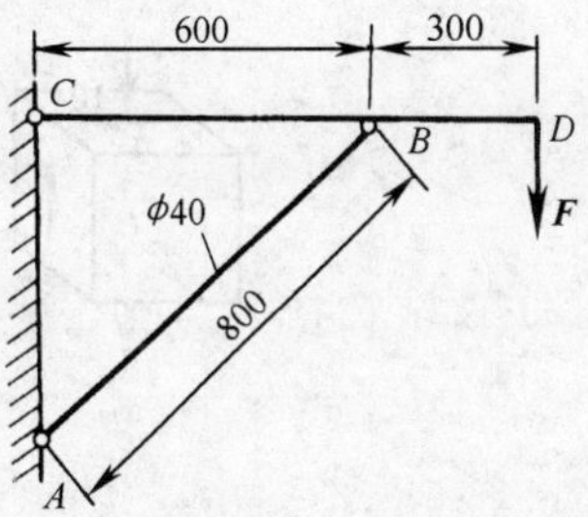

图　11-57

11-4　用结构钢制成图 11-57 所示构架，规定稳定安全系数 $n_{st}=3$，试根据 $AB$ 杆的稳定条件求 $CD$ 杆 $D$ 处工作载荷 $F$ 的许可值。

11-5　试说明动载荷下杆件强度计算的一般方法。

11-6　钳工用榔头打凿子加工试件，如图 11-58 所示。试分析凿子杆截面上产生的是静载荷应力还是动载荷应力。

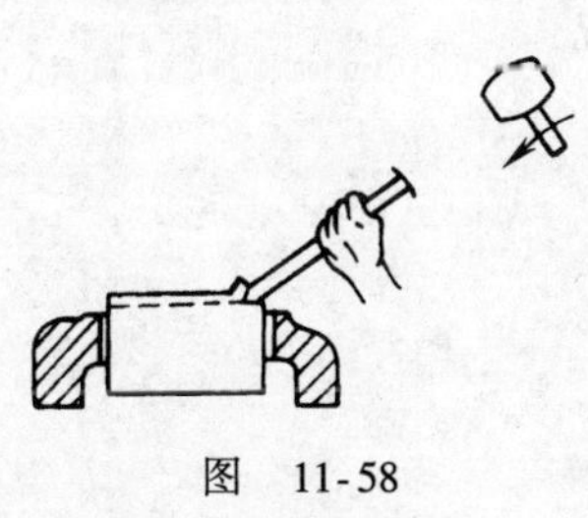

图　11-58

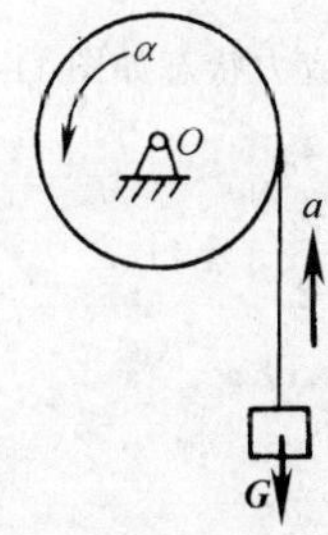


图　11-59

11-7　如图 11-59 所示，卷扬机上的钢索以 $a=3\text{m/s}^2$ 的加速度向上提升重量为 $G=50\text{kN}$ 的重物。如果不计钢索的重量，试计算钢索的起吊力。

11-8　怎样的应力称为脉动循环应力？怎样的应力称为对称循环应力？试各举出一个工程实例。

11-9　什么叫循环特征？对称循环应力和脉动循环应力的循环特征 $r$ 各为多少？

11-10　一种材料只有一个持久极限值吗？交变应力中的最大应力与材料的持久极限相同吗？试分别加以说明。

11-11　求图 11-60 所示斜截面上的应力（图中应力单位均为 MPa）。

11-12　图 11-61 所示单元体分别属于什么应力状态（图中应力单位均为 MPa）？

11-13　已知应力状态如图 11-62 所示，图中应力单位均为 MPa。试求：

1）主应力大小，主平面位置；

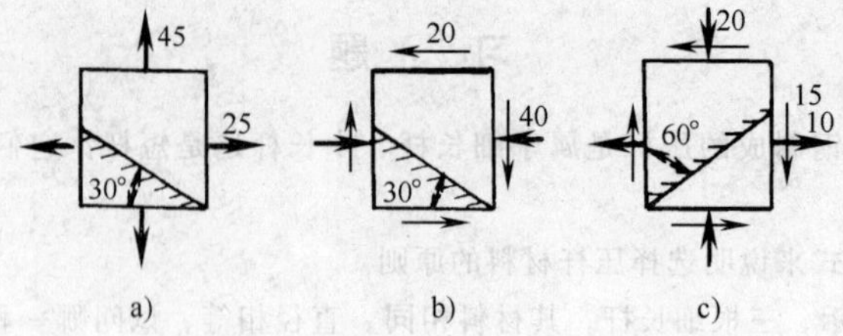


图 11-60

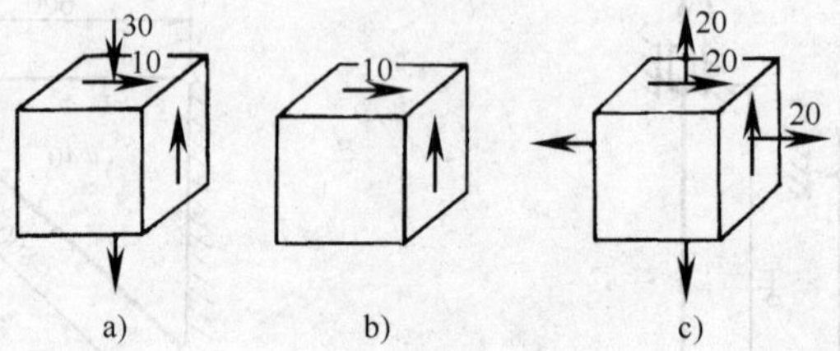

图 11-61

2）在单元体上画出主平面位置及主应力方向；

3）最大切应力。

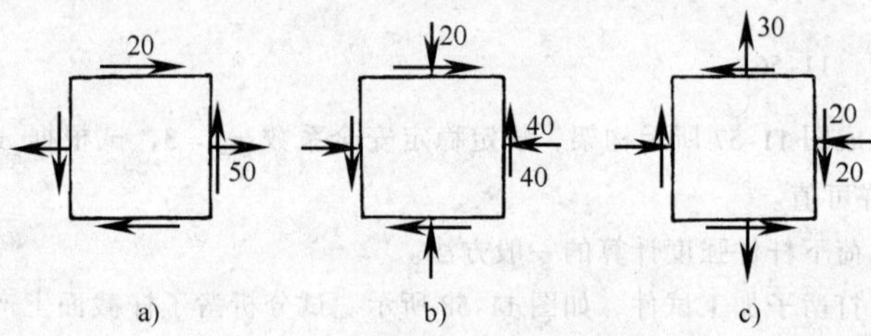


图 11-62

11-14 平面应力状态如图 11-63 所示，设各应力有三种情况：

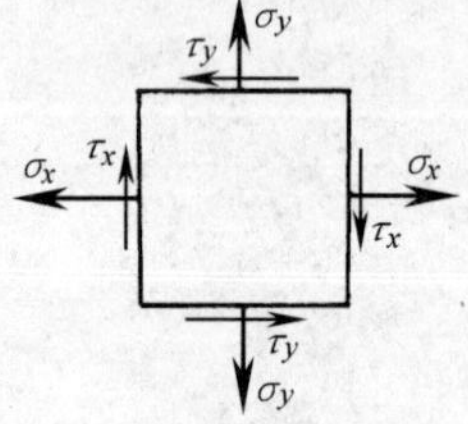


图 11-63

（1）$\sigma_x = 60\text{MPa}$，$\sigma_y = -80\text{MPa}$，$\tau_x = -40\text{MPa}$

（2）$\sigma_x = -40\text{MPa}$，$\sigma_y = 50\text{MPa}$，$\tau_x = 0$

（3）$\sigma_x = 0$，$\sigma_y = 0$，$\tau_x = 45\text{MPa}$

试按第三强度理论和第四强度理论求相当应力 $\sigma_{r3}$、$\sigma_{r4}$。

11-15 单元体的主应力分别为：

（1）$\sigma_1 = 75\text{MPa}$，$\sigma_2 = 40\text{MPa}$，$\sigma_3 = -20\text{MPa}$

（2）$\sigma_1 = 55\text{MPa}$，$\sigma_2 = 0$，$\sigma_3 = -55\text{MPa}$

（3）$\sigma_1 = 0$，$\sigma_2 = -30\text{MPa}$，$\sigma_3 = -110\text{MPa}$

若材料的许用应力 $[\sigma] = 120\text{MPa}$，试用第三强度理论和第四强度理论校核各点的强度。

11-16　试判断图 11-64 中杆 AB、BC 和 CD 各产生哪些基本变形？

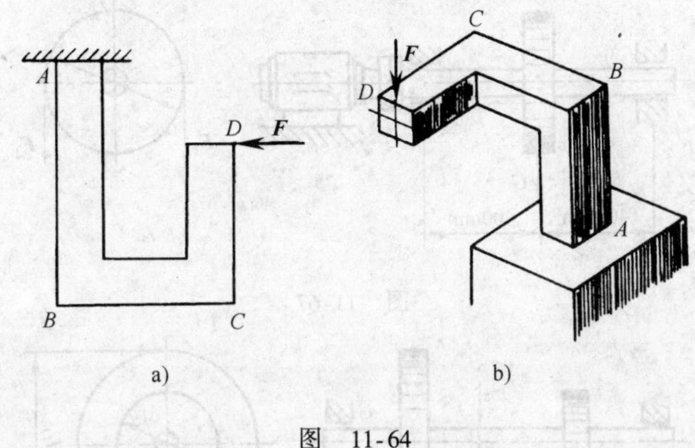


图　11-64

11-17　计算组合变形强度的方法是什么？

11-18　构件受偏心拉伸（或压缩）时，将产生何种组合变形？横截面上各点是什么应力状态？怎样进行强度计算？

11-19　若在正方形截面短柱的中间处开一个槽，如图 11-65 所示，使横截面面积减少为原截面面积的一半。试求最大正应力比不开槽时增大几倍？

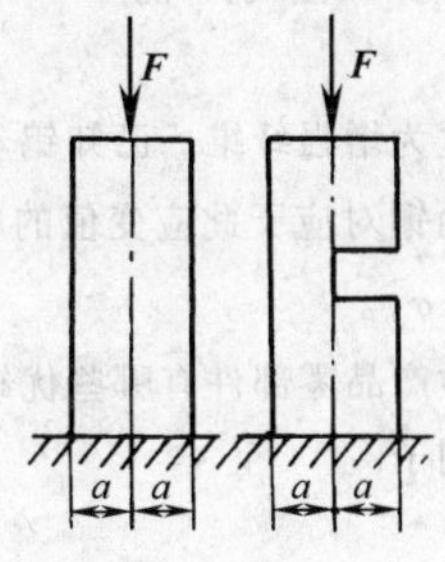


图　11-65

11－20　如图 11-66 所示的支架，已知载荷 $F=45\text{kN}$，作用在 C 处，支架材料的许用应力 $[\sigma]=160\text{MPa}$，试选择横梁 AC 的工字钢型号。

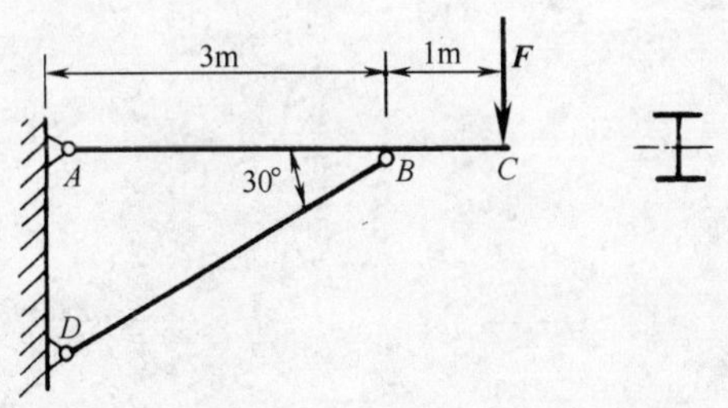


图　11-66

11-21　电动机带动带轮如图 11-67 所示，轴的直径 $d=40\text{mm}$，带轮直径 $D=300\text{mm}$，带轮重量 $G=600\text{N}$，若电动机的功率 $P=14\text{kW}$，转速 $n=980\text{r/min}$。带轮紧边拉力与松边拉力之比为 $F_1/F_2=2$，轴的许用应力 $[\sigma]=120\text{MPa}$。试按第三强度理论校核轴的强度。

11-22　如图 11-68 所示，传动轴上装有两个齿轮。齿轮 C 上的圆周力 $F_C=10\text{kN}$，直径 $d_C=150\text{mm}$，齿轮 D 的圆周力 $F_D=5\text{kN}$，直径 $d_D=300\text{mm}$，若 $[\sigma]=80\text{MPa}$，试用第四强度理论设计轴的直径。

11-23　复合材料以环氧树脂为基体，单方向嵌入玻璃纤维复合而成。已知环氧树脂弹性模量 $E_m=5\text{GPa}$，玻璃纤维弹性模量 $E_f=85\text{GPa}$，体积分数 $V_f=0.3$。试求复合材料纵向弹性模量 $E_c$ 和横向弹性模

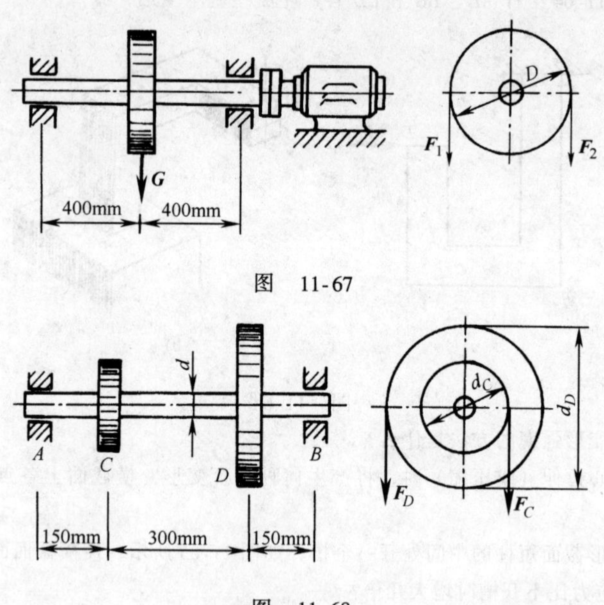


图 11-67

图 11-68

量 $E_c'$。

11-24 某复合材料以铜为基体，钨丝为增强纤维。已知钨丝的强度极限 $\sigma_{fb}=2069\text{MPa}$，钨丝的体积分数 $V_f=0.25$，极限应变值 $\varepsilon_{fb}=15\%$，而铜对应于此应变值的应力 $\sigma_m^*=55.2\text{MPa}$，铜的强度极限 $\sigma_{mb}=207\text{MPa}$。试求这种复合材料的强度极限值 $\sigma_{cb}$。

11-25 与金属材料相比，用聚合物做产品零部件有哪些优缺点？

11-26 列举你遇到的工业陶瓷应用例子。

# 附录 型钢表

## 附表 1 热轧等边角钢(GB/9787—1988)

符号意义：

$b$——边宽度　　$I$——惯性矩

$d$——边厚度　　$i$——惯性半径

$r$——内圆弧半径　　$W$——截面系数

$r_1$——边端内圆弧半径　　$z_0$——重心距离

| 角钢号数 | 尺寸/mm | | | 截面面积 /cm² | 理论重量 /kg·m⁻¹ | 外表面积 /m²·m⁻¹ | 参考数值 | | | | | | | | | | |
|---|---|---|---|---|---|---|---|---|---|---|---|---|---|---|---|---|---|
| | | | | | | | $x-x$ | | | $x_0-x_0$ | | | $y_0-y_0$ | | | $x_1-x_1$ | $z_0$ /cm |
| | $b$ | $d$ | $r$ | | | | $I_x$ /cm⁴ | $i_x$ /cm | $W_x$ /cm³ | $I_{x0}$ /cm⁴ | $i_{x0}$ /cm | $W_{x0}$ /cm³ | $I_{y0}$ /cm⁴ | $i_{y0}$ /cm | $W_{y0}$ /cm³ | $I_{x1}$ /cm⁴ | |
| 2 | 20 | 3 | 3.5 | 1.132 | 0.889 | 0.078 | 0.40 | 0.59 | 0.29 | 0.63 | 0.75 | 0.45 | 0.17 | 0.39 | 0.20 | 0.81 | 0.60 |
| | | 4 | | 1.459 | 1.145 | 0.077 | 0.50 | 0.58 | 0.36 | 0.78 | 0.73 | 0.55 | 0.22 | 0.38 | 0.24 | 1.09 | 0.64 |
| 2.5 | 25 | 3 | | 1.432 | 1.124 | 0.098 | 0.82 | 0.76 | 0.46 | 1.29 | 0.95 | 0.73 | 0.34 | 0.49 | 0.33 | 1.57 | 0.73 |
| | | 4 | | 1.859 | 1.459 | 0.097 | 1.03 | 0.74 | 0.59 | 1.62 | 0.93 | 0.92 | 0.43 | 0.48 | 0.40 | 2.11 | 0.76 |
| 3.0 | 30 | 3 | 4.5 | 1.749 | 1.373 | 0.117 | 1.46 | 0.91 | 0.68 | 2.31 | 1.15 | 1.09 | 0.61 | 0.59 | 0.51 | 2.71 | 0.85 |
| | | 4 | | 2.276 | 1.786 | 0.117 | 1.84 | 0.90 | 0.87 | 2.92 | 1.13 | 1.37 | 0.77 | 0.58 | 0.62 | 3.63 | 0.89 |
| 3.6 | 36 | 3 | | 2.109 | 1.656 | 0.141 | 2.58 | 1.11 | 0.99 | 4.09 | 1.39 | 1.61 | 1.07 | 0.71 | 0.76 | 4.68 | 1.00 |
| | | 4 | | 2.756 | 2.163 | 0.141 | 3.29 | 1.09 | 1.28 | 5.22 | 1.38 | 2.05 | 1.37 | 0.70 | 0.93 | 6.25 | 1.04 |
| | | 5 | | 3.382 | 2.654 | 0.141 | 3.95 | 1.08 | 1.56 | 6.24 | 1.36 | 2.45 | 1.65 | 0.70 | 1.09 | 7.84 | 1.07 |

（续）

| 角钢号数 | 尺寸 /mm | | | 截面面积 | 理论重量 | 外表面积 | 参考数值 | | | | | | | | | | |
|---|---|---|---|---|---|---|---|---|---|---|---|---|---|---|---|---|---|
| | | | | | | | $x-x$ | | | $x_0-x_0$ | | | $y_0-y_0$ | | | $x_1-x_1$ | $z_0$ |
| | $b$ | $d$ | $r$ | /cm$^2$ | /kg·m$^{-1}$ | /m$^2$·m$^{-1}$ | $I_x$ /cm$^4$ | $i_x$ /cm | $W_x$ /cm$^3$ | $I_{x0}$ /cm$^4$ | $i_{x0}$ /cm | $W_{x0}$ /cm$^3$ | $I_{y0}$ /cm$^4$ | $i_{y0}$ /cm | $W_{y0}$ /cm$^3$ | $I_{x1}$ /cm$^4$ | /cm |
| 4.0 | 40 | 3 | 5 | 2.359 | 1.852 | 0.157 | 3.59 | 1.23 | 1.23 | 5.69 | 1.55 | 2.01 | 1.49 | 0.79 | 0.96 | 6.41 | 1.09 |
| | | 4 | | 3.086 | 2.422 | 0.157 | 4.60 | 1.22 | 1.60 | 7.29 | 1.54 | 2.58 | 1.91 | 0.79 | 1.19 | 8.53 | 1.13 |
| | | 5 | | 3.791 | 2.976 | 0.156 | 5.53 | 1.21 | 1.96 | 8.76 | 1.52 | 3.10 | 2.30 | 0.78 | 1.39 | 10.74 | 1.17 |
| 4.5 | 45 | 3 | | 2.659 | 2.088 | 0.177 | 5.17 | 1.40 | 1.58 | 8.20 | 1.76 | 2.58 | 2.14 | 0.89 | 1.24 | 9.12 | 1.22 |
| | | 4 | | 3.486 | 2.736 | 0.177 | 6.65 | 1.38 | 2.05 | 10.56 | 1.74 | 3.32 | 2.75 | 0.89 | 1.54 | 12.18 | 1.26 |
| | | 5 | | 4.292 | 3.369 | 0.176 | 8.04 | 1.37 | 2.51 | 12.74 | 1.72 | 4.00 | 3.33 | 0.88 | 1.81 | 15.25 | 1.30 |
| | | 6 | | 5.076 | 3.985 | 0.176 | 9.33 | 1.36 | 2.95 | 14.76 | 1.70 | 4.64 | 3.89 | 0.88 | 2.06 | 18.36 | 1.33 |
| 5 | 50 | 3 | 5.5 | 2.971 | 2.332 | 0.197 | 7.18 | 1.55 | 1.96 | 11.37 | 1.96 | 3.22 | 2.98 | 1.00 | 1.57 | 12.50 | 1.34 |
| | | 4 | | 3.897 | 3.059 | 0.197 | 9.26 | 1.54 | 2.56 | 14.70 | 1.94 | 4.16 | 3.82 | 0.99 | 1.96 | 16.69 | 1.38 |
| | | 5 | | 4.803 | 3.770 | 0.196 | 11.21 | 1.53 | 3.13 | 17.79 | 1.92 | 5.03 | 4.64 | 0.98 | 2.31 | 20.90 | 1.42 |
| | | 6 | | 5.688 | 4.465 | 0.196 | 13.05 | 1.52 | 3.68 | 20.68 | 1.91 | 5.85 | 5.42 | 0.98 | 2.63 | 25.14 | 1.46 |
| 5.6 | 56 | 3 | 6 | 3.343 | 2.624 | 0.221 | 10.19 | 1.75 | 2.48 | 16.14 | 2.20 | 4.08 | 4.24 | 1.13 | 2.02 | 17.56 | 1.48 |
| | | 4 | | 4.390 | 3.446 | 0.220 | 13.18 | 1.73 | 3.24 | 20.92 | 2.18 | 5.28 | 5.46 | 1.11 | 2.52 | 23.43 | 1.53 |
| | | 5 | | 5.415 | 4.251 | 0.220 | 16.02 | 1.72 | 3.97 | 25.42 | 2.17 | 6.42 | 6.61 | 1.10 | 2.98 | 29.33 | 1.57 |
| | | 6 | | 8.367 | 6.568 | 0.219 | 23.63 | 1.68 | 6.03 | 37.37 | 2.11 | 9.44 | 9.89 | 1.09 | 4.16 | 47.24 | 1.68 |
| 6.3 | 63 | 4 | 7 | 4.978 | 3.907 | 0.248 | 19.03 | 1.96 | 4.13 | 30.17 | 2.46 | 6.78 | 7.89 | 1.26 | 3.29 | 33.35 | 1.70 |
| | | 5 | | 6.143 | 4.822 | 0.248 | 23.17 | 1.94 | 5.08 | 36.77 | 2.45 | 8.25 | 9.57 | 1.25 | 3.90 | 41.73 | 1.74 |
| | | 6 | | 7.288 | 5.721 | 0.247 | 27.12 | 1.93 | 6.00 | 43.03 | 2.43 | 9.66 | 11.20 | 1.24 | 4.46 | 50.14 | 1.78 |
| | | 8 | | 9.515 | 7.469 | 0.247 | 34.46 | 1.90 | 7.75 | 54.56 | 2.40 | 12.25 | 14.33 | 1.23 | 5.47 | 67.11 | 1.85 |
| | | 10 | | 11.657 | 9.151 | 0.246 | 41.09 | 1.88 | 9.39 | 64.85 | 2.36 | 14.56 | 17.33 | 1.22 | 6.36 | 84.31 | 1.93 |

（续）

| 角钢号数 | 尺寸/mm | | | 截面面积 | 理论重量 | 外表面积 | 参考数值 | | | | | | | | | | |
|---|---|---|---|---|---|---|---|---|---|---|---|---|---|---|---|---|---|
| | | | | | | | $x-x$ | | | $x_0-x_0$ | | | $y_0-y_0$ | | | $x_1-x_1$ | $z_0$ |
| | $b$ | $d$ | $r$ | /$cm^2$ | /$kg \cdot m^{-1}$ | /$m^2 \cdot m^{-1}$ | $I_x$ /$cm^4$ | $i_x$ /cm | $W_x$ /$cm^3$ | $I_{x0}$ /$cm^4$ | $i_{x0}$ /cm | $W_{x0}$ /$cm^3$ | $I_{y0}$ /$cm^4$ | $i_{y0}$ /cm | $W_{y0}$ /$cm^3$ | $I_{x1}$ /$cm^4$ | /cm |
| | | 4 | | 5.570 | 4.372 | 0.275 | 26.39 | 2.18 | 5.14 | 41.80 | 2.74 | 8.44 | 10.99 | 1.40 | 4.17 | 45.74 | 1.86 |
| | | 5 | | 6.875 | 5.367 | 0.275 | 32.21 | 2.16 | 6.32 | 51.08 | 2.73 | 10.32 | 13.34 | 1.39 | 4.95 | 57.21 | 1.91 |
| 7 | 70 | 6 | 8 | 8.160 | 6.406 | 0.275 | 37.77 | 2.15 | 7.48 | 59.93 | 2.71 | 12.11 | 15.61 | 1.38 | 5.67 | 68.73 | 1.95 |
| | | 7 | | 9.424 | 7.398 | 0.275 | 43.09 | 2.14 | 8.59 | 68.35 | 2.69 | 13.81 | 17.82 | 1.38 | 6.34 | 80.29 | 1.99 |
| | | 8 | | 10.667 | 8.373 | 0.274 | 48.17 | 2.12 | 9.68 | 76.37 | 2.68 | 15.43 | 19.98 | 1.37 | 6.98 | 91.92 | 2.03 |
| | | 5 | | 7.412 | 5.818 | 0.295 | 39.97 | 2.33 | 7.32 | 63.30 | 2.92 | 11.94 | 16.63 | 1.50 | 5.77 | 70.56 | 2.04 |
| | | 6 | | 8.797 | 6.905 | 0.294 | 46.95 | 2.31 | 8.64 | 74.38 | 2.90 | 14.02 | 19.51 | 1.49 | 6.67 | 84.55 | 2.07 |
| 7.5 | 75 | 7 | | 10.160 | 7.976 | 0.294 | 53.57 | 2.30 | 9.93 | 84.96 | 2.89 | 16.02 | 22.18 | 1.48 | 7.44 | 98.71 | 2.11 |
| | | 8 | | 11.503 | 9.030 | 0.294 | 59.96 | 2.28 | 11.20 | 95.07 | 2.88 | 17.93 | 24.86 | 1.47 | 8.19 | 112.97 | 2.15 |
| | | 10 | | 14.126 | 11.089 | 0.293 | 71.98 | 2.26 | 13.64 | 113.92 | 2.84 | 21.48 | 30.05 | 1.46 | 9.56 | 141.71 | 2.22 |
| | | 5 | 9 | 7.912 | 6.211 | 0.315 | 48.79 | 2.48 | 8.34 | 77.33 | 3.13 | 13.67 | 20.25 | 1.60 | 6.66 | 85.36 | 2.15 |
| | | 6 | | 9.397 | 7.376 | 0.314 | 57.35 | 2.47 | 9.87 | 90.98 | 3.11 | 16.08 | 28.72 | 1.59 | 7.65 | 102.50 | 2.19 |
| 8 | 89 | 7 | | 10.860 | 8.525 | 0.314 | 65.58 | 2.46 | 11.37 | 104.07 | 3.10 | 18.40 | 27.09 | 1.58 | 8.58 | 119.70 | 2.23 |
| | | 8 | | 12.303 | 9.658 | 0.314 | 73.49 | 2.44 | 12.83 | 116.60 | 3.08 | 20.61 | 0.39 | 1.57 | 9.46 | 136.97 | 2.27 |
| | | 10 | | 15.126 | 11.874 | 0.313 | 88.43 | 2.42 | 15.64 | 140.09 | 3.04 | 24.76 | 36.77 | 1.56 | 11.08 | 171.74 | 2.35 |
| | | 6 | | 10.637 | 8.350 | 0.354 | 82.77 | 2.79 | 12.61 | 131.26 | 3.51 | 20.63 | 34.28 | 1.80 | 9.95 | 145.87 | 2.44 |
| | | 7 | | 12.301 | 9.656 | 0.354 | 94.83 | 2.78 | 14.54 | 150.47 | 3.50 | 23.64 | 39.18 | 1.78 | 11.19 | 170.30 | 2.48 |
| 9 | 90 | 8 | 10 | 13.944 | 10.946 | 0.353 | 106.47 | 2.76 | 16.42 | 168.97 | 3.48 | 26.55 | 43.97 | 1.78 | 12.35 | 194.80 | 2.52 |
| | | 10 | | 17.167 | 13.476 | 0.353 | 128.58 | 2.74 | 20.07 | 203.90 | 3.45 | 32.04 | 53.26 | 1.76 | 14.52 | 244.07 | 2.59 |
| | | 12 | | 20.306 | 15.940 | 0.352 | 149.22 | 2.71 | 23.57 | 236.21 | 3.41 | 37.12 | 62.22 | 1.75 | 16.40 | 293.76 | 2.67 |

（续）

| 角钢号数 | 尺寸/mm | | | 截面面积 $/cm^2$ | 理论重量 $/kg \cdot m^{-1}$ | 外表面积 $/m^2 \cdot m^{-1}$ | 参考数值 | | | | | | | | | | $z_0$ /cm |
|---|---|---|---|---|---|---|---|---|---|---|---|---|---|---|---|---|---|
| | | | | | | | $x-x$ | | | $x_0-x_0$ | | | $y_0-y_0$ | | | $x_1-x_1$ | |
| | $b$ | $d$ | $r$ | | | | $I_x$ $/cm^4$ | $i_x$ /cm | $W_x$ $/cm^3$ | $I_{x0}$ $/cm^4$ | $i_{x0}$ /cm | $W_{x0}$ $/cm^3$ | $I_{y0}$ $/cm^4$ | $i_{y0}$ /cm | $W_{y0}$ $/cm^3$ | $I_{x1}$ $/cm^4$ | |
| 10 | 100 | 6 | 12 | 11.932 | 9.366 | 0.393 | 114.95 | 3.10 | 15.68 | 181.98 | 3.90 | 25.74 | 47.92 | 2.00 | 12.69 | 200.07 | 2.67 |
| | | 7 | | 13.796 | 10.830 | 0.393 | 131.86 | 3.09 | 18.10 | 208.97 | 3.89 | 29.55 | 54.74 | 1.99 | 14.26 | 233.54 | 2.71 |
| | | 8 | | 15.638 | 12.276 | 0.393 | 148.24 | 3.08 | 20.47 | 235.07 | 3.88 | 33.24 | 61.41 | 1.98 | 15.75 | 267.09 | 2.76 |
| | | 10 | | 19.261 | 15.120 | 0.392 | 179.51 | 3.05 | 25.06 | 284.68 | 3.84 | 40.26 | 74.35 | 1.96 | 18.54 | 334.48 | 2.84 |
| | | 12 | | 22.800 | 17.898 | 0.391 | 208.90 | 3.03 | 29.48 | 330.95 | 3.81 | 46.80 | 86.84 | 1.95 | 21.08 | 402.34 | 2.91 |
| | | 14 | | 26.256 | 20.611 | 0.391 | 236.53 | 3.00 | 33.73 | 374.06 | 3.77 | 52.90 | 99.00 | 1.94 | 23.44 | 470.75 | 2.99 |
| | | 16 | | 29.627 | 23.257 | 0.390 | 262.53 | 2.98 | 37.82 | 414.16 | 3.74 | 58.57 | 110.89 | 1.94 | 25.63 | 539.80 | 3.06 |
| 11 | 110 | 7 | 12 | 15.196 | 11.928 | 0.433 | 177.16 | 3.41 | 22.05 | 280.94 | 4.30 | 36.12 | 73.38 | 2.20 | 17.51 | 310.64 | 2.96 |
| | | 8 | | 17.238 | 13.532 | 0.433 | 199.46 | 3.40 | 24.95 | 316.49 | 4.28 | 40.69 | 82.42 | 2.19 | 19.39 | 355.20 | 3.01 |
| | | 10 | | 21.261 | 16.690 | 0.432 | 242.19 | 3.38 | 30.60 | 384.39 | 4.25 | 49.42 | 99.98 | 2.17 | 22.91 | 444.65 | 3.09 |
| | | 12 | | 25.200 | 19.782 | 0.431 | 282.55 | 3.35 | 36.05 | 448.17 | 4.22 | 57.62 | 116.93 | 2.15 | 26.15 | 534.60 | 3.16 |
| | | 14 | | 29.056 | 22.809 | 0.431 | 320.71 | 3.32 | 41.31 | 508.01 | 4.18 | 65.31 | 133.40 | 2.14 | 29.14 | 625.16 | 3.24 |
| 12.5 | 125 | 8 | 14 | 19.750 | 15.504 | 0.492 | 297.03 | 3.88 | 32.52 | 470.89 | 4.88 | 53.28 | 123.16 | 2.50 | 25.86 | 521.01 | 3.37 |
| | | 10 | | 24.373 | 19.133 | 0.491 | 361.67 | 3.85 | 39.97 | 573.89 | 4.85 | 64.93 | 149.46 | 2.48 | 30.62 | 651.93 | 3.45 |
| | | 12 | | 28.912 | 22.696 | 0.491 | 423.16 | 3.83 | 41.17 | 671.44 | 4.82 | 75.96 | 174.88 | 2.46 | 35.03 | 783.42 | 3.53 |
| | | 14 | | 33.367 | 26.193 | 0.490 | 481.65 | 3.80 | 54.16 | 763.73 | 4.78 | 86.41 | 199.57 | 2.45 | 39.13 | 915.61 | 3.61 |
| 14 | 140 | 10 | | 27.373 | 21.488 | 0.551 | 514.65 | 4.34 | 50.58 | 817.27 | 5.46 | 82.56 | 212.04 | 2.78 | 39.20 | 915.11 | 3.82 |
| | | 12 | | 32.512 | 25.522 | 0.551 | 603.68 | 4.31 | 59.80 | 958.79 | 5.43 | 96.85 | 248.57 | 2.76 | 45.02 | 1099.28 | 3.90 |
| | | 14 | | 37.567 | 29.490 | 0.550 | 688.81 | 4.28 | 68.75 | 1093.56 | 5.40 | 110.47 | 284.06 | 2.75 | 50.45 | 1284.22 | 3.98 |
| | | 16 | | 42.539 | 33.393 | 0.549 | 770.24 | 4.26 | 77.46 | 1221.81 | 5.36 | 123.42 | 318.67 | 2.74 | 55.55 | 1470.07 | 4.06 |

（续）

| 角钢号数 | 尺寸 /mm | | | 截面面积 $/cm^2$ | 理论重量 $/kg \cdot m^{-1}$ | 外表面积 $/m^2 \cdot m^{-1}$ | 参考数值 | | | | | | | | | | $z_0$ /cm |
|---|---|---|---|---|---|---|---|---|---|---|---|---|---|---|---|---|---|
| | | | | | | | $x-x$ | | | $x_0-x_0$ | | | $y_0-y_0$ | | | $x_1-x_1$ | |
| | $b$ | $d$ | $r$ | | | | $I_x$ $/cm^4$ | $i_x$ /cm | $W_x$ $/cm^3$ | $I_{x0}$ $/cm^4$ | $i_{x0}$ /cm | $W_{x0}$ $/cm^3$ | $I_{y0}$ $/cm^4$ | $i_{y0}$ /cm | $W_{y0}$ $/cm^3$ | $I_{x1}$ $/cm^4$ | |
| 16 | 160 | 10 | 16 | 31.502 | 24.729 | 0.630 | 779.53 | 4.98 | 66.70 | 1237.30 | 6.27 | 109.36 | 321.76 | 3.20 | 52.76 | 1365.33 | 4.31 |
| | | 12 | | 37.441 | 29.391 | 0.630 | 916.58 | 4.95 | 78.98 | 1455.68 | 6.24 | 128.67 | 377.49 | 3.18 | 60.74 | 1639.57 | 4.39 |
| | | 14 | | 43.296 | 33.987 | 0.629 | 1048.36 | 4.92 | 90.95 | 1665.02 | 6.20 | 147.17 | 431.70 | 3.16 | 68.24 | 1914.68 | 4.47 |
| | | 16 | | 49.067 | 38.518 | 0.629 | 1175.08 | 4.89 | 102.63 | 1865.57 | 6.17 | 164.89 | 484.59 | 3.14 | 75.31 | 2190.82 | 4.55 |
| 18 | 180 | 12 | | 42.241 | 33.159 | 0.710 | 1321.35 | 5.59 | 100.82 | 2100.10 | 7.05 | 165.00 | 542.61 | 3.58 | 78.41 | 2332.80 | 4.89 |
| | | 14 | | 48.896 | 38.383 | 0.709 | 1514.48 | 5.56 | 116.25 | 2407.42 | 7.02 | 189.14 | 621.53 | 3.56 | 88.38 | 2723.48 | 4.97 |
| | | 16 | | 55.467 | 43.542 | 0.709 | 1700.99 | 5.54 | 131.13 | 2703.37 | 6.98 | 212.40 | 698.60 | 3.55 | 97.83 | 3115.29 | 5.05 |
| | | 18 | | 61.955 | 48.634 | 0.708 | 1875.12 | 5.50 | 145.64 | 2988.24 | 6.94 | 234.78 | 762.01 | 3.51 | 105.14 | 3502.43 | 5.13 |
| 20 | 200 | 14 | 18 | 54.642 | 42.894 | 0.788 | 2103.55 | 6.20 | 144.70 | 3343.26 | 7.82 | 236.40 | 863.83 | 3.98 | 111.82 | 3734.10 | 5.46 |
| | | 16 | | 62.013 | 48.680 | 0.788 | 2366.15 | 6.18 | 163.65 | 3760.89 | 7.79 | 265.93 | 971.41 | 3.96 | 123.96 | 4270.39 | 5.54 |
| | | 18 | | 69.301 | 54.401 | 0.787 | 2620.64 | 6.15 | 182.22 | 4164.54 | 7.75 | 294.48 | 1076.74 | 3.94 | 135.52 | 4808.13 | 5.62 |
| | | 20 | | 76.505 | 60.056 | 0.787 | 2867.30 | 6.12 | 200.42 | 4554.55 | 7.72 | 322.06 | 1180.04 | 3.93 | 146.55 | 5347.51 | 5.69 |
| | | 24 | | 90.661 | 71.168 | 0.785 | 3338.25 | 6.07 | 236.17 | 5294.97 | 7.64 | 374.41 | 1381.53 | 3.90 | 166.65 | 6457.16 | 5.87 |

注：截面图中的 $r_1 = 1/3d$ 及表中 $r$ 值的数据用于孔型设计，不做交货条件。

## 附表 2 热轧不等边角钢(GB/T9788—1988)

符号意义：

B——长边宽度　　b——短边宽度

d——边厚度　　r——内圆弧半径

$r_1$——边端内圆弧半径　　I——惯性矩

i——惯性半径　　W——截面系数

$x_0$——重心距离　　$y_0$——重心距离

| 角钢号数 | 尺寸/mm | | | | 截面面积 | 理论重量 | 外表面积 | 参考数值 | | | | | | | | | | | | | |
|---|---|---|---|---|---|---|---|---|---|---|---|---|---|---|---|---|---|---|---|---|---|
| | | | | | | | | x − x | | | y − y | | | $x_1 - x_1$ | | $y_1 - y_1$ | | u − u | | | |
| | B | b | d | r | /$cm^2$ | /kg·$m^{-1}$ | /$m^2$·$m^{-1}$ | $I_x$ /$cm^4$ | $i_x$ /cm | $W_x$ /$cm^3$ | $I_y$ /$cm^4$ | $i_y$ /cm | $W_y$ /$cm^3$ | $I_{x1}$ /$cm^4$ | $y_0$ /cm | $I_{y1}$ /$cm^4$ | $x_0$ /cm | $I_u$ /$cm^4$ | $i_u$ /cm | $W_u$ /$cm^3$ | tanα |
| 2.5/1.6 | 25 | 16 | 3 | 3.5 | 1.162 | 0.912 | 0.080 | 0.70 | 0.78 | 0.43 | 0.22 | 0.44 | 0.19 | 1.56 | 0.86 | 0.43 | 0.42 | 0.14 | 0.34 | 0.16 | 0.392 |
| | | | 4 | | 1.499 | 1.176 | 0.079 | 0.88 | 0.77 | 0.55 | 0.27 | 0.43 | 0.24 | 2.09 | 0.90 | 0.59 | 0.46 | 0.17 | 0.34 | 0.20 | 0.381 |
| 3.2/2 | 32 | 20 | 3 | | 1.492 | 1.171 | 0.102 | 1.53 | 1.01 | 0.72 | 0.46 | 0.55 | 0.30 | 3.27 | 1.08 | 0.82 | 0.49 | 0.28 | 0.43 | 0.25 | 0.382 |
| | | | 4 | | 1.939 | 1.522 | 0.101 | 1.93 | 1.00 | 0.93 | 0.57 | 0.54 | 0.39 | 4.37 | 1.12 | 1.12 | 0.53 | 0.35 | 0.42 | 0.32 | 0.374 |
| 4/2.5 | 40 | 25 | 3 | 4 | 1.890 | 1.484 | 0.127 | 3.08 | 1.28 | 1.15 | 0.93 | 0.70 | 0.49 | 5.39 | 1.32 | 1.59 | 0.59 | 0.56 | 0.54 | 0.40 | 0.385 |
| | | | 4 | | 2.467 | 1.936 | 0.127 | 3.93 | 1.26 | 1.49 | 1.18 | 0.69 | 0.63 | 8.53 | 1.37 | 2.14 | 0.63 | 0.71 | 0.54 | 0.52 | 0.381 |
| 4.5/2.8 | 45 | 28 | 3 | 5 | 2.149 | 1.687 | 0.143 | 4.45 | 1.44 | 1.47 | 1.34 | 0.79 | 0.62 | 9.10 | 1.47 | 2.23 | 0.64 | 0.80 | 0.61 | 0.51 | 0.383 |
| | | | 4 | | 2.806 | 2.203 | 0.143 | 5.69 | 1.42 | 1.91 | 1.70 | 0.78 | 0.80 | 12.13 | 1.51 | 3.00 | 0.68 | 1.02 | 0.60 | 0.66 | 0.380 |
| 5/3.2 | 50 | 32 | 3 | 5.5 | 2.431 | 1.908 | 0.161 | 6.24 | 1.60 | 1.84 | 2.02 | 0.91 | 0.82 | 12.49 | 1.60 | 3.31 | 0.73 | 1.20 | 0.70 | 0.68 | 0.404 |
| | | | 4 | | 3.177 | 2.494 | 0.160 | 8.02 | 1.59 | 2.39 | 2.58 | 0.90 | 1.06 | 16.65 | 1.65 | 4.45 | 0.77 | 1.53 | 0.69 | 0.87 | 0.402 |
| 5.6/3.6 | 56 | 36 | 3 | 6 | 2.743 | 2.153 | 0.181 | 8.88 | 1.80 | 2.32 | 2.92 | 1.03 | 1.05 | 17.54 | 1.78 | 4.70 | 0.80 | 1.73 | 0.79 | 0.87 | 0.408 |
| | | | 4 | | 3.590 | 2.813 | 0.180 | 11.45 | 1.79 | 3.03 | 3.76 | 1.02 | 1.37 | 23.39 | 1.82 | 6.33 | 0.85 | 2.23 | 0.79 | 1.13 | 0.408 |
| | | | 5 | | 4.415 | 3.466 | 0.180 | 13.86 | 1.77 | 3.71 | 4.49 | 1.01 | 1.65 | 29.25 | 1.87 | 7.94 | 0.88 | 2.67 | 0.78 | 1.36 | 0.404 |

（续）

| 角钢号数 | 尺寸/mm | | | | 截面面积 | 理论重量 | 外表面积 | 参考数值 | | | | | | | | | | | | | |
|---|---|---|---|---|---|---|---|---|---|---|---|---|---|---|---|---|---|---|---|---|---|
| | | | | | | | | $x-x$ | | | $y-y$ | | | $x_1-x_1$ | | $y_1-y_1$ | | $u-u$ | | | |
| | $B$ | $b$ | $d$ | $r$ | /cm² | /kg·m⁻¹ | /m²·m⁻¹ | $I_x$ /cm⁴ | $i_x$ /cm | $W_x$ /cm³ | $I_y$ /cm⁴ | $i_y$ /cm | $W_y$ /cm³ | $I_{x1}$ /cm⁴ | $y_0$ /cm | $I_{y1}$ /cm⁴ | $x_0$ /cm | $I_u$ /cm⁴ | $i_u$ /cm | $W_u$ /cm³ | $\tan\alpha$ |
| 6.3/4 | 63 | 40 | 4 | 7 | 4.058 | 3.185 | 0.202 | 16.49 | 2.02 | 3.87 | 5.23 | 1.14 | 1.70 | 33.30 | 2.04 | 8.63 | 0.92 | 3.12 | 0.88 | 1.40 | 0.398 |
| | | | 5 | | 4.993 | 3.920 | 0.202 | 20.02 | 2.00 | 4.74 | 6.31 | 1.12 | 2.71 | 41.63 | 2.08 | 10.86 | 0.95 | 3.76 | 0.87 | 1.71 | 0.396 |
| | | | 6 | | 5.908 | 4.638 | 0.201 | 23.36 | 1.96 | 5.59 | 7.29 | 1.11 | 2.43 | 49.98 | 2.12 | 13.12 | 0.99 | 4.34 | 0.86 | 1.99 | 0.393 |
| | | | 7 | | 6.802 | 5.339 | 0.201 | 26.53 | 1.98 | 6.40 | 8.24 | 1.10 | 2.78 | 58.07 | 2.15 | 15.47 | 1.03 | 4.97 | 0.86 | 2.29 | 0.389 |
| 7/4.5 | 70 | 45 | 4 | 7.5 | 4.547 | 3.570 | 0.226 | 23.17 | 2.26 | 4.86 | 7.55 | 1.29 | 2.17 | 45.92 | 2.24 | 12.26 | 1.02 | 4.40 | 0.98 | 1.77 | 0.410 |
| | | | 5 | | 5.609 | 4.403 | 0.225 | 27.95 | 2.23 | 5.92 | 9.13 | 1.28 | 2.65 | 57.10 | 2.28 | 15.39 | 1.06 | 5.40 | 0.98 | 2.19 | 0.407 |
| | | | 6 | | 6.647 | 5.218 | 0.225 | 32.54 | 2.21 | 6.95 | 10.62 | 1.26 | 3.12 | 68.35 | 2.32 | 18.58 | 1.09 | 6.35 | 0.98 | 2.59 | 0.404 |
| | | | 7 | | 7.657 | 6.011 | 0.225 | 37.22 | 2.20 | 8.03 | 12.01 | 1.25 | 3.57 | 79.99 | 2.36 | 21.84 | 1.13 | 7.16 | 0.97 | 2.94 | 0.402 |
| (7.5/5) | 75 | 50 | 5 | 8 | 6.125 | 4.808 | 0.245 | 34.86 | 2.39 | 6.83 | 12.61 | 1.44 | 3.30 | 70.00 | 2.40 | 21.04 | 1.17 | 7.41 | 1.10 | 2.74 | 0.435 |
| | | | 6 | | 7.260 | 5.699 | 0.245 | 41.12 | 2.38 | 8.12 | 14.70 | 1.42 | 3.88 | 84.30 | 2.44 | 25.37 | 1.21 | 8.54 | 1.08 | 3.19 | 0.435 |
| | | | 8 | | 9.467 | 7.431 | 0.244 | 52.39 | 2.35 | 10.52 | 18.53 | 1.40 | 4.99 | 112.50 | 2.52 | 34.23 | 1.29 | 10.87 | 1.07 | 4.10 | 0.429 |
| | | | 10 | | 11.590 | 9.098 | 0.244 | 62.71 | 2.33 | 12.79 | 21.96 | 1.38 | 6.04 | 140.80 | 2.60 | 43.43 | 1.36 | 13.10 | 1.06 | 4.99 | 0.423 |
| 8/5 | 70 | 50 | 5 | 8 | 6.375 | 5.005 | 0.255 | 41.96 | 2.56 | 7.78 | 12.82 | 1.42 | 3.32 | 85.21 | 2.60 | 21.06 | 1.14 | 7.66 | 1.10 | 2.74 | 0.383 |
| | | | 6 | | 7.560 | 5.935 | 0.255 | 49.49 | 2.56 | 9.25 | 14.95 | 1.41 | 3.91 | 102.53 | 2.65 | 25.41 | 1.18 | 8.85 | 1.08 | 3.20 | 0.387 |
| | | | 7 | | 8.724 | 6.848 | 0.255 | 56.16 | 2.54 | 10.58 | 16.96 | 1.39 | 4.48 | 119.33 | 2.69 | 29.82 | 1.21 | 10.18 | 1.08 | 3.70 | 0.384 |
| | | | 8 | | 9.867 | 7.745 | 0.254 | 62.83 | 2.52 | 11.92 | 18.85 | 1.38 | 5.03 | 136.41 | 2.73 | 34.32 | 1.25 | 11.38 | 1.07 | 4.16 | 0.381 |
| 9/5.6 | 90 | 56 | 5 | 9 | 7.212 | 5.661 | 0.287 | 60.45 | 2.90 | 9.92 | 18.32 | 1.59 | 4.21 | 121.32 | 2.91 | 29.53 | 1.25 | 10.98 | 1.23 | 3.49 | 0.385 |
| | | | 6 | | 8.557 | 6.717 | 0.286 | 71.03 | 2.88 | 11.74 | 21.42 | 1.58 | 4.96 | 145.59 | 2.95 | 35.58 | 1.29 | 12.90 | 1.23 | 4.13 | 0.384 |
| | | | 7 | | 9.880 | 7.756 | 0.286 | 81.01 | 2.86 | 13.49 | 24.36 | 1.57 | 5.70 | 169.60 | 3.00 | 41.71 | 1.33 | 14.67 | 1.22 | 4.72 | 0.382 |
| | | | 7 | | 11.183 | 8.779 | 0.286 | 91.03 | 2.85 | 15.27 | 27.15 | 1.56 | 6.41 | 194.17 | 3.04 | 47.93 | 1.36 | 16.34 | 1.21 | 5.29 | 0.380 |

（续）

| 角钢号数 | 尺寸/mm | | | | 截面面积 | 理论重量 | 外表面积 | 参考数值 | | | | | | | | | | | | | | |
|---|---|---|---|---|---|---|---|---|---|---|---|---|---|---|---|---|---|---|---|---|---|---|
| | | | | | | | | x − x | | | y − y | | | $x_1 - x_1$ | | $y_1 - y_1$ | | u − u | | | | |
| | B | b | d | r | /cm$^2$ | /kg·m$^{-1}$ | /m$^2$·m$^{-1}$ | $I_x$ /cm$^4$ | $i_x$ /cm | $W_x$ /cm$^3$ | $I_y$ /cm$^4$ | $i_y$ /cm | $W_y$ /cm$^3$ | $I_{x1}$ /cm$^4$ | $y_0$ /cm | $I_{y1}$ /cm$^4$ | $x_0$ /cm | $I_u$ /cm$^4$ | $i_u$ /cm | $W_u$ /cm$^3$ | tan$\alpha$ |
| 10/6.3 | 100 | 63 | 6 | 10 | 9.617 | 7.550 | 0.320 | 99.06 | 3.21 | 14.64 | 30.94 | 1.79 | 6.35 | 199.71 | 3.24 | 50.50 | 1.43 | 18.42 | 1.38 | 5.25 | 0.394 |
| | | | 7 | | 11.111 | 8.722 | 0.320 | 113.45 | 3.20 | 16.88 | 35.26 | 1.78 | 7.29 | 233.00 | 3.28 | 59.14 | 1.47 | 21.00 | 1.38 | 6.02 | 0.394 |
| | | | 8 | | 12.584 | 9.878 | 0.319 | 127.37 | 3.18 | 19.08 | 30.39 | 1.77 | 8.21 | 266.32 | 3.32 | 67.88 | 1.50 | 23.50 | 1.37 | 6.78 | 0.391 |
| | | | 10 | | 15.467 | 12.142 | 0.319 | 153.81 | 3.15 | 28.32 | 47.12 | 1.74 | 9.98 | 333.06 | 3.40 | 85.73 | 1.58 | 28.33 | 1.35 | 8.24 | 0.387 |
| 10/8 | 100 | 80 | 6 | 10 | 10.637 | 8.350 | 0.354 | 107.04 | 3.17 | 15.19 | 61.24 | 2.40 | 10.16 | 199.83 | 2.95 | 102.68 | 1.97 | 31.65 | 1.72 | 8.37 | 0.627 |
| | | | 7 | | 12.301 | 9.656 | 0.354 | 122.73 | 3.16 | 17.52 | 70.08 | 2.39 | 11.71 | 233.20 | 3.00 | 119.98 | 2.01 | 36.17 | 1.72 | 9.60 | 0.626 |
| | | | 8 | | 13.944 | 10.946 | 0.353 | 137.92 | 3.14 | 19.81 | 78.58 | 2.37 | 13.21 | 266.61 | 3.04 | 137.37 | 2.05 | 40.58 | 1.71 | 10.80 | 0.625 |
| | | | 10 | | 17.167 | 13.476 | 0.353 | 166.87 | 3.12 | 24.24 | 94.65 | 2.35 | 16.12 | 333.63 | 3.12 | 172.48 | 2.13 | 49.10 | 1.69 | 13.12 | 0.622 |
| 11/7 | 110 | 70 | 6 | | 10.637 | 8.350 | 0.354 | 133.37 | 3.54 | 17.85 | 42.92 | 2.01 | 7.90 | 265.78 | 3.53 | 69.08 | 1.57 | 25.36 | 1.54 | 6.53 | 0.403 |
| | | | 7 | | 12.301 | 9.656 | 0.354 | 153.00 | 3.53 | 20.60 | 49.01 | 2.00 | 9.09 | 310.07 | 3.57 | 80.82 | 1.61 | 28.95 | 1.53 | 7.50 | 0.402 |
| | | | 8 | | 13.944 | 10.946 | 0.353 | 172.04 | 3.51 | 23.30 | 54.87 | 1.98 | 10.25 | 354.39 | 3.62 | 92.70 | 1.65 | 32.45 | 1.53 | 8.45 | 0.401 |
| | | | 10 | | 17.167 | 13.476 | 0.353 | 208.39 | 3.48 | 28.54 | 65.88 | 1.96 | 12.48 | 443.13 | 3.70 | 116.83 | 1.72 | 39.20 | 1.51 | 10.29 | 0.397 |
| 12.5/8 | 125 | 80 | 7 | 11 | 14.096 | 11.066 | 0.403 | 227.98 | 4.02 | 26.86 | 74.42 | 2.30 | 12.01 | 454.99 | 4.01 | 120.32 | 1.80 | 43.81 | 1.76 | 9.92 | 0.408 |
| | | | 8 | | 15.989 | 12.551 | 0.403 | 256.77 | 4.01 | 30.41 | 83.49 | 2.28 | 13.56 | 519.99 | 4.06 | 137.85 | 1.84 | 49.15 | 1.75 | 11.18 | 0.407 |
| | | | 10 | | 19.712 | 15.474 | 0.402 | 312.04 | 3.98 | 37.33 | 100.67 | 2.26 | 16.56 | 650.09 | 4.14 | 173.40 | 1.92 | 59.45 | 1.74 | 13.64 | 0.404 |
| | | | 12 | | 23.351 | 18.330 | 0.402 | 364.41 | 3.95 | 44.01 | 116.67 | 2.24 | 19.43 | 780.39 | 4.22 | 209.67 | 2.00 | 69.35 | 1.72 | 16.01 | 0.400 |
| 14/9 | 140 | 90 | 8 | 12 | 18.038 | 14.160 | 0.453 | 365.64 | 4.50 | 38.48 | 120.69 | 2.59 | 17.34 | 730.53 | 4.50 | 195.79 | 2.04 | 70.83 | 1.98 | 14.31 | 0.411 |
| | | | 10 | | 22.261 | 17.475 | 0.452 | 445.50 | 4.47 | 47.31 | 140.03 | 2.56 | 21.22 | 913.20 | 4.58 | 245.92 | 2.12 | 85.82 | 1.96 | 17.48 | 0.409 |
| | | | 12 | | 26.400 | 20.724 | 0.451 | 521.59 | 4.44 | 55.87 | 169.79 | 2.54 | 24.95 | 1096.09 | 4.66 | 296.89 | 2.19 | 100.21 | 1.95 | 20.54 | 0.406 |
| | | | 14 | | 30.456 | 23.908 | 0.451 | 594.10 | 4.42 | 64.18 | 192.10 | 2.51 | 28.54 | 1279.26 | 4.74 | 348.82 | 2.27 | 114.13 | 1.94 | 23.52 | 0.403 |

（续）

| 角钢号数 | 尺寸 /mm | | | | 截面面积 | 理论重量 | 外表面积 | 参考数值 | | | | | | | | | | | | | |
|---|---|---|---|---|---|---|---|---|---|---|---|---|---|---|---|---|---|---|---|---|---|
| | | | | | | | | $x-x$ | | | $y-y$ | | | $x_1-x_1$ | | $y_1-y_1$ | | $u-u$ | | | |
| | $B$ | $b$ | $d$ | $r$ | /cm$^2$ | /kg·m$^{-1}$ | /m$^2$·m$^{-1}$ | $I_x$ /cm$^4$ | $i_x$ /cm | $W_x$ /cm$^3$ | $I_y$ /cm$^4$ | $i_y$ /cm | $W_y$ /cm$^3$ | $I_{x1}$ /cm$^4$ | $y_0$ /cm | $I_{y1}$ /cm$^4$ | $x_0$ /cm | $I_u$ /cm$^4$ | $i_u$ /cm | $W_u$ /cm$^3$ | $\tan\alpha$ |
| 16/10 | 160 | 100 | 10 | 13 | 25.315 | 19.872 | 0.512 | 668.69 | 5.14 | 62.13 | 205.03 | 2.85 | 26.56 | 1362.89 | 5.24 | 336.59 | 2.28 | 121.74 | 2.19 | 21.92 | 0.390 |
| | | | 12 | | 30.054 | 23.592 | 0.511 | 784.91 | 5.11 | 73.49 | 239.06 | 2.82 | 31.28 | 1635.56 | 5.32 | 405.94 | 2.36 | 142.33 | 2.17 | 25.79 | 0.388 |
| | | | 14 | | 34.709 | 27.247 | 0.510 | 896.30 | 5.08 | 84.56 | 271.20 | 2.80 | 35.83 | 1908.50 | 5.40 | 476.42 | 2.43 | 162.23 | 2.16 | 29.56 | 0.385 |
| | | | 16 | | 39.281 | 30.835 | 0.510 | 1003.04 | 5.05 | 95.33 | 301.60 | 2.77 | 40.24 | 2181.79 | 5.48 | 548.2 | 2.51 | 182.57 | 2.16 | 33.44 | 0.382 |
| 18/11 | 180 | 110 | 10 | 14 | 28.373 | 22.273 | 0.571 | 956.25 | 5.80 | 78.96 | 278.11 | 3.13 | 32.49 | 1940.40 | 5.89 | 447.22 | 2.44 | 166.50 | 2.42 | 26.88 | 0.376 |
| | | | 12 | | 33.712 | 26.464 | 0.571 | 1124.72 | 5.78 | 93.53 | 325.03 | 3.10 | 38.32 | 2328.38 | 5.98 | 538.94 | 2.52 | 194.87 | 2.40 | 31.66 | 0.374 |
| | | | 14 | | 38.967 | 30.589 | 0.570 | 1286.91 | 5.75 | 107.76 | 369.55 | 3.08 | 43.97 | 2716.60 | 6.06 | 631.95 | 2.59 | 222.30 | 2.39 | 36.32 | 0.372 |
| | | | 16 | | 44.139 | 34.649 | 0.569 | 1443.06 | 5.72 | 121.64 | 411.85 | 3.06 | 49.44 | 3105.15 | 6.14 | 726.46 | 2.67 | 248.94 | 2.38 | 40.87 | 0.369 |
| 20/12.5 | 200 | 125 | 12 | | 37.912 | 29.761 | 0.641 | 1570.90 | 6.44 | 116.73 | 483.16 | 3.57 | 49.99 | 3193.85 | 6.54 | 787.74 | 2.83 | 285.79 | 2.74 | 41.23 | 0.392 |
| | | | 14 | | 43.867 | 34.436 | 0.640 | 1800.97 | 6.41 | 134.65 | 550.83 | 3.54 | 57.44 | 3726.17 | 6.62 | 922.47 | 2.91 | 326.58 | 2.73 | 47.34 | 0.390 |
| | | | 16 | | 49.739 | 39.045 | 0.639 | 2023.35 | 6.38 | 152.18 | 615.44 | 3.52 | 64.69 | 4258.86 | 6.70 | 1058.86 | 2.99 | 366.21 | 2.71 | 53.32 | 0.388 |
| | | | 18 | | 55.526 | 43.588 | 0.639 | 2238.30 | 6.35 | 169.33 | 677.19 | 3.49 | 71.74 | 4792.00 | 6.78 | 1197.13 | 3.06 | 404.83 | 2.70 | 59.18 | 0.385 |

注:1. 括号内型号不推荐使用。

2. 截面图中的 $r_1 = 1/3d$ 及表中 $r$ 的数据用于孔型设计，不做交货条件。

## 附表 3　热轧槽钢（GB/T707—1988）

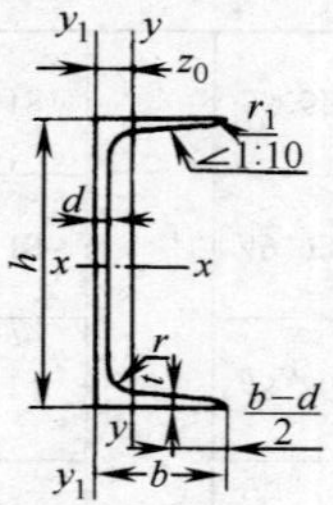

符号意义：

$h$——高度　　$r_1$——腿端圆弧半径

$b$——腿宽度　　$I$——惯性矩

$d$——腰厚度　　$W$——截面系数

$t$——平均腿厚度　　$i$——惯性半径

$r$——内圆弧半径　　$z_0$——$y-y$ 轴与 $y_1-y_1$ 轴间距

| 型号 | 尺寸 /mm | | | | | | 截面面积 /cm² | 理论重量 /kg·m⁻¹ | 参考数值 | | | | | | | |
|---|---|---|---|---|---|---|---|---|---|---|---|---|---|---|---|---|
| | | | | | | | | | $x-x$ | | | $y-y$ | | | $y_1-y_1$ | |
| | $h$ | $b$ | $d$ | $t$ | $r$ | $r_1$ | | | $W_x$ /cm³ | $I_x$ /cm⁴ | $i_x$ /cm | $W_y$ /cm³ | $I_y$ /cm⁴ | $i_y$ /cm | $I_{y1}$ /cm⁴ | $z_0$ /cm |
| 5 | 50 | 37 | 4.5 | 7 | 7.0 | 3.5 | 6.928 | 5.438 | 10.4 | 26.0 | 1.94 | 3.55 | 8.30 | 1.10 | 20.9 | 1.35 |
| 6.3 | 63 | 40 | 4.8 | 7.5 | 7.5 | 3.8 | 8.451 | 6.634 | 16.1 | 50.86 | 2.45 | 4.50 | 11.9 | 1.19 | 28.4 | 1.36 |
| 8 | 80 | 43 | 5.0 | 8 | 8.0 | 4.0 | 10.248 | 8.045 | 25.3 | 101 | 3.15 | 5.79 | 16.6 | 1.27 | 37.4 | 1.43 |
| 10 | 100 | 48 | 5.3 | 8.5 | 8.5 | 4.2 | 12.748 | 10.007 | 39.7 | 198 | 3.95 | 7.8 | 25.6 | 1.41 | 54.9 | 1.52 |
| 12.6 | 126 | 53 | 5.5 | 9 | 9.0 | 4.5 | 15.692 | 12.318 | 62.1 | 391 | 4.95 | 10.2 | 38.0 | 1.57 | 77.1 | 1.59 |
| 14a | 140 | 58 | 6.0 | 9.5 | 9.5 | 4.8 | 18.516 | 14.535 | 80.5 | 564 | 5.52 | 13.0 | 53.2 | 1.70 | 107 | 1.71 |
| 14b | 140 | 60 | 8.0 | 9.5 | 9.5 | 4.8 | 21.316 | 16.733 | 87.1 | 609 | 5.35 | 14.1 | 61.1 | 1.60 | 121 | 1.67 |
| 16a | 160 | 63 | 6.5 | 10 | 10.0 | 5.0 | 21.962 | 17.240 | 108 | 866 | 6.28 | 16.3 | 73.3 | 1.83 | 144 | 1.80 |
| 16 | 160 | 65 | 8.5 | 10 | 10.0 | 5.0 | 25.162 | 19.752 | 117 | 935 | 6.10 | 17.6 | 83.4 | 1.82 | 161 | 1.75 |
| 18a | 180 | 68 | 7.0 | 10.5 | 10.5 | 5.2 | 25.699 | 20.174 | 141 | 1270 | 7.04 | 20.0 | 98.6 | 1.96 | 190 | 1.88 |
| 18 | 180 | 70 | 9.0 | 10.5 | 10.5 | 5.2 | 29.299 | 23.000 | 152 | 1370 | 6.84 | 21.5 | 111 | 1.95 | 210 | 1.84 |
| 20a | 200 | 73 | 7.0 | 11 | 11.0 | 5.5 | 28.837 | 22.637 | 178 | 1780 | 7.86 | 24.2 | 128 | 2.11 | 244 | 2.01 |
| 20 | 200 | 75 | 9.0 | 11 | 11.0 | 5.5 | 32.837 | 25.777 | 191 | 1910 | 7.64 | 25.9 | 14.4 | 2.09 | 268 | 1.95 |

(续)

| 型号 | 尺寸 /mm | | | | | | 截面面积 /cm² | 理论重量 /kg·m⁻¹ | 参考数值 | | | | | | | | |
|---|---|---|---|---|---|---|---|---|---|---|---|---|---|---|---|---|
| | | | | | | | | | $x-x$ | | | $y-y$ | | | $y_1-y_1$ | $z_0$ /cm |
| | $h$ | $b$ | $d$ | $t$ | $r$ | $r_1$ | | | $W_x$ /cm³ | $I_x$ /cm⁴ | $i_x$ /cm | $W_y$ /cm³ | $I_y$ /cm⁴ | $i_y$ /cm | $I_{y1}$ /cm⁴ | |
| 22a | 220 | 77 | 7.0 | 11.5 | 11.5 | 5.8 | 31.846 | 24.999 | 218 | 2390 | 8.67 | 28.2 | 158 | 2.23 | 298 | 2.10 |
| 22 | 220 | 79 | 9.0 | 11.5 | 11.5 | 5.8 | 36.246 | 28.453 | 234 | 2570 | 8.42 | 30.1 | 176 | 2.21 | 326 | 2.03 |
| a | 250 | 78 | 7.0 | 12 | 12.0 | 6.0 | 34.917 | 27.410 | 270 | 3370 | 9.82 | 30.6 | 176 | 2.24 | 322 | 2.07 |
| 25b | 250 | 80 | 9.0 | 12 | 12.0 | 6.0 | 39.917 | 31.335 | 282 | 3530 | 9.41 | 32.7 | 196 | 2.22 | 353 | 1.98 |
| c | 250 | 82 | 11.0 | 12 | 12.0 | 6.0 | 44.917 | 35.260 | 295 | 3690 | 9.07 | 35.9 | 218 | 2.21 | 384 | 1.92 |
| a | 280 | 82 | 7.5 | 12.5 | 12.5 | 6.2 | 40.034 | 31.427 | 340 | 4760 | 10.9 | 35.7 | 218 | 2.33 | 388 | 2.10 |
| 28b | 280 | 84 | 9.5 | 12.5 | 12.5 | 6.2 | 45.634 | 35.823 | 366 | 5130 | 10.6 | 37.9 | 242 | 2.30 | 423 | 2.02 |
| c | 280 | 86 | 11.5 | 12.5 | 12.5 | 6.2 | 51.234 | 40.219 | 392 | 5500 | 10.4 | 40.3 | 268 | 2.29 | 463 | 1.95 |
| a | 320 | 88 | 8.0 | 14 | 14.0 | 7.0 | 48.513 | 38.083 | 475 | 7600 | 12.5 | 46.5 | 305 | 2.50 | 552 | 2.24 |
| 32b | 320 | 90 | 10.0 | 14 | 14.0 | 7.0 | 54.913 | 43.107 | 509 | 8140 | 12.2 | 49.2 | 336 | 2.47 | 593 | 2.16 |
| c | 320 | 92 | 12.0 | 14 | 14.0 | 7.0 | 61.313 | 48.131 | 543 | 8690 | 11.9 | 52.6 | 374 | 2.47 | 643 | 2.09 |
| a | 360 | 96 | 9.0 | 16 | 16.0 | 8.0 | 60.910 | 47.814 | 660 | 11900 | 14.0 | 63.5 | 455 | 2.73 | 818 | 2.44 |
| 36b | 360 | 98 | 11.0 | 16 | 16.0 | 8.0 | 68.110 | 53.466 | 703 | 12700 | 13.6 | 66.9 | 497 | 2.70 | 880 | 2.37 |
| c | 360 | 100 | 13.0 | 16 | 16.0 | 8.0 | 75.310 | 50.118 | 746 | 13400 | 13.4 | 70.0 | 536 | 2.67 | 948 | 3.34 |
| a | 400 | 100 | 10.5 | 18 | 18.0 | 9.0 | 75.068 | 58.928 | 879 | 17600 | 15.3 | 78.8 | 592 | 2.81 | 1070 | 2.49 |
| 40b | 400 | 102 | 12.5 | 18 | 18.0 | 9.0 | 83.068 | 65.208 | 932 | 18600 | 15.0 | 82.5 | 640 | 2.78 | 1140 | 2.44 |
| c | 400 | 104 | 14.5 | 18 | 18.0 | 9.0 | 91.068 | 71.488 | 986 | 19700 | 14.7 | 86.2 | 688 | 2.75 | 1220 | 2.42 |

注:截面图和表中标注的圆弧半径 $r$、$r_1$ 的数据用于孔型设计,不做交货条件。

## 附表 4 热轧工字钢(GB/706—88)

符号意义：

- $h$——高度
- $b$——腿宽度
- $d$——腰厚度
- $t$——平均腿厚度
- $r$——内圆弧半径
- $r_1$——腿端圆弧半径
- $I$——惯性矩
- $W$——截面系数
- $i$——惯性半径
- $S$——半截面的静力矩

| 型号 | 尺寸 /mm | | | | | | 截面面积 /cm² | 理论重量 /kg·m⁻¹ | 参考数值 | | | | | | |
|---|---|---|---|---|---|---|---|---|---|---|---|---|---|---|---|
| | | | | | | | | | x - x | | | | y - y | | |
| | $h$ | $b$ | $d$ | $t$ | $r$ | $r_1$ | | | $I_x$ /cm⁴ | $W_x$ /cm³ | $i_x$ /cm | $I_x:S_x$ | $I_y$ /cm⁴ | $W_y$ /cm³ | $i_y$ /cm |
| 10 | 100 | 68 | 4.5 | 7.6 | 6.5 | 3.3 | 14.345 | 11.261 | 245 | 49.0 | 4.14 | 8.59 | 33.0 | 9.72 | 1.52 |
| 12.6 | 126 | 74 | 5.0 | 8.4 | 7.0 | 3.5 | 18.118 | 14.223 | 488 | 77.5 | 5.20 | 10.8 | 46.9 | 12.7 | 1.61 |
| 14 | 140 | 80 | 5.5 | 9.1 | 7.5 | 3.8 | 21.516 | 16.890 | 712 | 102 | 5.76 | 12.0 | 64.4 | 16.1 | 1.73 |
| 16 | 160 | 88 | 6.0 | 9.9 | 8.0 | 4.0 | 26.131 | 20.513 | 1130 | 141 | 6.58 | 13.8 | 93.1 | 21.2 | 1.89 |
| 18 | 180 | 94 | 6.5 | 10.7 | 8.5 | 4.3 | 30.756 | 24.143 | 1660 | 185 | 7.36 | 15.4 | 122 | 26.0 | 2.00 |
| 20a | 200 | 100 | 7.0 | 11.4 | 9.0 | 4.5 | 35.578 | 27.929 | 2370 | 237 | 8.15 | 17.2 | 158 | 31.5 | 2.12 |
| 20b | 200 | 102 | 9.0 | 11.4 | 9.0 | 4.5 | 39.578 | 31.069 | 2500 | 250 | 7.96 | 16.9 | 169 | 33.1 | 2.06 |
| 22a | 220 | 110 | 7.5 | 12.3 | 9.5 | 4.8 | 42.128 | 33.070 | 3400 | 309 | 8.99 | 18.9 | 225 | 40.9 | 2.31 |
| 22b | 220 | 112 | 9.5 | 12.3 | 9.5 | 4.8 | 46.528 | 36.524 | 3570 | 325 | 8.78 | 18.7 | 239 | 42.7 | 2.27 |
| 25a | 250 | 116 | 8.0 | 13.0 | 10.0 | 5.0 | 48.541 | 38.105 | 5020 | 402 | 10.2 | 21.6 | 280 | 48.3 | 2.40 |
| 25b | 250 | 118 | 10.0 | 13.0 | 10.0 | 5.0 | 53.541 | 42.030 | 5280 | 423 | 9.94 | 21.3 | 300 | 52.4 | 2.40 |
| 28a | 280 | 122 | 8.5 | 13.7 | 10.5 | 5.3 | 55.404 | 43.402 | 7110 | 508 | 11.3 | 24.6 | 345 | 56.6 | 2.50 |
| 28b | 280 | 124 | 10.5 | 13.7 | 10.5 | 5.3 | 61.004 | 47.888 | 7480 | 534 | 11.1 | 24.2 | 379 | 61.2 | 2.49 |

(续)

| 型号 | 尺寸 /mm | | | | | | 截面面积 /cm² | 理论重量 /(kg/m) | 参考数值 | | | | | | |
|---|---|---|---|---|---|---|---|---|---|---|---|---|---|---|---|
| | | | | | | | | | x - x | | | | y - y | | |
| | $h$ | $b$ | $d$ | $t$ | $r$ | $r_1$ | | | $I_x$ /cm⁴ | $W_x$ /cm³ | $i_x$ /cm | $I_x:S_x$ | $I_y$ /cm⁴ | $W_y$ /cm³ | $i_y$ /cm |
| 32a | 320 | 130 | 9.5 | 15.0 | 11.5 | 5.8 | 67.156 | 52.717 | 11100 | 602 | 12.8 | 27.5 | 460 | 70.8 | 2.62 |
| 32b | 320 | 132 | 11.5 | 15.0 | 11.5 | 5.8 | 73.556 | 57.741 | 11600 | 726 | 12.6 | 27.1 | 502 | 76.0 | 2.61 |
| 32c | 320 | 134 | 13.5 | 15.0 | 11.5 | 5.8 | 79.956 | 62.765 | 12200 | 760 | 12.3 | 26.8 | 544 | 81.2 | 2.61 |
| 36a | 360 | 136 | 10.0 | 15.8 | 12.0 | 6.0 | 76.480 | 60.037 | 15800 | 875 | 14.4 | 30.7 | 552 | 81.2 | 2.69 |
| 36b | 360 | 138 | 12.0 | 15.8 | 12.0 | 6.0 | 83.680 | 65.689 | 16500 | 919 | 14.1 | 30.3 | 582 | 84.3 | 2.64 |
| 36c | 360 | 140 | 14.0 | 15.8 | 12.0 | 6.0 | 90.880 | 71.341 | 17300 | 962 | 13.8 | 29.9 | 612 | 87.4 | 2.60 |
| 40a | 400 | 142 | 10.5 | 16.5 | 12.5 | 6.3 | 86.112 | 67.598 | 21700 | 1090 | 15.9 | 34.1 | 660 | 93.2 | 2.77 |
| 40b | 400 | 144 | 12.5 | 16.5 | 12.5 | 6.3 | 94.112 | 73.878 | 22800 | 1140 | 15.6 | 33.6 | 692 | 96.2 | 2.71 |
| 40c | 400 | 146 | 14.5 | 16.5 | 12.5 | 6.3 | 102.112 | 80.158 | 23900 | 1190 | 15.2 | 33.2 | 727 | 99.6 | 2.65 |
| 45a | 450 | 150 | 11.5 | 18.0 | 13.5 | 6.8 | 102.446 | 80.420 | 32200 | 1430 | 17.7 | 38.6 | 855 | 114 | 2.89 |
| 45b | 450 | 152 | 13.5 | 18.0 | 13.5 | 6.8 | 111.446 | 87.485 | 33800 | 1500 | 17.4 | 38.0 | 894 | 118 | 2.84 |
| 45c | 450 | 154 | 15.5 | 18.0 | 13.5 | 6.8 | 120.446 | 94.550 | 35300 | 1570 | 17.1 | 37.6 | 938 | 122 | 2.79 |
| 50a | 500 | 158 | 12.0 | 20.0 | 14.0 | 7.0 | 119.304 | 93.654 | 46500 | 1860 | 19.7 | 42.8 | 1120 | 142 | 3.07 |
| 50b | 500 | 160 | 14.0 | 20.0 | 14.0 | 7.0 | 129.304 | 101.504 | 48600 | 1940 | 19.4 | 42.4 | 1170 | 146 | 3.01 |
| 50c | 500 | 162 | 16.0 | 20.0 | 14.0 | 7.0 | 139.304 | 109.354 | 50600 | 2080 | 19.0 | 41.8 | 1220 | 151 | 2.96 |
| 56a | 560 | 166 | 12.5 | 21.0 | 14.5 | 7.3 | 135.435 | 106.316 | 65600 | 2340 | 22.0 | 47.7 | 1370 | 165 | 3.18 |
| 56b | 560 | 168 | 14.5 | 21.0 | 14.5 | 7.3 | 146.635 | 115.108 | 68500 | 2450 | 21.6 | 47.2 | 1490 | 174 | 3.16 |
| 56c | 560 | 170 | 16.5 | 21.0 | 14.5 | 7.3 | 157.835 | 123.900 | 71400 | 2550 | 21.3 | 46.7 | 1560 | 183 | 3.16 |
| 63a | 630 | 176 | 13.0 | 22.0 | 15.0 | 7.5 | 154.658 | 121.407 | 93900 | 2980 | 24.5 | 54.2 | 1700 | 193 | 3.31 |
| 63b | 630 | 178 | 15.0 | 22.0 | 15.0 | 7.5 | 167.258 | 131.298 | 98100 | 3160 | 24.2 | 53.5 | 1810 | 204 | 3.29 |
| 63c | 630 | 180 | 17.0 | 22.0 | 15.0 | 7.5 | 179.858 | 141.189 | 102000 | 3300 | 23.8 | 52.9 | 1920 | 214 | 3.27 |

注：截面图和表中标注的圆弧半径 $r$、$r_1$ 的数据用于孔型设计，不做交货条件。

# 习 题 答 案

## 第一章　质点、刚体的基本概念和受力分析

1-5　$F_{\mathrm{R}}=139\mathrm{N},\beta=8^\circ\sim9^\circ$

1-7　$X=486\mathrm{N},Y=1815\mathrm{N},Z=684\mathrm{N}$

1-9　$\boldsymbol{M}_o(\boldsymbol{F})=-346\boldsymbol{i}+43.3\boldsymbol{j}-200\boldsymbol{k},M_y(\boldsymbol{F})=43.3\mathrm{N\cdot m}$

## 第二章　力系的简化和平衡方程

2-1　$F_{\mathrm{N}A}=1.6\mathrm{kN},F_{\mathrm{N}B}=2.2\mathrm{kN}$

2-2　$F_{\mathrm{N}A}=1.63\mathrm{kN},F_{\mathrm{N}B}=2.20\mathrm{kN}$

2-3　$F_{AB}=13.7\mathrm{kN}$(拉力)，$F_{AC}=26.4\mathrm{kN}$(压力)

2-4　$\beta=0.5/\tan\alpha$

2-5　$F_{\mathrm{N}}=10\mathrm{kN}$

2-6　$X_A=-5.57\mathrm{kN},Y_A=-64.5\mathrm{kN},F_{\mathrm{N}B}=30.38\mathrm{kN}$(拉)

2-7　$Y_A=116\mathrm{kN},Y_B=134\mathrm{kN}$

2-8　$X_c=1.68\mathrm{m},y_c=0.66\mathrm{m}$

2-9　$x_C=1.47\mathrm{m},y_C=0.94\mathrm{m}$

## 第三章　平衡方程的应用

3-1　a) $X_A=103\mathrm{kN},Y_A=60\mathrm{kN},M_A=220\mathrm{kN\cdot m},X_B=103\mathrm{kN},Y_B=60\mathrm{kN},F_{\mathrm{N}C}=120\mathrm{kN}$

　　b) $X_A=0,Y_A=2.5\mathrm{kN},F_{\mathrm{N}B}=15\mathrm{kN},X_C=0,Y_C=2.5\mathrm{kN},F_{\mathrm{N}D}=2.5\mathrm{kN}$

3-2　$X_A=Y_A=0,X_B=-50\mathrm{kN},Y_B=100\mathrm{kN},X_C=50\mathrm{kN},Y_C=0$

3-3　$F_{\mathrm{N}B}=176\mathrm{kN},M=286\mathrm{kN\cdot m},X_O=176\mathrm{kN},Y_O=-3150\mathrm{kN}$

3-4　$F_{\mathrm{T}}=231\mathrm{N},X_C=231\mathrm{N},Y_C=250\mathrm{N}$

3-5　$X_A=0,Y_A=53.75\mathrm{kN},M_A=205\mathrm{kN\cdot m},F_{\mathrm{N}B}=6.25\mathrm{kN}$

3-6　a) $F_{\mathrm{N1}}=-F_{\mathrm{N4}}=2F,F_{\mathrm{N2}}=-F_{\mathrm{N6}}=-2.236F,F_{\mathrm{N3}}=F,F_{\mathrm{N5}}=0$

　　b) $F_{\mathrm{N1}}=-29\sqrt{2}\mathrm{kN}=-41\mathrm{kN},F_{\mathrm{N2}}=29\mathrm{kN},F_{\mathrm{N3}}=0,F_{\mathrm{N4}}=-21\mathrm{kN},F_{\mathrm{N5}}=15\mathrm{kN}$

　　$F_{\mathrm{N6}}=29\mathrm{kN},F_{\mathrm{N7}}=-21\sqrt{2}\mathrm{kN}=-29.7\mathrm{kN},F_{\mathrm{N8}}=21\mathrm{kN},F_{\mathrm{N9}}=41\mathrm{kN}$

3-7　$F_{\mathrm{N1}}=-2.6F,F_{\mathrm{N2}}=0.43F,F_{\mathrm{N3}}=2.38F$

3-8　2366N

3-9　$F_{\min}=280\mathrm{N}$

3-10　$e\leqslant fr$

## 第四章　轴向拉伸和压缩

4-3　a) $F_{N1-1}=2kN$, $F_{N2-2}=0$, $F_{N3-3}=-2kN$

b) $F_{N1-1}=10kN$, $F_{N2-2}=-15kN$, $F_{N3-3}=-18kN$

4-5　$F_{N1}=-20kN$, $F_{N2}=-10kN$, $F_{N3}=10kN$,

$\sigma_1=-100MPa$, $\sigma_2=-40MPa$, $\sigma_3=33.3MPa$

4-6　$\Delta l_1=-3.75\times10^{-5}m$, $\Delta l_2=2.0\times10^{-5}m$, $\Delta l_3=3.2\times10^{-5}m$, $\Delta l=1.45\times10^{-5}m$,

$\varepsilon_1=-3.75\times10^{-4}$, $\varepsilon_2=2.5\times10^{-4}$, $\varepsilon_3=4.0\times10^{-4}$

4-7　$\sigma_{AB}=110.3MPa$, $\sigma_{BC}=-31.8MPa$,均小于许用应力,故安全

4-8　$AC$ 杆用两根 10 号槽钢, $BC$ 杆用 20a 工字钢

4-9　$[F]=12kN$

4-10　1) $x=1.08m$, 2)杆 1 应力 $\sigma_1=43.9MPa$, 杆 2 应力 $\sigma_2=33MPa$

4-11　$\sigma_{上}=108.3MPa$ $\sigma_{中}=8.3MPa$, $\sigma_{下}=-141.7MPa$

## 第五章　剪切和挤压

5-3　$\tau_0=748MPa$

5-4　$d\geqslant34mm$, $t\leqslant10.4mm$,取 $t=10mm$

## 第六章　圆轴的扭转

6-4　a) $T_{1-1}=-3kN\cdot m$, $T_{2-2}=3kN\cdot m$, $T_{3-3}=1kN\cdot m$

b) $T_{1-1}=-5kN\cdot m$, $T_{2-2}=-10kN\cdot m$, $T_{3-3}=-6kN\cdot m$

6-6　1) $\tau_{max}=94.3MPa$, 2) $\theta_{max}=2.25°/m$

6-7　1) $d_1\geqslant45mm$, 2) $D_2\geqslant46mm$

6-8　$\tau_{max}=48.9MPa$, $\varphi_{max}=1.22°$

6-9　$\tau_{max}=36.7MPa<[\tau]$,安全

6-10　$\tau_{max}=12.1MPa$, $\varphi_{AD}=0.646°$

6-11　$d=60.6mm$

## 第七章　直梁弯曲时的内力和应力

7-10　a) $F_{Q1}=1.167kN$, $M_1=2.667kN\cdot m$, $F_{Q2}=1.167kN$, $M_2=2.667kN\cdot m$

$F_{Q3}=1.167kN$, $M_3=3.833kN\cdot m$, $F_{Q4}=-3.833kN$, $M_4=3.833kN\cdot m$

b) $F_{Q1}=0.75kN$, $M_1=1.5kN\cdot m$, $F_{Q2}=0.75kN$, $M_2=-2.5kN\cdot m$

$F_{Q3}=0.75kN$, $M_3=-1kN\cdot m$, $F_{Q4}=2kN$, $M_4=-1kN\cdot m$

c) $F_{Q1}=-9kN$, $M_1=-14kN\cdot m$, $F_{Q2}=-9kN$, $M_2=-14kN\cdot m$

$F_{Q3}=-9kN$, $M_3=-23kN\cdot m$, $F_{Q4}=-9kN$, $M_4=-26kN\cdot m$

d) $F_{Q1}=4kN$, $M_1=4kN\cdot m$, $F_{Q2}=-1kN$, $M_2=4kN\cdot m$

$F_{Q3}=-1kN$, $M_3=3kN\cdot m$, $F_{Q4}=-1kN$, $M_4=1kN\cdot m$

7-13 $\sigma_a = -83.3\text{MPa}$(压应力),$\sigma_b = -55.6\text{MPa}$(压应力),$\sigma_c = 83.3\text{MPa}$(拉应力),$\sigma_{max} = 93.8\text{MPa}$

7-14 $\sigma_a = 117\text{MPa}$(拉应力),$\sigma_b = 70.3\text{MPa}$(拉应力)

7-15 $\sigma_{max} = 94.3\text{MPa} < [\sigma]$,满足强度条件

7-16 1) $b = 63.3\text{mm}$,2) $\sigma_{max} = 88.7\text{MPa}$,安全

7-17 16 号工字钢

7-18 24.7kN

7-19 $\sigma_{B+} = 24.1\text{MPa}, \sigma_{B-} = 52.4\text{MPa}, \sigma_{C+} = 26.2\text{MPa}, \sigma_{C-} = 12.1\text{MPa}$

## 第八章 梁的变形

8-6 a) $y_A = -\frac{ql^4}{8EI}$(↓),$\theta_A = \frac{ql^3}{6EI}$(逆时针);b) $y_A = -\frac{Fl^3}{3EI}$(↓),$\theta_A = \frac{Fl^2}{2EI}$(逆时针);c) $\theta_A = \frac{Ml}{3EI}$(逆时针);$\theta_B = -\frac{Ml}{6EI}$(顺时针);d) $\theta_A = -\frac{11ql^3}{384EI}$(顺时针);$y_C = -\frac{5ql^4}{768EI}$(↓)

8-7 a) $\theta_C = -\frac{5Fl^2}{8EI}$(顺时针),$y_C = -\frac{7Fl^3}{16EI}$(↓);b) $y_C = \frac{19Fl^3}{48EI}$(↑),c) $\theta_A = -\frac{5ql^3}{48EI}$(顺时针);$y_C = -\frac{13ql^4}{384EI}$(↓);d) $\theta_C = \frac{19ql^3}{384EI}$(逆时针);$y_C = \frac{77ql^4}{6144EI}$(↑);

8-8 $\theta_B = -\frac{q_0 l^3}{24EI}$(顺时针转)

8-10 $y_B = 1.714\text{cm} < [f]$,满足刚度条件

8-11 28a 工字钢

## 第九章 质点和刚体运动学

9-2 $v_A = v\tan\varphi$

9-3 $\theta = 22°35'$

9-4 $v = 20\text{m/s}$

9-9 $v_M = 1\text{m/s}, a_M = \sqrt{5}\text{m/s}^2$

9-10 $v = 0.71\text{m/s}, a = 3.33\text{m/s}^2$

9-11 按方程(1)计算时 $t = 1\text{s}\begin{cases}\omega = 3\text{rad/s}\\ \alpha = 0\end{cases}$, $t = 2\text{s}\begin{cases}\omega = 0\\ \alpha = -6\text{rad/s}^2\end{cases}$,

按方程(2)计算时 $t = 1\text{s}\begin{cases}\omega = 2\text{rad/s}\\ \alpha = -2\text{rad/s}^2\end{cases}$, $t = 2\text{s}\begin{cases}\omega = 0\\ \omega = -2\text{rad/s}^2\end{cases}$

9-12 $\alpha = -26.4\text{rad/s}^2$

9-13 $\alpha = \frac{0.0157}{d^2}\text{rad/s}^2, a_B = 592\text{m/s}^2$

9-14 $\omega_2 = 24\text{t(rad/s)}, \alpha_2 = 24\text{rad/s}^2, v_B = 12\text{t(m/s)}, \alpha_B = 12\sqrt{1+576t^4}\text{m/s}^2$

9-15 $\omega_{AB} = 3\text{rad/s}, \omega_1 = 5.2\text{rad/s}$

9-16 $v_C = 0.0707\text{m/s}$

9-17 $\omega_B = 4.29\text{rad/s}$,顺时针转向

9-18 $v_B = 0.707r\omega_0, \omega_{AB} = 0.293\omega_0$

9-19 $v_B = 3\text{m/s}$

## 第十章 质点系动力学基础

10-8 1.25kN

10-9 11.78kg

10-10 $23.3\text{rad/s}^2$

10-11 3.77s

10-12 0.2

10-13 $\sqrt{\frac{gr}{6}}$

10-14 $v = \sqrt{v_0^2 + 2gr(1-\cos\theta)}, F_N' = mg\cos\theta - \frac{m}{r}[v_0^2 + 2gr(1-\cos\theta)], \theta = \arccos(\frac{2}{3} + \frac{v_0^2}{3gr})$

10-15 $mL\omega^2$

## 第十一章 变形体力学的几个问题

11-3 $F_c > F_b > F_a$

11-4 $F \leqslant 59.5\text{kN}$

11-7 65.3kN

11-11 a) $\sigma_\alpha = 40\text{MPa}, \tau_\alpha = -8.66\text{MPa}$; b) $\sigma_\alpha = -27.32\text{MPa}, \tau_\alpha = -27.32\text{MPa}$

c) $\sigma_\alpha = 0.49\text{MPa}, \tau_\alpha = -20.5\text{MPa}$

11-13 a) $\sigma_1 = 57\text{MPa}, \sigma_3 = -7\text{MPa}; \alpha_0 = 19°20'; \tau_{\max} = 32\text{MPa}$

b) $\sigma_1 = 11.2\text{MPa}, \sigma_3 = -71.2\text{MPa}$;

$\alpha_0 = -37°59'; \tau_{\max} = 41.2\text{MPa}$;

c) $\sigma_1 = 37\text{MPa}, \sigma_3 = -27\text{MPa}; \alpha_0 = 19°20'; \tau_{\max} = 32\text{MPa}$

11-19 增加 7 倍

11-20 22a 工字钢

11-21 $\sigma_{r3} = 108\text{MPa} < [\sigma] = 120\text{MPa}$,安全

11-22 $d = 61.7\text{mm}$

11-23 $E_c = 29\text{GPa}, E'_c = 6.967\text{GPa}$

11-24 $\sigma_{cb} = 558.7\text{MPa}$

# 参考文献


1 南京工学院，西安交通大学主编．理论力学．北京：高等教育出版社，1986

2 刘鸿文主编．材料力学．北京：高等教育出版社，1992

3 范钦珊主编．工程力学．北京：中央广播电视大学出版社，1991

4 顾朴，郑芳怀，谢惠玲．材料力学．北京：高等教育出版社，1985

5 刘鸿文，吕荣坤．材料力学实验．北京：高等教育出版社，1992

6 Jerry H. Ginsberg, Joseph Genin. Statics and Dynamics. Second Edition. New York: John Wiley & Sons, 1984

7 Archie Higdon, Edward H. Ohlsen, William B. Stiles et al. Mechanics of Materials. Fourth Edition. New York: John Wiley & Sons, 1985

8 霍焱，刁宝林．材料力学．北京：高等教育出版社，1994

9 苏翼林主编．材料力学．北京：人民教育出版社，1979

10 赵芳印．材料力学．北京：机械工业出版社，1991

11 张秉荣，章剑青主编．工程力学．北京：机械工业出版社，1996

12 胡德淦主编．机械设计基础．北京：机械工业出版社，1997

13 韦德骏主编．材料力学．北京：机械工业出版社，1996

14 郝桐生编．理论力学．北京：高等教育出版社，1982

15 顾晓勤，刘申全主编．工程力学Ⅰ，工程力学Ⅱ．北京：机械工业出版社，2005

16 Keith L. Watson. Foundation Science for Engineers. Second Edition. New York: Palgrave Houndmills, 1998